高等职业教育新形态精品教材

应用高等数学

主　编　郭小林　李　娟

副主编　瞿荣华　尹小辉

　　　　汪　辉　谈云康

参　编　李丽虹　刘　鑫

北京理工大学出版社
BEIJING INSTITUTE OF TECHNOLOGY PRESS

内 容 提 要

本书以高等院校的人才培养目标为依据，充分贯彻"以应用为目的，以必需、够用为度"的教学理念，努力体现"注重实际应用、淡化数学理论、强化数学实践"的编写原则，选择适当的内容和方法，注重学生的体验和感悟，切实提高学生的数学素质，培养学生的创新实践能力. 本书共分为10章，主要内容包括函数、数列与极限，导数与微分，导数的应用，不定积分，定积分及其应用，常微分方程，无穷级数，行列式与矩阵，线性方程组，概率论.

本书可作为高等院校理工类各专业的教学用书，也可供高等院校数学教育教学者使用.

图书在版编目（CIP）数据

应用高等数学 / 郭小林，李娟主编. -- 北京：北京理工大学出版社，2024.9（2025.8重印）.
ISBN 978-7-5763-4062-4

Ⅰ.O13
中国国家版本馆CIP数据核字第2024Z0V732号

责任编辑：钟 博　　　　**文案编辑：**钟 博
责任校对：刘亚男　　　　**责任印制：**王美丽

出版发行 / 北京理工大学出版社有限责任公司

社　　址 / 北京市丰台区四合庄路 6 号

邮　　编 / 100070

电　　话 / （010）68914026（教材售后服务热线）

　　　　　（010）63726648（课件资源服务热线）

网　　址 / http://www.bitpress.com.cn

版 印 次 / 2025 年 8 月第 1 版第 2 次印刷

印　　刷 / 三河市腾飞印务有限公司

开　　本 / 787 mm×1092 mm　1/16

印　　张 / 17.5

字　　数 / 414 千字

定　　价 / 54.00 元

前言 PREFACE

本书是根据《国家职业教育改革实施方案》《教育部关于职业院校专业人才培养方案制订与实施工作的指导意见》和《职业教育提质培优行动计划（2020—2023 年）》等文件精神，落实立德树人根本任务，强化课程素养，在总结高职高专数学教学改革成功经验的基础上，以培养复合型铁道交通技术技能人才为目标，遵循"以应用为目的，以必需、够用为度"的原则，编写而成的应用型高等数学教材.

本书具有如下特色.

（1）提高数学素质，弘扬中华优秀传统文化. 数学是中华优秀教育文化的精髓，在"读四书、通五经、学六艺"之中，数学作为"礼、乐、射、御、书、数"六艺之一，伴随着人们的生活，展现出卓越的科学力量. 14 世纪以前，我国一直是世界上数学最为发达的国家，出现过许多杰出的数学家，取得了很多辉煌的成就，我国数学发展史比西方更为悠久. 本书在编写时把我国相关数学家的贡献融入了相关教学知识点.

（2）应用特色突出，紧密联系数学与社会生活. 在新时代，数学的发展已经成为现代科学技术发展的基础，数学实力影响着国家实力，数学强则国强已成为共识. 本书中，突出了数学是认识自然、解释自然的科学理论，是促进经济社会发展的可靠手段，是提升铁道交通各项专业能力的有力抓手. 本书中的案例根据实际生产过程进行简化设计，突出"学以致用"，以此提升教学质量.

（3）数学理论清晰，牢牢把握数学基本原理. 我国的数学传统是实用计算，注重计算方法，强调实践性和应用性，如中国古代十大算经均有很强的适用性. 西方数学注重推理和证明，强调严密性和公理化，可以把数学抽象到更高的层次，但这种推理如果不以应用为前提，很难发挥数学的能动性. 需要两种数学思维的结合才能让数学更加促进经济社会的发展. 本书中，以应用为目标讲授数学基本原理，让数学理论牢牢为应用服务.

（4）教材内容得体，对接高素质技能人才培训目标. 教学内容设计对接经济管理专业、铁道交通专业的人才培养目标，兼顾学生继续深入本科学习的内容需求，对高职院校学生进行学情分析，设计了符合高职教学规律和特点的教学内容. 在保持数学系统性和完整性的情况下，对教学内容进行了整体融合设计，实现由浅入深的内容编排. 为掌握变化发展规律，设计了微积分教学内容，包括函数、数列与极限，导数与微分，导数的应用，不定积分，定积分及其应用. 为求解经济社会和工程技术中由变化率建立的函数关系，设计了常微分方程教学内容. 为解决函数转化、近似值问题，设计了无穷级数教学内容. 为解决多变量之间的影响问题，设计了行列式与矩阵、线性方程组教学内容. 为解决随机问题，设计了概率论教学内容. 全书的教学内容充实、体系完整、结构得当、由浅入深、循序渐进，可以根据专业特点重点选学精讲.

全书由四川铁道职业学院组织编写. 郭小林负责全书的总体设计、统稿和定稿. 第1章由郭小林、汪辉、李娟、瞿荣华、谈云康编撰，第2章、第3章由瞿荣华编撰，第4章、第5章由李娟编撰；第6章、第7章由郭小林编撰；第8章、第9章、第10章由尹小辉编撰；李丽虹、刘鑫参与全书习题编撰与核对工作.

限于编者水平，书中难免有不足之处，某些细节可能考虑不周，恳请广大读者和同行专家不吝指教，以便我们进行修改完善.

编　者

目录 CONTENTS

函数、数列与极限

导　读

　　"变化者，乃天地之自然"，一切事物都处在变化发展之中，变易的思想是中国传统文化中的一个重要概念。战国时期《易传》所述"唯变所适"，指出要适应不断变化的环境和情况，才能生存和发展。《论语》《周易》《道德经》等众多经典古籍也都强调了变化的重要性，变化是社会进步的动力。在古圣先贤看来，生生不息的变化变易之道就是支配宇宙万物存在的根本精神。马克思主义唯物辩证法认为，各种事物是普遍联系的，事物的变化发展具有内在的规律性和发展趋势。

　　在现代科学当中，用函数揭示事物之间的相互联系，例如：经济中投入和产出的关系，需建立和运用经济函数；铁道工程中各种结构的反力、剪力与荷载的关系，需建立和运用结构力学函数；铁道机车运行中牵引力和速度的关系，需建立和运用机车牵引函数。应用相应函数可以预测事物未来的变化趋势，函数的极限即揭示事物变化趋势的理论，如预测某一时间点的经济发展趋势、预测铁道列车通过某一地点的速度等。

　　本章将在中学数学已有知识的基础上，进一步理解函数，并学习反函数、初等函数、复合函数及复变函数的概念与性质，研究数列的极限、函数的极限、函数的连续性，以及特殊函数的极限求解，为微积分的学习打下数学基础。

1.1　函　数

1.1.1　函数的概念与性质

1. 变量与常量

世界上的万事万物都在不断地变化，无论是自然界、社会生产还是个人生活，都处在不断的变化之中．人们为了记录事物的发展变化，会使用不同的量，如时间、温度、长度、重量等．在某一特定的情况下，有些量是变化的量，称为**变量**，变量常用 x，y，z，… 表示；有些量是固定的量，称为**常量**，常量常用 A，B，C，… 表示．

变量具有变化范围，例如，$a \leqslant x \leqslant b$ 的全部实数称为闭区间 $[a, b]$，同理，$a < x < b$ 称为开区间 (a, b)，$a \leqslant x < b$ 称为半闭半开区间 $[a, b)$，$a < x \leqslant b$ 称为半开半闭区间 $(a, b]$．有时变量的取值可以无穷无尽地大，用符号 ∞ 表示无穷大，那么 $a \leqslant x$ 可以表示成区间 $[a, +\infty)$，同理，还有 $(-\infty, a]$，$(a, +\infty)$，$(-\infty, a)$，$(-\infty, +\infty)$．

例 1-1 请用区间表示下列变量的范围．

(1) 在标准大气压下，用区间表示液态水的温度范围(0~100 摄氏度)．

(2) 某高铁线路的设计速度为 400 千米/小时，用区间表示动车组在此线路的行驶速度．

(3) 某一经济活动需要投资，要求至少投资 1 000 元，最高投资不设限额，用区间表示投资的取值范围．

(4) 采用公元纪年以来，时间可以表示成数字，若公元前用负数，公元后用正数，用区间表示时间的取值范围．

解： (1) 液态水的温度区间为 $[0, 100]$．

(2) 因动车组的行驶速度不能超过设计速度，故行驶速度区间为 $[0, 400)$．

(3) 因投资不设上限，故投资取值区间为 $[1\,000, +\infty)$．

(4) 因过去和未来的时间是无穷无尽的，故时间取值区间为 $(-\infty, +\infty)$．

【注意】 我们的生产生活中还有很多变化，要根据实际情况限定变量的取值范围，如发放 5 年期贷款对应的还款月数为 $[1, 60]$．

2. 函数的定义

在实际问题中，变量往往有很多个，而且某些变量还会相互影响，因此需要找出变量之间的关系．

定义 1-1 设 x 和 y 是两个变量，D 是一个非空数集，若对于 D 中的每一个数 x，按照一定的对应法则 f，变量 y 总有唯一确定的数值与之对应，则称变量 y 是 x 的**函数**，记作 $y = f(x)$．其中 x 叫作自**变量**，y 叫作**函数**(或**因变量**)．非空数集 D 称为函数的**定义域**．

当 $x = x_0$ 时，与已知点 x_0 相对应的 y 值叫作**函数值**，记作 $y|_{x=x_0}$ 或 $f(x_0)$．与 x 相对应的函数值 y 的取值范围组成的集合 $M = \{y | y = f(x), x \in D\}$ 叫作函数的**值域**．

函数的一般表达式除了用 $f(x)$ 表示外，还可以表示为 $y = g(x)$，$y = h(x)$，$y = F(x)$ 等．

例 1-2 求下列函数的定义域．

(1) $y = \dfrac{1}{x^2 - 1}$；(2) $y = \ln(3 - x) + \sqrt{x+2}$．

解： (1) 要使函数有意义，必须使 $x^2 - 1 \neq 0$，即 $(x+1)(x-1) \neq 0$，解得 $x \neq -1$ 或 $x \neq 1$，因此，函数 $y = \dfrac{1}{x^2 - 1}$ 的定义域为 $(-\infty, -1) \cup (-1, 1) \cup (1, +\infty)$．

(2) 要使函数有意义，必须满足 $\begin{cases} 3-x > 0 \\ x+2 \geqslant 0 \end{cases}$，解得 $-2 \leqslant x < 3$，因此，函数的定义域为

$[-2, 3)$.

【注意】 求函数的定义域即求使函数表达式有意义的一切实数组成的集合. 如果讨论的函数来自实际问题, 则其定义域既要使函数表达式本身有意义, 还要符合实际意义.

函数有三要素: 定义域 D、对应法则 f 和值域 M. 如果两个函数的定义域相同, 且对应法则也相同, 那么它们是相同的函数.

例 1-3 判断下列函数是否是相同的函数.

(1) $y = x + 1$ 与 $y = \dfrac{x^2 - 1}{x - 1}$; (2) $y = |x|$ 与 $y = \sqrt{x^2}$.

解: (1) 因为函数 $y = x + 1$ 的定义域是 R, 函数 $y = \dfrac{x^2 - 1}{x - 1}$ 的定义域为 $(-\infty, 1) \bigcup [1, +\infty)$, 所以 $y = x + 1$ 与 $y = \dfrac{x^2 - 1}{x - 1}$ 的定义域不同, 它们是不同的函数.

(2) 因为函数 $y = \sqrt{x^2} = |x|$, 所以两个函数对应法则和定义域都相同, 它们是相同的函数.

定义 1-2 在函数 $y = f(x)$ 中, 当自变量的取值范围不同时, 函数对应的表达式不同, 这种函数称为分段函数. 分段函数是一个函数, 只是根据自变量分段表示, 并非多个函数.

例 1-4 设函数 $y = f(x) = \begin{cases} 2\sqrt{x}, & 0 \leqslant x \leqslant 2 \\ x - 2, & x > 2 \end{cases}$, 求:

(1) 函数的定义域; (2) $f(1)$, $f(2)$, $f(3)$.

解: (1) 函数 $f(x)$ 的自变量 x 的取值范围为 $[0, 2] \bigcup (2, +\infty)$, 因此函数的定义域为 $[0, +\infty)$.

(2) $f(1) = 2 \times \sqrt{1} = 2$, $f(2) = 2 \times \sqrt{2} = 2\sqrt{2}$, $f(3) = 3 - 2 = 1$.

定义 1-3 设函数 $f(x)$ 的定义域为 D, 值域为 M, 如果对于 M 中的任意一个 y 值, 都可以由关系式 $y = f(x)$ 确定唯一的 x 值 $(x \in D)$ 与之对应, 则可得到一个以 y 为自变量、以 x 为因变量的函数, 称此函数为 $y = f(x)$ 的**反函数**, 记作 $x = f^{-1}(y)$. 习惯上, 互换 x 和 y 得 $y = f^{-1}(x)$, 称为 $y = f(x)$ 的反函数, 记其定义域为 M, 值域为 D.

例 1-5 求函数 $y = 3x - 2$ 的反函数.

解: 由 $y = 3x - 2$ 解得 $x = \dfrac{y}{3} + \dfrac{2}{3}$, 互换 x 与 y, 反函数为 $y = \dfrac{x}{3} + \dfrac{2}{3}$.

3. 函数的性质

(1) 奇偶性. 设函数 $f(x)$ 的定义域 D 关于原点对称, 如果对任意 $x \in D$, 都有 $f(-x) = -f(x)$, 则称函数 $y = f(x)$ 为**奇函数** [图 1-1(a)]; 若对任意 $x \in D$, 都有 $f(-x) = f(x)$, 则称函数 $y = f(x)$ 为**偶函数** [图 1-1(b)].

如果函数 $y = f(x)$ 既不是奇函数, 也不是偶函数, 则称 $y = f(x)$ 为非奇非偶函数. 偶函数的图像关于 y 轴对称, 奇函数的图像关于原点对称.

(2) 单调性. 一般地, 设函数 $f(x)$ 在区间 (a, b) 内有定义, 对区间 (a, b) 内的任意两

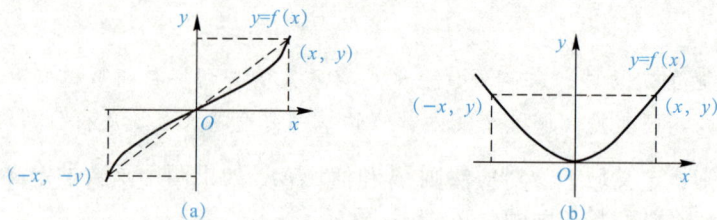

图 1-1

点 x_1，x_2，当 $x_1<x_2$ 时，都有 $f(x_1)<f(x_2)$ 成立，则称 $y=f(x)$ 在 $(a，b)$ 内是单调递增的[图 1-2(a)]，区间 $(a，b)$ 称为单调增区间．对区间 $(a，b)$ 内的任意两点 x_1，x_2，当 $x_1<x_2$ 时，都有 $f(x_1)>f(x_2)$ 成立，则称 $y=f(x)$ 在 $(a，b)$ 内是单调递减的[图 1-2(b)]，区间 $(a，b)$ 称为单调减区间．

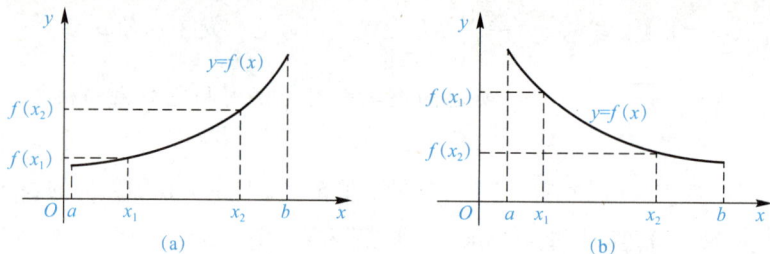

图 1-2

单调递增函数与单调递减函数统称为单调函数，单调增区间和单调减区间统称为单调区间．

（3）周期性．对于函数 $y=f(x)$，如果存在一个非零常数 T，对于任意 $x\in D$，都有 $f(x+T)=f(x)$，则称 $f(x)$ 为周期函数，满足等式的最小正数 T 称为函数 $f(x)$ 的最小正周期，简称周期（图 1-3）.

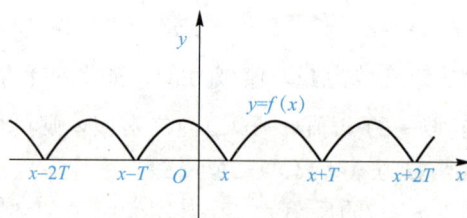

图 1-3

（4）有界性．设函数 $f(x)$ 的定义域为 D，若存在一个正数 M，使得对任意 $x\in D$，都有 $|f(x)|\leqslant M$ 成立，则称函数 $y=f(x)$ 在 D 内有界[图 1-4(a)]，否则称函数 $y=f(x)$ 在 D 内无界[图 1-4(b)].

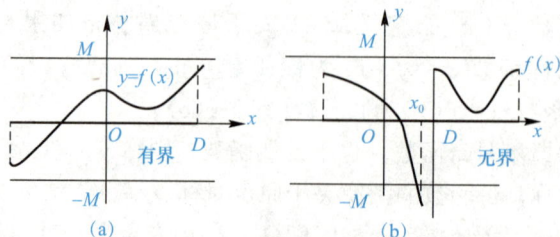

图 1-4

1.1.2 初等函数

1. 基本初等函数

将常数函数、幂函数、指数函数、对数函数、三角函数和反三角函数称为六类**基本初等函数**，见表 1-1.

表 1-1 基本初等函数

序号	函数名称	函数表达式
1	常数函数	$y=C$
2	幂函数	$y=x^{\alpha}(\alpha \neq 0)$
3	指数函数	$y=a^x(a>0,\ a \neq 1)$
4	对数函数	$y=\log_a x(a>0,\ a \neq 1)$
5	三角函数	$y=\sin x,\ y=\cos x,\ y=\tan x,\ y=\cot x$
6	反三角函数	$y=\arcsin x,\ y=\arccos x,\ y=\arctan x,\ y=\operatorname{arccot} x$

我来扫一扫：基本初等函数的定义域、值域、图像和性质.

2. 复合函数

在实际问题中，会遇见变量产生连续影响的情况. 如电功率 $P=UI$，当电压恒定时，电功率只有在通电之后测量电流 I 才能计算得出，无法提前预知输出功率. 但根据电流 $I=\dfrac{U}{R}$，得电功率 $P=\dfrac{U^2}{R}$，可以在未通电之前根据电阻计算输出功率，更可以通过电阻精确控制输出功率. 对于这种情况，给出以下定义.

定义 1-4 若 $y=f(u)$ 的定义域为 D，$u=\varphi(x)$ 的值域为 M，若 $D \bigcap M \neq \varnothing$，则 y 通过 u 可构成 x 的函数，把这个函数称为由 $y=f(u)$ 与 $u=\varphi(x)$ 复合而成的**复合函数**，记作 $y=f[\varphi(x)]$，其中 u 称为中间变量.

例 1-6 分析函数 $y=\sqrt{u}$，$u=\sin x$ 能否复合，如能复合，求出复合函数的定义域.

解： $y=\sqrt{u}$ 的定义域是 $[0,+\infty)$，$u=\sin x$ 的值域是 $[-1,1]$，$[0,+\infty) \bigcap [-1,1]=[0,1]$，因此可以复合，复合函数为 $y=\sqrt{\sin x}$. 因为 $u=\sin x \geqslant 0$，故复合函数 $y=\sqrt{\sin x}$ 的定义域为 $[2k\pi, 2k\pi+\pi]$，$k \in \mathbf{Z}$.

【注意】并非任意两个函数都可以构成复合函数. 例如，函数 $y=\sqrt{u}$ 与 $u=-x^2-3$ 不能构成一个复合函数，因为 $y=\sqrt{u}$ 的定义域为 $D=[0,+\infty)$，而 $u=-x^2-3$ 的值域为 $M=(-\infty,-3]$，$D \bigcap M=\varnothing$，即 $y=\sqrt{-x^2-3}$ 无意义.

复合函数可以分解成若干个基本初等函数或简单函数，简单函数是指基本初等函数经过四则运算而成的函数.

例 1-7 指出下列函数的复合过程.

(1)$y=\sqrt{1-x^2}$；(2)$y=1+\sin^2 x$；(3)$y=\arctan\dfrac{1}{\sqrt{2x+1}}$.

解：(1)设 $u=1-x^2$，则函数 $y=\sqrt{1-x^2}$ 是由 $y=\sqrt{u}$ 和 $u=1-x^2$ 复合而成的.

(2)设 $u=\sin x$，则函数 $y=1+\sin^2 x$ 是由 $y=1+u^2$ 和 $u=\sin x$ 复合而成的.

(3)设 $v=2x+1$，$u=\dfrac{1}{\sqrt{v}}$，则函数 $y=\arctan\dfrac{1}{\sqrt{2x+1}}$ 是由 $y=\arctan u$，$u=\dfrac{1}{\sqrt{v}}$ 和 $v=2x+1$ 复合而成的.

3. 初等函数

定义 1-5 由基本初等函数经过有限次四则运算或有限次复合所构成的，并能用一个式子表示的函数称为初等函数.

如 $y=\mathrm{e}^{\sin 3x}\cdot\arctan x$，$y=\ln(5x^3+\sqrt{x+1})$，$y=\dfrac{\cos^3 x}{x^2-6}$ 等都是初等函数.

特别注意，分段函数是根据自变量分段用不同的解析式来表达的，即使每一分段是初等函数，但整体一般不是初等函数. 除非能把各个分段写成统一的初等函数解析式，分段函数才是初等函数，如 $y=|x|=\begin{cases}x, & x\geqslant 0\\ -x, & x<0\end{cases}$，可以把两段统一写成 $y=\sqrt{x^2}$，即初等函数.

1.1.3 常用经济函数

经济活动往往可以用特定的函数关系表示.

1. 成本函数

产品的成本，是指生产一定数量的产品所需要的全部经济资源的费用总额，它是产量的函数.

定义 1-6 生产数量 Q 的产品所需要的经济资源的费用 $C(Q)$，称为**成本函数**.

成本函数记作 $C(Q)$，它由固定成本 C_1 与可变成本 $C_2(Q)$ 两部分组成，即 $C(Q)=C_1+C_2(Q)$. **固定成本** C_1 是指成本中不随产量变化的部分，包括厂房、设备、运输工具等固定资产的折旧和管理者、生产者的固定工资等. 显然，固定成本就是产量为零时的成本. **可变成本** $C_2(Q)$ 是指成本中随产量的变化而变化的部分，包括能源与原材料的费用、生产者的计件工资等.

在一定条件下，成本 $C(Q)$ 是 Q 的单调递增函数. 只用成本指标不能说明企业经营状况的好坏，为了评价企业的经营状况，需要计算产品的平均成本，用 $\bar{C}(Q)$ 表示. 生产 Q 件产品的平均成本为 $\bar{C}(Q)=\dfrac{C(Q)}{Q}=\dfrac{C_1}{Q}+\dfrac{C_2(Q)}{Q}$，即生产单位产品消耗的成本. 其中 $\dfrac{C_2(Q)}{Q}$ 为平均可变成本，记作 $\bar{C}_2(Q)$，即

$$\overline{C}_2(Q)=\frac{C_2(Q)}{Q}.$$

例 1-8 已知某产品的成本函数为 $C(Q)=100+3Q^2$. 求当 $Q=10$ 时的成本及平均成本.

解: 由 $C(Q)=100+3Q^2$，有 $C(10)=100+3\times10^2=400$.

又 $\overline{C}(Q)=\frac{C(Q)}{Q}$，所以 $\overline{C}(10)=\frac{C(10)}{10}=\frac{400}{10}=40$.

2. 收益函数

收益是生产者销售一定量的产品所得到的全部收入. 一般地，收入是销售量（或产量）的函数.

定义 1-7 生产者以价格 P 销售数量 Q 的产品所得到的收入 $R(Q)$，称为**收益函数**.

设 P 为产品价格，Q 为产品的销售量，则收入函数

$$R(Q)=PQ=P(Q)Q,$$

其中，$P(Q)$ 是价格函数.

$$平均收入\ \overline{R}=\overline{R}(Q)=\frac{R(Q)}{Q}=\frac{P(Q)Q}{Q}=P(Q).$$

例 1-9 已知某产品的价格函数为 $P(Q)=200-6Q$，求产量为 20 时的收入.

解: 当 $Q=20$ 时，有 $P(20)=200-120=80$.

因此，收入 $R(Q)=P(Q)Q=80\times20=1\ 600$.

故产量为 20 时，收入为 1 600.

3. 利润函数

利润是在产品的生产和经营活动中产生的经济变量，它与产量（或销量）Q 密切相关，可以看作 Q 的函数.

在核算利润时，通常只计算已经销售的产品的成本，即利润是销量的函数. 利润等于收入与成本之差.

定义 1-8 关于产量（或销量）Q 的收入 $R(Q)$ 和成本 $C(Q)$ 之差的函数 $L(Q)$，称为**利润函数**，即

$$L(Q)=R(Q)-C(Q).$$

由利润函数可得平均利润

$$\overline{L}(Q)=\frac{L(Q)}{Q}=\frac{R(Q)-C(Q)}{Q}=\overline{R}(Q)-\overline{C}(Q).$$

例 1-10 已知某产品的价格函数为 $P(Q)=100-2Q$，固定成本为 300，每生产单位产品，成本增加 6，求产量为 40 时的利润.

解: 成本函数 $C(Q)=C_1+C_2(Q)=300+6Q$.

当 $Q=40$ 时，有 $C(40)=300+240=540$.

价格 $P(40)=100-80=20$.

因此，收入 $R(Q)=P(Q)Q=20\times40=800$.

利润 $L(Q)=R(Q)-C(Q)=800-540=260$.

故产量为 40 时，利润为 260.

当 $R(Q)=C(Q)$ 时，企业盈亏相抵，此时的销量 Q_0 称为**盈亏平衡点**. 如果只存在一个 Q_0，则当 $Q>Q_0$ 时企业盈利，当 $Q<Q_0$ 时企业亏损.

例 1-11 某工厂生产某种产品，固定成本为 651，每生产单位产品，成本增加 9. 已知产品最大销量为 31，收入 $R(Q)=61Q-Q^2(0\leqslant Q\leqslant 31)$，求盈亏平衡点.

解：成本函数 $C(Q)=651+9Q(0\leqslant Q\leqslant 31)$.

利润函数 $L(Q)=R(Q)-C(Q)=52Q-Q^2-651(0\leqslant Q\leqslant 31)$.

令 $L(Q)=0$，即 $Q^2-52Q+651=0$，得到盈亏平衡点 $Q_1=21$，$Q_2=31$.

4. 需求函数与供给函数

如果不考虑其他因素对商品需求量的影响，一种商品的市场需求量与该商品的价格密切相关. 通常商品的价格越低，商品的需求量越大；商品的价格越高，商品的需求量越小.

设 P 表示商品的价格，商品的需求量 Q 可以看成商品价格 P 的函数，即 $Q(P)$.

定义 **1-9** 关于商品价格 P 的市场需求量函数 $Q(P)$，称为商品的**需求函数**.

一般来说，当商品价格上涨时，商品的需求量会减少. 因此，需求函数 $Q(P)$ 是单调减函数. 需求函数存在反函数，记作 $P(Q)$，称为商品的**价格函数**，它同样也反映商品需求量与价格的关系.

常见的需求函数有以下几种类型.

线性函数型 $Q=a-bP(a>0,\ b>0)$.

幂函数型 $Q=kP^{-a}(k>0,\ a>0)$.

指数函数型 $Q=a\mathrm{e}^{-bP}(a>0,\ b>0)$.

例 1-12 已知厨房对某品牌的酱油每周的需求量 Q 与单价 P 之间的关系为 $Q=1\,500-30P$，求食品厂的总收入函数.

解：总收入为

$$R=QP=(1\,500-30P)P=-30P^2+1\,500P.$$

在某一特定时期内，市场上某种商品的供给量是由供应商提供的，那么供给量和决定这些供给量的诸因素之间的函数关系称为供给函数. 一般来说，价格上涨，市场供给量会增多；价格下降，市场供给量会减少.

定义 **1-10** 关于商品价格 P 的市场供给量函数 $S(P)$，称为商品的**供给函数**.

常见的供给函数有以下几种类型.

线性函数型 $S=c+dP(c>0,\ d>0)$.

幂函数型 $S=kP^c(k>0,\ c>0)$.

指数函数型 $S=c\mathrm{e}^{dP}(c>0,\ d>0)$.

在某一市场状态中，如果该商品的需求量等于供给量，则说明该商品达到了**市场均衡**状态. 以线性需求函数和线性供给函数为例，令

$$Q=S$$
$$a-bP=c+dP$$

$$P=\frac{a-c}{b+d}\equiv P_0$$

这个价格 P_0 称为该商品的**市场均衡价格**.

当处于**市场均衡**价格时，对应的需求量（或供给量）Q_0 称为**市场均衡数量**，它和 P_0 构成了**市场均衡点** (P_0,Q_0).

1.1.4　复数与复变函数

1. 复数

在实数的运算中有不完备的地方，如方程 $x^2=-1$，在实数范围内直接判定为无解．但在现实生活中，有可能遇到上述方程，如电力机车提速的时候要用电（忽略阻力），消耗电能的公式为 $Q=mv^2$，那么减速的时候需要反向充电，消耗能量的公式为 $-Q=mv^2$.

因此，需要扩充数的范围，引进一个新数 i，叫作**虚数单位**，并且规定数 i 有如下性质.

(1)$i^2=-1$；

(2)i 与实数进行四则运算时，原有的加法、乘法的运算法则和运算律仍然成立.

这样，方程 $x^2=-1$ 就有两个解 $x=i$ 或 $x=-i$.

定义 1-11　形如 $z=a+bi$ 的数称为**复数**，其中 a 和 b 是任意的实数．实数 a 和 b 分别称为复数 z 的**实部**和**虚部**．如复数 $z=3-4i$ 的实部为 3，虚部为 -4.

当实部 $a=0$，$b\neq0$ 时，复数 $z=bi$ 称为**纯虚数**；当虚部 $b=0$ 时，复数 $z=a$ 就是实数．如果两个复数 $a+bi(a,b\in R)$ 与 $c+di(c,d\in R)$ 的实部与虚部分别相等，则称这两个**复数相等**．若 $z=a+bi$，则称 $a-bi$ 为复数 z 的**共轭复数**，记作 $\bar z$.

在平面直角坐标系中，用点 $Z(a,b)$ 表示复数 $z=a+bi$. 这是复数的点表示，此平面称为复平面，x 轴称为实轴，表示实数，y 轴称为虚轴，y 轴上除去原点以外的点都表示纯虚数．以原点 O 为始点、以点 Z 为终点作向量 $\overrightarrow{OZ}$，则向量 $\overrightarrow{OZ}$ 由点 Z 唯一确定，在复平面内，这是复数的向量表示（图 1-5）.

例 1-13　用向量表示下列复数.

$z_1=1+2i$，$z_2=-3-i$，$z_3=-1.5i$，$z_4=2$.

解：如图 1-6 所示，向量 $\overrightarrow{OZ_1}$，$\overrightarrow{OZ_2}$，$\overrightarrow{OZ_3}$，$\overrightarrow{OZ_4}$ 分别表示复数 z_1，z_2，z_3，z_4.

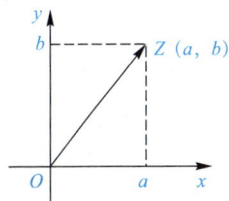

图 1-5

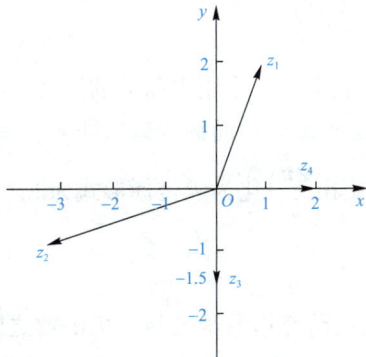

图 1-6

观察图 1-6，表示复数 $z=a+bi$ 的向量 $\overrightarrow{OZ}$，由向量的大小(模)与方向(与 x 轴正方向所成的角)来确定.

向量的模叫作复数 $z=a+bi$ 的**模**，记作 $|z|$ 或 $|a+bi|$，即 $|z|=|a+bi|=\sqrt{a^2+b^2}$.

当复数 $z\neq 0$ 时，以实轴的正半轴为始边、以向量 $\overrightarrow{OZ}$ 为终边的角 θ 叫作复数的**辐角**. 非零复数 $z=a+bi$ 的辐角有无穷多个，其中区间 $(-\pi,\pi]$ 内的辐角叫作**辐角主值(电工学)**，记作 $\arg z$.

例 1-14 求下列复数的模与辐角主值.

$(1)z_1=1+\sqrt{3}i$；$(2)z_2=1-i$.

解： (1)由于 $a=1$，$b=\sqrt{3}$，所以 $|z_1|=\sqrt{1^2+(\sqrt{3})^2}=2$.

又 $\tan\theta=\dfrac{\sqrt{3}}{1}=\sqrt{3}$，所以 $\arg z_1=\arctan\sqrt{3}=\dfrac{\pi}{3}$.

(2)由于 $a=1$，$b=-1$，所以 $|z_2|=\sqrt{1^2+(-1)^2}=\sqrt{2}$.

又 $\tan\theta=\dfrac{-1}{1}=-1$，所以 $\arg z_2=\arctan(-1)=-\dfrac{\pi}{4}$.

2. 复数的表示形式

(1)复数的代数形式. 把 $z=a+bi$ 叫作复数的**代数形式**.

(2)复数的三角形式. 复数 $z=a+bi$ 的模为 r，辐角为 θ，则由三角函数的定义得 $a=r\cos\theta$，$b=r\sin\theta$，因此 $z=a+bi=r\cos\theta+r\sin\theta\cdot i=r(\cos\theta+i\sin\theta)$，即 $z=r(\cos\theta+i\sin\theta)$ 叫作复数的**三角形式**.

例 1-15 将下列复数化为三角形式.

$(1)z_1=-1+\sqrt{3}i$；$(2)z_2=-4i$.

解： (1)由 $a=-1$，$b=\sqrt{3}$，可得 $r=\sqrt{(-1)^2+(\sqrt{3})^2}=2$. 又 $\tan\theta=\dfrac{\sqrt{3}}{-1}=-\sqrt{3}$，辐角主值为 $\arctan z_1=\dfrac{2\pi}{3}$，所以三角形式为 $z_1=2\left(\cos\dfrac{2\pi}{3}+i\sin\dfrac{2\pi}{3}\right)$.

(2)由 $a=0$，$b=-4$，可得 $r=\sqrt{0^2+(-4)^2}=4$，辐角主值为 $-\dfrac{\pi}{2}$，因此三角形式为 $z_2=4\left[\cos\left(-\dfrac{\pi}{2}\right)+i\sin\left(-\dfrac{\pi}{2}\right)\right]$.

(3)复数的极坐标形式. 在电学中，采用更简洁的记号 $r\angle\theta$ 来表示模为 r、辐角为 θ 的复数，这种形式叫作复数的**极坐标形式**，简称**极式**，即 $r\angle\theta=r(\cos\theta+i\sin\theta)$.

例如，复数 $z=2\left(\cos\dfrac{2\pi}{5}+i\sin\dfrac{2\pi}{5}\right)$ 化为极坐标形式为 $2\angle\dfrac{2\pi}{5}$，复数 $z=10\angle\dfrac{\pi}{3}$ 化为三角形式为 $10\left(\cos\dfrac{\pi}{3}+i\sin\dfrac{\pi}{3}\right)$.

(4)复数的指数形式. 欧拉在研究指数函数与三角函数之间的关系时，证明了一个重要公式 $e^{i\theta}=\cos\theta+i\sin\theta$，故复数可表示为 $z=re^{i\theta}$，叫作复数的**指数形式**.

例如，复数 $z=3\left(\cos\dfrac{5\pi}{6}+\mathrm{i}\sin\dfrac{5\pi}{6}\right)$ 表示为指数形式为 $z=3\mathrm{e}^{\mathrm{i}\frac{5\pi}{6}}$.

3. 复数的运算

(1)复数的四则运算．复数的加法和减法，可以按照多项式的加法和减法运算法则进行运算．将实部与实部相加减，虚部与虚部相加减，即

$$(a+b\mathrm{i})+(c+d\mathrm{i})=(a+c)+(b+d)\mathrm{i}. \tag{1-1}$$

$$(a+b\mathrm{i})-(c+d\mathrm{i})=(a-c)+(b-d)\mathrm{i}. \tag{1-2}$$

复数的乘法，可以按照多项式相乘的法则进行运算，在所得的结果中，把 i^2 换成 -1，并把实部与虚部分别合并，即

$$(a+b\mathrm{i})(c+d\mathrm{i})=ac+ad\mathrm{i}+bc\mathrm{i}+bd\mathrm{i}^2=(ac-bd)+(ad+bc)\mathrm{i}. \tag{1-3}$$

特别地，规定复数 z 的乘方为 $z^n=\underbrace{z\cdot z\cdot\cdots\cdot z}_{n}(n\in\mathbb{N}^+)$.

复数的除法，可看成乘法运算的逆运算，即

$$\dfrac{a+b\mathrm{i}}{c+d\mathrm{i}}=\dfrac{(a+b\mathrm{i})(c-d\mathrm{i})}{(c+d\mathrm{i})(c-d\mathrm{i})}=\dfrac{(ac+bd)+(bc-ad)\mathrm{i}}{c^2+d^2} \tag{1-4}$$

例 1-16　计算．

$(1)(4+3\mathrm{i})+(7+9\mathrm{i})$；$(2)(8+3\mathrm{i})-(1-2\mathrm{i})$.

解： $(1)(4+3\mathrm{i})+(7+9\mathrm{i})=(4+7)+(3+9)\mathrm{i}=11+12\mathrm{i}$.

$(2)(8+3\mathrm{i})-(1-2\mathrm{i})=(8-1)+[3-(-2)]\mathrm{i}=7+5\mathrm{i}$.

例 1-17　设复数 $z_1=4+2\mathrm{i}$，$z_2=5-6\mathrm{i}$，计算：$(1)z_1\cdot z_2$；$(2)z_1^2$.

解： $(1)z_1\cdot z_2=(4+2\mathrm{i})(5-6\mathrm{i})=20-24\mathrm{i}+10\mathrm{i}-12\mathrm{i}^2$
$=20-14\mathrm{i}+12=32-14\mathrm{i}$.

$(2)z_1^2=(4+2\mathrm{i})^2=16+16\mathrm{i}+4\mathrm{i}^2=16+16\mathrm{i}-4=12+16\mathrm{i}$.

例 1-18　计算：$\dfrac{5+2\mathrm{i}}{1-2\mathrm{i}}$.

解： $\dfrac{5+2\mathrm{i}}{1-2\mathrm{i}}=\dfrac{(5+2\mathrm{i})(1+2\mathrm{i})}{(1-2\mathrm{i})(1+2\mathrm{i})}=\dfrac{5+10\mathrm{i}+2\mathrm{i}+4\mathrm{i}^2}{1-4\mathrm{i}^2}=\dfrac{1+12\mathrm{i}}{1+4}=\dfrac{1}{5}+\dfrac{12}{5}\mathrm{i}$.

(2)复数其他形式的乘除运算．在生产生活中，用三角形式(极坐标形式、指数形式)表示复数的情形较多，且这些形式进行乘法、乘方、除法运算更为容易．

设 $z_1=r_1(\cos\theta_1+\mathrm{i}\sin\theta_1)$，$z_2=r_2(\cos\theta_2+\mathrm{i}\sin\theta_2)$，则
$z_1\cdot z_2=r_1(\cos\theta_1+\mathrm{i}\sin\theta_1)\cdot r_2(\cos\theta_2+\mathrm{i}\sin\theta_2)$
$=r_1r_2[(\cos\theta_1\cos\theta_2-\sin\theta_1\sin\theta_2)+\mathrm{i}(\sin\theta_1\cos\theta_2+\cos\theta_1\sin\theta_2)]$
$=r_1r_2[\cos(\theta_1+\theta_2)+\mathrm{i}\sin(\theta_1+\theta_2)]$，
即

$$z_1\cdot z_2=r_1r_2[\cos(\theta_1+\theta_2)+\mathrm{i}\sin(\theta_1+\theta_2)].$$

可以看到，对于两个复数三角形式的乘积，它的模等于两个复数的模的乘积，它的辐角等于两个复数的辐角的和．

因此，复数 $z=r(\cos\theta+\mathrm{i}\sin\theta)$ 的乘方运算为

$$z^n = r^n(\cos n\theta + i\sin n\theta).$$

两个复数三角形式的商，它的模等于模的商，商的辐角等于两个复数的辐角的差，即

$$\frac{z_1}{z_2} = \frac{r_1}{r_2}[\cos(\theta_1 - \theta_2) + i\sin(\theta_1 - \theta_2)] \quad (r_2 \neq 0).$$

例 1-19 复数 $z_1 = 2\left(\cos\dfrac{2\pi}{3} + i\sin\dfrac{2\pi}{3}\right)$，$z_2 = 3\left(\cos\dfrac{\pi}{6} + i\sin\dfrac{\pi}{6}\right)$，计算：(1)$z_1 \cdot z_2$；(2)$\dfrac{z_1}{z_2}$.

解： (1)$z_1 \cdot z_2 = 2 \times 3\left[\cos\left(\dfrac{2\pi}{3} + \dfrac{\pi}{6}\right) + i\sin\left(\dfrac{2\pi}{3} + \dfrac{\pi}{6}\right)\right] = 6\left(\cos\dfrac{5\pi}{6} + i\sin\dfrac{5\pi}{6}\right).$

(2)$\dfrac{z_1}{z_2} = \dfrac{2}{3}\left[\cos\left(\dfrac{2\pi}{3} - \dfrac{\pi}{6}\right) + i\sin\left(\dfrac{2\pi}{3} - \dfrac{\pi}{6}\right)\right] = \dfrac{2}{3}\left(\cos\dfrac{\pi}{2} + i\sin\dfrac{\pi}{2}\right).$

类似地，在极坐标形式下，$r_1 \angle \theta_1 \cdot r_2 \angle \theta_2 = r_1 \cdot r_2 \angle (\theta_1 + \theta_2)$，$(r \angle \theta)^n = r^n \angle n\theta$，$\dfrac{r_1 \angle \theta_1}{r_2 \angle \theta_2} = \dfrac{r_1}{r_2} \angle (\theta_1 - \theta_2)$，$(r_2 \neq 0).$

在指数形式下，$r_1 e^{i\theta_1} \cdot r_2 e^{i\theta_2} = r_1 \cdot r_2 e^{i(\theta_1 + \theta_2)}$，$(re^{i\theta})^n = r^n e^{in\theta}$，$r_1 e^{i\theta_1} \div r_2 e^{i\theta_2} = \dfrac{r_1}{r_2} e^{i(\theta_1 - \theta_2)}$，$(r_2 \neq 0).$

4. 电工学中的复数应用

正弦交流电路中，电流强度 i 随时间 t 变化的函数记为 $i = I_m \sin(\omega t + \varphi_i)$，电压 u 随时间 t 变化的函数记为 $u = U_m \sin(\omega t + \varphi_u)$，电动势 e 随时间 t 变化的函数记为 $e = E_m \sin(\omega t + \varphi_e)$. 以上这些函数解析式称为**正弦量**. 为了简化计算，用最大值和初相位的复数来表示正弦量. 正弦量的复数表示称为**相量**，为了与电流强度区分，虚数单位用 j 表示. 电流相量表示为 $\dot{I}_m = I_m \angle \varphi_i$，电压相量表示为 $\dot{U}_m = U_m \angle \varphi_u$，电动势相量表示为 $\dot{E}_m = E_m \angle \varphi_e$. 在实际中用有效值的相量来表示，即 $\dot{I} = \dfrac{I_m}{\sqrt{2}} \angle \varphi_i$，$\dot{U} = \dfrac{U_m}{\sqrt{2}} \angle \varphi_u$，$\dot{E} = \dfrac{E_m}{\sqrt{2}} \angle \varphi_e$. $\dfrac{\dot{U}}{\dot{I}} = |Z| \angle (\varphi_u - \varphi_i) = |Z| \angle \varphi$，称为交流电路的复阻抗，$\varphi$ 为阻抗角.

例 1-20 某家用的逆变器功率为 1 100 W（所用的红外线灯泡可视为纯电阻），且交变电压 $u = 220\sqrt{2}\sin(314t + 120°)$ V. 试写出通过逆变器的电流相量形式，并写出电流的瞬时值表达式.

解： $\dot{U} = \dfrac{220\sqrt{2}}{\sqrt{2}} \angle 120° = 220 \angle 120°(\text{V})$，$R = \dfrac{U^2}{P} = \dfrac{220^2}{1\,100} = 44(\Omega)$，

$\dot{I} = \dfrac{\dot{U}}{R} = \dfrac{220}{44} \angle 120° = 5 \angle 120°(\text{A})$，$I_m = 5\sqrt{2} = 7.07(\text{A}).$

瞬时值表达式为 $i = 7.07\sin(314t + 120°)$ A.

5. 复变函数

以复数作为自变量和因变量的函数称为复变函数. 复变集合 E 中的每一复数 $z = x + iy$

对应另外的复数值 $w=f(z)=u(x,y)+\mathrm{i}v(x,y)$，称 w 为 z 的复变函数．

例 1-21　复变函数 $w=z^2$，即 $w=(x+\mathrm{i}y)^2=(x^2-y^2)+2xy\mathrm{i}$，可以看作一个复数按照对应法则确定另一个复数的过程．这是一种二维空间到二维空间的映射，总维数是四维，因此在日常生活的三维空间中，复变函数图像并不能直观地画出，但可采用一些方法帮助我们直观地认识这类函数．例如将 z 看成复平面上的一个有序实数对，函数值 w 只取模 $|w|$，而辐角利用颜色表示，这样就组成了一个新的二维至二维的映射 $(x,y)\to(|w|,\mathrm{color})$，由上述复变函数 $w=z^2$ 可画出带颜色的三维视图，如图 1-7 所示．

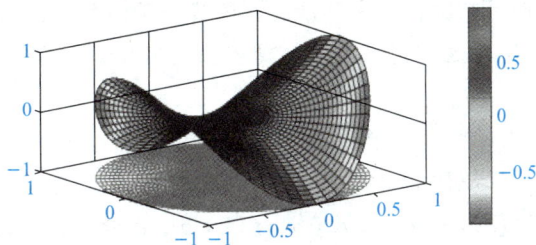

图 1-7

1.1.5　数学模型

数学模型是针对现实世界的某一特定对象，为了一个特定的目的，根据特有的内在规律，做出必要的简化和假设，运用适当的数学工具，采用形式化的语言，概括或近似地表述出来的一种数学结构，它能解释特定对象的现实状态，或能预测特定对象的未来状态，或能提供处理特定对象的最优决策和控制．用数学的符号和语言把某一特定对象表述为数学式子，就是数学模型，数学模型一般用函数关系式来表示．

数学模型用以解决生产生活中的实际问题，体现了数学作为一种技术工具应用于现实生活的重要性．

数学建模通常包括以下几个步骤（图 1-8）．

（1）模型准备．深入了解实际问题的背景和现状，明确问题的目标和限制．收集必要的数据，并对这些数据进行初步分析．

（2）模型假设．根据问题的特点和限制，确定模型的假设条件和边界．这些假设应既符合问题的实际情况，又便于使用数学工具进行分析和求解．

（3）模型建立．选择适当的数学工具和语言来描述问题，建立数学模型．这个过程应确保模型的完整性和准确性，同时简化问题以便于求解．

（4）模型求解．使用计算机程序或数学软件求解数学模型，得到模型的解析解或数值解．这可能包括解方程、画图形、使用统计方法等．

（5）模型分析．对模型的求解结果进行分析，包括结果检验、敏感性分析、稳定性分析和误差分析．这有助于验证模型的准确性和有效性，并对其进行优化和改进．

（6）模型检验．把数学上分析的结果对应到现实问题，并用实际的现象、数据与之比较，检验模型的合理性和适用性．

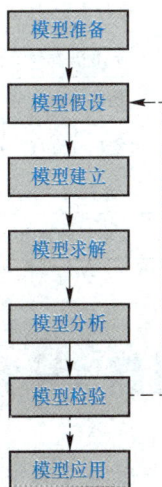

图 1-8

(7)模型应用．将模型的结果与实际现象进行比较，评估模型的适用性和有效性．如果有必要，可能需要根据比较结果重新建模．

这些步骤需要综合运用数学知识、逻辑推理和实际问题的背景知识．每个步骤都对最终的模型质量和实用性有重要影响．接下来用动车组运行阻力模型来简要说明数学建模的过程和作用．

例 1-22 列车运行时会受到阻力，运行速度越高，受到的阻力越大，请建立列车运行阻力数学模型，并给出提高列车运行效能的建议．

解： 模型准备，根据列车运行的实际情况，收集相关的知识、数据、资料等．

(1)模型假设．假设列车运行期间的滚动摩擦系数不变，列车运行期间风速为 0，列车在水平轨道上运行．

(2)模型建立．列车运行阻力 f 分为三种．基本阻力 f_1，基本阻力是列车启动运行时初始受到阻力，即 $f_1 = A$；机械阻力 f_2，机械阻力和列车速度成正比，即 $f_2 = Bv$；空气阻力 f_3，空气阻力和列车速度的平方成正比，即 $f_3 = Cv^2$．因此，列车运行阻力的数学模型为

$$f = A + Bv + Cv^2.$$

(3)模型求解．根据某辆具体列车的运行数据和数学方法求出模型中的 A，B，C，这里借用已经求解出的 CRH380A 列车阻力模型．

$$f = 5.6 + 0.036v + 0.001\,21v^2 (\text{N/t}).$$

(4)模型的分析与检验(略)．

(5)模型应用．取列车运行速度 100 km/h，250 km/h，350 km/h 计算各个阻力．由表 1-2 可以看出，空气阻力是列车运行的主要阻力，尤其是高速运行时，列车耗能绝大多数用于抵抗空气阻力，因此减小空气阻力是提高列车运行能效最有效的方法．我们追求的目标是使列车高速运行，因此不能通过降低运行速度来减小空气阻力，只能通过改进列车的设计来减小空气阻力系数以提高列车运行的效能．

表 1-2　列车运动阻力数据表

运行速度/(km·h⁻¹)	100	250	350
基本阻力/(N·t⁻¹)	5.6	5.6	5.6
机械阻力/(N·t⁻¹)	3.6	9	12.6
空气阻力/(N·t⁻¹)	12.1	75.625	148.225
总阻力/(N·t⁻¹)	21.3	90.225	166.425
空气阻力占比/%	56.81	83.82	89.06

习题 1-1

1. 求下列一元函数的定义域．

$(1)\, y = \dfrac{1}{\sqrt{2x-1}} + \ln(3-x)$；

$(2)\, y = \dfrac{1}{\ln(3x-4)}$；

(3) $y = \arcsin \dfrac{x+1}{3}$；

(4) $y = \dfrac{1}{x^2 - 5x}$.

2. 指出下列函数的复合过程.

(1) $y = \sqrt{x^2 + 2}$；

(2) $y = (4 + 2x)^6$；

(3) $y = 3^{\cos 2x}$；

(4) $y = \cos^2\left(3x + \dfrac{\pi}{4}\right)$.

3. 计算.

(1) $(3 - 2i) + (-3 + 4i)$；

(2) $(6 + 2i) - (1 - i)$；

(3) $(\sqrt{2} + \sqrt{3}\,i) \cdot (\sqrt{2} - \sqrt{3}\,i)$；

(4) $\dfrac{2 + i}{3 - 4i}$；

(5) $3(\cos 120° + i\sin 120°) \cdot 2(\cos 30° + i\sin 30°)$；

(6) $[2(\cos 10° + i\sin 10°)]^6$；

(7) $8\angle \dfrac{3\pi}{4} \times 3\angle \dfrac{\pi}{4}$；

(8) $2e^{i\frac{2\pi}{3}} \div 6e^{i\frac{\pi}{6}}$.

4. 某机械厂生产一个零件的可变成本为 10 元，每天的固定成本为 2 000 元，如果每个零件的出场价为 20 元，假设生产的产品都能卖出，求：

(1) 每天的总成本函数；

(2) 每天的总收益函数；

(3) 每天应生产多少个零件才能盈亏相抵.

5. 一物体做直线运动，已知阻力 f 的大小与物体运动的速度 v 成正比，但方向相反. 当物体以 4 m/s 的速度运动时，阻力为 2 N，试建立阻力与速度之间的函数关系.

6. 已知正弦电流 $i = 8\sqrt{2}\sin(100\pi t - 30°)$ A，电压 $u = 100\sqrt{2}\sin(100\pi t + 135°)$ V.

(1) 写出有效相量 $\dot{I}$，$\dot{U}$，并绘制相量图；

(2) 求复阻抗 Z.

1.2 极　限

1.2.1 数列的极限

《庄子·天下篇》中有一句话："一尺之棰，日取其半，万世不竭."意思是一根一尺长的木棒，每天截取剩余木棒长度的一半，是永远截不完的. 把每天截取的长度列出来，即 $\dfrac{1}{2}$，$\dfrac{1}{2^2}$，$\dfrac{1}{2^3}$，$\dfrac{1}{2^4}$，$\cdots$，$\dfrac{1}{2^{100}}$，$\cdots$，可以发现随着时间的增加，最后截取的木棒长度趋于零.

定义 1-12　对于数列 $\{a_n\}$，如果 n 无限增大，a_n 无限地趋于某一确定的常数 a，则称常数 a 是数列 $\{a_n\}$ 的极限，或称数列 $\{a_n\}$ 收敛于 a，记作

$$\lim_{n \to \infty} a_n = a.$$

如果 a_n 不趋于一个常数,则数列 $\{a_n\}$ 没有极限,称数列 $\{a_n\}$ 发散.

如《庄子·天下篇》中截取木棒的数列 $\left\{\dfrac{1}{2^n}\right\}$,当 $n \to \infty$ 时,$\dfrac{1}{2^n}$ 无限接近常数 0,则 0 就是

数列 $\left\{\dfrac{1}{2^n}\right\}$ 在 $n \to \infty$ 时的极限,记作 $\lim\limits_{n \to \infty} \dfrac{1}{2^n} = 0$. 而对于数列 $\{(-1)^{n+1}\}$,当 $n \to \infty$ 时,

$(-1)^{n+1}$ 在 1 和 -1 之间来回变化,无法趋于一个确定的常数,因此数列 $\{(-1)^{n+1}\}$ 在 $n \to \infty$ 时没有极限.

例 1-23 观察下列各数列的变化趋势,并写出它们的极限.

(1)$a_n = \dfrac{1}{n^2}$;   (2)$a_n = 3 - \dfrac{1}{n}$;   (3)$a_n = \dfrac{(-1)^{n+1}}{n}$;   (4)$a_n = -2$.

解: 列表考查这四个数列的前几项及当 $n \to \infty$ 时的变化趋势,见表 1-3.

表 1-3   数列变化趋势

n	1	2	3	4	5	$\cdots$	$\to \infty$
(1)$a_n = \dfrac{1}{n^2}$	1	$\dfrac{1}{4}$	$\dfrac{1}{9}$	$\dfrac{1}{16}$	$\dfrac{1}{25}$	$\cdots$	$\to 0$
(2)$a_n = 3 - \dfrac{1}{n}$	$3-1$	$3-\dfrac{1}{2}$	$3-\dfrac{1}{3}$	$3-\dfrac{1}{4}$	$3-\dfrac{1}{5}$	$\cdots$	$\to 3$
(3)$a_n = \dfrac{(-1)^{n+1}}{n}$	1	$-\dfrac{1}{2}$	$\dfrac{1}{3}$	$-\dfrac{1}{4}$	$\dfrac{1}{5}$	$\cdots$	$\to 0$
(4)$a_n = -2$	-2	-2	-2	-2	-2	$\cdots$	$\to -2$

根据数列极限的定义,得

(1)$\lim\limits_{n \to \infty} \dfrac{1}{n^2} = 0$;   (2)$\lim\limits_{n \to \infty} \left(3 - \dfrac{1}{n}\right) = 3$;

(3)$\lim\limits_{n \to \infty} \dfrac{(-1)^{n+1}}{n} = 0$;   (4)$\lim\limits_{n \to \infty} (-2) = -2$.

1.2.2 函数的极限

1. 自变量 $x \to \infty$ 时函数的极限

定义 1-13 函数 $f(x)$ 的自变量 x 绝对值无限增大时,函数值 $f(x)$ 无限接近一个确定的常数 A,那么称 A 为 $f(x)$ 当 $x \to \infty$ 时的极限,记作

$$\lim_{x \to \infty} f(x) = A.$$

【注意】 函数 $y = f(x)$ 的自变量 x 的绝对值无限增大,记作 $x \to \infty$,包括 $x \to +\infty$ 和 $x \to -\infty$. 例如,函数 $y = \dfrac{\sin x}{x}$ 在 $x \to \infty$ 时的变化趋势如图 1-9 所示,当 $x \to +\infty$ 时,函数 $\dfrac{\sin x}{x}$

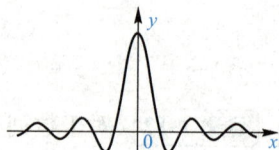

图 1-9

无限接近常数 0；当 $x \to -\infty$ 时，函数 $\dfrac{\sin x}{x}$ 无限接近常数 0. 因此，函数 $y = \dfrac{\sin x}{x}$ 在 $x \to \infty$ 时极限为 0，记作 $\lim\limits_{x \to \infty} \dfrac{\sin x}{x} = 0$.

定义 1-14　函数 $f(x)$ 当 $x \to +\infty$（$x \to -\infty$）时，函数值 $f(x)$ 无限接近一个确定的常数 A，那么称 A 为 $f(x)$ 当 $x \to +\infty$（$x \to -\infty$）时的极限，叫作**单侧极限**，记作
$$\lim_{x \to +\infty} f(x) = A\left[\lim_{x \to -\infty} f(x) = A\right].$$

定理 1-1　$\lim\limits_{x \to \infty} f(x) = A$ 存在的充要条件为 $\lim\limits_{x \to +\infty} f(x) = \lim\limits_{x \to -\infty} f(x) = A$.

例 1-24　求函数 $y = \arctan x$ 的单侧极限 $\lim\limits_{x \to +\infty} \arctan x$，$\lim\limits_{x \to -\infty} \arctan x$，并讨论 $\lim\limits_{x \to \infty} \arctan x$ 是否存在.

解：由函数 $y = \arctan x$ 的图像（图 1-10），可得 $\lim\limits_{x \to +\infty} \arctan x = \dfrac{\pi}{2}$，$\lim\limits_{x \to -\infty} \arctan x = -\dfrac{\pi}{2}$.

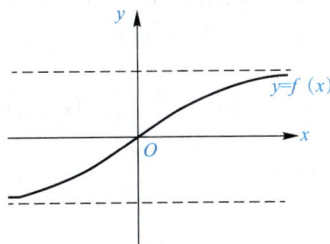

图 1-10

因为 $\lim\limits_{x \to +\infty} \arctan x \neq \lim\limits_{x \to -\infty} \arctan x$，所以 $\lim\limits_{x \to \infty} \arctan x$ 不存在.

2. 自变量 $x \to x_0$ 时函数的极限

定义 1-15　设函数 $f(x)$ 在 x_0 的附近有定义，如果当 $x \to x_0$ 时，函数 $f(x)$ 的函数值无限接近确定的常数 A，则称 A 为函数 $f(x)$ 在 $x \to x_0$ 时的极限，记作
$$\lim_{x \to x_0} f(x) = A.$$

例 1-25　若函数 $f(x) = x+1$，$g(x) = \dfrac{x^2-1}{x-1}$，观察函数图像并求极限 $\lim\limits_{x \to 1} f(x)$，$\lim\limits_{x \to 1} g(x)$.

解：函数 $f(x) = x+1$ 和 $g(x) = \dfrac{x^2-1}{x-1}$ 当 $x \to 1$ 时函数值的变化趋势如图 1-11 所示.

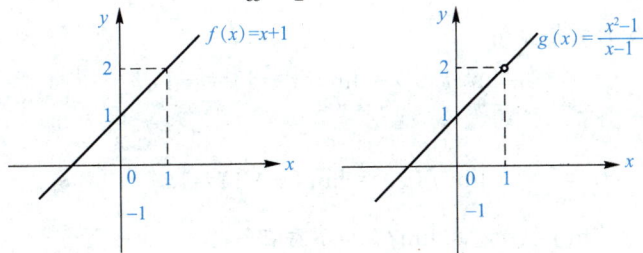

图 1-11

可以发现，当 $x \to 1$ 时，函数 $f(x)=x+1$ 和 $g(x)=\dfrac{x^2-1}{x-1}$ 的函数值都无限接近 2，因此函数 $f(x)=x+1$ 和 $g(x)=\dfrac{x^2-1}{x-1}$ 当 $x \to 1$ 时的极限是 2，即

$$\lim_{x\to1}f(x)=\lim_{x\to1}(x+1)=2, \lim_{x\to1}g(x)=\lim_{x\to1}\frac{x^2-1}{x-1}=2.$$

可以看出，虽然 $f(x)$ 和 $g(x)$ 当 $x \to 1$ 时都有极限，但 $g(x)$ 在 $x=1$ 时没有定义．这说明函数在一点处是否存在极限和它在该点处是否有定义没有关系．

函数 $f(x)$ 自变量 x 无限接近 x_0，同时包括自变量 x 从大于 x_0 趋于 x_0 和从小于 x_0 趋于 x_0．若 x 仅从大于 x_0 的右边趋于 x_0，则记作 $x \to x_0^+$；若 x 仅从小于 x_0 的左边趋于 x_0，则记作 $x \to x_0^-$．因此，函数 $f(x)$ 在 x 趋于 x_0 时可以分成左、右两边定义极限．

定义 1-16 如果当 $x \to x_0^-$（$x \to x_0^+$）时，函数 $f(x)$ 的函数值无限接近确定的常数 A，则称 A 为函数 $f(x)$ 当 $x \to x_0^+$（$x \to x_0^-$）时的极限，称为左极限（右极限），记作

$$\lim_{x\to x_0^+}f(x)=A\left[\lim_{x\to x_0^-}f(x)=A\right].$$

定理 1-2 $\lim\limits_{x\to x_0}f(x)=A$ 存在的充要条件是左、右极限都存在且相等，即 $\lim\limits_{x\to x_0}f(x)=A \Leftrightarrow \lim\limits_{x\to x_0^-}f(x)=\lim\limits_{x\to x_0^+}f(x)=A$．

例 1-26 讨论函数 $f(x)=\begin{cases}x+1, & x<0 \\ 0, & x=0 \\ x-1, & x>0\end{cases}$ 当 $x \to 0$ 时的极限．

解：函数图像如图 1-12 所示．

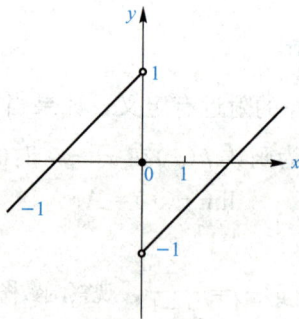

图 1-12

$f(x)$ 在 $x=0$ 处的右极限为

$$\lim_{x\to0^+}f(x)=\lim_{x\to0^+}(x-1)=-1,$$

左极限为

$$\lim_{x\to0^-}f(x)=\lim_{x\to0^-}(x+1)=1.$$

由于 $\lim\limits_{x\to0^-}f(x)\neq\lim\limits_{x\to0^+}f(x)$，故 $\lim\limits_{x\to0}f(x)$ 不存在．

极限具有以下性质．

性质 1-1(唯一性)　若 $\lim\limits_{x \to x_0} f(x) = A$，则极限值是唯一的.

性质 1-2(夹逼准则)　设 $f(x)$，$g(x)$，$h(x)$ 是三个函数，若存在 $\delta > 0$，当 $0 < |x - x_0| < \delta$ 时，有 $g(x) \leqslant f(x) \leqslant h(x)$，$\lim\limits_{x \to x_0} g(x) = \lim\limits_{x \to x_0} h(x) = A$，则

$$\lim\limits_{x \to x_0} f(x) = A.$$

1.2.3　无穷小与无穷大

1. 无穷小

定义 1-17　当 x 在某一变化下，函数 $f(x)$ 的函数值的绝对值无限接近零，则称函数 $f(x)$ 在这一变化下是无穷小量，简称为无穷小，记作 0.

例如，$\lim\limits_{x \to 2}(x^2 - 4) = 0$，则函数 $y = x^2 - 4$ 是当 $x \to 2$ 时的无穷小；$\lim\limits_{x \to \infty}\dfrac{1}{x^2} = 0$，则函数 $y = \dfrac{1}{x^2}$ 是 $x \to \infty$ 时的无穷小.

例 1-27　讨论下列函数在什么情况下是无穷小.

(1) $y = e^x$；　　　　　　　　　　　(2) $y = \ln(x - 1)$.

解：(1) 因为 $\lim\limits_{x \to -\infty} e^x = 0$，所以 e^x 在 $x \to -\infty$ 时为无穷小.

(2) 因为 $\lim\limits_{x \to 2} \ln(x - 1) = 0$，$\lim\limits_{x \to 2^+} \ln(x - 1) = 0$，$\lim\limits_{x \to 2^-} \ln(x - 1) = 0$，所以 $\ln(x - 1)$ 在 $x \to 2$，$x \to 2^+$，$x \to 2^-$ 时为无穷小.

【注意】(1) 一个很小的数，即使再小也不是无穷小，如 0.001，10^{-100}，$100^{-1\,000}$ 不是无穷小.

(2) 一个很大的负数也不是无穷小，如 $-10\,000$，-10^{200} 不是无穷小.

(3) 一个函数在 x 某一变化下为无穷小，但在其他变化下不一定是无穷小，如 $\lim\limits_{x \to -1}(x + 1) = 0$，$\lim\limits_{x \to 0}(x + 1) = 1$，则 $x + 1$ 在 $x \to -1$ 时是无穷小，但在 $x \to 0$ 时不是无穷小.

无穷小具有以下性质.

性质 1-3　有限个无穷小的代数和是无穷小.

性质 1-4　有界函数与无穷小的乘积是无穷小.

性质 1-5　无穷小的乘积是无穷小量.

例 1-28　求极限 $\lim\limits_{x \to 0}\left(x \sin \dfrac{1}{x}\right)$.

解：由于 $\left| \sin \dfrac{1}{x} \right| \leqslant 1$，所以 $y = \sin \dfrac{1}{x}$ 是有界函数，而 $\lim\limits_{x \to 0} x = 0$，由性质 1-4 得 $\lim\limits_{x \to 0}\left(x \sin \dfrac{1}{x}\right) = 0.$

假设存在两个无穷小，虽然它们都趋于 0，但是它们趋于 0 的速度有所不同．此时，可以对无穷小进行阶的比较．

定义 1-18 在自变量的同一个变化过程中，α 及 β 都是无穷小，且 $\alpha \neq 0$，$\lim \dfrac{\beta}{\alpha}$ 也是在这个变化过程中的极限．

(1) 如果 $\lim \dfrac{\beta}{\alpha}=0$，那么就说 β 是比 α 高阶的无穷小，记作 $\beta=o(\alpha)$；

(2) 如果 $\lim \dfrac{\beta}{\alpha}=\infty$，那么就说 β 是比 α 低阶的无穷小；

(3) 如果 $\lim \dfrac{\beta}{\alpha}=c \neq 0$，那么就说 β 与 α 是同阶无穷小；

(4) 如果 $\lim \dfrac{\beta}{\alpha^k}=c \neq 0$，$k>0$，那么就说 β 是关于 α 的 k 阶无穷小；

(5) 如果 $\lim \dfrac{\beta}{\alpha}=1$，那么就说 β 与 α 是等价无穷小，记作 $\alpha \sim \beta$．

显然，等价无穷小是同阶无穷小的特殊情形，即 $c=1$ 的情形．

例 1-29 当 $x \to 0$ 时，x，$2x$，x^2 都是无穷小，试比较它们之间的阶．

解： 因为 $\lim\limits_{x \to 0} \dfrac{x^2}{x}=0$，所以当 $x \to 0$ 时，x^2 是 x 的高阶无穷小，记作 $x^2=o(x)$．

因为 $\lim\limits_{x \to 0} \dfrac{x}{x^2}=\infty$，所以当 $x \to 0$ 时，x 是 x^2 的低阶无穷小．

因为 $\lim\limits_{x \to 0} \dfrac{2x}{x}=2$，所以当 $x \to 0$ 时，$2x$ 是 x 的同阶无穷小．

2. 无穷大

定义 1-19 当 x 在某一变化下，函数 $f(x)$ 函数值的绝对值无限增大，则称函数 $f(x)$ 在这一变化下是无穷大量，简称为无穷大，记作 ∞．

此时，函数 $f(x)$ 不接近某个常数，因此极限是不存在的，但因 $f(x)$ 具有无限变大的趋势，这种趋势定义为函数的非正常极限，也称为函数的极限，记作 $\lim f(x)=\infty$．

【注意】只要函数 $f(x)$ 的极限 ∞，或 $+\infty$，$-\infty$ 其中之一，就称函数 $f(x)$ 为无穷大．

例 1-30 讨论下列函数在什么情况下为无穷大．

(1) $y=x^3$；   (2) $y=\ln x$．

解： (1) 因为 $\lim\limits_{x \to \infty} x^3=\infty$，所以 x^3 在 $x \to \infty$ 时为无穷大．

(2) 因为 $\lim\limits_{x \to 0^+} \ln x=-\infty$，$\lim\limits_{x \to +\infty} \ln x=+\infty$，所以 $\ln x$ 在 $x \to 0^+$，$x \to +\infty$ 时为无穷大．

3. 无穷小与无穷大的关系

定理 1-3 在自变量的同一变化过程中，如果 $f(x)$ 是无穷大，那么 $\dfrac{1}{f(x)}$ 是无穷小；反之，如果 $f(x)$ 是无穷小，且 $f(x) \neq 0$，那么 $\dfrac{1}{f(x)}$ 是无穷大．

例如，因为 $\lim\limits_{x \to \infty} x^5=\infty$，所以 $\lim\limits_{x \to \infty} \dfrac{1}{x^5}=0$．

习题 1-2

1. 根据数列的变化趋势，求下列数列的极限．

$(1) a_n = (-1)^n \dfrac{1}{n^2}$；

$(2) a_n = \dfrac{(-1)^n}{2}$；

$(3) a_n = \sin(n\pi)$；

$(4) a_n = \dfrac{n-1}{n+1}$．

2. 求下列函数的极限．

$(1) \lim\limits_{x \to \infty} \left(2 - \dfrac{1}{x}\right)$；

$(2) \lim\limits_{x \to \infty} \dfrac{2x+1}{x}$；

$(3) \lim\limits_{x \to 0} (e^x + 1)$；

$(4) \lim\limits_{x \to \infty} 4$；

$(5) \lim\limits_{x \to +\infty} \left(\dfrac{1}{2}\right)^x$；

$(6) \lim\limits_{x \to 1} \ln x$．

3. 求下列函数在指定点处的左、右极限，并判断在该点处极限是否存在．

$(1) f(x) = \dfrac{|x|}{x}$，在 $x = 0$ 处；

$(2) f(x) = \begin{cases} \cos x, & x \geqslant 0 \\ 1+x, & x < 0 \end{cases}$，在 $x = 0$ 处；

$(3) f(x) = \begin{cases} x^2+1, & x < 1 \\ 0, & x = 1 \\ -x^2+3, & x > 1 \end{cases}$，在 $x = 1$ 处．

4. 设 $f(x) = \begin{cases} x, & x < 2 \\ 2x-1, & x \geqslant 2 \end{cases}$，作 $f(x)$ 的图像，并讨论 $x \to 2$ 时 $f(x)$ 的左、右极限．

5. 下列函数在指定的变化过程中，哪些是无穷小，哪些是无穷大？

$(1) y = \dfrac{1}{x^2-2}$，$x \to \infty$；

$(2) y = \dfrac{1}{x^2-2}$，$x \to \sqrt{2}$；

$(3) y = \cos x$，$x \to \dfrac{\pi}{2}$；

$(4) y = \ln x$，$x \to +\infty$；

$(5) y = \lg x$，$x \to 1$；

$(6) y = x^{10}$，$x \to \infty$．

6. 下列函数的自变量 x 在怎样的变化过程中为无穷小？又在怎样的变化过程中为无穷大？

$(1) y = \dfrac{1}{x-2}$；

$(2) y = \ln x$；

$(3) f(x) = e^{\frac{1}{x}}$．

7. 利用无穷小的性质，求下列极限．

$(1) \lim\limits_{x \to 0} (x^2 \cos x)$；

$(2) \lim\limits_{x \to \infty} \dfrac{\sin x}{x^3}$．

8. 求下列函数极限.

(1) $\lim\limits_{x \to 1} \dfrac{x^2+3}{x-1}$;

(2) $\lim\limits_{x \to +\infty} x(\sqrt{9x^2-1}-3x)$.

1.3 极限的运算

1.3.1 极限的四则运算法则

定理 1-4 在自变量的同一个变化过程中，如果 $\lim f(x)=A$，$\lim g(x)=B$，则

(1) $\lim[f(x) \pm g(x)]=\lim f(x) \pm \lim g(x)=A \pm B$.

(2) $\lim[f(x) \cdot g(x)]=\lim f(x) \cdot \lim g(x)=A \cdot B$.

(3) 若 $B \neq 0$，则 $\lim \dfrac{f(x)}{g(x)}=\dfrac{\lim f(x)}{\lim g(x)}=\dfrac{A}{B}$.

这就是说，和差的极限等于极限的和差，积的极限等于极限的积，商的极限等于极限的商. 还可得出两个推论

推论 1-1 若 $g(x)=C$（C 是常数），则 $\lim[Cf(x)]=C\lim f(x)=CA$.

推论 1-2 $\lim[f(x)]^n=[\lim f(x)]^n=A^n$（$n$ 是正整数）.

例 1-31 求 $\lim\limits_{x \to 1}(2x^2-3x+2)$.

解： $\lim\limits_{x \to 1}(2x^2-3x+2)=2\lim\limits_{x \to 1}x^2-3\lim\limits_{x \to 1}x+\lim\limits_{x \to 1}2$

$\quad\quad =2-3+2$

$\quad\quad =1$.

例 1-32 求 $\lim\limits_{x \to 1} \dfrac{x^2+2x+3}{x-2}$.

解： $\lim\limits_{x \to 1} \dfrac{x^2+2x+3}{x-2}=\dfrac{\lim\limits_{x \to 1}(x^2+2x+3)}{\lim\limits_{x \to 1}(x-2)}=\dfrac{\lim\limits_{x \to 1}x^2+2\lim\limits_{x \to 1}x+3}{\lim\limits_{x \to 1}x-2}=-6$.

【注意】 运用函数商的运算法则时，分母的极限 $B \neq 0$. 如果分母的极限 $B=0$，这时就不能使用商的运算法则了.

例 1-33 求 $\lim\limits_{x \to 1} \dfrac{x+1}{x-1}$.

解： $\lim\limits_{x \to 1}(x-1)=0$，分母的极限为 0，因此不能用四则运算法则计算.

由于 $\lim\limits_{x \to 1} \dfrac{x-1}{x+1}=0$，此时 $\dfrac{x-1}{x+1}$ 在 $x \to 1$ 时为无穷小，所以 $\dfrac{x+1}{x-1}$ 在 $x \to 1$ 时为无穷大，即

$\lim\limits_{x \to 1} \dfrac{x+1}{x-1}=\infty$.

1.3.2　特殊的运算变形

1. "$\dfrac{0}{0}$"型极限

例 1-34　求 $\lim\limits_{x \to 2} \dfrac{x^2 - x - 2}{x - 2}$.

解： $\lim\limits_{x \to 2} \dfrac{x^2 - x - 2}{x - 2} = \lim\limits_{x \to 2} \dfrac{(x-2)(x+1)}{x-2} = \lim\limits_{x \to 2}(x+1) = 3.$

例 1-35　求 $\lim\limits_{x \to 0} \dfrac{\sqrt{1+x} - 1}{x}$.

解： 可以先对分子有理化，再计算.

$$\lim\limits_{x \to 0} \frac{\sqrt{1+x} - 1}{x} = \lim\limits_{x \to 0} \frac{(\sqrt{1+x} - 1)(\sqrt{1+x} + 1)}{x(\sqrt{1+x} + 1)}$$

$$= \lim\limits_{x \to 0} \frac{x}{x(\sqrt{1+x} + 1)} = \lim\limits_{x \to 0} \frac{1}{\sqrt{1+x} + 1} = \frac{1}{2}.$$

2. "$\dfrac{\infty}{\infty}$"型极限

例 1-36　求 $\lim\limits_{x \to \infty} \dfrac{3x^2 - 2x - 3}{x^2 + x}$.

解： 分子及分母同除以 x^2，得

$$\lim\limits_{x \to \infty} \frac{3x^2 - 2x - 3}{x^2 + x} = \lim\limits_{x \to \infty} \frac{3 - \dfrac{2}{x} - \dfrac{3}{x^2}}{1 + \dfrac{1}{x}} = \frac{\lim\limits_{x \to \infty}3 - \lim\limits_{x \to \infty}\dfrac{2}{x} - \lim\limits_{x \to \infty}\dfrac{3}{x^2}}{\lim\limits_{x \to \infty}1 + \lim\limits_{x \to \infty}\dfrac{1}{x}}$$

$$= \frac{3 - 0 - 0}{1 + 0} = 3.$$

例 1-37　求 $\lim\limits_{x \to \infty} \dfrac{2x^2 - x + 3}{x^3 + 2x}$.

解： 分子及分母同除以 x^3，得

$$\lim\limits_{x \to \infty} \frac{\dfrac{2}{x} - \dfrac{1}{x^2} + \dfrac{3}{x^3}}{1 + \dfrac{2}{x^2}} = \frac{0 - 0 + 0}{1 + 0} = 0.$$

例 1-38　求 $\lim\limits_{x \to \infty} \dfrac{x^2 + 1}{x - 1}$.

解： 先求 $\lim\limits_{x \to \infty} \dfrac{x - 1}{x^2 + 1}$，分子分母同除以 x^2，得

$$\lim\limits_{x \to \infty} \frac{x - 1}{x^2 + 1} = \lim\limits_{x \to \infty} \frac{\dfrac{1}{x} - \dfrac{1}{x^2}}{1 + \dfrac{1}{x^2}} = \frac{0}{1} = 0,$$

再根据无穷小的倒数是无穷大量，得

$$\lim_{x\to\infty}\frac{x^2+1}{x-1}=\infty.$$

总结： 如果 $a_0\neq0$，$b_0\neq0$，则

$$\lim_{x\to\infty}\frac{a_0x^n+a_1x^{n-1}+\cdots+a_n}{b_0x^m+b_1x^{m-1}+\cdots+b_m}=\begin{cases}\dfrac{a_0}{b_0}, & n=m \\ 0, & n<m \\ \infty, & n>m\end{cases}.$$

3. "$\infty-\infty$"型极限

例 1-39 求 $\lim\limits_{x\to1}\left(\dfrac{1}{x-1}-\dfrac{1}{x^2-1}\right)$.

解： $\lim\limits_{x\to1}\left(\dfrac{1}{x-1}-\dfrac{1}{x^2-1}\right)=\lim\limits_{x\to1}\left[\dfrac{x+1}{(x+1)(x-1)}-\dfrac{1}{x^2-1}\right]$

$$=\lim_{x\to1}\frac{x}{x^2-1}=\infty.$$

4. "S_n"型极限

例 1-40 求 $\lim\limits_{x\to\infty}\left(\dfrac{1}{n^2}+\dfrac{2}{n^2}+\dfrac{3}{n^2}+\cdots+\dfrac{n}{n^2}\right)$.

解： $\lim\limits_{x\to\infty}\left(\dfrac{1}{n^2}+\dfrac{2}{n^2}+\dfrac{3}{n^2}+\cdots+\dfrac{n}{n^2}\right)=\lim\limits_{x\to\infty}\dfrac{1}{n^2}(1+2+3+\cdots+n)$

$$=\lim_{x\to\infty}\frac{1}{n^2}\cdot\frac{n(1+n)}{2}=\lim_{x\to\infty}\frac{n^2+n}{2n^2}=\frac{1}{2}.$$

习题 1-3

1. 求下列极限.

(1) $\lim\limits_{x\to1}(3x^2-x+1)$;

(2) $\lim\limits_{x\to1}\dfrac{x^2+1}{x-3}$;

(3) $\lim\limits_{x\to3}\dfrac{x^2-2x-3}{x-3}$;

(4) $\lim\limits_{x\to1}\dfrac{x^2-2x+1}{x^2-1}$.

2. 求下列极限.

(1) $\lim\limits_{x\to\infty}\left(1-\dfrac{2}{x}+\dfrac{5}{x^3}\right)$;

(2) $\lim\limits_{x\to\infty}\dfrac{2x^2-x+1}{x^2+x}$;

(3) $\lim\limits_{x\to\infty}\dfrac{x^2-x+1}{x^3+5x}$;

(4) $\lim\limits_{x\to\infty}\dfrac{x^2-x+1}{x+1}$;

(5) $\lim\limits_{n\to\infty}\dfrac{n(n+1)(n+2)}{n^3}$;

(6) $\lim\limits_{n\to\infty}\dfrac{1+\dfrac{1}{2}+\cdots+\dfrac{1}{2^n}}{1+\dfrac{1}{3}+\cdots+\dfrac{1}{3^n}}$.

3. 求下列极限.

(1) $\lim\limits_{x\to 2}\dfrac{x^2+1}{x-2}$;

(2) $\lim\limits_{x\to 2}\dfrac{x+2}{x^2-x-2}$;

(3) $\lim\limits_{x\to 3}\left(\dfrac{1}{x-3}-\dfrac{6}{x^2-9}\right)$;

(4) $\lim\limits_{x\to 1}\left(\dfrac{2}{x^2-1}-\dfrac{1}{x-1}\right)$;

(5) $\lim\limits_{x\to 0}\dfrac{\sqrt{1-x}-1}{x}$;

(6) $\lim\limits_{x\to 1}\dfrac{\sqrt{x+2}-\sqrt{3}}{x-1}$.

1.4　两个重要极限

1.4.1　第一个重要极限：$\lim\limits_{x\to 0}\dfrac{\sin x}{x}=1$

$\lim\limits_{x\to 0}\dfrac{\sin x}{x}$ 是特殊的"$\dfrac{0}{0}$"型极限,下面作出单位圆(图 1-13)来辅助求解此极限.

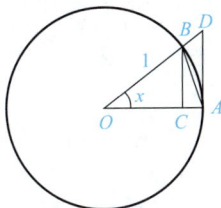

图 1-13

设圆心角 $\angle AOB=x\left(0<x<\dfrac{\pi}{2}\right)$,过点 A 作圆的切线 AD,与 OB 的延长线交于点 D,作 $BC\perp OA$,连接 AB,由图 1-13 可知,

$$\triangle AOB \text{ 的面积}<\text{扇形 } AOB \text{ 的面积}<\triangle AOD \text{ 的面积},$$

即

$$\dfrac{1}{2}\sin x<\dfrac{1}{2}x<\dfrac{1}{2}\tan x,$$

化简,得

$$\sin x<x<\tan x.$$

不等式两边同时除以 $\sin x$,得

$$1<\dfrac{x}{\sin x}<\dfrac{1}{\cos x}.$$

即 $\cos x<\dfrac{\sin x}{x}<1$.

因为 $\lim\limits_{x\to 0}\cos x=1$,$\lim\limits_{x\to 0}1=1$,所以

$$\lim_{x \to 0} \frac{\sin x}{x} = 1.$$

例 1-41 求 $\lim\limits_{x \to 0} \dfrac{\sin 3x}{x}$.

解： $\lim\limits_{x \to 0} \dfrac{\sin 3x}{x} = \lim\limits_{x \to 0} 3 \cdot \dfrac{\sin 3x}{3x} = 3 \lim\limits_{x \to 0} \dfrac{\sin 3x}{3x}$.

令 $3x = t$，则 $x \to 0$ 时，$t \to 0$，所以

$$\lim_{x \to 0} \frac{\sin 3x}{x} = 3 \lim_{t \to 0} \frac{\sin t}{t} = 3.$$

例 1-42 求 $\lim\limits_{x \to 0} \dfrac{\tan x}{x}$.

解： $\lim\limits_{x \to 0} \dfrac{\tan x}{x} = \lim\limits_{x \to 0} \left(\dfrac{\sin x}{x} \cdot \dfrac{1}{\cos x} \right) = \lim\limits_{x \to 0} \dfrac{\sin x}{x} \cdot \lim\limits_{x \to 0} \dfrac{1}{\cos x} = 1 \times 1 = 1.$

例 1-43 求 $\lim\limits_{x \to 0} \dfrac{1 - \cos x}{x^2}$.

解： $\lim\limits_{x \to 0} \dfrac{1 - \cos x}{x^2} = \lim\limits_{x \to 0} \dfrac{2 \sin^2 \frac{x}{2}}{x^2} = \dfrac{1}{2} \lim\limits_{x \to 0} \dfrac{\sin^2 \frac{x}{2}}{\left(\frac{x}{2} \right)^2} = \dfrac{1}{2} \lim\limits_{x \to 0} \left(\dfrac{\sin \frac{x}{2}}{\frac{x}{2}} \right)^2 = \dfrac{1}{2} \times 1^2 = \dfrac{1}{2}.$

例 1-44 求 $\lim\limits_{x \to 0} \dfrac{\arcsin x}{x}$.

解： 令 $t = \arcsin x$，则 $x = \sin t$，

$$\lim_{x \to 0} \frac{\arcsin x}{x} = \lim_{t \to 0} \frac{t}{\sin t} = \lim_{t \to 0} \frac{1}{\frac{\sin t}{t}} = 1.$$

同理，

$$\lim_{x \to 0} \frac{\arctan x}{x} = 1.$$

1.4.2 第二个重要极限：$\lim\limits_{x \to \infty} \left(1 + \dfrac{1}{x} \right)^x = e$

首先考虑数列 $\left(1 + \dfrac{1}{n} \right)^n$，按照二项式定理展开：

$$\left(1 + \frac{1}{n} \right)^n = 1 + n \cdot \frac{1}{n} + \frac{n(n-1)}{1 \times 2} \cdot \frac{1}{n^2} + \frac{n(n-1)(n-2)}{1 \times 2 \times 3} \cdot \frac{1}{n^3} + \cdots + \frac{n(n-1) \cdots 2 \cdot 1}{1 \times 2 \times \cdots \times n} \cdot \frac{1}{n^n}.$$

令 $e = \lim\limits_{n \to \infty} \left(1 + \dfrac{1}{n} \right)^n = 1 + 1 + \dfrac{1}{2!} + \dfrac{1}{3!} + \cdots + \dfrac{1}{n!}$，即 $e = 1 + 1 + \dfrac{1}{2!} + \dfrac{1}{3!} + \cdots + \dfrac{1}{n!} + \cdots$，计算前 10 项：

$$
\begin{array}{r}
2.000\ 000\ 00 \\
1/2! = 0.500\ 000\ 00 \\
1/3! \approx 0.166\ 666\ 67 \\
1/4! \approx 0.041\ 666\ 67 \\
1/5! \approx 0.008\ 333\ 33 \\
1/6! \approx 0.001\ 388\ 89 \\
1/7! \approx 0.000\ 198\ 41 \\
1/8! \approx 0.000\ 024\ 80 \\
1/9! \approx 0.000\ 002\ 76 \\
\underline{1/10! \approx 0.000\ 000\ 28} \\
2.718\ 281\ 81
\end{array}
$$

可知 e 是一个无理数，e≈2.728 18. 因此，

$$
\lim_{x \to \infty}\left(1+\frac{1}{x}\right)^{x}=\mathrm{e}.
$$

令 $\frac{1}{x}=t$，当 $x \to \infty$ 时，$t \to 0$，上式可变为

$$
\lim_{t \to 0}(1+t)^{\frac{1}{t}}=\mathrm{e}.
$$

例 1-45　求 $\lim\limits_{x \to \infty}\left(1+\dfrac{3}{x}\right)^{x}$.

解：令 $\dfrac{x}{3}=t$，则 $x=3t$，当 $x \to \infty$ 时，$t \to \infty$，

$$
\lim_{x \to \infty}\left(1+\frac{3}{x}\right)^{x}=\lim_{x \to \infty}\left[\left(1+\frac{3}{x}\right)^{\frac{x}{3}}\right]^{3}=\lim_{t \to \infty}\left(1+\frac{1}{t}\right)^{3t}=\lim_{t \to \infty}\left[\left(1+\frac{1}{t}\right)^{t}\right]^{3}=\mathrm{e}^{3}.
$$

例 1-46　求 $\lim\limits_{x \to 0}(1-2x)^{\frac{1}{x}}$.

解：$\lim\limits_{x \to 0}(1-2x)^{\frac{1}{x}}=\lim\limits_{x \to 0}[1+(-2x)]^{\frac{1}{-2x}\cdot(-2)}=\lim\limits_{x \to 0}\{[1+(-2x)]^{\frac{1}{-2x}}\}^{(-2)}=\mathrm{e}^{-2}.$

例 1-47　求 $\lim\limits_{x \to \infty}\left(1+\dfrac{1}{2x}\right)^{6x+5}$.

解：$\lim\limits_{x \to \infty}\left(1+\dfrac{1}{2x}\right)^{6x+5}=\lim\limits_{x \to \infty}\left(1+\dfrac{1}{2x}\right)^{6x}\cdot\left(1+\dfrac{1}{2x}\right)^{5}$

$$
=\lim_{x \to \infty}\left[\left(1+\frac{1}{2x}\right)^{2x}\right]^{3}\cdot\lim_{x \to \infty}\left(1+\frac{1}{2x}\right)^{5}
$$

$$
=\mathrm{e}^{3}.
$$

习题 1-4

1. 求下列极限.

(1) $\lim\limits_{x \to 0}\dfrac{\sin 2x}{x}$;

(2) $\lim\limits_{x \to 0}\dfrac{\sin 2x}{\sin 3x}$;

$(3) \lim\limits_{x \to 0} \dfrac{\tan 2x}{x}$;

$(4) \lim\limits_{x \to 0} \dfrac{1 - \cos x}{\dfrac{1}{2}x^2}$.

2. 求下列极限.

$(1) \lim\limits_{x \to 0}(1 - x)^{\frac{2}{x}}$;

$(2) \lim\limits_{x \to \infty}\left(1 + \dfrac{1}{x}\right)^{3x}$;

$(3) \lim\limits_{x \to \infty}\left(1 + \dfrac{3}{x}\right)^{-x}$;

$(4) \lim\limits_{x \to \infty}\left(1 - \dfrac{1}{x}\right)^{x}$.

1.5 函数的连续性

1.5.1 函数连续的概念

1. 增量

定义 1-20 若函数 $y = f(x)$ 在点 x_0 的左、右附近有定义,当自变量 x 由 x_0 变化到 x_1 时,对应的函数值由 $f(x_0)$ 变化到 $f(x_1)$,其差 $x_1 - x_0$ 称作自变量 x 的增量(或改变量),记作 Δx,即 $\Delta x = x_1 - x_0$,而差 $f(x_1) - f(x_0)$ 叫作函数 $y = f(x)$ 的增量(或改变量),记作 Δy,即 $\Delta y = f(x_1) - f(x_0)$.

由 $x_1 = x_0 + \Delta x$,得到函数增量的另一种表达形式:

$$\Delta y = f(x_0 + \Delta x) - f(x_0).$$

【注意】增量不一定是正的,当初值大于终值时,增量就是负的.

2. 函数连续的概念

设函数 $y = f(x)$ 在点 x_0 的附近有定义,当自变量 x 从 x_0 变化到 $x_0 + \Delta x$ 时,函数增量 $\Delta y = f(x_0 + \Delta x) - f(x_0)$(图 1-14).

函数的图像是连续的(图 1-14),可以观察到:当 Δx 趋近 0 时,Δy 也趋近 0. 根据这一特性,给出函数 $y = f(x)$ 在 x_0 处连续的概念.

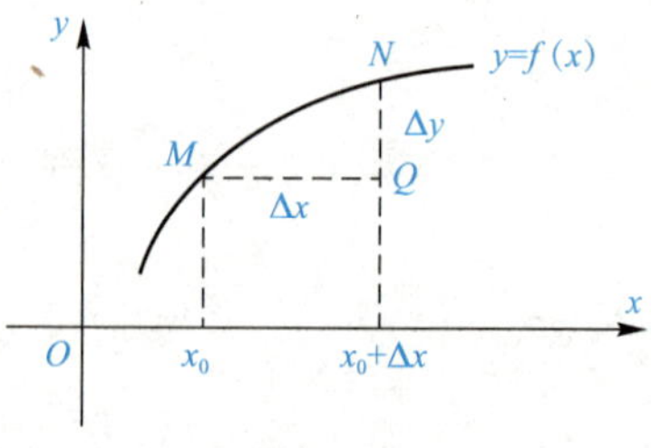

图 1-14

定义 1-21　设函数 $y = f(x)$ 在点 x_0 的附近有定义，如果

$$\lim_{\Delta x \to 0} \Delta y = \lim_{\Delta x \to 0} [f(x_0 + \Delta x) - f(x_0)] = 0,$$

则称函数 $y = f(x)$ 在点 x_0 处连续.

这个定义表明，当自变量的改变量很小时，对应的函数值的改变量也会很小，这也是连续变化现象的本质.

设 $x = x_0 + \Delta x$，则当 $\Delta x \to 0$ 时，有 $x \to x_0$. 而

$$\Delta y = f(x_0 + \Delta x) - f(x_0) = f(x) - f(x_0),$$

由 $\Delta y \to 0$，即 $f(x) \to f(x_0)$，得

$$\lim_{x \to x_0} f(x) = f(x_0).$$

因此，给出函数连续的另一种定义.

定义 1-22　设函数 $y = f(x)$ 在点 x_0 的附近有定义，如果

$$\lim_{x \to x_0} f(x) = f(x_0),$$

那么称函数 $y = f(x)$ 在点 x_0 处连续.

由定义 1-22 可知，函数 $y = f(x)$ 在点 x_0 处连续，必须满足下列三个条件.

(1) 函数 $y = f(x)$ 在点 x_0 处及其左右附近有定义.

(2) $\lim\limits_{x \to x_0} f(x)$ 存在，即 $\lim\limits_{x \to x_0^-} f(x) = \lim\limits_{x \to x_0^+} f(x)$.

(3) $\lim\limits_{x \to x_0} f(x) = f(x_0)$.

例 1-48　讨论函数 $f(x) = \begin{cases} x^2, & x \leqslant 1 \\ x, & x > 1 \end{cases}$ 在 $x = 1$ 处的连续性.

解：$f(x)$ 在 $x = 1$ 处及其左、右附近有定义，因于

$$\lim_{x \to 1^-} f(x) = \lim_{x \to 1^+} f(x) = 1,$$
$$\lim_{x \to 1} f(x) = 1.$$

而 $f(1) = 1$，故 $\lim\limits_{x \to 1} f(x) = f(1)$.

由连续性的定义知，函数 $f(x)$ 在 $x = 1$ 处连续.

下面定义左、右连续的概念.

定义 1-23　如果 $\lim\limits_{x \to x_0^-} f(x) = f(x_0)$，则称函数 $f(x)$ 在点 x_0 处左连续. 如果 $\lim\limits_{x \to x_0^+} f(x) = f(x_0)$，则称函数 $f(x)$ 在点 x_0 处右连续.

如果函数 $y = f(x)$ 在点 x_0 处连续，必有 $\lim\limits_{x \to x_0} f(x) = f(x_0)$，则有

$$\lim_{x \to x_0^-} f(x) = \lim_{x \to x_0^+} f(x) = f(x_0).$$

因此，如果函数 $y = f(x)$ 在点 x_0 处连续，那么 $f(x)$ 在点 x_0 处左连续且右连续.

例 1-49　讨论函数

$$f(x) = \begin{cases} x^2, & x \leqslant 1 \\ x + 1, & x > 1 \end{cases}$$

在 $x=1$ 处的连续性.

解：函数 $f(x)$ 的图像如图 1-15 所示.

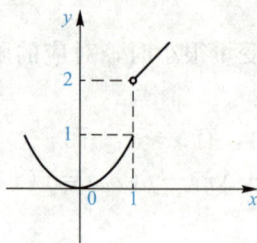

图 1-15

解：$\lim\limits_{x \to 1^-} f(x) = \lim\limits_{x \to 1^-} x^2 = 1$，$\lim\limits_{x \to 1^+} f(x) = \lim\limits_{x \to 1^+} (x+1) = 2$.

因此，$\lim\limits_{x \to 1} f(x)$ 不存在，可知函数 $f(x)$ 在 $x=1$ 处不连续.

以上分析了函数在一点的连续性，下面分析函数在区间的连续性.

定义 1-24 如果函数 $f(x)$ 在区间 (a, b) 内每一点都连续，称 $f(x)$ 为 (a, b) 内的<u>连续函数</u>.

如果函数 $f(x)$ 在 (a, b) 内连续，且在左端点 $x=a$ 处右连续，在右端点 $x=b$ 处左连续，则称 $f(x)$ 在闭区间 $[a, b]$ 上连续.

3. 函数的间断点

如果函数 $y=f(x)$ 在点 x_0 处不连续，则称 $f(x)$ 在 x_0 处间断，x_0 称为 $f(x)$ 的间断点（图 1-16）.

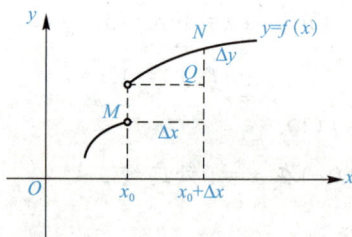

图 1-16

根据定义 1-22，函数 $y=f(x)$ 在点 x_0 处连续必须满足三个条件. 因此，三个条件中只要有一个条件不满足，函数 $f(x)$ 就在点 x_0 处间断.

$f(x)$ 在点 x_0 处出现间断的情形有下列三种.

(1) 在 $x=x_0$ 处无定义或者在 $x=x_0$ 处的左、右附近无定义.

(2) $\lim\limits_{x \to x_0} f(x)$ 不存在.

(3) $\lim\limits_{x \to x_0} f(x)$ 存在，但 $\lim\limits_{x \to x_0} f(x) \neq f(x_0)$.

如果 $f(x)$ 在点 x_0 处符合上述三种情形之一，则函数 $f(x)$ 在 x_0 处必间断.

下面给出函数间断点的例子.

(1)函数 $f(x)=\dfrac{1}{x}$ 在 $x=0$ 处无定义,因此 $x=0$ 是 $f(x)=\dfrac{1}{x}$ 的间断点.

(2)在例 1-49 中,函数 $f(x)$ 在 $x=1$ 处间断.

4. 初等函数的连续性

定理 1-5　如果函数 $f(x)$ 与 $g(x)$ 在点 x_0 处连续,那么它们的和、差、积、商(分母在点 x_0 处函数值不为零)也都在点 x_0 处连续.

定理 1-6　如果函数 $u=\varphi(x)$ 在点 x_0 处连续,且 $u_0=\varphi(x_0)$,而且 $y=f(u)$ 在点 u_0 处连续,则复合函数 $y=f[\varphi(x)]$ 在点 x_0 处连续.

这个定理说明,连续函数的复合函数仍然是连续函数.

定理 1-7　如果函数 $u=\varphi(x)$ 在点 x_0 处极限存在, $\lim\limits_{x\to x_0}\varphi(x)=u_0$,而 $y=f(u)$ 在点 u_0 处连续,则 $\lim\limits_{x\to x_0}f[\varphi(x)]$ 存在,且 $\lim\limits_{x\to x_0}f[\varphi(x)]=f\left[\lim\limits_{x\to x_0}\varphi(x)\right]=f(u_0)$.

上式表明,如果满足定理 1-7 的条件,那么 $\lim$ 和 f 可以交换次序.

例 1-50　求极限 $\lim\limits_{x\to 0}\left[\ln(1+x)^{\frac{1}{x}}\right]$.

解: $\lim\limits_{x\to 0}(1+x)^{\frac{1}{x}}=\mathrm{e}$,而函数 $y=\ln u$ 在 $u=\mathrm{e}$ 处连续,根据定理 1-7 有

$$\lim\limits_{x\to 0}\left[\ln(1+x)^{\frac{1}{x}}\right]=\ln\left[\lim\limits_{x\to 0}(1+x)^{\frac{1}{x}}\right]=\ln\mathrm{e}=1.$$

由于初等函数是由基本初等函数经过有限次的四则运算和有限次的复合构成的,所以结合定理 1-5 和定理 1-6 可知,初等函数在其定义区间是连续的.

定理 1-8　初等函数在其定义区间内是连续的.

例 1-51　求 $\lim\limits_{x\to 0}\ln\cos x$.

解: 函数 $y=\ln\cos x$ 是初等函数,点 $x=0$ 显然在函数的定义区间内,因此函数 $y=\ln\cos x$ 在点 $x=0$ 处连续.

于是, $\lim\limits_{x\to 0}\ln\cos x=\ln\cos 0=\ln 1=0.$

例 1-52　求 $\lim\limits_{x\to 0}\dfrac{\sqrt{x^2+9}-3}{x^2}$.

解: $\lim\limits_{x\to 0}\dfrac{\sqrt{x^2+9}-3}{x^2}=\lim\limits_{x\to 0}\dfrac{x^2}{x^2(\sqrt{x^2+9}+3)}=\lim\limits_{x\to 0}\dfrac{1}{\sqrt{x^2+9}+3}=\dfrac{1}{6}.$

1.5.2　闭区间上连续函数的性质

1. 最大值和最小值定理

定理 1-9　(最值定理)　如果函数 $f(x)$ 在闭区间 $[a,b]$ 上连续,那么函数 $f(x)$ 在该区间上一定存在最大值和最小值.

如果函数 $f(x)$ 在闭区间 $[a,b]$ 上连续, 如图 1-17 所示, 则至少存在一点 $\xi_1 \in [a, b]$, $f(\xi_1)=m$, 而 m 是 $f(x)$ 在 $[a,b]$ 上的最小值. 至少存在一点 $\xi_2 \in [a, b]$, $f(\xi_2)=M$, 而 M 是 $f(x)$ 在 $[a,b]$ 上的最大值.

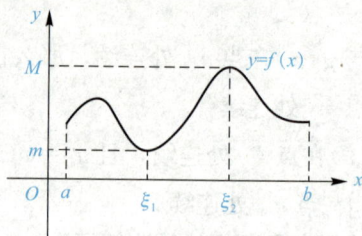

图 1-17

【注意】如果函数在开区间内连续, 或者在闭区间上有间断点, 则定理 1-9 不一定成立. 例如, 函数 $y=x$ 在开区间 $(-2,2)$ 内虽然连续, 但是没有最大值和最小值(图 1-18).

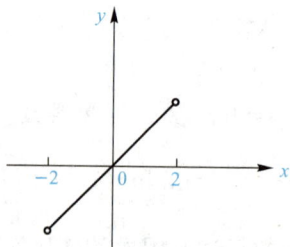

图 1-18

2. 介值定理

定理 1-10 (零点定理)　如果函数 $f(x)$ 在闭区间 $[a,b]$ 上连续, 且 $f(a) \cdot f(b)<0$, 则在开区间 (a,b) 内至少存在一点 ξ, 使 $f(\xi)=0$(图 1-19).

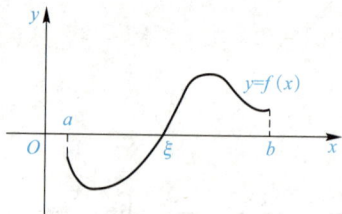

图 1-19

例 1-53　证明方程 $x^3-x-1=0$ 在区间 $(1,2)$ 内至少有一个根.

解: 设 $f(x)=x^3-x-1$, 显然 $f(x)$ 在 $[1,2]$ 上连续, 而

$$f(1)=-1<0, \quad f(2)=5>0,$$

由零点定理知, 至少存在一点 $\xi \in (1,2)$, 使 $f(\xi)=0$, 即 $x^3-x-1=0$ 在区间 $(1,2)$ 内至少有一个根.

习题 1－5

1. 设函数 $f(x)=x^2+2$，求出适合下列条件的自变量增量和函数的增量.
(1)x 由 1 变到 2；　　　(2)x 由 2 变到 1；　　　(3)x 由 2 变到 $2+\varepsilon$.

2. 根据连续的定义，证明函数 $y=x^2-x$ 在 $x=1$ 处连续.

3. 讨论下列函数在指定点处的连续性.

(1)$y=\dfrac{x^2-x-2}{x-2}$，在 $x=2$，$x=-1$，$x=3$ 处；

(2)$y=\begin{cases}x^2-1, & x\leqslant 0 \\ x-1, & x>0\end{cases}$，在 $x=0$ 处；

(3)$y=\begin{cases}\mathrm{e}^{\frac{1}{x}}, & x\neq 0 \\ 0, & x=0\end{cases}$，在 $x=0$ 处.

4. 求下列极限.

(1)$\lim\limits_{x\to 2}\sqrt{x^2-x+7}$；

(2)$\lim\limits_{x\to 0}(\sin 3x)^2$；

(3)$\lim\limits_{x\to 4}\dfrac{\sqrt{2x+1}-3}{\sqrt{x}+2}$；

(4)$\lim\limits_{x\to 0}\ln\dfrac{\sin 2x}{x}$；

(5)$\lim\limits_{x\to 1}\dfrac{x^3-x+1}{2x^2+x}$；

(6)$\lim\limits_{x\to 0}\dfrac{\ln(1+x)}{\sqrt{1+x}-1}$.

5. 证明方程 $x^5+3x-1=0$ 在区间 $[0,1]$ 内至少有一个实根.

测试题一

第2章
导数与微分

导　读

　　函数及函数的极限能够解决一些事物的变化趋势问题,但变化趋势是上升趋势还是下降趋势,变化是快还是慢,是否变化到一定程度会反向变化等,还需要进一步研究.古圣先贤们通过实践总结出变化的一些规律,如《吕氏春秋·博志》指出"极则必反",《吴越春秋·勾践入臣外传》指出"否极泰来",都说明事物变化趋势会在某些时刻发生转变.

　　在现代科学中,导数是研究变化快慢、变化方向的数学方法.早在16世纪,我国明朝数学家王文素著《算学宝鉴》,在求解高次代数方程的数值解时就发现了导数.17世纪,法国数学家费马为研究极值问题发现了导数,英国数学家牛顿和德国数学家莱布尼茨分别在研究力学(瞬时速度)和几何学(切线的斜率)时独立地创立了导数.微分以导数为基础,研究当自变量有微小变化时函数变化幅度的大小,以解决近似计算与误差等问题.导数与微分在几何、物理、工程技术、经济领域等方面都有广泛的应用.

　　本章从极限出发,学习导数、微分的概念及其应用,如曲线在某一点的切线问题、铁道机车运行的速度问题、经济增长速度问题.

2.1　导数的概念

2.1.1　两个引例

引例 2-1　变速直线运动的速度.

　　已知物体做变速直线运动,其经过的路程 s 与时间 t 的函数关系是 $s=s(t)$,求物体在 $t=t_0$ 时的瞬时速度 $v(t_0)$.

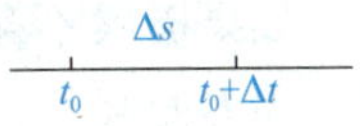

分析　如图 2-1 所示，设物体从 t_0 到 $t_0+\Delta t$ 的时间段经过的路程为

图 2-1

Δs，即 $\Delta s = s(t_0+\Delta t) - s(t_0)$，则此物体在该时间段内运动的平均速度为

$$\overline{v} = \frac{\Delta s}{\Delta t} = \frac{s(t_0+\Delta t) - s(t_0)}{\Delta t}.$$

如果物体做匀速运动，则 $\overline{v}$ 是常数，它就是物体在时刻 t_0 处的瞬时速度；但在变速运动中，$\overline{v}$ 随时间 Δt 的不同取值而不同，平均速度 $\overline{v}$ 只是 t_0 时刻速度的近似值，而且 Δt 越小，这种近似程度就越好，于是当 $\Delta t \to 0$ 时，平均速度 $\overline{v}$ 的极限就称为物体在 t_0 时刻的瞬时速度 $v(t_0)$，即

$$v(t_0) = \lim_{\Delta t \to 0} \overline{v} = \lim_{\Delta t \to 0} \frac{\Delta s}{\Delta t} = \lim_{\Delta t \to 0} \frac{s(t_0+\Delta t) - s(t_0)}{\Delta t}.$$

引例 2-2　产量总成本的变化率.

已知某种产品的总成本 C 与产量 Q 的函数关系为 $C = C(Q)$，求产量为 Q_0 时总成本的变化率.

分析　当产量从 Q_0 改变到 $Q_0+\Delta Q$ 时，总成本相应改变量为

$$\Delta C = C(Q_0+\Delta Q) - C(Q_0),$$

则

$$\frac{\Delta C}{\Delta Q} = \frac{C(Q_0+\Delta Q) - C(Q_0)}{\Delta Q}.$$

上式表示产量从 Q_0 改变到 $Q_0+\Delta Q$ 时，总成本的平均变化率，当 $\Delta Q \to 0$ 时，如果极限

$$\lim_{\Delta Q \to 0} \frac{\Delta C}{\Delta Q} = \lim_{\Delta Q \to 0} \frac{C(Q_0+\Delta Q) - C(Q_0)}{\Delta Q}$$

存在，则称此极限值是产量 Q_0 时总成本的变化率，在经济学中称为边际成本.

上述两个引例讨论的具体问题虽然不同，但其数量关系有共同之处，都归结为计算函数的改变量与自变量改变量之比，将自变量改变量趋于零时的极限称为函数的导数.

2.1.2　导数的概念

1. 函数 $y = f(x)$ 在点 x_0 处的导数

设函数 $y = f(x)$ 在点 x_0 处及其左、右附近有定义，当自变量在点 x_0 处有改变量 Δx 时，函数有相应的改变量 $\Delta y = f(x_0+\Delta x) - f(x_0)$，如果 Δy 与 Δx 之比的极限存在，即

$$\lim_{\Delta x \to 0} \frac{\Delta y}{\Delta x} = \lim_{\Delta x \to 0} \frac{f(x_0+\Delta x) - f(x_0)}{\Delta x}$$

存在，则称函数 $y = f(x)$ 在点 x_0 处可导，并称此极限值为函数 $y = f(x)$ 在点 x_0 处的**导数**，记作 $f'(x_0)$，即

$$f'(x_0) = \lim_{\Delta x \to 0} \frac{\Delta y}{\Delta x} = \lim_{\Delta x \to 0} \frac{f(x_0+\Delta x) - f(x_0)}{\Delta x},$$

也可记为

$$y'\big|_{x=x_0}, \quad \frac{\mathrm{d}y}{\mathrm{d}x}\Big|_{x=x_0} \ \text{或} \ \frac{\mathrm{d}f(x)}{\mathrm{d}x}\Big|_{x=x_0}.$$

如果极限不存在，就称函数 $y=f(x)$ 在点 x_0 处不可导．

为方便起见，导数的定义也可以写成

$$f'(x_0)=\lim_{h\to 0}\frac{f(x_0+h)-f(x_0)}{h}\ (\Delta x=h)$$

或

$$f'(x_0)=\lim_{x\to x_0}\frac{f(x)-f(x_0)}{x-x_0}\ (x=x_0+\Delta x).$$

2. 函数 $y=f(x)$ 的导数

如果函数 $y=f(x)$ 在区间 (a,b) 内的每一点都可导，则称函数 $y=f(x)$ 在区间 (a,b) 内可导．这时对 (a,b) 内每一个确定的 x，都有唯一确定的导数值 $f'(x)$ 与之对应，这样就确定了一个新的函数，此函数称为 $y=f(x)$ 的导函数，记作

$$y',\quad f'(x),\quad \frac{\mathrm{d}y}{\mathrm{d}x},\quad \frac{\mathrm{d}f(x)}{\mathrm{d}x}.$$

根据导数的定义，有

$$f'(x)=\lim_{\Delta x\to 0}\frac{f(x+\Delta x)-f(x)}{\Delta x}.$$

函数 $y=f(x)$ 在点 x_0 处的导数 $f'(x_0)$，就是导函数 $f'(x)$ 在点 x_0 处的函数值，即

$$f'(x_0)=f'(x)\big|_{x=x_0}.$$

在不引起混淆的情况下，导函数也简称导数．通常所说的求导数，就是指求函数的导函数．

3. 求导数举例

由导数的定义可知，求函数 $y=f(x)$ 的导数可以分为三个步骤．

(1)求增量：$\Delta y=f(x+\Delta x)-f(x)$.

(2)算比值：$\dfrac{\Delta y}{\Delta x}=\dfrac{f(x+\Delta x)-f(x)}{\Delta x}$.

(3)取极限：$y'=\lim\limits_{\Delta x\to 0}\dfrac{\Delta y}{\Delta x}=\lim\limits_{\Delta x\to 0}\dfrac{f(x+\Delta x)-f(x)}{\Delta x}$.

例 2-1 求函数 $y=C$（C 为常数）的导数．

解：(1)求增量：$\Delta y=f(x+\Delta x)-f(x)=0$.

(2)算比值：$\dfrac{\Delta y}{\Delta x}=0$.

(3)取极限：$y'=\lim\limits_{\Delta x\to 0}\dfrac{\Delta y}{\Delta x}=\lim\limits_{\Delta x\to 0}0=0$.

因此，$y'=0$.

例 2-2 已知函数 $f(x)=\dfrac{1}{x}$，求 $f'(x)$，$f'(-5)$，$f'(3)$.

解：(1)$\Delta y=\dfrac{1}{x+\Delta x}-\dfrac{1}{x}=\dfrac{-\Delta x}{x(x+\Delta x)}$.

(2)算比值：$\dfrac{\Delta y}{\Delta x}=\dfrac{-1}{x(x+\Delta x)}$.

(3)取极限：$y' = \lim\limits_{\Delta x \to 0} \dfrac{\Delta y}{\Delta x} = \lim\limits_{\Delta x \to 0} \dfrac{-1}{x(x+\Delta x)} = -\dfrac{1}{x^2}$，即

$$f'(x) = \left(\dfrac{1}{x}\right)' = -\dfrac{1}{x^2}.$$

因此，

$$f'(-5) = -\dfrac{1}{x^2}\Big|_{x=-5} = -\dfrac{1}{(-5)^2} = -\dfrac{1}{25},$$

$$f'(3) = -\dfrac{1}{x^2}\Big|_{x=3} = -\dfrac{1}{3^2} = -\dfrac{1}{9}.$$

例 2-2 表明，求函数在某点的导数时，可先求出导函数，再求导函数在该点的函数值.

例 2-3　已知闭合电路流过导线横截面的电量 q（库仑）与时间 t（秒）的函数关系为 $q(t) = t^2$，求时间 $t_0 = 3$ 秒时的电流强度.

解： 在 t 到 $t+\Delta t$ 这段时间内，流过导线横截面的电量为

$$\Delta q = q(t+\Delta t) - q(t) = (t+\Delta t)^2 - t^2,$$

即

$$\Delta q = 2t\Delta t + (\Delta t)^2.$$

对于恒定电流（直流），在同一时间内流过导线横截面的电量都相等，$\dfrac{\Delta q}{\Delta t}$ 就是单位时间内流过导线横截面的电量，它是一个常数，称为电流强度. 如果电流不是恒定的，则 $\dfrac{\Delta q}{\Delta t}$ 称为在 Δt 这段时间内的平均电流强度，记作 $\bar{i}$，即

$$\bar{i} = \dfrac{\Delta q}{\Delta t} = 2t + \Delta t.$$

当 $\Delta t \to 0$ 时，平均电流强度 $\bar{i}$ 的极限就称为在 t 时的电流强度，即

$$i(t) = \lim\limits_{\Delta t \to 0} \dfrac{\Delta q}{\Delta t} = \lim\limits_{\Delta t \to 0}(2t + \Delta t) = 2t.$$

$$i(3) = 2t\big|_{t=3} = 2 \times 3 = 6(\text{A}).$$

由例 2-2、例 2-3 得幂函数求导公式：$(x^\alpha)' = \alpha x^{\alpha-1}(\alpha \in \mathbb{R})$.

4. 基本初等函数的求导公式

由导数的定义，可以得到一些基本初等函数的求导公式，必须熟记.

(1) $(C)' = 0$（C 为常数）；

(2) $(x^\alpha)' = \alpha x^{\alpha-1}$（$\alpha$ 为实数）；

(3) $(a^x)' = a^x \ln a$（$a > 0$ 且 $a \neq 1$）；

(4) $(\mathrm{e}^x)' = \mathrm{e}^x$；

(5) $(\log_a x)' = \dfrac{1}{x \ln a}$（$a > 0$ 且 $a \neq 1$）；

(6) $(\ln x)' = \dfrac{1}{x}$；

(7) $(\sin x)' = \cos x$；

(8) $(\cos x)' = -\sin x$；

(9) $(\tan x)' = \sec^2 x = \dfrac{1}{\cos^2 x}$；

(10) $(\cot x)' = -\csc^2 x = -\dfrac{1}{\sin^2 x}$；

(11) $(\sec x)' = \sec x \tan x$；

(12) $(\csc x)' = -\csc x \cot x$；

(13) $(\arcsin x)' = \dfrac{1}{\sqrt{1-x^2}}$；

(14) $(\arccos x)' = -\dfrac{1}{\sqrt{1-x^2}}$；

(15) $(\arctan x)' = \dfrac{1}{1+x^2}$；

(16) $(\text{arccot} x)' = -\dfrac{1}{1+x^2}$.

除正弦函数和余弦函数外的三角函数、反三角函数求导公式，可在后面学习中推导得出.

例 2-4　求函数 $y = \sqrt{x}$ 的导数.

解：利用幂函数的求导公式，有 $y' = (x^{\frac{1}{2}})' = \dfrac{1}{2} x^{-\frac{1}{2}} = \dfrac{1}{2\sqrt{x}}$. 这个函数的导数以后常用，要求熟记.

2.1.3　导数的意义

1. 导数的几何意义

设曲线的方程为 $y = f(x)$，求此曲线在点 $M(x_0, y_0)$ 处切线的斜率.

如图 2-2 所示，在曲线 $y = f(x)$ 上另取一点 $N(x_0 + \Delta x, y_0 + \Delta y)$，作曲线的割线 MN，其倾斜角为 φ，则割线 MN 的斜率为

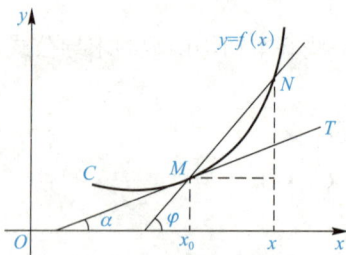

图 2-2

$$\tan\varphi = \frac{\Delta y}{\Delta x} = \frac{f(x_0 + \Delta x) - f(x_0)}{\Delta x}.$$

当 $\Delta x \to 0$ 时，点 N 沿曲线移动而无限趋近点 M，这时割线 MN 趋向于极限位置 MT，直线 MT 就是曲线在点 M 处的切线，即割线斜率的极限就是切线 MT 的斜率：

$$\tan\alpha = \lim_{\Delta x \to 0}\tan\varphi = \lim_{\Delta x \to 0}\frac{\Delta y}{\Delta x} = \lim_{\Delta x \to 0}\frac{f(x_0+\Delta x)-f(x_0)}{\Delta x}.$$

由此可知，函数 $y=f(x)$ 在点 x_0 处的导数 $f'(x_0)$ 的几何意义就是曲线 $y=f(x)$ 在点 $M(x_0, y_0)$ 处的切线的斜率，即

$$k = \tan\alpha = f'(x_0).$$

根据导数的几何意义及直线的点斜式方程，可写出曲线 $y=f(x)$ 点在 $M(x_0，y_0)$ 处的切线方程：

$$y-y_0 = f'(x_0)(x-x_0).$$

过切点 $M(x_0, y_0)$ 且与切线垂直的直线称为曲线 $y=f(x)$ 在点 M 处的法线．当 $f'(x_0)\neq 0$ 时，其法线方程为

$$y-y_0 = -\frac{1}{f'(x_0)}(x-x_0).$$

当 $f'(x_0)=0$ 时，其法线方程为 $x=x_0$.

例 2-5　求曲线 $y=x^3$ 在点 $(2,8)$ 处切线的斜率、切线方程和法线方程．

解：因为 $y'=(x^3)'=3x^2$，所以所求切线的斜率为

$$k_1 = y'\big|_{x=2} = 3\times 2^2 = 12.$$

所求切线方程为

$$y-8 = 12(x-2),$$

即 $12x-y-16=0$.

过点 $(2,8)$ 法线的斜率为 $k_2 = -\dfrac{1}{k_1} = -\dfrac{1}{12}$，所求法线方程为

$$y-8 = -\frac{1}{12}(x-2),$$

即 $x+12y-98=0$.

2. 导数的物理意义

除前面引例 2-1 中变速直线运动的速度 $v(t)=s'(t)=\dfrac{\mathrm{d}s}{\mathrm{d}t}$、例 2-3 中交变电流的电流强度 $i(t)=q'(t)=\dfrac{\mathrm{d}q}{\mathrm{d}t}$ 外，还有许多物理量都是某一函数的导数．例如非均匀物体，其质量 $m=m(x)$ 对长度 x 的导数即物体的线密度：

$$\rho(x) = m'(x) = \frac{\mathrm{d}m}{\mathrm{d}x}.$$

3. 导数的经济意义

在经济管理中，有很多的问题与求函数的导数有关，这里主要介绍三种．

(1)总成本函数 $C=C(Q)$ 对产量 Q 的导数 $C'(Q)$，称为产量 Q 的边际成本．$C'(Q)$ 近似等于产量为 Q 时，再多生产一个单位产品所需增加的成本．

(2)总收入函数 $R=R(Q)$ 对销售量 Q 的导数 $R'(Q)$，称为销售量 Q 的边际收入．

$R'(Q)$ 近似等于销售量为 Q 时，再多销售一个单位产品所需增加的收入．

（3）总利润函数 $L(Q)=R(Q)-C(Q)$ 对销售量 Q 的导数 $L'(Q)$，称为销售量 Q 的边际利润．$L'(Q)$ 近似等于销售量为 Q 时，再多销售一个单位产品所需增加的利润．

2.1.4 可导与连续的关系

定理 2-1 如果函数 $y=f(x)$ 在点 x_0 处可导，则 $y=f(x)$ 在点 x_0 处一定连续．

若 $y=f(x)$ 在点 x_0 处可导，即 $\lim\limits_{\Delta x \to 0} \dfrac{\Delta y}{\Delta x}$ 存在，则有

$$\lim_{\Delta x \to 0} \Delta y = \lim_{\Delta x \to 0} \frac{\Delta y}{\Delta x} \cdot \Delta x = \lim_{\Delta x \to 0} \frac{\Delta y}{\Delta x} \cdot \lim_{\Delta x \to 0} \Delta x = 0.$$

因此 $y=f(x)$ 在点 x_0 处连续，但反过来不一定成立，即函数 $y=f(x)$ 在点 x_0 处连续，但此函数在点 x_0 处不一定可导．

例如，函数 $y=\sqrt{x}$ 在区间 $[0,+\infty)$ 内处处连续，但它在点 $x=0$ 处不可导，因为在点 $x=0$ 处有

$$\frac{\Delta y}{\Delta x} = \frac{\sqrt{0+\Delta x} - \sqrt{0}}{\Delta x} = \frac{1}{\sqrt{\Delta x}},$$

而当 $\Delta x \to 0$ 时，$\dfrac{\Delta y}{\Delta x} \to \infty$，即导数不存在．

因此，函数连续是可导的必要条件，但不是充分条件．

下面给出 **左导数与右导数** 的定义．

由函数 $f(x)$ 在点 x_0 处的导数的定义可知，$f'(x_0)$ 是一个极限，而极限存在的充分必要条件是左、右极限都存在且相等，因此 $f'(x_0)$ 存在，即 $f(x)$ 在点 x_0 处可导的充分必要条件是左、右极限

$$\lim_{x \to x_0^-} \frac{f(x)-f(x_0)}{x-x_0} \text{ 和 } \lim_{x \to x_0^+} \frac{f(x)-f(x_0)}{x-x_0}$$

都存在且相等．把这两个极限分别称为函数 $f(x)$ 在点 x_0 处的左导数和右导数，记作

$$f'_-(x_0) \text{ 及 } f'_+(x_0),$$

即

$$f'_-(x_0) = \lim_{x \to x_0^-} \frac{f(x)-f(x_0)}{x-x_0}, \quad f'_+(x_0) = \lim_{x \to x_0^+} \frac{f(x)-f(x_0)}{x-x_0}.$$

由此可知，函数在点 x_0 处可导的充分必要条件是左导数 $f'_-(x_0)$ 和右导数 $f'_+(x_0)$ 都存在且相等．

如果函数 $f(x)$ 在开区间 (a,b) 内可导，且 $f'_+(a)$ 及 $f'_-(b)$ 都存在，就说明 $f(x)$ 在闭区间 $[a,b]$ 上可导．

例 2-6 讨论函数 $f(x)=\begin{cases} \sin x, & x<0 \\ x, & x \geqslant 0 \end{cases}$ 在点 $x=0$ 处的连续性和可导性．

解：因为 $f(0)=0$，$\lim\limits_{x \to 0^-} f(x) = \lim\limits_{x \to 0^-} \sin x = 0$，$\lim\limits_{x \to 0^+} f(x) = \lim\limits_{x \to 0^+} x = 0$，所以 $\lim\limits_{x \to 0} f$

$(x)=f(0)=0$，即 $f(x)$ 在点 $x=0$ 处连续．

又

$$f'_-(0)=\lim_{x\to 0^-}\frac{f(x)-f(0)}{x}=\lim_{x\to 0^-}\frac{\sin x-0}{x}=1,$$

$$f'_+(0)=\lim_{x\to 0^+}\frac{f(x)-f(0)}{x}=\lim_{x\to 0^+}\frac{x-0}{x}=1,$$

所以 $f'(0)=1$，即 $f(x)$ 在点 x_0 处可导．

习题 2-1

1. 判断下列各小题是否正确．

(1) 函数 $y=\ln x$ 在点 $x=1$ 处连续且可导．　　　　　　　　　　（　　）

(2) 已知函数 $f'(x_0)=5$，则 $\lim\limits_{\Delta x\to 0}\dfrac{f(x_0+3\Delta x)-f(x_0)}{\Delta x}=15$．　（　　）

2. 填空题．

(1) $(-3)'=$ _____，$(\sin\pi)'=$ _____，$(\sqrt{3})'=$ _____．

(2) $(x)'=$ _____，$(x^5)'=$ _____，$(x^{-2})'=$ _____．

(3) $(e^x)'=$ _____，$(6^x)'=$ _____，$\left[\left(\dfrac{1}{3}\right)^x\right]'=$ _____．

(4) $(\ln x)'=$ _____，$(\log_2 x)'=$ _____，$(\lg x)'=$ _____．

3. 求函数 $y=\cos x$ 在 $x=\dfrac{\pi}{2}$ 处的导数．

4. 求曲线 $y=\ln x$ 在点 $(e，1)$ 处切线的斜率、切线方程和法线方程．

5. 已知物体做变速直线运动的方程为 $S(t)=t^2\sqrt{t}\,(m)$，求物体在 $t=16(s)$ 时的速度．

6. 已知某种产品的总收入函数关系是 $R(Q)=Q^5$，求销售量 $Q=2$ 时的边际收入．

7. （制冷效果）某电器厂在对冰箱制冷后断电测试其制冷效果，时间 t 后冰箱的温度为 $T=\dfrac{2t}{0.05t+1}-20$，求冰箱温度 T 关于时间 t 的变化率．

2.2　函数的求导法则

2.2.1　函数的和、差、积、商的求导法则

设函数 $u=u(x)$ 和 $v=v(x)$ 在点 x 处都可导，则它们的和、差、积与商 $[v(x)\neq 0]$ 在点 x 处也可导，且有下列法则．

(1)和差的求导法则：$(u+v)'=u'+v'$，$(u-v)'=u'-v'$.

(2)乘积的求导法则：$(uv)'=u'v+uv'$.

特别地，令 $v=C$（C 为常数），有 $(Cu)'=Cu'$.

(3)商的求导法则：$\left(\dfrac{u}{v}\right)'=\dfrac{u'v-uv'}{v^2}$ ($v\neq0$). (证明略)

法则(1)和(2)可以推广到有限多个可导函数的情形. 例如：

$$(u+v-\omega)'=u'+v'-\omega';$$
$$(uv\omega)'=u'v\omega+uv'\omega+uv\omega'.$$

例 2-7 求函数 $y=2x^4+5e^x-1$ 的导数.

解：$y'=2(x^4)'+5(e^x)'-(1)'=8x^3+5e^x$.

例 2-8 求函数 $y=3x^2+\sin x-\ln2$ 在 $x=\pi$ 处的导数.

解：因为 $y'=3(x^2)'+(\sin x)'-(\ln2)'=6x+\cos x$，所以 $y'\big|_{x=\pi}=6\pi+\cos\pi=6\pi-1$.

例 2-9 求下列函数的导数.

(1)$y=x^2\ln x$；(2)$y=2\sqrt{x}\cos x$.

解：(1)$y'=(x^2\ln x)'=(x^2)'\ln x+x^2(\ln x)'=2x\ln x+x$.

(2)$y'=2(\sqrt{x}\cos x)'=2(\sqrt{x})'\cos x+2\sqrt{x}(\cos x)'=\dfrac{\cos x}{\sqrt{x}}-2\sqrt{x}\sin x$.

例 2-10 求正切函数 $y=\tan x$ 的导数.

解：$y'=(\tan x)'=\left(\dfrac{\sin x}{\cos x}\right)'=\dfrac{(\sin x)'\cos x-\sin x(\cos x)'}{\cos^2 x}$

$$=\dfrac{\cos x\cos x-\sin x(-\sin x)}{\cos^2 x}=\dfrac{\cos^2 x+\sin^2 x}{\cos^2 x}=\dfrac{1}{\cos^2 x}=\sec^2 x.$$

$$(\tan x)'=\sec^2 x.$$

用类似的方法可得

$$(\cot x)'=-\csc^2 x,$$
$$(\sec x)'=\sec x\tan x,$$
$$(\csc x)'=-\csc x\cot x.$$

例 2-11 求函数 $y=\dfrac{x+1}{x-1}$ 的导数.

解：由商的求导法则，得

$$y'=\left(\dfrac{x+1}{x-1}\right)'=\dfrac{(x+1)'(x-1)-(x+1)(x-1)'}{(x-1)^2}=-\dfrac{2}{(x-1)^2}.$$

例 2-12 **(并联电阻)**已知某电路中有两个并联电阻分别为 R_1 和 R_2，且 $R_2=5\ \Omega$，求：

(1)总电阻 R；(2)总电阻 R 对 R_1 的变化率 $\dfrac{\mathrm{d}R}{\mathrm{d}R_1}$.

解：(1)由关系式 $\dfrac{1}{R}=\dfrac{1}{R_1}+\dfrac{1}{R_2}$，解得 $R=\dfrac{R_1R_2}{R_1+R_2}$.

当 $R_2 = 5$ 时，总电阻 $R = \dfrac{5R_1}{R_1 + 5}$.

(2) $\dfrac{\mathrm{d}R}{\mathrm{d}R_1} = \left(\dfrac{5R_1}{R_1 + 5} \right)' = \dfrac{25}{(R_1 + 5)^2}$.

2.2.2　复合函数的求导法则

设函数 $y = f(u)$ 在点 u 处可导，$u = \varphi(x)$ 在点 x 处可导，则复合函数 $y = f[\varphi(x)]$ 在点 x 处也可导，且有

$$y' = \{f[\varphi(x)]\}' = f'(u) \cdot \varphi'(x) \text{ 或 } y'_x = y'_u \cdot u'_x \text{ 或 } \frac{\mathrm{d}y}{\mathrm{d}x} = \frac{\mathrm{d}y}{\mathrm{d}u} \cdot \frac{\mathrm{d}u}{\mathrm{d}x}.$$

该法则可推广到有限次复合的情形. 例如，设 $y = f(u)$，$u = \varphi(v)$，$v = \psi(x)$ 都可导，则复合函数的导数为

$$y'_x = y'_u \cdot u'_v \cdot v'_x = f'(u) \cdot \varphi'(v) \cdot \psi'(x).$$

例 2-13　求函数 $y = \cos 3x$ 的导数.

解：设 $y = \cos u$，$u = 3x$，则

$$y'_x = y'_u \cdot u'_x = (\cos u)' \cdot (3x)' = -\sin u \cdot 3 = -3\sin 3x.$$

例 2-14　求函数 $y = (3x^2 + 5)^{11}$ 的导数.

解：设 $y = u^{11}$，$u = 3x^2 + 5$，则

$$y'_x = y'_u \cdot u'_x = (u^{11})' \cdot (3x^2 + 5)' = 11u^{10} \cdot 6x = 66x(3x^2 + 5)^{10}.$$

例 2-15　求函数 $y = \mathrm{e}^{x^2 - 1}$ 的导数.

解：设 $y = \mathrm{e}^u$，$u = x^2 - 1$，则

$$y' = (\mathrm{e}^u)' \cdot (x^2 - 1)' = \mathrm{e}^u \cdot 2x = 2x\,\mathrm{e}^{x^2 - 1}.$$

在运算熟练后，可以不写出分解过程，而是把中间变量默记在心里，直接由外层向内层逐层求导，作乘积，即省略中间变量、边求导边回代，直到得出最后结果.

例 2-16　求函数 $f(x) = \ln(1 - x^2)$ 在 $x = 3$ 处的导数.

解：因为 $f'(x) = [\ln(1 - x^2)]' = \dfrac{1}{1 - x^2} \cdot (1 - x^2)' = \dfrac{1}{1 - x^2} \cdot (-2x) = \dfrac{2x}{x^2 - 1}$，

所以 $f'(3) = \dfrac{2x}{x^2 - 1}\Big|_{x=3} = \dfrac{2 \times 3}{3^2 - 1} = \dfrac{3}{4}$.

例 2-17　求函数 $y = \sin^3 4x$ 的导数.

解：$y' = (\sin^3 4x)' = 3\sin^2 4x \cdot (\sin 4x)'$

$\qquad = 3\sin^2 4x \cos 4x \cdot (4x)' = 12\sin^2 4x \cos 4x.$

例 2-18　求曲线 $y = 2\mathrm{e}^{3x} + 1$ 在点 $x = 0$ 处切线的斜率和切线方程.

解：由导数的几何意义知 $y' = (2\mathrm{e}^{3x} + 1)' = 6\mathrm{e}^{3x}$，得斜率 $k = 6\mathrm{e}^{3x}\big|_{x=0} = 6\mathrm{e}^0 = 6$，将 $x = 0$ 代入方程，得 $y = 3$，即切点为 $(0, 3)$.

由直线的点斜式方程，则所求切线方程为

$$y-3=6(x-0)$$

即

$$6x-y+3=0.$$

习题 2-2

1. 填空题.

(1) 已知函数 $f(x)=x^3+2x-1$,则 $f'(x)=$ _____,$f'(-3)=$ _____.

(2) 已知函数 $f(x)=(x+3)(2x-1)$,则 $f'(x)=$ _____,$f'(2)=$ _____.

(3) 已知函数 $f(x)=\sin\left(2x+\dfrac{\pi}{6}\right)$,则 $f'(x)=$ _____,$f'\left(\dfrac{\pi}{4}\right)=$ _____.

(4) 已知函数 $f(x)=\sqrt{3x+1}$,则 $f'(x)=$ _____,$f'(1)=$ _____.

2. 求下列函数的导数.

(1) $y=4e^x+2\ln x-3$;

(2) $y=(2x+3)(x-1)$;

(3) $y=x^3-3^x+\ln 3$;

(4) $y=\dfrac{x^2+2x-1}{x}$;

(5) $y=e^x\sin x$;

(6) $y=\dfrac{\cos x}{x^2}$;

(7) $y=2x^2(\sqrt{x}+1)$;

(8) $y=\dfrac{x-2}{x+2}$;

(9) $y=x\sin x\ln x$;

(10) $y=\dfrac{\sin x+\cos x}{x}$.

3. 求下列函数的导数.

(1) $y=\sin 4x$;

(2) $y=(1-3x)^{20}$;

(3) $y=\sqrt{3x^2+2}$;

(4) $y=\dfrac{1}{2x+1}$;

(5) $y=e^{-x^2+1}$;

(6) $y=\ln(5x+2)$;

(7) $y=\cos x^3$;

(8) $y=\cos^3\dfrac{1}{x}$;

(9) $y=x^2e^{3x-2}$;

(10) $y=\dfrac{x}{\sqrt{x^2+1}}$.

4. 求曲线 $y=\dfrac{3}{x}-1$ 在点 $(1,2)$ 处切线的斜率和切线方程.

5. 在一个含有可变电阻 R 的电路中,其电压 $U=\dfrac{12R-5}{R+6}$,求在 $R=3\ \Omega$ 时,电压 U 关于可变电阻 R 的变化率.

6. 已知闭合电路流过导线横截面的电量 $q(t)=3t^2+e^t+2\sin t-4(\mathrm{C})$,求 $t=0(\mathrm{s})$ 时的电流 $i(\mathrm{A})$.

7. 已知某物体做变速直线运动，其运动方程为 $S(t)=3t-\dfrac{1}{t}$（m），求该物体在 $t=6(\text{s})$ 时的速度．

2.3　高阶导数

2.3.1　高阶导数

如果函数 $y=f(x)$ 的导数 $y'=f'(x)$ 仍是 x 的可导函数，则称 $y'=f'(x)$ 的导数 $(y')'=[f'(x)]'$ 是函数 $y=f(x)$ 的二阶导数，记作 y''，$f''(x)$，$\dfrac{\mathrm{d}^2 y}{\mathrm{d}x^2}$ 或 $\dfrac{\mathrm{d}^2 f(x)}{\mathrm{d}x^2}$．

相应地，把 $y=f(x)$ 的导数 $f'(x)$ 称为函数的一阶导数．通常对一阶导数不指明它的阶数．

类似地，函数 $y=f(x)$ 的二阶导数 y'' 的导数叫作 $y=f(x)$ 的三阶导数，记作 y'''，$f'''(x)$，$\dfrac{\mathrm{d}^3 y}{\mathrm{d}x^3}$ 或 $\dfrac{\mathrm{d}^3 f(x)}{\mathrm{d}x^3}$．

函数 $y=f(x)$ 的三阶导数 y''' 的导数叫作 $y=f(x)$ 的四阶导数，记作 $y^{(4)}$，$f^{(4)}(x)$，$\dfrac{\mathrm{d}^4 y}{\mathrm{d}x^4}$ 或 $\dfrac{\mathrm{d}^4 f(x)}{\mathrm{d}x^4}$．

依此类推，函数 $y=f(x)$ 的 $n-1$ 阶导数的导数叫作 $y=f(x)$ 的 n 阶导数，记作 $y^{(n)}$，$f^{(n)}(x)$，$\dfrac{\mathrm{d}^n y}{\mathrm{d}x^n}$，$\dfrac{\mathrm{d}^n f(x)}{\mathrm{d}x^n}$．

把二阶及二阶以上的导数称为高阶导数．

求函数的高阶导数时不需要引进新的公式和法则，只需用一阶导数的公式和法则，逐阶求导就可以了．

例 2-19　求下列函数的二阶导数．

(1) $y=4x^3-3x^2+2$；　　(2) $y=x\ln x$；　　(3) $y=\sin(2x-3)$．

解：(1) 因为 $y'=(4x^3-3x^2+2)'=12x^2-6x$，所以 $y''=(12x^2-6x)'=24x-6$．

(2) 因为 $y'=(x\ln x)'=(x)'\ln x-x(\ln x)'=\ln x-1$，所以 $y''=(\ln x-1)'=\dfrac{1}{x}$．

(3) 因为 $y'=[\sin(2x-3)]'=2\cos(2x-3)$，所以 $y''=[2\cos(2x-3)]'=-4\sin(2x-3)$．

例 2-20　求指数函数 $y=a^x$ 的 n 阶导数．

解：$y'=(a^x)'=a^x\ln a$，$y''=(a^x\ln a)'=a^x\ln^2 a$，

$y'''=(a^x\ln^2 a)'=a^x\ln^3 a$，$\cdots$，$y^{(n)}=a^x\ln^n a$．

例 2-21　求函数 $y=\sin x$ 的 n 阶导数．

解：$y'=(\sin x)'=\cos x=\sin\left(x+\dfrac{\pi}{2}\right)$，

$y''=\left[\sin\left(x+\dfrac{\pi}{2}\right)\right]'=\cos\left(x+\dfrac{\pi}{2}\right)=\sin\left(x+2\cdot\dfrac{\pi}{2}\right)$，

$y'''=\left[\sin\left(x+2\cdot\dfrac{\pi}{2}\right)\right]'=\cos\left(x+2\cdot\dfrac{\pi}{2}\right)=\sin\left(x+3\cdot\dfrac{\pi}{2}\right)$，

…

$y^{(n)}=\sin\left(x+n\cdot\dfrac{\pi}{2}\right)$，

因此，$(\sin x)^{(n)}=\sin\left(x+n\cdot\dfrac{\pi}{2}\right)$，$n\in Z^+$.

用类似的方法，可得 $(\cos x)^{(n)}=\cos\left(x+n\cdot\dfrac{\pi}{2}\right)$，$n\in Z^+$.

2.3.2 二阶导数的物理意义

设物体做变速直线运动，其运动方程为 $S=S(t)$，则物体运动的速度 $v(t)=S'(t)=\dfrac{\mathrm{d}S}{\mathrm{d}t}$，加速度为 $a=v'(t)=S''(t)=\dfrac{\mathrm{d}^2S}{\mathrm{d}t}$.

例 2-22　在测试一辆汽车的刹车性能时发现，刹车后汽车行驶的距离 S（单位：m）与时间 t（单位：s）的函数关系为 $S=19.2t-0.4t^3$，求汽车在 $t=4$ s 时的速度和加速度.

解：（1）汽车刹车后的速度为 $v(t)=19.2-1.2t^2$，则在 $t=4$ s 时的速度为 $v(4)=(19.2-1.2t^2)\big|_{t=4}=19.2-1.2\times4^2=0(\mathrm{m/s})$.

（2）汽车刹车后的加速度为 $a(t)=S''(t)=v'(t)=(19.2-1.2t^2)'=-2.4t$，则在 $t=4$ s 时的加速度为 $a(4)=(-2.4t)\big|_{t=4}=-2.4\times4=-9.6(\mathrm{m/s}^2)$.

习题 2-3

1. 填空题.

(1)已知函数 $f(x)=x^2-x$，则 $f'(x)=$_____，$f''(x)=$_____，$f''(5)=$_____.

(2)已知函数 $y=2\sin x$，则 $y'=$_____，$y''=$_____，$y''\big|_{x=\frac{\pi}{2}}=$_____.

(3)已知函数 $y=3^x$，则 $y'=$_____，$y''=$_____，$y''\big|_{x=0}=$_____.

(4)已知一质点作变速运动，其经过的路程 S 与时间 t 的函数关系是 $S(t)=2t^3+1$(m)，则 $t=3$ s 时的路程为_____，速度为_____，加速度为_____.

2. 求下列函数的二阶导数.

(1)$y=3\mathrm{e}^x+x^3$；　　　　　　　　(2)$y=\ln x-2x$；

(3)$y=x\sin x$；　　　　　　　　(4)$y=\cos(5x+2)$；

(5) $y=\dfrac{x^3+1}{x}$;　　　　　　　　　　(6) $y=\ln(1+2x)$.

3. 已知函数 $f(x)=\sqrt{x^2+1}$, 求 $f''(\sqrt{3})$.

4. 求函数 $y=x\mathrm{e}^x$ 的 n 阶导数.

5. 已知一列火车做直线运动, 其运动规律为 $S(t)=10\cos t$, 求火车的初始速度和初始加速度.

2.4　隐函数及由参数方程所确定函数的导数

2.4.1　隐函数的导数

前面讨论的函数都可以表示成 $y=f(x)$ 的形式, 这样的函数称为显函数. 由方程 $F(x,y)=0$ 确定的 y 与 x 的函数关系称为隐函数. 运用复合函数的求导法则可以解决由方程 $F(x,y)=0$ 确定的隐函数 $y=f(x)$ 的求导问题.

隐函数的求导方法: 首先将方程两边同时对自变量 x 求导, 当遇到含有函数 y 的项时, 视 y 为中间变量, 即先对 y 的项求导, 再乘以 y 对 x 的导数, 求得一个关于 x、y 和 y' 的方程, 最后解出 y', 即得隐函数的导数.

例 2-23　求由方程 $x^2+y^2=3$ 所确定的隐函数 y 的导数 y'.

解: 方程两边同时对 x 求导, 可得 $2x+2y\cdot y'=0$, 解出 y', 即得所求隐函数的导数为 $y'=-\dfrac{x}{y}$.

例 2-24　求由方程 $x^2 y+\ln y=x$ 所确定的隐函数 y 的导数 y'.

解: 方程两边同时对 x 求导, 可得 $2xy+x^2 y'+\dfrac{1}{y}y'=1$.

解出 y', 即得所求隐函数的导数为 $y'=\dfrac{1-2xy}{x^2+\dfrac{1}{y}}=\dfrac{y-2xy^2}{x^2 y+1}$.

例 2-25　求椭圆 $\dfrac{x^2}{4}+y^2=1$ 在点 $\left(1,\dfrac{\sqrt{3}}{2}\right)$ 处的切线方程.

解: 由导数的几何意义可知, 所求切线的斜率为
$$k=y'\,|_{x=1}.$$

方程两边同时对 x 求导, 得 $\dfrac{2x}{4}+2yy'=0$, 解出 y', 得 $y'=-\dfrac{x}{4y}$.

将 $x=1$, $y=\dfrac{\sqrt{3}}{2}$ 代入上式, 得 $k=y'\,|_{x=1}=-\dfrac{1}{4\times\dfrac{\sqrt{3}}{2}}=-\dfrac{\sqrt{3}}{6}$, 于是所求切线方程为

$$y - \frac{\sqrt{3}}{2} = -\frac{\sqrt{3}}{6}(x-1),$$

即

$$x + 2\sqrt{3}y - 4 = 0.$$

例 2-26 已知函数 $y = x^{\sin x}(x>0)$，求 y'.

分析 形如 $y = [u(x)]^{v(x)}$ 的函数称为幂指函数，不能直接求导，先对等式两边取对数，再运用隐函数求导方法和函数乘积求导法则求出其导数，这种方法称为对数求导法.

解：方程两边取对数，得

$$\ln y = \sin x \ln x.$$

上式两边同时对 x 求导，得

$$\frac{1}{y}y' = \cos x \ln x + \sin x \cdot \frac{1}{x},$$

解得

$$y' = y\left(\cos x \ln x + \frac{\sin x}{x}\right) = x^{\sin x}\left(\cos x \ln x + \frac{\sin x}{x}\right).$$

例 2-27 求反正弦函数 $y = \arcsin x$ 的导数.

解：由 $y = \arcsin x$ 得 $x = \sin y$，两边对 x 求导得

$$1 = \cos y \cdot y',$$

即

$$y' = \frac{1}{\cos y}.$$

$$\cos y = \sqrt{1 - \sin^2 y} = \sqrt{1 - x^2} \ (-1 \leqslant x \leqslant 1),$$

代入上式得

$$y' = (\arcsin x)' = \frac{1}{\sqrt{1-x^2}}.$$

由类似方法可得

$$(\arccos x)' = -\frac{1}{\sqrt{1-x^2}},$$

$$(\arctan x)' = \frac{1}{1+x^2},$$

$$(\text{arccot} x)' = -\frac{1}{1+x^2}.$$

从上例可以得到反函数的求导方法：

设单调函数 $x = \varphi(y)$ 在某区间内可导，且 $\varphi'(y) \neq 0$，则其反函数 $y = f(x)$ 在该区间内也可导，且

$$f'(x) = \frac{1}{\varphi'(y)} \text{或} \frac{dy}{dx} = \frac{1}{\dfrac{dx}{dy}},$$

即反函数的导数等于其原函数导数的倒数．

2.4.2　由参数方程所确定的函数的导数

若变量 x 与 y 之间的函数关系由参数方程 $\begin{cases} x=f(t) \\ y=g(t) \end{cases}$ 确定，其中 $f(t)$ 与 $g(t)$ 都可导，且 $f'(t) \neq 0$，t 为参数．根据复合函数的求导法则及反函数的求导方法，有

$$\frac{\mathrm{d}y}{\mathrm{d}x} = \frac{\mathrm{d}y}{\mathrm{d}t} \cdot \frac{\mathrm{d}t}{\mathrm{d}x} = \frac{\dfrac{\mathrm{d}y}{\mathrm{d}t}}{\dfrac{\mathrm{d}x}{\mathrm{d}t}} \text{ 或 } \frac{\mathrm{d}y}{\mathrm{d}x} = \frac{g'(t)}{f'(t)} = \frac{y'_t}{x'_t}.$$

例 2-28　求由参数方程 $\begin{cases} x=3\sin t \\ y=2\cos t \end{cases}$ 确定的函数的导数．

解： $\dfrac{\mathrm{d}y}{\mathrm{d}x} = \dfrac{y'_t}{x'_t} = \dfrac{(2\cos t)'}{(3\sin t)'} = \dfrac{-2\sin t}{3\cos t} = -\dfrac{2}{3}\tan t.$

例 2-29　求曲线 $\begin{cases} x=2t \\ y=3t^2 \end{cases}$ 在点 $(2，3)$ 处切线的斜率和切线方程．

解： 由点 $(2，3)$ 求得 $t=1$.

因为 $\dfrac{\mathrm{d}y}{\mathrm{d}x} = \dfrac{y'_t}{x'_t} = \dfrac{(3t^2)'}{(2t)'} = \dfrac{6t}{2} = 3t$，所以切线的斜率 $k=3t \mid_{t=1}=3$.

因此，所求切线方程为 $y-3=3(x-2)$，即 $3x-y-3=0$.

习题 2-4

1. 填空题．

(1) 已知函数 $2x-y+3=0$，则 $y'=$ _____，$y' \mid_{x=1}=$ _____．

(2) 已知函数 $x^2+\sin y=1$，则 $y'=$ _____，$y' \Big|_{\substack{x=1 \\ y=\pi}}=$ _____．

2. 求由下列方程所确定的隐函数 y 的导数．

(1) $3x^2-y^2=x$；　　　　　　　　　　(2) $\mathrm{e}^y=x^2 y$；

(3) $y\mathrm{e}^x=\ln y-2x$；　　　　　　　　(4) $y-x\cos y=3$；

(5) $y^2+2\ln y=x^4$；　　　　　　　　　(6) $y-x\cos y=3$.

3. 利用对数求导法求下列函数的导数．

(1) $y=\sqrt{\dfrac{(x-1)(x-2)}{(x-3)(x-4)}}$；　　　　(2) $y=x^{\cos x}$；

(3) $y=x^x\ (x>0)$；　　　　　　　　　(4) $y=(1+x^2)^x$.

4. 求由下列参数方程所确定的函数 y 的导数.

(1) $\begin{cases} x=t^2 \\ y=4t \end{cases}$;   (2) $\begin{cases} x=3\sin t \\ y=4\cos t \end{cases}$;

(3) $\begin{cases} x=1-\dfrac{1}{t} \\ y=2\sqrt{t} \end{cases}$;   (4) $\begin{cases} x=\mathrm{e}^{-t} \\ y=3\mathrm{e}^t \end{cases}$.

5. 求曲线 $\begin{cases} x=2t-1 \\ y=2\mathrm{e}^{3t} \end{cases}$ 在点 $(-1,2)$ 处切线的斜率和切线方程.

2.5 函数的微分及其应用

2.5.1 微分的定义

计算函数改变量 $\Delta y=f(x_0+\Delta x)-f(x_0)$ 是人们非常关心的. 一般来说函数改变量的计算是比较复杂的, 人们希望寻求计算函数改变量的近似计算方法.

先分析一个具体的例子.

已知一块正方形的金属薄片, 因受温度变化的影响, 其边长由 x 变到 $x+\Delta x$(图 2-3), 问此薄片的面积 y 改变了多少?

正方形的面积 y 与边长 x 的关系为 $y=x^2$.

设边长由 x 变到 $x+\Delta x$ 时, 面积改变了 Δy, 则 $\Delta y=(x+\Delta x)^2-x^2=2x\Delta x+(\Delta x)^2$. Δy 由两部分组成, 第一部分 $2x\Delta x$ 是面积改变量 Δy 的主要部分, 第二部分 $(\Delta x)^2$ 是次要部分. 当 $|\Delta x|$ 很小时, $(\Delta x)^2$ 比 $2x\Delta x$ 小得多, 甚至可以忽略不计, 则面积 y 的改变量 Δy 可以近似地用 $2x\Delta x$ 来代替, 即

$$\Delta y \approx 2x\Delta x.$$

又因为面积 $y=x^2$, 所以 $y'=(x^2)'=2x$, 即 $f'(x)=2x$, 故

$$\Delta y \approx f'(x)\Delta x.$$

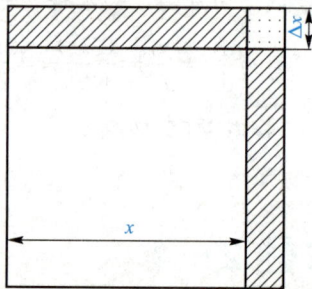

图 2-3

这个结论具有一般性, 即函数改变量的主要部分 $f'(x)\Delta x$ 可以近似地代替函数的改变量 Δy.

定义 2-1 设函数 $y=f(x)$ 在点 x 处可导, 则称函数 $y=f(x)$ 在点 x 处可微, 并把 $f'(x)\Delta x$ 称为 $y=f(x)$ 在点 x 处的微分, 记作 $\mathrm{d}y=\mathrm{d}f(x)$, 即

$$\mathrm{d}y=f'(x)\Delta x \text{ 或 } \mathrm{d}f(x)=f'(x)\Delta x.$$

若令 $y=x$, 则 $\mathrm{d}y=\mathrm{d}x=(x)'\Delta x=\Delta x$, 即 $\mathrm{d}x=\Delta x$.

也就是说, 自变量的微分 $\mathrm{d}x$ 就是它的改变量 Δx, 则 $y=f(x)$ 在点 x 处的微分记作

$$\mathrm{d}y = f'(x)\mathrm{d}x.$$

由此可见，$f'(x)=\dfrac{\mathrm{d}y}{\mathrm{d}x}$，即函数 $y=f(x)$ 的导数等于函数的微分 $\mathrm{d}y$ 与自变量的微分 $\mathrm{d}x$ 的商，故导数又称为微商．

可导与可微的关系是函数在点 x 处可导，则函数在点 x 处可微．反之，函数在点 x 处可微，必有函数在点 x 处可导．

函数 $y=f(x)$ 在点 x_0 处的微分记作 $\mathrm{d}y\mid_{x=x_0}=f'(x_0)\mathrm{d}x$．

例 2-30 求函数 $y=x^2$ 在 $x=2$，$\Delta x=0.01$ 时的改变量(增量)与微分．

解： $\Delta y = f(x+\Delta x)-f(x)=f(2+0.01)-f(2)$
$$=(2.01)^2-2^2=0.040\ 1.$$

$$\mathrm{d}y\Big|_{\substack{x=2\\\Delta x=0.01}}=f'(x)\Delta x\Big|_{\substack{x=2\\\Delta x=0.01}}=2\times2\times0.01=0.04.$$

例 2-31 求下列函数的微分．

(1) $y=3x^5-4x^2+1$；　　　　　　　　(2) $y=x\cos x$．

解： (1) $\mathrm{d}y=\mathrm{d}(3x^5-4x^2+1)=(3x^5-4x^2+1)'\mathrm{d}x=(15x^4-8x)\mathrm{d}x$．

(2) $\mathrm{d}y=\mathrm{d}(x\cos x)=(x\cos x)'\mathrm{d}x=(\cos x-x\sin x)\mathrm{d}x$．

2.5.2 微分的几何意义

如图 2-4 所示，由导数的几何意义知，过曲线上点 M 的切线 MT 的斜率为

$$f'(x)=\tan\alpha.$$

当自变量在点 x 取增量 Δx 时，因为 $MP=\Delta x$，$NP=\Delta y$，所以

$$PT=MP\cdot\tan\alpha=f'(x)\Delta x.$$

因此，函数的微分 $\mathrm{d}y$ 就是过点 M 的切线的纵坐标的改变量(线段 PT)，而图 2-4 中的线段 NT 是 Δy 与 $\mathrm{d}y$ 之差．

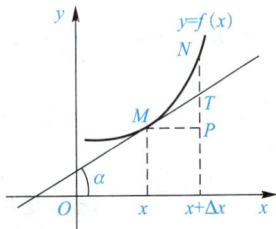

图 2-4

2.5.3 微分的基本公式与运算法则

1. 微分的基本公式

(1) $\mathrm{d}(c)=0$(c 为常数)；　　　　　　(2) $\mathrm{d}(x^a)=ax^{a-1}\mathrm{d}x$($a$ 为实数)；

(3) $\mathrm{d}(a^x)=a^x\ln a\mathrm{d}x$($a>0$ 且 $a\neq1$)；　　(4) $\mathrm{d}(\mathrm{e}^x)=\mathrm{e}^x\mathrm{d}x$；

(5) $\mathrm{d}(\log_a x)=\dfrac{\mathrm{d}x}{x\ln a}=\dfrac{1}{x}\log_a\mathrm{e}\mathrm{d}x$($a>0$ 且 $a\neq1$)；

(6) $\mathrm{d}(\ln x)=\dfrac{1}{x}\mathrm{d}x$；　　　　　　　(7) $\mathrm{d}(\sin x)=\cos x\mathrm{d}x$；

(8) $\mathrm{d}(\cos x)=-\sin x\mathrm{d}x$；　　　　　(9) $\mathrm{d}(\tan x)=\sec^2 x\mathrm{d}x$；

(10)$\mathrm{d}(\cot x)=-\csc^2 x\,\mathrm{d}x$；

(11)$\mathrm{d}(\sec x)=\sec x\tan x\,\mathrm{d}x$；

(12)$\mathrm{d}(\csc x)=-\csc x\cot x\,\mathrm{d}x$；

(13)$\mathrm{d}(\arcsin x)=\dfrac{\mathrm{d}x}{\sqrt{1-x^2}}$．

2. 微分的运算法则

(1)$\mathrm{d}(u\pm v)=\mathrm{d}u\pm\mathrm{d}v$；

(2)$\mathrm{d}(u\cdot v)=v\,\mathrm{d}u+u\,\mathrm{d}v$；

(3)$\mathrm{d}(cu)=c\,\mathrm{d}u(c$ 为常数)；

(4)$\mathrm{d}\left(\dfrac{u}{v}\right)=\dfrac{v\,\mathrm{d}u-u\,\mathrm{d}v}{v^2}(v\neq0)$．

例 2-32　求函数 $y=\dfrac{x-1}{x+1}$ 的微分．

解：方法 1，$y'=\left(\dfrac{x-1}{x+1}\right)'=\dfrac{(x-1)'(x+1)-(x-1)(x+1)'}{(x+1)^2}=\dfrac{2}{(x+1)^2}$，则 $\mathrm{d}y=$

$\dfrac{2}{(x+1)^2}\mathrm{d}x$．(微分定义)

方法 2，$\mathrm{d}y=\mathrm{d}\left(\dfrac{x-1}{x+1}\right)=\dfrac{(x+1)\mathrm{d}(x-1)-(x-1)\mathrm{d}(x+1)}{(x+1)^2}=\dfrac{(x+1)\mathrm{d}x-(x-1)\mathrm{d}x}{(x+1)^2}$

$=\dfrac{2\,\mathrm{d}x}{(x+1)^2}$．(微分法则)

2.5.4　复合函数的微分法则

设复合函数 $y=f(u)$，$u=\varphi(x)$，则
$$\mathrm{d}y=y_x'\,\mathrm{d}x=f'(u)\cdot\varphi'(x)\mathrm{d}x.$$
因为 $\varphi'(x)\mathrm{d}x=\mathrm{d}u$，所以
$$\mathrm{d}y=f'(u)\mathrm{d}u.$$
这就是说，无论 u 是自变量还是中间变量，$y=f(u)$ 的微分都可以表示为 $\mathrm{d}y=f'(u)\mathrm{d}u$，这个性质称为微分形式的不变性．

例 2-33　求函数 $y=\ln(1+\mathrm{e}^x)$ 的微分．

解：方法 1，利用微分定义，得
$$\mathrm{d}y=\mathrm{d}[\ln(1+\mathrm{e}^x)]=[\ln(1+\mathrm{e}^x)]'\mathrm{d}x=\frac{1}{1+\mathrm{e}^x}\cdot(1+\mathrm{e}^x)'\mathrm{d}x=\frac{\mathrm{e}^x}{1+\mathrm{e}^x}\mathrm{d}x.$$

方法 2，利用微分形式不变性，得
$$\mathrm{d}y=\mathrm{d}[\ln(1+\mathrm{e}^x)]=\frac{1}{1+\mathrm{e}^x}\mathrm{d}(1+\mathrm{e}^x)=\frac{1}{1+\mathrm{e}^x}\cdot(1+\mathrm{e}^x)'\mathrm{d}x=\frac{\mathrm{e}^x}{1+\mathrm{e}^x}\mathrm{d}x.$$

例 2-34　在等式左端的括号内填入适当的函数，使等式成立．

(1)$\mathrm{d}(\ \ \ \ )=x\,\mathrm{d}x$；

(2)$\mathrm{d}(\ \ \ \ )=\cos3x\,\mathrm{d}x$．

解：(1)因为 $\mathrm{d}(x^2)=2x\,\mathrm{d}x$，则 $x\,\mathrm{d}x=\dfrac{1}{2}\mathrm{d}(x^2)=\mathrm{d}\left(\dfrac{1}{2}x^2\right)$，所以
$$\mathrm{d}\left(\frac{1}{2}x^2\right)=x\,\mathrm{d}x\ \text{或}\ \mathrm{d}\left(\frac{1}{2}x^2+C\right)=x\,\mathrm{d}x.$$

(2)因为 $\mathrm{d}(\sin 3x)=3\cos 3x\,\mathrm{d}x$，则 $\cos 3x\,\mathrm{d}x=\dfrac{1}{3}\mathrm{d}(\sin 3x)=\mathrm{d}\left(\dfrac{1}{3}\sin 3x\right)$，所以

$$\mathrm{d}\left(\frac{1}{3}\sin 3x\right)=\cos 3x\,\mathrm{d}x \quad \text{或} \quad \mathrm{d}\left(\frac{1}{3}\sin 3x+C\right)=\cos 3x\,\mathrm{d}x.$$

2.5.5　微分的应用

1. 利用微分计算函数改变量的近似值

由微分的定义可知，当 $|\Delta x|$ 很小时，有

$$\Delta y\approx\mathrm{d}y=f'(x)\Delta x.$$

利用上述公式，可求函数改变量的近似值.

例 2-35　(装饰小球)某家具厂生产一批半径为 $1\ \mathrm{cm}$ 的球，为了降低球面的粗糙度，最后要镀一层铜，厚度为 $0.01\ \mathrm{cm}$. 估计每只球需用铜多少克(铜的相对密度为 $8.9\ \mathrm{g/cm^3}$).

解：先求出镀层的体积，再乘以相对密度就得到每只球需用铜的质量. 因为镀层的体积等于两个球体(原来的球与镀上铜层后的球)体积之差，所以它就是球体体积 $V=\dfrac{4}{3}\pi R^3$，求 $R=1$，$\Delta R=0.01$ 时的改变量 ΔV.

由 $\mathrm{d}V=\left(\dfrac{4}{3}\pi R^3\right)'\Delta R=4\pi R^2\Delta R$，以及公式 $\Delta V\approx\mathrm{d}V$，得 $\Delta V\approx 4\pi R^2\Delta R$，即

$$\Delta V\Big|_{\substack{R=1\\ \Delta R=0.01}}\approx 4\pi R^2\Delta R\Big|_{\substack{R=1\\ \Delta R=0.01}}$$

$$\approx 4\times 3.14\times 1^2\times 0.01=0.13\,(\mathrm{cm^3}).$$

因此，每只球需用的铜为

$$0.13\times 8.9\approx 1.16\,(\mathrm{g}).$$

2. 利用微分计算函数的近似值

当 $|\Delta x|$ 很小时，由

$$\Delta y=f(x_0+\Delta x)-f(x_0)\approx f'(x_0)\Delta x$$

得

$$f(x_0+\Delta x)\approx f(x_0)+f'(x_0)\Delta x.$$

若令 $x_0=0$，则 $\Delta x=x-x_0=x$. 当 $|x|$ 很小时，有

$$f(x)\approx f(0)+f'(0)x.$$

利用此公式，可推导出几个常用的近似值计算公式.

(1) $\sin x\approx x$(x 用弧度作单位)；　　　　　(2) $\tan x\approx x$(x 用弧度作单位)；

(3) $\mathrm{e}^x\approx 1+x$；　　　　　　　　　　　　(4) $\ln(1+x)\approx x$；

(5) $\sqrt[n]{1+x}\approx 1+\dfrac{1}{n}x$.

例 2-36　计算 $\sqrt[3]{998.5}$ 的近似值.

解：$\sqrt[3]{998.5} = \sqrt[3]{1\,000 - 1.5} = \sqrt[3]{1\,000\left(1 - \dfrac{1.5}{1\,000}\right)} = 10\sqrt[3]{1 + (-0.001\,5)}.$

利用公式(5)，有 $\sqrt[3]{998.5} \approx 10\left[1 + \dfrac{1}{3}(-0.001\,5)\right] = 9.995.$

习题 2−5

1. 填空题.

(1) $\mathrm{d}\underline{\hspace{2cm}} = \mathrm{e}^x \mathrm{d}x$；

(2) $\mathrm{d}\underline{\hspace{2cm}} = x^2 \mathrm{d}x$；

(3) $\mathrm{d}\underline{\hspace{2cm}} = \sin x \mathrm{d}x$；

(4) $\mathrm{d}\underline{\hspace{2cm}}\ \mathrm{d}(5x+2)$；

(5) $\mathrm{d}\underline{\hspace{2cm}} = \dfrac{1}{1+x}\mathrm{d}x$；

(6) $\mathrm{d}\underline{\hspace{2cm}} = \cos 3x \mathrm{d}x$；

(7) $\ln 1.05 \approx \underline{\hspace{2cm}}$；

(8) $\sin\dfrac{\pi}{180} \approx \underline{\hspace{2cm}}$；

(9) $\mathrm{e}^{-0.01} \approx \underline{\hspace{2cm}}$；

(10) $\sqrt[5]{1.03} \approx \underline{\hspace{2cm}}$．

2. 求函数 $y = x^3 - 1$ 在 $x=1$，$\Delta x = 0.001$ 时的改变量与微分.

3. 求下列函数在给定点处的微分.

(1) $y = x^4 - 3x^2 + x - 1$，$x=-1$；

(2) $y = \dfrac{x}{1+x^2}$，$x=1$.

4. 求下列函数的微分.

(1) $y = 2\mathrm{e}^x + \sin x$；

(2) $y = x^2 - 2^x$；

(3) $y = x^3 \ln x$；

(4) $y = \dfrac{2x+1}{3x-5}$；

(5) $y = \mathrm{e}^{\frac{1}{x}}$；

(6) $y = \sin(2x+1)$；

(7) $y = \sqrt{1+x^2}$；

(8) $y = \ln^2(3x-2)$.

5. 已知某一正方体的边长为 20 cm，如果其边长增加了 0.01 cm，问其体积大约变化了多少？

6. 已知半径为 30 cm 的金属圆片加热后，半径伸长了 0.05 cm，问其面积大约变化了多少？

2.6 偏导数

在实际问题中，需要把二元函数的其中一个自变量固定不变，而研究另一个自变量的变化率，这样就可以把多元函数转化为一元函数来对待并求其导数. 这就是下面要讨论的二元函数的偏导数.

2.6.1 二元函数的偏导数

定义 2-2 设函数 $z = f(x, y)$ 在点 (x_0, y_0) 处及其左、右附近有定义，当 y 固定在 y_0

处，而 x 在 x_0 处有改变量 Δx 时，相应地，函数有改变量 $\Delta_x z = f(x_0 + \Delta x,\ y_0) - f(x_0,\ y_0)$（称为偏增量）．如果极限

$$\lim_{\Delta x \to 0} \frac{\Delta_x z}{\Delta x} = \lim_{\Delta x \to 0} \frac{f(x_0 + \Delta x,\ y_0) - f(x_0,\ y_0)}{\Delta x}$$

存在，则称此极限值为函数 $z = f(x,\ y)$ 在点 $(x_0,\ y_0)$ 处对 x 的偏导数，记作

$$\frac{\partial z}{\partial x}\Big|_{(x_0,y_0)},\ \frac{\partial f}{\partial x}\Big|_{(x_0,y_0)},\ z'_x(x_0,\ y_0) \text{ 或 } f'_x(x_0,\ y_0).$$

类似地，如果极限

$$\lim_{\Delta y \to 0} \frac{\Delta_y z}{\Delta y} = \lim_{\Delta y \to 0} \frac{f(x_0,\ y_0 + \Delta y) - f(x_0,\ y_0)}{\Delta y}$$

存在，则称此极限值为函数 $z = f(x,\ y)$ 在点 $(x_0,\ y_0)$ 处对 y 的偏导数，记作

$$\frac{\partial z}{\partial y}\Big|_{(x_0,y_0)},\ \frac{\partial f}{\partial y}\Big|_{(x_0,y_0)},\ z'_y(x_0,\ y_0) \text{ 或 } f'_y(x_0,\ y_0).$$

当函数 $z = f(x,\ y)$ 在点 $(x_0,\ y_0)$ 处对 x 和 y 的偏导数都存在时，则称 $f(x,\ y)$ 在 $(x_0,\ y_0)$ 处可偏导．

如果函数 $z = f(x,\ y)$ 平面区域 D 内的每一点 $(x,\ y)$ 处对 x 的偏导数都存在，则这个偏导数仍是 $x,\ y$ 的函数，称为函数 $z = f(x,\ y)$ 对自变量 x 的偏导函数，简称偏导数，记作

$$\frac{\partial z}{\partial x},\ \frac{\partial f}{\partial x},\ z'_x \text{ 或 } f'_x(x,\ y).$$

类似地，可以定义函数 $z = f(x,\ y)$ 对自变量 y 的偏导数，记作

$$\frac{\partial z}{\partial y},\ \frac{\partial f}{\partial y},\ z'_y \text{ 或 } f'_y(x,\ y).$$

对于二元以上的函数，可以用同样的方法定义偏导数．

从偏导数的定义可知，求二元函数对一个自变量的偏导数时，实际上只需将另一个自变量看成常数，按照一元函数的求导法即可求得．

例 2-37　求函数 $z = x^2 + y^2$ 在点 $(3,\ -2)$ 处的偏导数．

解： 把 y 看成常数，对 x 求导得 $\dfrac{\partial z}{\partial x} = 2x$，$\dfrac{\partial z}{\partial x}\Big|_{(3,-2)} = 2 \times 3 = 6$.

把 x 看成常数，对 y 求导得 $\dfrac{\partial z}{\partial y} = 2y$，$\dfrac{\partial z}{\partial y}\Big|_{(3,-2)} = 2 \times (-2) = -4$.

例 2-38　求函数 $z = x^y\ (x > 0,\ x \neq 1)$ 的偏导数 z'_x，z'_y.

解： 把 y 看成常数，对 x 求导得 $z'_x = y x^{y-1}$.

把 x 看成常数，对 y 求导得 $z'_y = x^y \ln x$.

例 2-39　求函数 $z = \sin(x^2 y)$ 的偏导数．

解： 由复合函数求导法则得

$$z'_x = \cos(x^2 y) \cdot (x^2 y)' = 2xy \cos(x^2 y).$$

$$z'_y = \cos(x^2 y) \cdot (x^2 y)' = x^2 \cos(x^2 y).$$

例 2-40　求函数 $z = \arctan \dfrac{y}{x}$ 在点 $(1,\ 1)$ 处的偏导数．

解：因为

$$z'_x = \left(\arctan \frac{y}{x}\right)'_x = \frac{1}{1+\left(\frac{y}{x}\right)^2} \cdot \left(\frac{y}{x}\right)' = -\frac{y}{x^2+y^2},$$

$$z'_y = \left(\arctan \frac{y}{x}\right)'_y = \frac{1}{1+\left(\frac{y}{x}\right)^2} \cdot \left(\frac{y}{x}\right)' = \frac{x}{x^2+y^2},$$

所以

$$z'_x\Big|_{\substack{x=1\\y=1}} = -\frac{y}{x^2+y^2}\Big|_{\substack{x=1\\y=1}} = -\frac{1}{1^2+1^2} = -\frac{1}{2},\quad z'_y\Big|_{\substack{x=1\\y=1}} = \frac{x}{x^2+y^2}\Big|_{\substack{x=1\\y=1}} = \frac{1}{1^2+1^2} = \frac{1}{2}.$$

另解：因为 $z\big|_{y=1} = z(x,\ 1) = \arctan \frac{1}{x}$，所以

$$z'_x(x,\ 1) = \left(\arctan \frac{1}{x}\right)' = -\frac{1}{x^2+1},\quad 即\ z'_x\Big|_{\substack{x=1\\y=1}} = -\frac{1}{x^2+1}\Big|_{x=1} = -\frac{1}{2}.$$

同理，

$$z'_y(1,\ y) = (\arctan y)' = \frac{1}{1+y^2},\quad 即\ z'_y\Big|_{\substack{x=1\\y=1}} = \frac{1}{1+y^2}\Big|_{y=1} = \frac{1}{2}.$$

一般地，当二元函数比较复杂时，需求它在某点的偏导数，可用后面的方法．

2.6.2 高阶偏导数

由上面的例子可以看出，函数 $z = f(x,\ y)$ 对于自变量 x 或 y 的偏导数仍是 x，y 的二元函数．如果 $\frac{\partial z}{\partial x}$，$\frac{\partial z}{\partial y}$ 对自变量 x 和 y 的偏导数也存在，则它们的偏导数称为 $f(x,\ y)$ 的二阶偏导数，记作

$$\frac{\partial z}{\partial x}\left(\frac{\partial z}{\partial x}\right) = \frac{\partial^2 z}{\partial x^2},\quad \frac{\partial z}{\partial y}\left(\frac{\partial z}{\partial y}\right) = \frac{\partial^2 z}{\partial y^2},$$

$$\frac{\partial z}{\partial y}\left(\frac{\partial z}{\partial x}\right) = \frac{\partial^2 z}{\partial x\,\partial y},\quad \frac{\partial z}{\partial x}\left(\frac{\partial z}{\partial y}\right) = \frac{\partial^2 z}{\partial y\,\partial x},$$

或简记为 z''_{xx}，z''_{yy}，z''_{xy}，z''_{yx} 或 f''_{xx}，f''_{yy}，f''_{xy}，f''_{yx}．其中 $\frac{\partial^2 z}{\partial x\,\partial y}$，$\frac{\partial^2 z}{\partial y\,\partial x}$ 称为二阶混合偏导数．类似地，可以定义三阶、四阶、…、n 阶偏导数．把二阶及二阶以上的偏导数称为高阶偏导数．

例 2-41　求函数 $z = x^3 y - 3x^2 + 2y^3$ 的二阶偏导数．

解：$\frac{\partial z}{\partial x} = 3x^2 y - 6x$，$\frac{\partial z}{\partial y} = x^3 + 6y^2$；$\frac{\partial^2 z}{\partial x^2} = 6xy - 6$，$\frac{\partial^2 z}{\partial y^2} = 12y$；

$$\frac{\partial^2 z}{\partial x\,\partial y} = (3x^2 y - 6x)'_y = 3x^2,\quad \frac{\partial^2 z}{\partial y\,\partial x} = (x^3 + 6y^2)'_x = 3x^2.$$

从此例可以看出：函数的两个二阶混合偏导数相等，即 $\frac{\partial^2 z}{\partial x\,\partial y} = \frac{\partial^2 z}{\partial y\,\partial x}$．那么具备什么

样的条件才能使混合偏导数相等？有下面的定理．

定理 2-2 如果函数 $z=f(x,y)$ 的两个二阶混合偏导数 $\dfrac{\partial^2 z}{\partial x\,\partial y}$，$\dfrac{\partial^2 z}{\partial y\,\partial x}$ 在区域 D 内连续，则在区域 D 内这两个二阶混合偏导数必相等．（证明略）

这个定理表明，二阶混合偏导数在连续的情况下与求导顺序无关．

例 2-42 已知函数 $u(x,y)=\ln\sqrt{x^2+y^2}$，验证 $\dfrac{\partial^2 u}{\partial x^2}+\dfrac{\partial^2 u}{\partial y^2}=0$．

证明 因为 $u(x,y)=\ln\sqrt{x^2+y^2}=\dfrac{1}{2}\ln(x^2+y^2)$，所以

$$\frac{\partial u}{\partial x}=\frac{x}{x^2+y^2},\quad \frac{\partial u}{\partial y}=\frac{y}{x^2+y^2},\quad \frac{\partial^2 u}{\partial x^2}=\frac{y^2-x^2}{(x^2+y^2)^2},\quad \frac{\partial^2 u}{\partial y^2}=\frac{x^2-y^2}{(x^2+y^2)^2}.$$

故

$$\frac{\partial^2 u}{\partial x^2}+\frac{\partial^2 u}{\partial y^2}=\frac{y^2-x^2}{(x^2+y^2)^2}+\frac{x^2-y^2}{(x^2+y^2)^2}=0.$$

习题 2－6

1. 填空题．

(1) 设二元函数 $z=x^2-\sin y$，则 $\dfrac{\partial z}{\partial x}=$ ＿＿＿＿＿，$\dfrac{\partial z}{\partial y}=$ ＿＿＿＿＿．

(2) 设二元函数 $z=3xy^2$，则 $\dfrac{\partial z}{\partial x}=$ ＿＿＿＿＿，$\dfrac{\partial z}{\partial y}=$ ＿＿＿＿＿．

2. 求下列函数在指定点处的偏导数．

(1) $z=x^2+y^2+3xy$，点 $(3,-2)$；　　　　(2) $z=y^2\cos x$，点 $\left(\dfrac{\pi}{4},2\right)$．

3. 求下列函数的偏导数．

(1) $z=3\ln x-\dfrac{1}{y}+\sqrt{2}$；　　　　　　(2) $z=x^3 y-xy^3$；

(3) $z=xy+y^3$；　　　　　　　　　　　(4) $z=\dfrac{x+y}{x-y}$；

(5) $z=x\,\mathrm{e}^{2x+y}$；　　　　　　　　　　　(6) $z=\ln(1+x^2+y^2)$．

4. 求下列函数的二阶偏导数．

(1) $z=x^3+y^3-2x^2 y^2$；　　　　　　　(2) $z=\mathrm{e}^y\cos x$．

测试题二

第3章
导数的应用

导 读

数学是一门与自然紧密联系的学科，是探索自然和社会的有效工具之一．在实践中应用数学一直是我国的优良传统．例如：公元前1世纪《周髀算经》应用于算天，确定天文历法，揭示日月星辰的运行规律；公元263年刘徽撰写的《海岛算经》应用于算地，计算山川、沟壑、海岛的距离、高度和深度；还有《九章算术》《张丘建算经》《夏侯阳算经》《五经算术》《缉古算经》《缀术》《五曹算经》《孙子算经》均是在实践中应用数学的著作，并称为中国十大算经．

在数学被抽象成理论后，在逻辑成立的基础上可以无限推理和抽象，造成了数学理论难以应用的假象．但事实上，数学应用无处不在，数学已广泛应用于人类活动的各个领域，成为新一轮科技革命和产业变革的先导性、驱动性力量．

本章将学习应用导数研究函数形态，求解函数的极限、函数的最值，解决经济学中边际及弹性分析等经济问题，以及电学中的电流问题等．

3.1 中值定理

3.1.1 罗尔（Rolle）中值定理

定理3-1 （罗尔中值定理） 如果函数 $y = f(x)$ 满足下列三个条件，则在 (a, b) 内至少存在一点 ξ，使 $f'(\xi) = 0$．（证明略）

(1)在闭区间 $[a, b]$ 上连续．

(2)在开区间 (a, b) 内可导．

(3) $f(a) = f(b)$．

此定理的几何意义如图 3-1 所示.

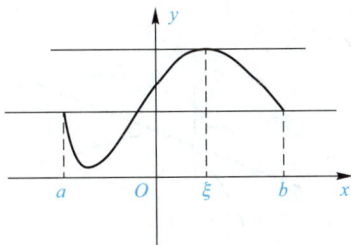

图 3-1

如果一条连续曲线 $y = f(x)$，除曲线端点之外的每一点都存在切线，并且曲线的两个端点函数值相等，则在该曲线上至少存在一点，使过该点的切线为水平切线.

【注意】此定理中的三个条件是充分条件，如果有一个条件不满足，则结论有可能不成立.

例如，函数 $f(x) = x(-1 \leqslant x \leqslant 1)$，在 $[-1, 1]$ 上连续，在 $(-1, 1)$ 内可导，但 $f(-1) \neq f(1)$，不满足条件 (3)，显然在 $(-1, 1)$ 内不存在 ξ，使 $f'(\xi) = 0$.

罗尔中值定理主要用于解决方程根的问题. 下面举例说明此定理的应用.

例 3-1　不求出函数 $f(x) = (x-1)(x-2)(x-3)$ 的导数，说明方程 $f'(x) = 0$ 有几个实根，并指出实根所在的区间.

解：容易验证 $f(x)$ 在 $[1, 2]$，$[2, 3]$ 上满足罗尔中值定理的条件，由罗尔中值定理可知，方程 $f'(x) = 0$ 分别在区间 $(1, 2)$，$(2, 3)$ 内至少各有 1 个实根，又 $f'(x) = 0$ 是 2 次方程，该方程至多有 2 个实根，因此方程 $f'(x) = 0$ 有且仅有 2 个不同的实数根，它们分别位于区间 $(1, 2)$，$(2, 3)$ 内.

例 3-2　验证函数 $f(x) = x^2 \sqrt{5-x}$ 在 $[0, 5]$ 上满足罗尔中值定理的条件，并求 ξ.

解：$f(x) = x^2 \sqrt{5-x}$ 在 $[0, 5]$ 上连续，在 $(0, 5)$ 内有

$$f'(x) = 2x\sqrt{5-x} + x^2 \cdot \frac{1}{2\sqrt{5-x}} \cdot (-1) = \frac{x(20-5x)}{2\sqrt{5-x}},$$

即 $f(x)$ 在 $(0, 5)$ 内可导. 又 $f(0) = f(5)$，所以 $f(x)$ 在 $[0, 5]$ 上满足罗尔中值定理的条件.
令

$$f'(x) = \frac{x(20-5x)}{2\sqrt{5-x}} = 0,$$

得 $x_1 = 0$，$x_2 = 4$，由于 $x_1 = 0$ 是区间端点，所以 $\xi = 4$.

3.1.2　拉格朗日（Lagrange）中值定理

定理 3-2　（拉格朗日中值定理）　如果函数 $y = f(x)$ 满足下列两个条件，则在 (a, b) 内至少存在一点 ξ，使 $f'(\xi) = \dfrac{f(b) - f(a)}{b - a}$.（证明略）

(1)在闭区间$[a,b]$上连续.

(2)在开区间(a,b)内可导.

此定理的几何意义 如图 3-2 所示.

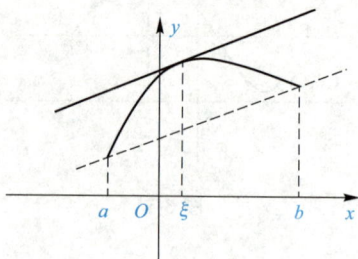

图 3-2

如果一条连续曲线 $y=f(x)$，除曲线端点之外的每一点都存在切线，则在该曲线上至少存在一点，使过该点的切线与过曲线端点的割线平行.

【注意】罗尔中值定理是拉格朗日中值定理的特殊情况.

拉格朗日中值公式：$f(b)-f(a)=f'(\xi)(b-a)$.

推论 3-1 如果 $f(x)$ 在 $[a,b]$ 上连续，且 (a,b) 内有 $f'(x)\equiv 0$，则 $f(x)$ 在 (a,b) 内是一个常数.

推论 3-2 如果 $f(x)$、$g(x)$ 在 $[a,b]$ 上连续，且 (a,b) 内有 $f'(x)=g'(x)$，则 $f(x)-g(x)=C$（C 是常数）.

例 3-3 验证函数 $f(x)=x^2+2x$ 在 $[0,2]$ 上是否满足拉格朗日中值定理条件，如满足，求出定理中的 ξ.

解：（1）因为 $f(x)=x^2+2x$ 在 $[0,2]$ 上连续，且 $f'(x)=2x+2$ 在 $(0,2)$ 内可导，所以 $f(x)=x^2+2x$ 在 $[0,2]$ 上满足拉格朗日中值定理的条件.

（2）因为 $a=0$，$b=2$，$f(0)=0$，$f(2)=8$，$f'(\xi)=2\xi+2$，所以由拉格朗日中值定理 $f(b)-f(a)=f'(\xi)(b-a)$，得

$$8-0=(2\xi+2)(2-0),$$

解得 $\xi=1$ 即所求.

在实际问题中，拉格朗日中值定理多数用于解决等式及不等式的证明，下面举例说明此定理的应用.

例 3-4 证明：当 $0<a<b$ 时，不等式

$$\frac{b-a}{b}<\ln\frac{b}{a}<\frac{b-a}{a}.$$

证明 令函数 $f(x)=\ln x$，则 $f(x)$ 在区间 $[a,b]$ 上满足拉格朗日中值定理的条件，且 $f'(x)=\dfrac{1}{x}$. 因此，在 (a,b) 内存在一点 ξ，使

$$\ln\frac{b}{a}=\ln b-\ln a=\frac{1}{\xi}(b-a).$$

由 $a<\xi<b$，得

$$\frac{1}{b}<\frac{1}{\xi}<\frac{1}{a},$$

$$\frac{b-a}{b}<\frac{b-a}{\xi}<\frac{b-a}{a}.$$

因此

$$\frac{b-a}{b}<\ln\frac{b}{a}<\frac{b-a}{a}.$$

由例题可以看到，合理构造新函数是解决问题的关键.

3.1.3　柯西（Cauchy）中值定理

定理 3-3　（柯西中值定理）　如果函数 $f(x)$ 和 $g(x)$ 满足下列两个条件，则在 (a, b) 内至少存在一点 ξ，使 $\dfrac{f(b)-f(a)}{g(b)-g(a)}=\dfrac{f'(\xi)}{g'(\xi)}$.（证明略）

(1)在闭区间 $[a, b]$ 上连续.

(2)在开区间 (a, b) 内可导，对于任一 $x\in(a, b)$，$g'(x)\neq0$.

【注意】在柯西中值定理中，令 $g(x)=x$，就得到拉格朗日中值定理.

通过以上讨论知道，柯西中值定理是拉格朗日中值定理的推广，拉格朗日中值定理又是罗尔中值定理的推广，这三个定理是微分学中的中值定理，特别是拉格朗日中值定理，它是利用导数研究函数的有力工具. 因此，也称拉格朗日中值定理为微分中值定理.

习题 3－1

1. 选择题.

(1)函数 $f(x)=x(3-x^2)$ 在 $[0, \sqrt{3}]$ 上满足罗尔中值定理的 ξ 值是(　　).

　　A. 1　　　　　　B. -1　　　　　　C. -1 和 1　　　　　　D. $[0, \sqrt{3}]$

(2)下列函数在 $[-1, 1]$ 上满足拉格朗日中值定理条件的是(　　).

　　A. $f(x)=|x|$　　　　　　　　　　B. $f(x)=\dfrac{1}{x}$

　　C. $f(x)=\dfrac{\sin x}{\mathrm{e}^x}$　　　　　　　　　D. $f(x)=\begin{cases}2, & -1\leqslant x<0\\ x^2, & 0\leqslant x\leqslant1\end{cases}$

2. 验证下列函数在给定区间上是否满足罗尔中值定理的条件，如满足，求出定理中的 ξ.

(1) $f(x)=x^2-4x$，$[1, 3]$；　　　　　　　(2) $f(x)=x^3-2x^2+x-1$，$[0, 1]$；

(3) $f(x)=\dfrac{1}{x^2+1}$，$[-2, 2]$；　　　　　(4) $f(x)=\ln\sin x$，$\left[\dfrac{\pi}{6}, \dfrac{5\pi}{6}\right]$.

3. 验证下列函数在给定区间上是否满足拉格朗日中值定理的条件，如满足，求出定理中的 ξ.

(1) $f(x)=x^3$，$[-1, 2]$；　　　　　　　(2) $f(x)=x^3-4x^2+2x-3$，$[0, 2]$；

(3)$f(x)=\sqrt{x}-1$，$[0，1]$；　　　　　　(4)$f(x)=\ln x$，$[1，e]$．

4．证明恒等式 $\arcsin x+\arccos x=\dfrac{\pi}{2}(-1\leqslant x\leqslant1)$．

5．证明下列不等式．

(1)当 $x>0$ 时，$\dfrac{x}{1+x}<\ln(1+x)<x$；

(2)$|\arctan b-\arctan a|\leqslant|b-a|$．

3.2　洛必达法则

3.2.1　"$\dfrac{0}{0}$"型未定式

定理 3-4（洛必达法则 1）　如果函数 $f(x)$ 和 $g(x)$ 满足下列条件，则 $\lim\limits_{x\to x_0}\dfrac{f(x)}{g(x)}=\lim\limits_{x\to x_0}\dfrac{f'(x)}{g'(x)}=A$．

(1)$\lim\limits_{x\to x_0}f(x)=0$，$\lim\limits_{x\to x_0}g(x)=0$．

(2)在点 x_0 的附近可导(点 x_0 可除外)，且 $g'(x)\neq0$．

(3)$\lim\limits_{x\to x_0}\dfrac{f'(x)}{g'(x)}=A$(或 ∞)．

例 3-5　求 $\lim\limits_{x\to0}\dfrac{e^x-1}{\sin x}$．

解：当 $x\to0$ 时，有 $e^x-1\to0$，$\sin x\to0$，这是"$\dfrac{0}{0}$"型未定式．由洛必达法则，得

$$\lim_{x\to0}\frac{e^x-1}{\sin x}=\lim_{x\to0}\frac{(e^x-1)'}{(\sin x)'}=\lim_{x\to0}\frac{e^x}{\cos x}=1.$$

例 3-6　求 $\lim\limits_{x\to2}\dfrac{x^2-4}{x-2}$．

解：$\lim\limits_{x\to2}\dfrac{x^2-4}{x-2}=\lim\limits_{x\to2}\dfrac{(x^2-4)'}{(x-2)'}=\lim\limits_{x\to2}\dfrac{2x}{1}=4.$

【注意】有些问题可以连续多次使用洛必达法则，但每次使用前都要检验是否满足洛必达法则的条件，否则就会出现错误的结果．

例 3-7　求 $\lim\limits_{x\to1}\dfrac{x^3-3x+2}{x^3-x^2-x+1}$．

解：$\lim\limits_{x\to1}\dfrac{x^3-3x+2}{x^3-x^2-x+1}=\lim\limits_{x\to1}\dfrac{3x^2-3}{3x^2-2x-1}=\lim\limits_{x\to1}\dfrac{6x}{6x-2}=\dfrac{6\times1}{6\times1-2}=\dfrac{3}{2}.$

【注意】因为 $\dfrac{6x}{6x-2}$ 不是"$\dfrac{0}{0}$"型未定式，所以下面的计算是错误的！

$$\lim_{x\to 1}\frac{6x}{6x-2}=\lim_{x\to 1}\frac{(6x)'}{(6x-2)'}=\lim_{x\to 1}\frac{6}{6}=1.$$

例 3-8　求 $\displaystyle\lim_{x\to 0}\frac{1-\cos x}{x^2}$.

解：$\displaystyle\lim_{x\to 0}\frac{1-\cos x}{x^2}=\lim_{x\to 0}\frac{(1-\cos x)'}{(x^2)'}=\lim_{x\to 0}\frac{\sin x}{2x}=\lim_{x\to 0}\frac{(\sin x)'}{(2x)'}=\lim_{x\to 0}\frac{\cos x}{2}=\frac{1}{2}$.

3.2.2　"$\dfrac{\infty}{\infty}$"型未定式

定理 3-5 （洛必达法则2）　如果函数 $f(x)$ 和 $g(x)$ 满足下列条件，则 $\displaystyle\lim_{x\to x_0}\frac{f(x)}{g(x)}=\lim_{x\to x_0}\frac{f'(x)}{g'(x)}=A$.

(1) $\displaystyle\lim_{x\to x_0}f(x)=\infty$，$\displaystyle\lim_{x\to x_0}g(x)=\infty$.

(2) 在点 x_0 附近可导（点 x_0 可除外），且 $g'(x)\neq 0$.

(3) $\displaystyle\lim_{x\to x_0}\frac{f'(x)}{g'(x)}=A$（或 ∞）.

说明：在洛必达法则中，如果把"$x\to x_0$"改为"$x\to\infty$"或"$x\to x_0^+$""$x\to x_0^-$""$x\to +\infty$""$x\to -\infty$"，则此法则仍然成立.

例 3-9　求 $\displaystyle\lim_{x\to\infty}\frac{2x^3+1}{x^3-2x}$.

解：$\displaystyle\lim_{x\to\infty}\frac{2x^3+1}{x^3-2x}=\lim_{x\to\infty}\frac{(2x^3+1)'}{(x^3-2x)'}=\lim_{x\to\infty}\frac{6x^2}{3x^2-2}=\lim_{x\to\infty}\frac{(6x^2)'}{(3x^2-2)'}=\lim_{x\to\infty}\frac{12x}{6x}=2$.

例 3-10　求 $\displaystyle\lim_{x\to +\infty}\frac{\ln x}{x^2+1}$.

解：$\displaystyle\lim_{x\to +\infty}\frac{\ln x}{x^2+1}=\lim_{x\to +\infty}\frac{(\ln x)'}{(x^2+1)'}=\lim_{x\to +\infty}\frac{\dfrac{1}{x}}{2x}=\lim_{x\to +\infty}\frac{1}{2x^2}=0$.

例 3-11　求 $\displaystyle\lim_{x\to +\infty}\frac{x^2}{\mathrm{e}^x}$.

解：$\displaystyle\lim_{x\to +\infty}\frac{x^2}{\mathrm{e}^x}=\lim_{x\to +\infty}\frac{2x}{\mathrm{e}^x}=\lim_{x\to +\infty}\frac{2}{\mathrm{e}^x}=0$.

3.2.3　其他类型的未定式

洛必达法则只适用于"$\dfrac{0}{0}$"型或"$\dfrac{\infty}{\infty}$"型未定式. 对于其他类型的未定式，如 $0\cdot\infty$，$\infty-$

∞，1^{∞}，0^{0}，∞^{0} 等类型，可以对它们进行适当的恒等变换，转换成"$\frac{0}{0}$"型或"$\frac{\infty}{\infty}$"型未定式，再用洛必达法则计算.

例 3-12 求 $\lim\limits_{x\to 0^{+}}(x\ln x)$.（$0\cdot\infty$型）

解：$\lim\limits_{x\to 0^{+}}(x\ln x)=\lim\limits_{x\to 0^{+}}\dfrac{\ln x}{\frac{1}{x}}=\lim\limits_{x\to 0^{+}}\dfrac{\frac{1}{x}}{-\frac{1}{x^{2}}}=-\lim\limits_{x\to 0^{+}}x=0.$

例 3-13 求 $\lim\limits_{x\to 0}\left(\dfrac{1}{x}-\dfrac{1}{\sin x}\right)$.（$\infty-\infty$型）

解：$\lim\limits_{x\to 0}\left(\dfrac{1}{x}-\dfrac{1}{\sin x}\right)=\lim\limits_{x\to 0}\dfrac{\sin x-x}{x\sin x}=\lim\limits_{x\to 0}\dfrac{\cos x-1}{\sin x+x\cos x}=\lim\limits_{x\to 0}\dfrac{-\sin x}{2\cos x-x\sin x}=0.$

习题 3-2

1. 判断下列极限计算是否正确.

(1)$\lim\limits_{x\to 0}\dfrac{x^{2}+3}{x}=\lim\limits_{x\to 0}\dfrac{2x}{1}=0.$ （　　）

(2)$\lim\limits_{x\to 4}\dfrac{x^{3}-14x-8}{x-4}=\lim\limits_{x\to 4}\dfrac{3x^{2}-14}{1}=34.$ （　　）

(3)$\lim\limits_{x\to\infty}\dfrac{x-\sin x}{x+\sin x}=\lim\limits_{x\to\infty}\dfrac{1-\cos x}{1+\cos x}=1.$ （　　）

2. 用洛必达法则求下列极限.

(1)$\lim\limits_{x\to 0}\dfrac{\sin 2x}{x}$；

(2)$\lim\limits_{x\to 0}\dfrac{e^{x}-e^{-x}}{x}$；

(3)$\lim\limits_{x\to 0}\dfrac{\sin 6x}{\tan 2x}$；

(4)$\lim\limits_{x\to 0}\dfrac{x-\sin x}{x^{3}}$；

(5)$\lim\limits_{x\to+\infty}\dfrac{\ln x}{x^{2}}$；

(6)$\lim\limits_{x\to\infty}\dfrac{3x^{2}-x+1}{x^{2}+2x-5}$.

3. 下列极限是否存在？是否可用洛必达法则求极限？为什么？

(1)$\lim\limits_{x\to+\infty}\dfrac{e^{x}-e^{-x}}{e^{x}+e^{-x}}$；

(2)$\lim\limits_{x\to 0}\dfrac{x^{2}\sin\frac{1}{x}}{\sin x}$；

(3)$\lim\limits_{x\to\infty}\dfrac{x+\sin x}{x}$；

(4)$\lim\limits_{x\to\infty}\dfrac{x-\sin x}{x+\sin x}$.

3.3　函数的单调性与极值

3.3.1　函数的单调性

从函数的几何图形来看，如果函数 $y=f(x)$ 是单调增加的，则这条曲线沿 x 轴正向是上升的，函数在区间 $(a，b)$ 内每一点的切线斜率都是正的，即 $f'(x)>0$，如图 3-3 所示；如果函数 $y=f(x)$ 是单调减少的，如图 3-4 所示，则这条曲线沿 x 轴正向是下降的，函数在区间 $(a，b)$ 内每一点的切线斜率都是负的，即 $f'(x)<0$.

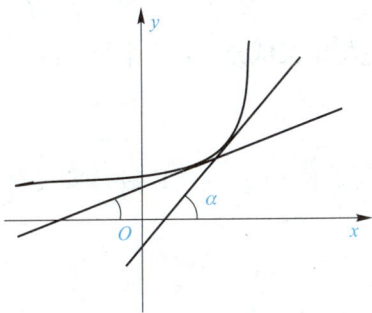

图 3-3

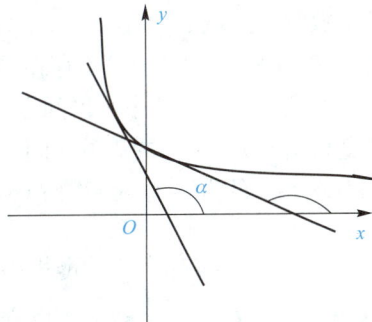

图 3-4

可见，函数的单调性与它的导数的符号有着密切的联系，反过来，能否用导数的符号来判断函数的单调性呢？下面给出函数单调性的判定法.

定理 3-6　（**函数单调性的判定法**）　设函数 $y=f(x)$ 在开区间 $(a，b)$ 可导.

(1)如果在 $(a，b)$ 内 $f'(x)>0$，则函数 $y=f(x)$ 在 $(a，b)$ 内单调增加；

(2)如果在 $(a，b)$ 内 $f'(x)<0$，则函数 $y=f(x)$ 在 $(a，b)$ 内单调减少.

定理 3-6 中的开区间换成其他区间（包括无穷区间），结论也成立.

【注意】 函数的单调性是某一个区间上的性质，要用导数在这一区间上的符号来判定，而不能用一点处的导数符号来判定. 例如，函数 $y=x^2$ 在定义区间上不是单调的，但在部分区间上是单调的，即函数在 $(0，+\infty)$ 内单调增，在 $(-\infty，0)$ 内单调减.

例 3-14　判定函数 $f(x)=x^3+2x$ 的单调性.

解： 因为函数 $f(x)=x^3+2x$ 的定义域为 $(-\infty，+\infty)$，且
$$f'(x)=3x^2+2>0，$$
所以由定理 3-6 可知，函数 $f(x)=x^3+2x$ 在 $(-\infty，+\infty)$ 内是单调增加的.

例 3-15　求函数 $f(x)=2x^3-6x+5$ 的单调区间.

解： 函数 $f(x)=2x^3-6x+5$ 的定义域为 $(-\infty，+\infty)$，且

$$f'(x)=6x^2-6=6(x+1)(x-1).$$

令 $f'(x)=0$，解得 $x_1=-1$，$x_2=1$.

列表考查函数的单调区间，见表 3-1.

表 3-1　例 3-15 函数的单调区间

x	$(-\infty,\ -1)$	-1	$(-1,\ 1)$	1	$(1,\ +\infty)$
$f'(x)$	$+$	0	$-$	0	$+$
$f(x)$	↗		↘		↗

表中符号↗和↘分别表示函数 $f(x)$ 在对应区间内是单调增加和单调减少.

由表 3-1 可知：函数 $f(x)=2x^3-6x+5$ 的单调增区间是 $(-\infty,\ -1)$ 和 $(1,\ +\infty)$，单调减区间是 $(-1,\ 1)$.

求函数单调区间的一般步骤如下.

(1)求函数的定义域.

(2)求出 $f'(x)=0$ 和 $f'(x)$ 不存在的点，这些点将定义域分成若干个小区间.

(3)列表讨论 $f'(x)$ 在各个小区间上的符号.

(4)据表写出函数 $f(x)$ 的单调区间.

把使 $f'(x)=0$ 的点 x 称为函数 $f(x)$ 的驻点. 例 3-15 中 $x_1=-1$，$x_2=1$ 是驻点.

例 3-16　判定函数 $f(x)=x^{\frac{2}{3}}$ 的单调性.

解： 因为函数 $f(x)=x^{\frac{2}{3}}$ 的定义域为 $(-\infty,\ +\infty)$，且

$$f'(x)=\frac{2}{3\sqrt[3]{x}},$$

当 $x=0$ 时，函数 $f'(x)$ 不存在，所以 $x=0$ 是函数 $f(x)$ 的不可导点.

列表考查函数的单调区间，见表 3-2.

表 3-2　例 3-16 函数的单调区间

x	$(-\infty,\ 0)$	0	$(0,\ +\infty)$
$f'(x)$	$-$	0	$+$
$f(x)$	↘		↗

因此，函数 $f(x)=x^{\frac{2}{3}}$ 的单调增区间是 $(0,\ +\infty)$，单调减区间是 $(-\infty,\ 0)$.

3.3.2　函数的极值

定义 3-1　设函数 $y=f(x)$ 在点 x_0 的某一邻域有定义，如果对于点 x_0 附近的所有点 $x(x\neq x_0)$ 都有：

(1) $f(x)<f(x_0)$，则称 $f(x_0)$ 为函数 $f(x)$ 的**极大值**，x_0 为 $f(x)$ 的**极大值点**；

(2) $f(x)>f(x_0)$，则称 $f(x_0)$ 为函数 $f(x)$ 的**极小值**，x_0 为 $f(x)$ 的**极小值点**.

函数的极大值和极小值统称为**极值**，极大值点和极小值点统称为**极值点**.

说明　(1)函数的极值是局部性的概念，它只是与极值点附近的点的函数值比较，而并不是函数在整个定义区间上的最大值或最小值.如图 3-5 所示，$f(x_1)$ 为函数 $f(x)$ 的极大值，但并不是 $f(x)$ 在 $[a，b]$ 上的最大值.

(2)函数的极大值并不一定比该函数的极小值大.如图 3-5 所示，极大值 $f(x_1)$ 就比极小值 $f(x_4)$ 小.

(3)函数的极值点只可能出现在区间内部，不可能在端点处取得；而函数的最大值与最小值既可能出现在区间内部，也可能出现在端点处.

由图 3-5 还很容易看出，若函数在极值点处存在切线，则切线一定平行于 x 轴.反之，则不一定正确，如图 3-5 所示，函数在点 x_5 处存在切线，但点 x_5 不是极值点.

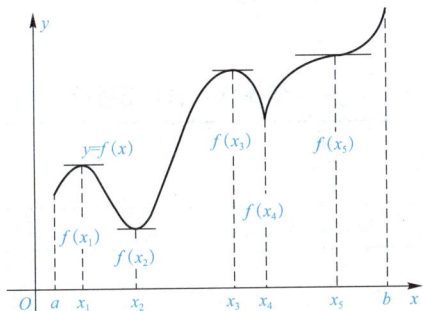

图 3-5

定理 3-7　如果函数 $y=f(x)$ 在点 x_0 处取得极值，且在点 x_0 处可导，则必有 $f'(x_0)=0$.

例 3-17　设函数 $f(x)=x^3+mx^2-4x+2$ 在点 $x=2$ 处取得极值，求常数 m 的值.

解：因为 $f'(x)=3x^2+2mx-4$，由定理 3-7，有
$$f'(2)=3\times 2^2+2m\times 2-4=0，$$
解得 $m=-2$.

说明　(1)可导函数的极值点一定是函数的驻点，但驻点不一定是函数的极值点.例如，点 $x=0$ 是函数 $y=x^3$ 的驻点，但不是函数 $y=x^3$ 的极值点.

(2)连续而不可导的点也可能是极值点.例如，函数 $y=|x|$ 在 $x=0$ 处连续而不可导，但 $x=0$ 是函数的极小值点.

通过上述分析可知，函数的驻点和导数不存在的点都有可能是极值点，那么如何判断函数的驻点和导数不存在的点是否为极值点？下面给出判定函数极值的两种方法.

定理 3-8　**（极值第一判定法）**　设函数 $y=f(x)$ 在点 x_0 处连续，且在点 x_0 的某去心邻域可导.

(1)如果当 $x<x_0$ 时 $f'(x)>0$，当 $x>x_0$ 时 $f'(x)<0$，则 $f(x)$ 在点 x_0 处取得极大值.

(2)如果当 $x<x_0$ 时 $f'(x)<0$，当 $x>x_0$ 时 $f'(x)>0$，则 $f(x)$ 在点 x_0 处取得极小值.

(3)如果当 $x<x_0$ 和 $x>x_0$ 时，$f'(x)$ 不变号，则 $f(x)$ 在点 x_0 处无极值.

由以上定理归纳求函数极值的步骤如下.

（1）求定义域.

（2）求导数 $f'(x)$，以及 $f'(x)=0$ 和 $f'(x)$ 不存在的点，这些点将定义域分成若干个小区间.

（3）列表讨论 $f'(x)$ 在各个小区间的符号，以确定该点是否为极值点，并判断在极值点是取得极大值还是极小值.

（4）求出各极值点处的函数值，即得极值.

例 3-18 求函数 $f(x)=2x^3+3x^2-12x+5$ 的极值.

解： 函数 $f(x)$ 的定义域为 $(-\infty,+\infty)$，且

$$f'(x)=6x^2+6x-12=6(x+2)(x-1).$$

令 $f'(x)=0$，得驻点 $x_1=-2$，$x_2=1$.

列表讨论（表 3-3）.

表 3-3　例 3-18 函数极值讨论

x	$(-\infty,-2)$	-2	$(-2,1)$	1	$(1,+\infty)$
$f'(x)$	$+$	0	$-$	0	$+$
$f(x)$	↗	极大值 25	↘	极小值 -2	↗

因此，函数的极大值 $f(-2)=2\times(-2)^3+3\times(-2)^2-12\times(-2)+5=25$，极小值 $f(1)=2\times1^3+3\times1^2-12\times1+5=-2$.

例 3-19 讨论函数 $f(x)=2\mathrm{e}^x-\mathrm{e}^{-x}$ 的单调性和极值.

解： 函数 $f(x)$ 的定义域为 $(-\infty,+\infty)$，且

$$f'(x)=2\mathrm{e}^x+\mathrm{e}^{-x}.$$

因为在 $(-\infty,+\infty)$ 内 $f'(x)>0$，所以函数 $f(x)$ 在定义域内单调增加，无极值.

定理 3-9 **（极值第二判定法）** 设函数 $y=f(x)$ 在点 x_0 处具有二阶导数，且 $f'(x_0)=0$，$f''(x_0)\neq0$.

（1）当 $f''(x_0)<0$ 时，$f(x)$ 在点 x_0 处取得极大值.

（2）当 $f''(x_0)>0$ 时，$f(x)$ 在点 x_0 处取得极小值.

例 3-20 求函数 $f(x)=x+\dfrac{1}{x}$ 的极值.

解： 函数 $f(x)$ 的定义域为 $(-\infty,0)\bigcup(0,+\infty)$，且

$$f'(x)=1-\frac{1}{x^2}.$$

令 $f'(x)=0$，解得 $x_1=-1$，$x_2=1$.

$$f''(x)=\frac{2}{x^3}.$$

因为 $f''(-1)=-2<0$，$f''(1)=2>0$，所以当 $x=-1$ 时，函数有极大值 $f(-1)=-1+\dfrac{1}{-1}=-2$；当 $x=1$ 时，函数有极小值 $f(1)=1+\dfrac{1}{1}=2$.

一般地，用极值第二判定法求极值的过程较简单，但此法有局限性，仅对二阶导数不为零的驻点直接有效，而在判定一阶导数不存在的点以及二阶导数为零的驻点是否为极值点时，此法失效．用极值第一判定法求极值的过程较复杂，但它的应用范围比较广泛．

例 3-21　求函数 $f(x)=3x^4-8x^3+6x^2-2$ 的极值．

解：函数 $f(x)$ 的定义域为 $(-\infty,+\infty)$，且
$$f'(x)=12x^3-24x^2+12x=12x(x-1)^2,$$
$$f''(x)=36x^2-48x+12=12(3x-1)(x-1).$$

令 $f'(x)=0$，得驻点 $x_1=0$，$x_2=1$，且 $f''(0)=12>0$，$f''(1)=0$.

由极值第二判定法知，$f(0)=-2$ 是函数 $f(x)$ 的极小值．

因为 $f''(1)=0$，所以需用极值第一判定法判定 $x=1$ 的情形．在 $x=1$ 的两侧，因为当 $0<x<1$ 和 $x>1$ 时都有 $f'(x)>0$，所以 $x=1$ 不是极值点．

3.3.3　函数的最大值和最小值

在社会生活中，常常会遇到在一定条件下，怎样使"用料最省、成本最低、利润最大"等问题．下面介绍利用导数计算函数最值的方法．

在闭区间 $[a,b]$ 上连续的函数 $f(x)$ 一定存在最大值和最小值．一般情况下，函数 $f(x)$ 的最大值和最小值只可能在闭区间 $[a,b]$ 的端点或者在开区间 (a,b) 内部的极值点处取得，而极值点可能是驻点或导数不存在的点．

由此，求连续函数 $f(x)$ 在 $[a,b]$ 上最大值和最小值的一般步骤如下．

(1)求函数 $f(x)$ 的导数，并求出所有的驻点和导数不存在的点．

(2)求各驻点、导数不存在的点及各端点的函数值．

(3)比较上述各函数值的大小，其中最大的就是 $f(x)$ 在 $[a,b]$ 上的最大值，最小的就是最小值．

1. 闭区间上连续函数的最大值和最小值

例 3-22　求函数 $f(x)=x^3-3x^2+2$ 在闭区间 $[-1,3]$ 上的最大值和最小值．

解：(1)函数的导数 $f'(x)=3x^2-6x=3x(x-2)$.

令 $f'(x)=0$，得驻点 $x_1=0$，$x_2=2$.

(2)驻点的函数值 $f(0)=2$，$f(2)=-2$，端点的函数值 $f(-1)=-2$，$f(3)=2$.

(3)比较大小可知，此函数在闭区间 $[-1,3]$ 上的最大值 $f(0)=f(3)=2$，最小值 $f(-1)=f(2)=-2$.

思考　如果函数 $f(x)$ 在 $[a,b]$ 上是单调增(减)函数，则其最大值、最小值是什么？

2. 实际问题的最值

如果函数 $f(x)$ 在某个区间 I 内可导且只有一个驻点 x_0，并且这个驻点是函数 $f(x)$ 唯一的极值点，结合实际问题，则 $f(x_0)$ 就是 $f(x)$ 在区间 I 内的最大值或最小值．

解决实际问题的一般步骤如下．

(1)根据题意，列出目标函数，写出定义域．

(2)求目标函数的导数和驻点.

(3)若驻点唯一,结合题意直接可知,驻点处取值就是最大值或最小值.

例 3-23 某公司想用一段长为 36 m 的铝合金材料做一个窗框(图 3-6),上方为一个等边三角形,下方为一个长方形.问怎样取材,通过窗户的光线最多?

解: 当窗框面积(中间横料面积不计)最大时,通过窗户的光线最多.

设长方形的底为 x,高为 y,则 $4x+2y=36$,即 $y=18-2x$.

设窗框的面积为 S,则

$$S=xy+\frac{\sqrt{3}}{4}x^2=18x+(\frac{\sqrt{3}}{4}-2)x^2,\ x\in(0,\ 9).$$

$$S'=18+(\frac{\sqrt{3}}{2}-4)x.$$

令 $S'=0$,得 $(0,\ 9)$ 内唯一驻点 $x\approx5.74$,此时 $y\approx6.52$.

因此,当窗户下方长方形的底和高分别取 5.74 m 和 6.52 m 时,通过窗户的光线最多.

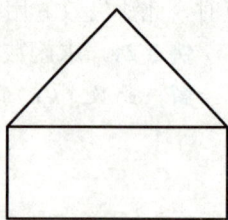

图 3-6

例 3-24 在图 3-7 所示的电路中,已知电源电压为 E,内阻为 r,问负载电阻 R 为多大时,输出功率最大?

解: 由电学可知,消耗在负载电阻 R 的输出功率为 $P=I^2R$,I 为电路中的电流.

根据欧姆定律,有 $I=\dfrac{E}{R+r}$,得 $P=\left(\dfrac{E}{R+r}\right)^2R=\dfrac{E^2R}{(R+r)^2}$,$R\in(0,\ +\infty)$.

图 3-7

求导数:$P'=\dfrac{\mathrm{d}P}{\mathrm{d}R}=E^2\dfrac{r-R}{(R+r)^3}$.令 $P'=0$,得 $R=r$.

因为在 $R\in(0,\ +\infty)$ 内,函数 P 只有一个驻点 $R=r$,所以当负载电阻 $R=r$ 时,输出功率 $P=\dfrac{E^2}{4r}$ 最大.

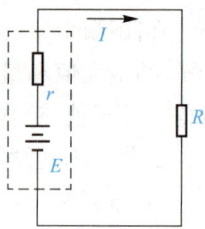

习题 3-3

1. 判定下列函数在指定区间内的单调性.

(1)$f(x)=x^2+4x-3$,$(-2,\ +\infty)$;   (2)$f(x)=\ln x-2x$,$(\frac{1}{2},\ +\infty)$.

2. 求下列函数的单调区间.

(1)$f(x)=2x^3-6x^2-18x+5$;   (2)$f(x)=x^3-\dfrac{1}{x}$;

(3)$f(x)=\mathrm{e}^{x^2}$;   (4)$f(x)=2x^2-\ln x$.

3. 求下列函数的极值.

(1) $f(x)=-x^4+2x^2$;

(2) $f(x)=x-\mathrm{e}^x$;

(3) $f(x)=x-\ln(1+x)$;

(4) $f(x)=x+\dfrac{1}{x}$.

4. 求下列函数的最大值和最小值.

(1) $f(x)=2x+3,\ x\in[-1,5]$;

(2) $f(x)=x^2-4x+6,\ x\in[-3,5]$;

(3) $f(x)=x^4-2x^2+5,\ x\in[-2,2]$;

(4) $f(x)=\sqrt{5-4x},\ x\in[-1,1]$.

5. 用一块边长为 36 cm 的正方形铁皮,在其四个角各截去一块面积相等的小正方形,做成一个无盖的铁盒.问截去的小正方形边长为多少时,做出的铁盒容积最大?

6. 要建造一个体积为 16 π m³ 的有盖圆柱形仓库,问高和地面半径为多少时用料最省?

7. 某产品生产 Q 个单位的总成本为

$$C(Q)=\frac{1}{12}Q^3-5Q^2+170Q+300.$$

每单位产品的价格是 134 元,求使利润最大的产量.

8. 已知某商品的需求量 Q 是价格 p 的函数 $Q(p)=75-p^2$,问价格 p 为多少时,总收益最大?

3.4　曲线的凹凸性与拐点

3.4.1　曲线凹凸性的概念

引例 3-3　如图 3-8 所示,函数 $y=x^2$ 与 $y=\sqrt{x}$ 在 $(0,+\infty)$ 内都是单调增加的,但增加的方式不同.进一步观察,沿曲线 $y=x^2$ 上各点作切线,曲线总位于切线的上方,而在曲线 $y=\sqrt{x}$ 上各点作切线,曲线总位于切线的上方,因此可用曲线与切线的相对位置反映曲线的凹凸性.

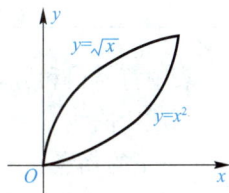

定义 3-2　设曲线 $y=f(x)$ 在区间 (a,b) 内各点都有切线,在切点附近如果曲线总位于切线的上方,则称曲线 $y=f(x)$ 在区间 (a,b) 内是凹的,(a,b) 称为 $y=f(x)$ 的凹区间;如果曲线总位于切线的下方,则称曲线 $y=f(x)$ 在区间 (a,b) 内是凸的,(a,b) 称为 $y=f(x)$ 的凸区间.把曲线在 (a,b) 内是凹或是凸的这种特性,称为曲线的凹凸性.

连续曲线 $y=f(x)$ 上凹与凸的分界点称为曲线的**拐点**.

例如,曲线 $y=x^3$ 在 $(0,+\infty)$ 内是凹的,在 $(-\infty,0)$ 内是凸的,点 $(0,0)$ 为曲线 $y=x^3$ 的拐点.

图 3-8

3.4.2 曲线凹凸性的判断

定理 3-10 设函数 $y=f(x)$ 在区间 $(a，b)$ 内具有二阶导数.

(1)如果在 $(a，b)$ 内 $f''(x)>0$，则曲线 $y=f(x)$ 在 $(a，b)$ 内是凹的；

(2)如果在 $(a，b)$ 内 $f''(x)<0$，则曲线 $y=f(x)$ 在 $(a，b)$ 内是凸的.

例 3-25 判断曲线 $y=x^4+3x^2$ 的凹凸性.

解： 函数 $y=x^4+3x^2$ 的定义域为 $(-\infty，+\infty)$.

因为 $y'=4x^3+6x$，$y''=12x^2+6>0$，所以曲线 $y=x^4+3x^2$ 在 $(-\infty，+\infty)$ 内是凹的.

例 3-26 判断曲线 $y=\ln x$ 的凹凸性.

解： 函数 $y=\ln x$ 的定义域为 $(0，+\infty)$.

因为 $y'=\dfrac{1}{x}$，$y''=-\dfrac{1}{x^2}<0$，所以曲线 $y=\ln x$ 在 $(0，+\infty)$ 内是凸的.

例 3-27 判断曲线 $y=x^3+1$ 的凹凸性.

解： 函数 $y=x^3+1$ 的定义域为 $(-\infty，+\infty)$.

因为 $y'=3x^2$，$y''=6x$，令 $y''=0$，得 $x=0$.

列表讨论(表 3-4).

表 3-4 例 3-27 曲线凹凸性讨论

x	$(-\infty,0)$	0	$(0，+\infty)$
y''	−	0	+
y	$\cap$	拐点	$\cup$

表中符号 $\cap$ 和 $\cup$ 分别表示曲线 $f(x)$ 在对应区间内是凸的和凹的.

因此，曲线 $y=x^3+1$ 在 $(-\infty，0)$ 内是凸的，在 $(0，+\infty)$ 内是凹的，点 $(0,1)$ 为曲线 $y=x^3+1$ 的拐点.

由例 3-27 可以看出，求曲线 $y=f(x)$ 的拐点实际上就是 $y''=f''(x)$ 取正值与取负值的分界点. 由此可知，如果在点 x_0 处 $f''(x)=0$，而在点 x_0 的左、右两侧 $f''(x)$ 异号，则点 $(x_0，f(x_0))$ 一定是曲线 $y=f(x)$ 的拐点.

判断曲线 $y=f(x)$ 的凹凸性与求拐点的一般步骤如下.

(1)求定义域.

(2)求出导数 $f''(x)$，以及 $f''(x)=0$ 和 $f''(x)$ 不存在的点，这些点将定义域分成若干个小区间.

(3)列表讨论 $f''(x)$ 在各个小区间的符号.

(4)据表写出曲线 $y=f(x)$ 的凹凸区间，求出曲线 $y=f(x)$ 的拐点 $(x_0，f(x_0))$.

例 3-28 求曲线 $y=x^4-2x^3-12x^2+3x-2$ 的凹凸区间与拐点.

解:（1）函数 $y=x^4-2x^3-12x^2+3x-2$ 的定义域为 $(-\infty,+\infty)$.

（2）$y'=4x^3-6x^2-24x+3$，$y''=12x^2-12x-24=12(x+1)(x-2)$.

令 $y''=0$，得 $x_1=-1$，$x_2=2$.

（3）列表讨论（表3-5）.

表3-5 例3-28曲线凹凸区间与拐点讨论

x	$(-\infty,-1)$	-1	$(-1,2)$	2	$(2,+\infty)$
y''	$+$	0	$-$	0	$+$
y	$\cup$	拐点	$\cap$	拐点	$\cup$

（4）曲线的凸区间是 $(-1,2)$，凹区间是 $(-\infty,-1)$ 和 $(2,+\infty)$，拐点是 $(-1,-14)$ 和 $(2,-44)$.

例 3-29 讨论曲线 $y=\sqrt[3]{x-1}-2$ 的凹凸性及拐点.

解:（1）函数 $y=\sqrt[3]{x-1}-2$ 的定义域为 $(-\infty,+\infty)$.

（2）$y'=\dfrac{1}{3\sqrt[3]{(x-1)^2}}$，$y''=-\dfrac{2}{9\sqrt[3]{(x-1)^5}}$.

当 $x=1$ 时，y' 及 y'' 都不存在，且没有 $y''=0$ 的点.

（3）列表讨论（表3-6）.

表3-6 例3-29曲线凹凸性及拐点讨论

x	$(-\infty,1)$	1	$(1,+\infty)$
y''	$+$	不存在	$-$
y	$\cup$	拐点	$\cap$

（4）曲线在 $(1,+\infty)$ 内是凸的，在 $(-\infty,1)$ 内是凹的，点 $(1,-2)$ 是曲线的拐点.

习题 3-4

1. 填空题.

（1）曲线 $y=ax^3+bx^2$ 以 $(1,3)$ 为拐点，则 $a=$ _____，$b=$ _____.

（2）函数 $f(x)=ax^3+bx^2+cx+d$ 以 $f(-2)=44$ 为极大值，函数图像以 $(1,-10)$ 为拐点，则 $a=$ _____，$b=$ _____，$c=$ _____，$d=$ _____.

2. 选择题.

（1）设在区间 (a,b) 内 $f'(x)>0$，$f''(x)<0$，则在区间 (a,b) 内，曲线 $y=f(x)$（　　）.

A. 沿 x 轴正向上升且为凸的　　　　B. 沿 x 轴正向下降且为凸的

C. 沿 x 轴正向上升且为凹的　　　　D. 沿 x 轴正向下降且为凹的

（2）设函数 $y=f(x)$ 在区间 (a,b) 内有二阶导数，则当（　　）成立时，点 $(c,f(c))(a<c<b)$ 是曲线 $y=f(x)$ 的拐点.

A. $f''(c)=0$

B. $f''(x)$ 在区间 (a,b) 内单调增加

C. $f''(x)$ 在区间 (a,b) 内单调减少

D. $f''(c)=0$，$f''(x)$ 在区间 (a,b) 内单调增加

3. 判断下列曲线的凹凸性.

(1) $y=\dfrac{1}{x}$；

(2) $y=2x^2-\ln x$；

(3) $y=x\ln x$；

(4) $y=e^x-e^{-x}$.

4. 求下列曲线的凹凸区间与拐点.

(1) $y=x^3-6x^2+3x+5$；

(2) $y=(1+x)^4$；

(3) $y=x e^{-x}$；

(4) $y=\ln(1+x^2)$.

3.5 导数在社会生产中的应用

3.5.1 导数在经济分析中的应用

1. 边际分析

边际概念是经济学中的一个重要概念，通常是经济变量的变化率，即函数的导数. 前面学习导数时已经介绍了导数的经济意义，即边际成本、边际收入和边际利润. 下面举例说明具体求法.

例 3-30 已知某商品的总成本 C 关于产量 Q 的函数为 $C(Q)=200+\dfrac{Q^2}{4}$. 求：

(1) 该商品的平均成本函数和边际成本函数；

(2) 当产量 $Q=20$ 时的总成本、平均成本和边际成本.

解：(1) 平均成本函数 $\overline{C}(Q)=\dfrac{200}{Q}+\dfrac{Q}{4}$，边际成本函数 $C'(Q)=\dfrac{Q}{2}$.

(2) $C(20)=200+\dfrac{20^2}{4}=300$，$\overline{C}(20)=\dfrac{200}{20}+\dfrac{20}{4}=15$，$C'(20)=\dfrac{20}{2}=10$.

这表示当生产 20 个单位产品时，再多生产 1 个单位产品，成本将增加 10 个单位.

例 3-31 已知某产品的需求量 Q 是价格 P 的函数 $Q(P)=100-2P$. 求：

(1) 边际收入函数；

(2) 当 $Q=10$，50 和 70 时的边际收入，并说明其经济意义.

解：由 $Q(P)=100-2P$，解得 $P=\dfrac{1}{2}(100-Q)$，则总收入函数 $R(Q)=P\cdot Q=$ $\dfrac{1}{2}(100-Q)Q=50Q-\dfrac{1}{2}Q^2$.

(1)边际收入函数 $R'(Q)=(50Q-\dfrac{1}{2}Q^2)'=50-Q$.

(2)$R'(10)=50-10=40$,$R'(50)=50-50=0$,$R'(60)=50-70=-20$.

其经济意义为：当销售量为 10 个单位时，再多销售 1 个单位产品，总收入将增加 40 个单位；当销售量为 50 个单位时，总收入达到最大值；当销售量为 70 个单位时，再多销售 1 个单位产品，总收入将减少 20 个单位.

例 3-32 已知某工厂生产某产品的成本函数为 $C(Q)=120+6Q$，收入函数为 $R(Q)=36Q-Q^2$. 求 $Q=9$ 的边际利润，并说明其经济意义.

解：因为边际利润函数 $L(Q)=R(Q)-C(Q)=36Q-Q^2-(120+6Q)=30Q-Q^2-120$，所以边际利润为

$$L'(Q)=(30Q-Q^2-120)'=30-2Q,$$
$$L'(9)=30-2Q\big|_{Q=9}=30-2\times9=12.$$

其经济意义为：当销售量为 9 个单位时，再多销售 1 个单位产品，利润将增加 12 个单位.

2. 函数的弹性

弹性概念是经济学中的另一个重要概念，用来定量地描述一个经济变量对另一个经济变量变化的灵敏程度，或者说，一个经济变量变动百分之一会使另一个经济变量变动百分之几.

引例 3-4 哪种产品对价格更有弹性.

在实际生活中，不同产品对价格变化的灵敏度是不同的. 有的产品，即使价格上升，需求量也不会明显减小. 例如，某人一顿吃 2 两米饭，不管大米价格高低，此人对大米的需求量不会明显改变；看病也一样，医疗价格的上升不会影响人们看病的次数. 但水果不同，水果不是必需品，价格低的时候可以多吃，随着季节的变化，当其价格上升时可以适当少吃一点，因此水果对价格变化比较敏感.

商品对价格的灵敏度叫作商品的弹性. 因此，水果比大米对价格更具有弹性.

如何用数学方法来描述弹性？函数 $y=f(x)$ 的改变量 $\Delta y=f(x+\Delta x)-f(x)$ 描述了函数在点 x 处的绝对改变量，因此导数 $f'(x)=\lim\limits_{\Delta x\to 0}\dfrac{\Delta y}{\Delta x}$ 表示的是函数在点 x 处的绝对变化率. 例如，商品 A 的单价为 10 元，涨价 1 元；商品 B 的单价为 1 000 元，涨价 1 元. 虽然两种商品的单价的绝对改变量相同，但是商品涨价的百分比相差很大. 商品 A 涨价的百分比为 $\dfrac{1}{10}=10\%$，商品 B 涨价的百分比为 $\dfrac{1}{1\,000}=0.1\%$，商品 A 涨价的百分比是商品 B 涨价的百分比的 100 倍. 因此，弹性必须用相对变化率来描述.

定义 3-3 设函数 $y=f(x)$ 在点 x 处可导，函数的相对改变量 $\dfrac{\Delta y}{y}$ 与自变量的相对改变量 $\dfrac{\Delta x}{x}$ 之比 $\dfrac{\frac{\Delta y}{y}}{\frac{\Delta x}{x}}$ 称为函数 $f(x)$ 从 x 到 $x+\Delta x$ 的平均相对变化率. 当 $\Delta x\to 0$ 时，若极限 $\lim\limits_{\Delta x\to 0}$

$\dfrac{\dfrac{\Delta y}{y}}{\dfrac{\Delta x}{x}}$ 存在，则称此极限为函数 $f(x)$ 的弹性，记作 $\dfrac{Ey}{Ex}$，即

$$\frac{Ey}{Ex}=\frac{x}{f(x)}f'(x).$$

若函数 $y=f(x)$ 在点 x_0 处可导，则

$$\frac{Ey}{Ex}\bigg|_{x=x_0}=\frac{x_0}{f(x_0)}f'(x_0).$$

函数 $y=f(x)$ 在点 x 处的弹性 $\dfrac{Ey}{Ex}$ 可解释为：当自变量变化 1% 时，函数变化的百分比为 $\left|\dfrac{Ey}{Ex}\right|\%$。

【注意】弹性研究的是相对变化率，因此弹性没有单位。弹性也称为弹性函数，记作 Ex。

例 3-33 求函数 $y=x^3$ 的弹性 $\dfrac{Ey}{Ex}$ 和 $\dfrac{Ey}{Ex}\bigg|_{x=1}$。

解：因为 $\dfrac{Ey}{Ex}=\dfrac{x}{y}\cdot y'=\dfrac{x}{x^3}\cdot 3x^2=3$，所以

$$\frac{Ey}{Ex}\bigg|_{x=1}=3.$$

结论 幂函数 $y=x^{\alpha}$（α 为任意实数）为不变弹性函数。

例 3-34 求函数 $y=10\mathrm{e}^{5x}$ 的弹性 $\dfrac{Ey}{Ex}$ 和 $\dfrac{Ey}{Ex}\bigg|_{x=6}$。

解：因为 $\dfrac{Ey}{Ex}=\dfrac{x}{y}\cdot y'=\dfrac{x}{10\mathrm{e}^{5x}}\cdot 50\mathrm{e}^{5x}=5x$，所以

$$\frac{Ey}{Ex}\bigg|_{x=6}=30.$$

结论 函数 $y=a\mathrm{e}^{bx}$（a，b 为任意实数）的弹性 $\dfrac{Ey}{Ex}=bx$。

下面介绍几个常见经济函数的弹性。

(1)成本弹性。设总成本函数为 $C=C(Q)$（Q 为产量），则成本弹性为

$$\frac{EC}{EQ}=\frac{Q}{C(Q)}C'(Q).$$

它表示在产量为 Q 的水平上，当产量增加 1% 时，总成本 C 变化的百分比。

(2)需求弹性。设需求函数为 $Q=Q(P)$（P 为价格），则需求弹性为

$$\frac{EQ}{EP}=\frac{P}{Q(P)}Q'(P).$$

它表示在价格为 P 的水平上，当价格改变 1% 时，需求量 Q 变化的百分比。

(3)收益弹性。设总收益函数为 $R=R(Q)$（Q 为产量），则收益弹性为

$$\frac{ER}{EQ}=\frac{Q}{R(Q)}R'(Q).$$

它表示在产量为 Q 的水平上, 当产量增加 1% 时, 总收益 R 变化的百分比.

例 3-35　已知某商品的需求函数为

$$Q(P)=40-10P(P\text{ 为价格}),$$

求 $P=1$, $P=2$, $P=3$ 时的需求价格弹性, 并说明其经济意义.

解:　$$\frac{EQ}{EP}=\frac{P}{Q(P)}Q'(P)=\frac{P}{40-10P}(-10)=-\frac{P}{4-P}.$$

当 $P=1$ 时,

$$\frac{EQ}{EP}=-\frac{1}{4-1}=-\frac{1}{3}\approx-0.33<0,$$

即在 $P=1$ 时, 若价格下降(上涨)1%, 需求量将增大(减小)0.33%. 由于 $\left|\dfrac{EQ}{EP}\right|=|-0.33|<1$, 所以无论提价或降价, 需求量的改变量不会很大. 说明需求量对价格缺乏弹性.

当 $P=2$ 时,

$$\frac{EQ}{EP}=-\frac{2}{4-2}=-1,$$

即在 $P=2$ 时, 若价格下降(上涨)1%, 需求量将增大(减小)1%. 需求量与价格的相对变化率是相等的, 这时称为单位弹性.

当 $P=3$ 时,

$$\frac{EQ}{EP}=-\frac{3}{4-3}=-3,$$

即在 $P=3$ 时, 若价格下降(上涨)1%, 需求量将增大(减小)3%. 由于 $\left|\dfrac{EQ}{EP}\right|=|-3|>1$, 所以价格的变化对需求量的影响较大, 说明需求量对价格有较大弹性.

由此, 得到需求弹性与总收益的关系如下.

当 $\left|\dfrac{EQ}{EP}\right|>1$ 时, 称为高弹性的, 则 $R'<0$, 价格变动对需求量的影响较大, 即当需求为高弹性时, 收益为减函数. 此时价格上涨, 总收益会减小.

当 $\left|\dfrac{EQ}{EP}\right|<1$ 时, 称为低弹性的, 则 $R'>0$, 价格的变动对需求量的影响不大, 即当需求为低弹性时, 收益为增函数. 此时价格上涨, 总收益会增大.

当 $\left|\dfrac{EQ}{EP}\right|=1$ 时, 称为单位弹性, 则 $R'=0$. 此时总收益 R 取得最大值.

3.5.2　导数在电学中的应用

下面举例说明导数在电学中的应用.

例 3-36　(电流强度)已知某一电路中的电量 $q(t)=t^3+2t$. 求:

(1)电流函数 $i(t)$；

(2)当 $t=6$ 时的电流；

(3)当 t 为多少时电流为 77.

解： (1) $i(t)=\dfrac{\mathrm{d}q}{\mathrm{d}t}=3t^2+2$.

(2) $i(6)=(3t^2+2)\big|_{t=6}=3\times6^2+2=110$.

(3)由 $3t^2+2=77$，解得 $t=\pm5$(舍去负值)，即当 $t=5$ 时，电流为 77.

例 3-37 (电感元件的电压与电流的关系)已知一个 $L=0.2$ H 的电感元件，通入电流 $i(t)=10\sin(314t)$(A). 试求：(1)电感元件两端的电压 $u(t)$；(2)电感元件中储能的最大值(电压与电流取关联参考方向).

解： (1)由电工学可知

$$u(t)=L\frac{\mathrm{d}i}{\mathrm{d}t},$$

得 $u(t)=0.2[10\sin(314t)]'=0.2\times10\times314\cos(314t)=628\cos(314t)$(V).

(2)由 $W=\dfrac{1}{2}Li^2=\dfrac{1}{2}\times0.2\times[10\sin(314t)]^2=10\sin^2(314t)$，得 $W_{\max}=10\times1=10$(J).

例 3-38 (电容元件的电流与电压的关系)已知一个电容元件的电容 $C=50$ μF，电压 $u(t)=20\mathrm{e}^{-5t}$(V). 求：(1)电容元件的电流 $i(t)$；(2)电容元件的功率 $p(t)$(电压与电流取关联参考方向).

解： (1)由电工学可知

$$i(t)=C\frac{\mathrm{d}u}{\mathrm{d}t}.$$

由 $C=50$ μF $=5\times10^{-5}$F，得

$i(t)=5\times10^{-5}(20\mathrm{e}^{-5t})'=5\times10^{-5}\times20\times(-5)\mathrm{e}^{-5t}=-5\times10^{-3}\mathrm{e}^{-5t}$(A).

(2)由 $p=ui$，得 $p(t)=20\mathrm{e}^{-5t}\times(-5\times10^{-3}\mathrm{e}^{-5t})=\dfrac{1}{10}\mathrm{e}^{-10t}$(W).

例 3-39 (RC 电路)如图 3-9 所示，已知电容器充电过程中两极板的电压 U 与时间 t 的关系为 $U(t)=E(1-\mathrm{e}^{-\frac{t}{RC}})$. 其中 E，R，C 为常数，求电容器的充电速度 $v(t)$.

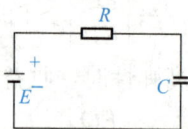

解： 充电速度为电压 $U(t)$ 对时间 t 的变化率，即

图 3-9

$$v(t)=U'(t)=\left[E(1-\mathrm{e}^{-\frac{t}{RC}})\right]'=E(-\mathrm{e}^{-\frac{t}{RC}})\cdot\left(-\frac{t}{RC}\right)'=\frac{E}{RC}\mathrm{e}^{-\frac{t}{RC}}.$$

以上结果表明，充电速度是按指数规律降低的，当 $t=0$ 时充电速度最高，充电速度为

$$v(0)=U'(0)=\frac{E}{RC}.$$

随着电容两端电压的增高，充电速度减慢，经过 RC 秒后，充电器两端电压为

$$U=E(1-\mathrm{e}^{-\frac{t}{RC}})\big|_{t=RC}=E(1-\mathrm{e}^{-1})\approx0.63E.$$

经过 $3RC$ 秒后，$U=E(1-\mathrm{e}^{-\frac{t}{RC}})\big|_{t=3RC}=E(1-\mathrm{e}^{-3})\approx0.95E$.

以后充电速度越来越慢，一般认为经过 $3RC$ 秒后充电停止，因为之后 U 的增加就更慢了.

在例 3-39 中，已知 $E=380$ V，$R=3$ Ω，$C=0.2$ F，$t=1.2$ s，求电容器的充电速度.

由结论 $v(t)=\dfrac{E}{RC}\mathrm{e}^{-\frac{t}{RC}}$，代值计算得

$$v(1.2)=\frac{380}{3\times0.2}\mathrm{e}^{-\frac{1.2}{3\times0.2}}=\frac{1\,900}{3}\mathrm{e}^{-2}=633\mathrm{e}^{-2}.$$

例 3-40　在模拟电路中，某负反馈放大电路，其开环电路的放大倍数为 A，闭环电路的放大倍数为 A_f，则二者的函数关系为 $A_f=\dfrac{A}{1+0.01A}$，当 $A=10^4$ 时，由于受某种因素的影响，A 变化了 1%，求 A_f 的相对变化量为多少.

解： 当 $A=10^4$ 时，$A_f=\dfrac{A}{1+0.01A}\Big|_{A=10^4}=\dfrac{10^4}{1+0.01\times10^4}\approx100$，$\Delta A=10^4\times1\%=100$，且 A_f 的改变量

$$\Delta A_f\approx A_f'\times\Delta A=\frac{1}{(1+0.01A)^2}\times100=\frac{1}{(1+0.01\times10^4)^2}\times100\approx0.009\,803,$$

因此，

$$\frac{\Delta A_f}{A_f}\approx\frac{0.009\,803}{100}=9.803\times10^{-5}.$$

习题 3−5

1. 填空题.

(1) 设产品的总成本函数为 $C(Q)=1\,100+\dfrac{1}{1\,200}Q^2$，则该产品在产量为 900 个单位时的边际成本为_____，其经济意义是_____.

(2) 设某商品的总收入函数为 $R(Q)=200Q-\dfrac{1}{100}Q^2$，则该商品销售量为 50 个单位时的边际收入为_____，其经济意义是_____.

(3) 某产品的成本函数为 $C(Q)=100+5Q$，收入函数为 $R(Q)=9Q-0.01Q^2$，则利润函数 $L(Q)=$_____，$L'(200)=$_____，$C'(200)=$_____，$R'(200)=$_____.

(4) 已知函数 $y=\sqrt{x}$，则弹性 $\dfrac{Ey}{Ex}=$_____，$\dfrac{Ey}{Ex}\Big|_{x=5}=$_____.

(5) 已知函数 $y=3\mathrm{e}^{2x}$，则弹性 $\dfrac{Ey}{Ex}=$_____，$\dfrac{Ey}{Ex}\Big|_{x=12}=$_____.

2. 设某产品生产 Q kg 时的总成本函数为 $C(Q)=196+\dfrac{1\,000Q}{1+Q}$（元），求生产 49 kg 的边际成本、总成本、平均成本.

3. 已知某商品的价格 P 与销量 Q 的函数关系为 $P=10-0.2Q$，成本函数为 $C(Q)=$

$50+2Q$. 求：(1)$Q=15$ 时的总收益、平均收益；(2)$Q=15$ 时的边际收益与边际利润，并说明其经济意义.

4. 已知某商品的需求函数 $Q=\mathrm{e}^{-\frac{P}{10}}$. 求：

(1)需求弹性函数；

(2)$P=5$，10，15 时的需求弹性，并说明其经济意义.

5. 已知某工厂的总成本函数为 $C(Q)=12+3Q$，收入函数为 $R(Q)=21Q-Q^2$. 求：

(1)利润函数和边际利润；

(2)利润最大时的产量以及最大利润.

6. 在一个含有可变电阻 R 的电路中，其电压由下式给出：

$$V=\frac{6R+25}{R+3}.$$

求在 $R=7\ \Omega$ 时，电压 V 关于可变电阻 R 的变化率.

7. 已知某一电路中的电量 $q(t)=2t^3+t$，求 $t=20$ 时的电流.

8. 在电容器 $C=300\ \mathrm{mF}$ 的两端加正弦电压 $u(t)=220\sqrt{2}\sin\left(100\pi t+\dfrac{\pi}{3}\right)(\mathrm{V})$，求电流 $i(t)$.

9. 已知一个电感元件的电感 $L=200\ \mathrm{mH}$，电流 $i(t)=10\mathrm{e}^{-2t}(\mathrm{A})$. 求：(1)电感元件的电压 $u(t)$；(2)电感元件的功率 $p(t)$(电压与电流取关联参考方向).

测试题三

第4章

不定积分

导　读

在自然界中，任何事物都具有两面性，《道德经》言："万物负阴而抱阳，冲气以为和."马克思主义哲学系统提出了事物具有对立同一性原理，即一个事物是由相互对立的两个侧面构成的，它们相互联系和依存. 数学是自然的科学，自然遵循对立同一性原理，并构建起栩栩如生的数学实际，如加法和减法、乘法和除法、正数和负数、函数与反函数等都具备两面性和对立同一性.

在前面的微分学中，我们学习从函数求导数(或微分)的问题，对立的运算就是从导数反向求原来的函数. 在科学技术领域中反向求原来的函数的问题非常多，这产生了新的数学理论——不定积分.

本章介绍不定积分的概念、性质及基本积分方法，以及运用不定积分求解生产生活中某些原函数的方法.

4.1　不定积分的概念与性质

4.1.1　原函数与不定积分

1. 原函数

定义 4-1 设 $f(x)$ 在区间 I 上有定义，可导函数 $F(x)$ 的导函数为 $f(x)$，即对任一 $x \in I$，都有 $F'(x) = f(x)$ 或 $\mathrm{d}F(x) = f(x)\mathrm{d}x$，那么函数 $F(x)$ 称为 $f(x)$ 在区间 I 上的原函数.

例如，$(\sin x)' = \cos x$，故 $\sin x$ 是 $\cos x$ 在区间 $(-\infty, +\infty)$ 内的一个原函数. 而 $(\sin x + 3)' = \cos x$，$(\sin x + C)' = \cos x(C$ 为任意常数$)$，则 $\sin x + 3$ 和 $\sin x + C$ 都是 $\cos x$ 的原

函数. 又如, $(x^3)'=3x^2$, 故 x^3 是 $3x^2$ 在区间 $(-\infty, +\infty)$ 内的一个原函数. 而 $(x^3-2)'=3x^2$, $(x^3+C)'=3x^2$(C 为任意常数), 则 x^3-2 和 x^3+C 都是 $3x^2$ 的原函数.

由此可见, 若一个函数 $f(x)$ 存在原函数, 那么它必定有无穷多个原函数. 这些原函数之间具有什么关系呢? 为此给出如下定理.

定理 4-1 如果函数 $F(x)$ 是函数 $f(x)$ 在区间 I 上的一个原函数, 则 $F(x)+C$(C 为任意常数)也是 $f(x)$ 在区间 I 上的原函数, 且 $f(x)$ 的任一原函数均可以表示成 $F(x)+C$ 的形式.

2. 不定积分

定义 4-2 若函数 $F(x)$ 是 $f(x)$ 在区间 I 上的一个原函数, 则把函数 $f(x)$ 的全体原函数 $F(x)+C$ 称为 $f(x)$ 在区间 I 上的不定积分, 记作 $\int f(x)\mathrm{d}x$, 即

$$\int f(x)\mathrm{d}x = F(x)+C.$$

其中, 符号"$\int$"称为积分号, $f(x)$ 称为被积函数, $f(x)\mathrm{d}x$ 称为被积表达式, x 称为积分变量, C 称为积分常数.

分析: 不定积分的结果一定是任一个原函数加上任意常数 C.

例 4-1 求下列不定积分.

(1) $\int x^2 \mathrm{d}x$;   (2) $\int \dfrac{1}{x}\mathrm{d}x$.

解: (1)因为 $\left(\dfrac{1}{3}x^3\right)'=x^2$, 因此 $\int x^2\mathrm{d}x=\dfrac{1}{3}x^3+C$.

(2)当 $x>0$ 时, $(\ln x)'=\dfrac{1}{x}$, 因此 $\int \dfrac{1}{x}\mathrm{d}x=\ln x+C$.

当 $x<0$ 时, $[\ln(-x)]'=\dfrac{1}{-x}\cdot(-x)'=\dfrac{1}{x}$, 因此 $\int \dfrac{1}{x}\mathrm{d}x=\ln(-x)+C$.

综上, $\int \dfrac{1}{x}\mathrm{d}x=\ln|x|+C$.

总结:

(1)验证结果是否正确, 只需将积分结果求导或求微分, 看是否等于被积函数或被积表达式即可.

(2)由以上例题可以得到基本积分公式.

4.1.2 不定积分的几何意义

$f(x)$ 的原函数 $F(x)$ 的图形叫作函数的积分曲线. 而 C 可以取任意值, 对 C 的任一取值, 相当于把曲线 $y=F(x)$ 沿 y 轴上下移得到一簇曲线. 因此, 不定积分的几何意义就是: 函数的全部积分曲线所组成的积分曲线簇, 表达式为 $y=F(x)+C$. 在积分曲线簇上横坐标相同的点处作切线, 这些切线彼此平行(图 4-1).

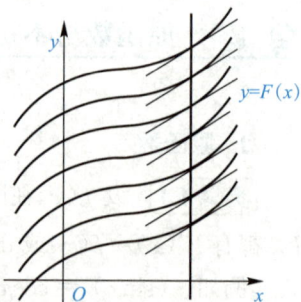

图 4-1

例 4-2　求过点 $(2，3)$ 且在任意一点 $P(x，y)$ 处切线的斜率为 $2x$ 的曲线方程.

解：所求的曲线方程为 $y = f(x)$，由题意知斜率 $k = f'(x) = 2x$，而 $(x^2)' = 2x$，由不定积分的定义，有

$$y = \int 2x \, \mathrm{d}x = x^2 + C.$$

因此，积分曲线簇为 $y = x^2 + C$，将 $x = 2，y = 3$ 代入该式，有 $C = -1$.

综上，$y = x^2 - 1$ 为所求曲线方程.

4.1.3　基本积分公式

1. 不定积分的性质

由不定积分的定义，可以得到不定积分的如下性质.

性质 4-1　求不定积分与求导数(或微分)互为逆运算，即

$$\left[\int f(x) \mathrm{d}x \right]' = f(x) \text{ 或 } \mathrm{d}\left[\int f(x) \mathrm{d}x \right] = f(x) \mathrm{d}x,$$

$$\int f'(x) \mathrm{d}x = f(x) + C \text{ 或 } \int \mathrm{d}f(x) = f(x) + C.$$

性质 4-2　不为零的常数因子可以提到积分号之前，即

$$\int k f(x) \mathrm{d}x = k \int f(x) \mathrm{d}x \, (k \text{ 为常数，} k \neq 0).$$

性质 4-3　两个函数代数和的不定积分等于它们不定积分的代数和，即

$$\int [f(x) \pm g(x)] \mathrm{d}x = \int f(x) \mathrm{d}x \pm \int g(x) \mathrm{d}x.$$

性质 4-3 可以推广到任意有限多个函数代数和的情形.

2. 基本积分公式

由于求不定积分是求导数的逆运算，所以由基本初等函数的求导公式可以得到不定积分的基本公式.

(1) $\displaystyle\int k \, \mathrm{d}x = kx + C \, (k \text{ 为常数})$;

(2) $\displaystyle\int x^\alpha \mathrm{d}x = \frac{x^{\alpha+1}}{\alpha+1} + C \, (\alpha \neq -1)$;

(3) $\displaystyle\int \frac{\mathrm{d}x}{x} = \ln|x| + C$;

(4) $\displaystyle\int a^x \mathrm{d}x = \frac{a^x}{\ln a} + C \, (a > 0，a \neq 1)$;

(5) $\displaystyle\int \mathrm{e}^x \mathrm{d}x = \mathrm{e}^x + C$;

(6) $\displaystyle\int \sin x \, \mathrm{d}x = -\cos x + C$;

(7) $\displaystyle\int \cos x \, \mathrm{d}x = \sin x + C$;

(8) $\displaystyle\int \sec^2 x \, \mathrm{d}x = \tan x + C$;

(9) $\displaystyle\int \csc^2 x \, \mathrm{d}x = -\cot x + C$;

(10) $\displaystyle\int \sec x \tan x \, \mathrm{d}x = \sec x + C = \frac{1}{\cos x} + C$;

(11) $\displaystyle\int \csc x \cot x \, \mathrm{d}x = -\csc x + C = -\frac{1}{\sin x} + C$;

(12) $\displaystyle\int \frac{1}{\sqrt{1-x^2}} \mathrm{d}x = \arcsin x + C$;

(13) $\displaystyle\int \frac{1}{1+x^2} \mathrm{d}x = \arctan x + C$.

◆ 4.1.4 直接积分法

利用不定积分的性质和基本积分公式对被积函数进行一定变换，从而求解不定积分的方法，称为直接积分法.

例 4-3 求 $\int \dfrac{1}{\sqrt{x}}\mathrm{d}x$.

解：$\int \dfrac{1}{\sqrt{x}}\mathrm{d}x = \int x^{-\frac{1}{2}}\mathrm{d}x$

$$= \dfrac{1}{1-\dfrac{1}{2}}x^{1-\frac{1}{2}}+C = 2\sqrt{x}+C.$$

例 4-4 求 $\int (4x+3\cos x-2)\mathrm{d}x$.

解：$\int (4x+3\cos x-2)\mathrm{d}x = 4\int x\,\mathrm{d}x+3\int \cos x\,\mathrm{d}x-2\int \mathrm{d}x$

$$= 4\times \dfrac{1}{1+1}x^{1+1}+3\sin x-2x+C$$

$$= 2x^2+3\sin x-2x+C.$$

例 4-5 求 $\int \sqrt{x}\,(x^2-5)\mathrm{d}x$.

解：$\int \sqrt{x}\,(x^2-5)\mathrm{d}x = \int (x^{\frac{5}{2}}-5x^{\frac{1}{2}})\mathrm{d}x$

$$= \int x^{\frac{5}{2}}\mathrm{d}x-5\int x^{\frac{1}{2}}\mathrm{d}x$$

$$= \dfrac{2}{7}x^{\frac{7}{2}}-5\times \dfrac{2}{3}x^{\frac{3}{2}}+C$$

$$= \dfrac{2}{7}x^3\sqrt{x}-\dfrac{10}{3}x\sqrt{x}+C.$$

例 4-6 求 $\int \dfrac{(x-1)^3}{x^2}\mathrm{d}x$.

解：$\int \dfrac{(x-1)^3}{x^2}\mathrm{d}x = \int \dfrac{x^3-3x^2+3x-1}{x^2}\mathrm{d}x$

$$= \int x\,\mathrm{d}x-3\int \mathrm{d}x+3\int \dfrac{1}{x}\mathrm{d}x-\int \dfrac{1}{x^2}\mathrm{d}x$$

$$= \dfrac{1}{2}x^2-3x+3\ln |x|+\dfrac{1}{x}+C.$$

例 4-7 求 $\int \dfrac{x^4}{1+x^2}\mathrm{d}x$.

解：$\int \dfrac{x^4}{1+x^2}\mathrm{d}x = \int \dfrac{x^4-1+1}{1+x^2}\mathrm{d}x$

$$= \int \left(x^2 - 1 + \frac{1}{1+x^2} \right) \mathrm{d}x$$

$$= \frac{1}{3} x^3 - x + \arctan x + C.$$

例 4-8　求 $\int \sin^2 \frac{x}{2} \mathrm{d}x$.

解： $\int \sin^2 \frac{x}{2} \mathrm{d}x = \int \frac{1-\cos x}{2} \mathrm{d}x$

$$= \frac{1}{2} \int (1-\cos x) \mathrm{d}x$$

$$= \frac{1}{2} (x - \sin x) + C.$$

例 4-9　求 $\int \frac{1}{\sin^2 x \cos^2 x} \mathrm{d}x$.

解： $\int \frac{1}{\sin^2 x \cos^2 x} \mathrm{d}x = \int \frac{\sin^2 x + \cos^2 x}{\sin^2 x \cos^2 x} \mathrm{d}x$

$$= \int \frac{1}{\cos^2 x} \mathrm{d}x + \int \frac{1}{\sin^2 x} \mathrm{d}x$$

$$= \int \sec^2 x \, \mathrm{d}x + \int \csc^2 x \, \mathrm{d}x$$

$$= \tan x - \cot x + C.$$

例 4-10　已知物体以速度 $v = t^3 + 2t \, (\mathrm{m/s})$ 做直线运动，当 $t = 1$ s 时，物体经过的路程为 2 m，求物体的运动方程.

解： 设物体的运动方程为 $s = s(t)$，$s'(t) = v(t) = t^3 + 2t$，即

$$s(t) = \int (t^3 + 2t) \mathrm{d}t = \frac{1}{4} t^4 + t^2 + C.$$

由已知条件 $t = 1$ s 时，$s = 2$ m，代入上式得

$$2 = \frac{1}{4} + 1 + C,$$

即 $C = \frac{3}{4}$.

所求物体的运动方程为 $s(t) = \frac{1}{4} t^4 + t^2 + \frac{3}{4}$.

从以上几个例子可以看出，求不定积分时，常常需要将被积函数通过恒等变形进行化简，转化为基本积分公式中被积函数代数和的形式，再运用积分公式直接求出. 与求导相比，求积分有较大的灵活性，这就需要熟记基本积分公式，并做一定数量的练习，这样才能逐渐掌握基本技巧.

习题 4－1

1. 验证下列等式是否成立.

(1) $\int \dfrac{1}{\sqrt{x}}\mathrm{d}x=2\sqrt{x}+C$；

(2) $\int 4^x\mathrm{d}x=4^x+C$；

(3) $\int \cos^2 x\mathrm{d}x=\dfrac{x}{2}+\dfrac{1}{4}\sin 2x+C$；

(4) $\int \dfrac{x}{\sqrt{a^2+x^2}}\mathrm{d}x=\sqrt{a^2+x^2}+C$.

2. 填空题.

(1) $\left[\int \dfrac{1}{x^3}\mathrm{d}x\right]'=(\qquad)$；

(2) $\mathrm{d}\left(\int \sec x\mathrm{d}x\right)=(\qquad)$；

(3) $\int (\tan^2 x)'\mathrm{d}x=(\qquad)$；

(4) $\int \mathrm{d}(3^{\cos x})=(\qquad)$.

3. 求下列函数的不定积分.

(1) $\int x^2\sqrt{x}\,\mathrm{d}x$；

(2) $\int (x^3+2^x+1)\mathrm{d}x$；

(3) $\int \left(3x^2-\sin x-\dfrac{3}{x}\right)\mathrm{d}x$；

(4) $\int (x-1)^2\mathrm{d}x$；

(5) $\int \dfrac{\mathrm{d}h}{\sqrt{2gh}}$；

(6) $\int \dfrac{x^2+\sqrt{x^3}+3}{\sqrt{x}}\mathrm{d}x$；

(7) $\int \dfrac{6x^3-2x^2+3x+5}{x^3}\mathrm{d}x$；

(8) $\int \left(\dfrac{1}{x}+2\mathrm{e}^x+\dfrac{1}{\cos^2 x}\right)\mathrm{d}x$；

(9) $\int \dfrac{2\cdot 3^x+2^x}{3^x}\mathrm{d}x$；

(10) $\int \sqrt{x}\,(x-2)\mathrm{d}x$；

(11) $\int \dfrac{\mathrm{e}^{2x}-1}{\mathrm{e}^x+1}\mathrm{d}x$；

(12) $\int (10^x+\cot^2 x)\mathrm{d}x$；

(13) $\int \cos^2 \dfrac{x}{2}\mathrm{d}x$；

(14) $\int \dfrac{\cos 2x}{\cos^2 x\sin^2 x}\mathrm{d}x$；

(15) $\int \dfrac{3}{1+\cos 2x}\mathrm{d}x$；

(16) $\int \sec x(\sec x-\tan x)\mathrm{d}x$；

(17) $\int \dfrac{1+x^2-x^4}{x^2(1+x^2)}\mathrm{d}x$；

(18) $\int \left(\dfrac{6}{1+x^2}+\dfrac{5}{\sqrt{1-x^2}}\right)\mathrm{d}x$.

4. 设物体以速度 $v=2\cos t$ 做直线运动，开始时质点的位移为 s_0，求质点的运动方程.

5. 已知某曲线通过点 $(1,2)$，且在曲线上任一点处切线斜率为 $2x-3$，求该曲线的方程.

4.2　换元积分法

4.2.1　第一类换元积分法

例 4-11　求 $\displaystyle\int \cos 5x\,\mathrm{d}x$.

解： 在基本积分公式中有 $\displaystyle\int \cos x\,\mathrm{d}x = \sin x + C$，但是这里不能直接应用，因为 $\cos 5x$ 是一个复合函数. 为了应用这个积分公式，可以进行如下变换：

$$
\begin{aligned}
\int \cos 5x\,\mathrm{d}x &= \frac{1}{5}\int \cos 5x \cdot 5\,\mathrm{d}x \\
&= \frac{1}{5}\int \cos 5x\,\mathrm{d}(5x) \\
&\xlongequal{\text{令}5x=u} \frac{1}{5}\int \cos u\,\mathrm{d}u \\
&= \frac{1}{5}\sin u + C \xlongequal{\text{回代}u=5x} \frac{1}{5}\sin 5x + C.
\end{aligned}
$$

验证 $\left[\dfrac{1}{5}\sin 5x + C\right]' = \cos 5x$，因此，$\dfrac{1}{5}\sin 5x + C$ 是 $\cos 5x$ 的原函数.

例 4-11 的解法特点是引入新变量 $u = 5x$，把原来积分变量为 x 的积分化为积分变量为 u 的积分，然后利用公式 $\displaystyle\int \cos x\,\mathrm{d}x = \sin x + C$ 得 $\displaystyle\int \cos u\,\mathrm{d}u = \sin u + C$.

一般地，若 $\displaystyle\int f(x)\,\mathrm{d}x = F(x) + C$ 成立，则有 $\displaystyle\int f(u)\,\mathrm{d}u = F(u) + C$ [其中 $u = \varphi(x)$ 是可导函数].

定理 4-2　设 $f(u)$ 具有原函数 $F(u)$，$u = \varphi(x)$ 有连续导数，则

$$
\begin{aligned}
\int f[\varphi(x)]\varphi'(x)\,\mathrm{d}x &= \int f[\varphi(x)]\,\mathrm{d}\varphi(x) \\
&\xlongequal{\text{令}\varphi(x)=u} \int f(u)\,\mathrm{d}u = F(u) + C \\
&\xlongequal{\text{回代}u=\varphi(x)} F[\varphi(x)] + C.
\end{aligned}
$$

这种积分法称为第一类换元积分法，也叫做凑微分法.

例 4-12　求 $\displaystyle\int (1+2x)^8\,\mathrm{d}x$.

解： $\displaystyle\int (1+2x)^8\,\mathrm{d}x = \frac{1}{2}\int (1+2x)^8 \cdot 2\,\mathrm{d}x$

$$= \frac{1}{2} \int (1+2x)^8 \cdot d(1+2x) \xrightarrow{\text{令} 1+2x=u} \frac{1}{2} \int u^8 du$$

$$= \frac{1}{2} \cdot \frac{u^{8+1}}{8+1} + C \xrightarrow{\text{回代} u=1+2x} \frac{1}{18}(1+2x)^9 + C.$$

一般地，由公式 $dx = \dfrac{1}{a}d(ax+b)$，有

$$\int f(ax+b)dx = \frac{1}{a} \int f(ax+b)d(ax+b).$$

例 4-13　求 $\displaystyle\int 3x e^{x^2} dx$.

解：$\displaystyle\int 3x e^{x^2} dx = \int e^{x^2} \cdot 3x\, dx$

$$= \frac{3}{2} \int e^{x^2} \cdot 2x\, dx$$

$$= \frac{3}{2} \int e^{x^2} dx^2 \xrightarrow{\text{令} u=x^2} \frac{3}{2} \int e^u du$$

$$= \frac{3}{2} e^u + C \xrightarrow{\text{回代} u=x^2} \frac{3}{2} e^{x^2} + C.$$

一般地，由公式 $x\,dx = \dfrac{1}{2}dx^2$，有

$$\int f(x^2)x\,dx = \frac{1}{2} \int f(x^2)d(x^2).$$

例 4-14　求 $\displaystyle\int \frac{\cos\sqrt{x}}{\sqrt{x}}dx$.

解：$\displaystyle\int \frac{\cos\sqrt{x}}{\sqrt{x}}dx = \int \cos\sqrt{x} \cdot \frac{1}{\sqrt{x}}dx$

$$= \int \cos\sqrt{x} \cdot 2d\sqrt{x} \xrightarrow{\text{令} u=\sqrt{x}} 2\int \cos u\, du$$

$$= 2\sin u + C \xrightarrow{\text{回代} u=\sqrt{x}} 2\sin\sqrt{x} + C.$$

一般地，由公式 $\dfrac{1}{\sqrt{x}}dx = 2d\sqrt{x}$，有

$$\int f(2\sqrt{x})\frac{1}{\sqrt{x}}dx = \int f(2\sqrt{x})d(2\sqrt{x}).$$

例 4-15　求 $\displaystyle\int \frac{1}{x(1+\ln x)}dx$.

解：$\displaystyle\int \frac{1}{x(1+\ln x)}dx = \int \frac{1}{1+\ln x} \cdot \frac{1}{x}dx$

$$= \int \frac{1}{1+\ln x}d(1+\ln x)$$

$$\xrightarrow{\text{令} u=1+\ln x} \int \frac{1}{u}du$$

$$\underline{\text{回代}\,u=1+\ln x}\,\ln|1+\ln x|+C.$$

一般地，由公式 $\dfrac{1}{x}\mathrm{d}x=\mathrm{d}(1+\ln x)$，有

$$\int f(1+\ln x)\frac{1}{x}\mathrm{d}x=\int f(1+\ln x)\mathrm{d}(1+\ln x).$$

例 4-16　求 $\displaystyle\int\frac{1}{x^2-a^2}\mathrm{d}x$.

解：
$$
\begin{aligned}
\int\frac{1}{x^2-a^2}\mathrm{d}x&=\int\frac{1}{(x+a)(x-a)}\mathrm{d}x\\
&=\frac{1}{2a}\int\frac{(x+a)-(x-a)}{(x+a)(x-a)}\mathrm{d}x\\
&=\frac{1}{2a}\int\left(\frac{1}{x-a}-\frac{1}{x+a}\right)\mathrm{d}x\\
&=\frac{1}{2a}\left[\int\frac{\mathrm{d}(x-a)}{x-a}-\int\frac{\mathrm{d}(x+a)}{x+a}\right]\\
&=\frac{1}{2a}[\ln|x-a|-\ln|x+a|]+C=\frac{1}{2a}\ln\left|\frac{x-a}{x+a}\right|+C.
\end{aligned}
$$

例 4-17　求 $\displaystyle\int\tan x\,\mathrm{d}x$.

解：
$$
\begin{aligned}
\int\tan x\,\mathrm{d}x&=\int\frac{\sin x}{\cos x}\mathrm{d}x\\
&=-\int\frac{1}{\cos x}\mathrm{d}(\cos x)\\
&=-\ln|\cos x|+C.
\end{aligned}
$$

同样的方法还可以求出以下不定积分：

$$\int\cot x\,\mathrm{d}x=\ln|\sin x|+C,$$

$$\int\sec x\,\mathrm{d}x=\ln|\sec x+\tan x|+C,$$

$$\int\csc x\,\mathrm{d}x=\ln|\csc x-\cot x|+C.$$

凑微分运用的难点在于将 $\mathrm{d}x$ 凑成 $\mathrm{d}\varphi(x)$，这需要对常见凑微分公式非常熟悉，为了便于读者熟记，现将常见凑微分公式归纳如下．

$$\mathrm{d}x=\frac{1}{a}\mathrm{d}(ax+b);\qquad\qquad x\,\mathrm{d}x=\frac{1}{2}\mathrm{d}x^2=\frac{1}{2a}\mathrm{d}(ax^2+b);$$

$$\frac{1}{\sqrt{x}}\mathrm{d}x=2\mathrm{d}\sqrt{x};\qquad\qquad\quad \frac{1}{x}\mathrm{d}x=\frac{1}{a}\mathrm{d}(a\ln|x|);$$

$$\mathrm{e}^x\mathrm{d}x=\mathrm{d}\mathrm{e}^x;\qquad\qquad\qquad \mathrm{e}^{ax}\mathrm{d}x=\frac{1}{a}\mathrm{d}\mathrm{e}^{ax};$$

$$\sin x\,\mathrm{d}x=-\mathrm{d}\cos x;\qquad\qquad \cos x\,\mathrm{d}x=\mathrm{d}\sin x;$$

$$\frac{1}{x^2}\mathrm{d}x=-\mathrm{d}\left(\frac{1}{x}\right);\qquad\qquad x^a\mathrm{d}x=\frac{1}{1+a}\mathrm{d}x^{a+1}\,(a\neq-1).$$

$$\sec^2x\,\mathrm{d}x=\mathrm{d}(\tan x);\qquad\qquad \csc^2x\,\mathrm{d}x=-\mathrm{d}(\cot x);$$

$$\sec x\tan x\,\mathrm{d}x=\mathrm{d}(\sec x);\qquad\quad \csc x\cot x\,\mathrm{d}x=-\mathrm{d}(\csc x);$$

$$\frac{1}{\sqrt{1-x^2}}\mathrm{d}x=\mathrm{d}(\arcsin x);\qquad \frac{1}{1+x^2}\mathrm{d}x=\mathrm{d}(\arctan x).$$

4.2.2 第二类换元积分法

第一类换元积分法(凑微分法)的关键在于把被积表达式凑成 $\int f[\varphi(x)]\varphi'(x)\mathrm{d}x$ 的形式,再把 $\int f[\varphi(x)]\varphi'(x)\mathrm{d}x$ 化成 $\int f(u)\mathrm{d}u$,使 $f(u)$ 的原函数容易求出. 另有一些不定积分 $\int f(x)\mathrm{d}x$ 难以计算,但适当选择 $x=\varphi(t)$ 代换后得到的 $\int f[\varphi(t)]\varphi'(t)\mathrm{d}t$ 容易计算.

定理 4-3 若 $f(x)$ 是连续函数,$x=\varphi(t)$ 有连续导数 $\varphi'(t)$,且 $\varphi'(t)\neq0$,又设 $\int f[\varphi(t)]\varphi'(t)\mathrm{d}t=F(t)+C$,则有换元公式

$$\int f(x)\mathrm{d}x=\int f[\varphi(t)]\varphi'(t)\mathrm{d}t=F[\varphi^{-1}(x)]+C.$$

这种积分法称为第二类换元积分法,使用第二类换元积分法的关键是选择函数 $x=\varphi(t)$,其中 $t=\varphi^{-1}(x)$ 是 $x=\varphi(t)$ 的反函数.

例 4-18 求 $\int\frac{1}{1+\sqrt[3]{x}}\mathrm{d}x$.

解: 令 $\sqrt[3]{x}=t$,即 $x=t^3$,则 $\mathrm{d}x=3t^2\mathrm{d}t$,则

$$\begin{aligned}\int\frac{1}{1+\sqrt[3]{x}}\mathrm{d}x&=\int\frac{1}{1+t}\cdot3t^2\mathrm{d}t=3\int\frac{(t^2-1)+1}{1+t}\mathrm{d}t\\&=3\int\left(t-1+\frac{1}{1+t}\right)\mathrm{d}t\\&=\frac{3}{2}t^2-3t+3\ln|1+t|+C\\&=\frac{3}{2}\sqrt[3]{x^2}-3\sqrt[3]{x}+3\ln|1+\sqrt[3]{x}|+C.\end{aligned}$$

例 4-19 求 $\int\frac{1}{1+\sqrt{2x+1}}\mathrm{d}x$.

解: 令 $\sqrt{2x+1}=t$,即 $x=\frac{t^2-1}{2}$,则 $\mathrm{d}x=t\mathrm{d}t$,得

$$\begin{aligned}\int\frac{1}{1+\sqrt{2x+1}}\mathrm{d}x&=\int\frac{1}{1+t}\cdot t\mathrm{d}t=\int\frac{t+1-1}{1+t}\mathrm{d}t\\&=\int\mathrm{d}t-\int\frac{1}{1+t}\mathrm{d}t\\&=t-\ln|1+t|+C\\&=\sqrt{2x+1}-\ln(1+\sqrt{2x+1})+C.\end{aligned}$$

例 4-20 求 $\int\frac{1}{\sqrt{x}+\sqrt[3]{x}}\mathrm{d}x$.

解: 令 $\sqrt[6]{x}=t$,即 $x=t^6$,则 $\mathrm{d}x=6t^5\mathrm{d}t$,得

$$\int \frac{1}{\sqrt{x}+\sqrt[3]{x}}\mathrm{d}x = \int \frac{6t^5}{t^3+t^2}\mathrm{d}t = 6\int \frac{t^3}{t+1}\mathrm{d}t$$

$$= 6\int \frac{(t^3+1)-1}{t+1}\mathrm{d}t$$

$$= 6\int \left(t^2-t+1-\frac{1}{t+1}\right)\mathrm{d}t$$

$$= 6\left(\frac{1}{3}t^3-\frac{1}{2}t^2+t-\ln|t+1|\right)+C.$$

回代变量 $t=\sqrt[6]{x}$，

$$原式 = 6\left(\frac{1}{3}t^3-\frac{1}{2}t^2+t-\ln|t+1|\right)+C$$

$$= 2\sqrt{x}-3\sqrt[3]{x}+6\sqrt[6]{x}-6\ln(\sqrt[6]{x}+1)+C.$$

由以上几个例题可以看出，当被积函数中含有 $\sqrt[n]{ax+b}$ 时，可令 $\sqrt[n]{ax+b}=t$，消除根号，化无理式为有理式，再求积分．称以上代换为 **根式代换**．

例 4-21　求 $\int \sqrt{a^2-x^2}\mathrm{d}x\,(a>0)$.

解： 为了将根式去掉，利用根式内的二次多项式 a^2-x^2 作三角公式的代换，令 $x=a\sin t\left(-\frac{\pi}{2}\leqslant t\leqslant \frac{\pi}{2}\right)$，则 $\mathrm{d}x=a\cos t\,\mathrm{d}t$，又因

$$\sqrt{a^2-x^2}=\sqrt{a^2-a^2\sin^2 t}=a\sqrt{1-\sin^2 t}=a\cos t,$$

所以

$$\int \sqrt{a^2-x^2}\mathrm{d}x = \int a\cos t\cdot a\cos t\,\mathrm{d}t = a^2\int \cos^2 t\,\mathrm{d}t$$

$$= a^2\int \frac{1+\cos 2t}{2}\mathrm{d}t = \frac{a^2}{2}\left(t+\frac{1}{2}\sin 2t\right)+C$$

$$= \frac{a^2}{2}(t+\sin t\cos t)+C.$$

为了将变量 t 换成 x，根据 $\sin t=\frac{x}{a}$ 作辅助三角形，如图 4-2 所示，

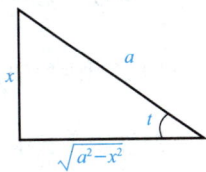

图 4-2

t 的对边为 x，斜边为 a，则邻边为 $\sqrt{a^2-x^2}$，$\cos t=\frac{\sqrt{a^2-x^2}}{a}$，所以

$$\int \sqrt{a^2-x^2}\,\mathrm{d}x = \frac{a^2}{2}t+\frac{a}{2}\sin t\cos t+C = \frac{a^2}{2}\arcsin\frac{x}{a}+\frac{x}{2}\sqrt{a^2-x^2}+C.$$

例 4-22　求 $\int \frac{1}{\sqrt{x^2+a^2}}\mathrm{d}x\,(a>0)$.

解： 令 $x=a\tan t\left(-\frac{\pi}{2}<t<\frac{\pi}{2}\right)$，则 $\mathrm{d}x=a\sec^2 t\,\mathrm{d}t$，$\sqrt{x^2+a^2}=a\sec t$，得

$$\int \frac{1}{\sqrt{x^2+a^2}}\mathrm{d}x = \int \frac{a\sec^2 t}{a\sec t}\mathrm{d}t = \int \sec t\,\mathrm{d}t = \ln|\sec t+\tan t|+C_1.$$

为了将变量 t 换成 x，根据 $\tan t = \dfrac{x}{a}$ 作辅助三角形，如图 4-3 所示，t 的对边为 x，邻边为 a，则斜边为 $\sqrt{a^2+x^2}$，$\sec t = \dfrac{\sqrt{x^2+a^2}}{a}$，因此，

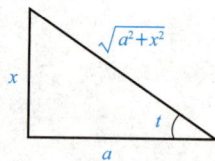

图 4-3

$$\int \frac{1}{\sqrt{x^2+a^2}}dx = \ln|\sec t + \tan t| + C_1 = \ln\left|\frac{x+\sqrt{x^2+a^2}}{a}\right| + C_1$$
$$= \ln\left|x+\sqrt{x^2+a^2}\right| + C \quad (C = C_1 - \ln a).$$

例 4-23 求 $\displaystyle\int \frac{1}{\sqrt{x^2-a^2}}dx \,(a>0)$.

解： 令 $x = a\sec t$，则 $dx = a\sec t \cdot \tan t\, dt$，$\sqrt{x^2-a^2} = a\tan t$，因此，

$$\int \frac{1}{\sqrt{x^2-a^2}}dx = \int \frac{a\sec t \tan t}{a\tan t}dt = \int \sec t\, dt$$
$$= \ln|\sec t + \tan t| + C_1.$$

为了将变量 t 换成 x，根据 $\sec t = \dfrac{x}{a}$ 作辅助三角形，如图 4-4 所示，t 的对边为 $\sqrt{x^2-a^2}$，邻边为 a，则斜边为 x，$\tan t = \dfrac{\sqrt{x^2-a^2}}{a}$，因此，

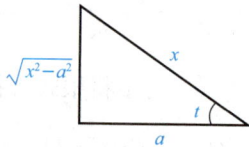

图 4-4

$$\int \frac{1}{\sqrt{x^2-a^2}}dx = \ln|\sec t + \tan t| + C_1$$
$$= \ln\left|x+\sqrt{x^2-a^2}\right| + C \quad (C = C_1 - \ln a).$$

总结： 以上几个例题中运用三角公式代换消去二次根式的方法称为**三角代换**. 一般地，根据被积函数的根式类型，可以选择如下变换.

(1)被积函数中含有 $\sqrt{a^2-x^2}$ 时，可作变量替换令 $x = a\sin t\left(-\dfrac{\pi}{2}\leqslant t \leqslant \dfrac{\pi}{2}\right)$.

(2)被积函数中含有 $\sqrt{x^2+a^2}$ 时，可作变量替换令 $x = a\tan t\left(-\dfrac{\pi}{2}<t<\dfrac{\pi}{2}\right)$.

(3)被积函数中含有 $\sqrt{x^2-a^2}$ 时，可作变量替换令 $x = a\sec t\left(-\dfrac{\pi}{2}<t<\dfrac{\pi}{2}\right)$.

习题 4-2

1. 填空题.

(1) $dx = ($ $)d(3-2x)$；

(2) $x\,dx = ($ $)d(x^2+1)$；

(3) $\dfrac{1}{x}dx = d($ $) = \dfrac{1}{a}d($ $)$；

(4) $x^2 dx = ($ $)d(x^3+4)$；

(5) $\dfrac{1}{\sqrt{x}}dx = ($ $)d\sqrt{x}$；

(6) $\dfrac{1}{x^2}dx = ($ $)d\left(\dfrac{1}{x}\right)$；

(7) $x\mathrm{e}^{x^2}\mathrm{d}x=\mathrm{e}^{x^2}\mathrm{d}(\qquad)=(\qquad)\mathrm{d}(\mathrm{e}^{x^2})$；　(8) $\cos\dfrac{x}{2}\mathrm{d}x=(\qquad)\mathrm{d}\left(\sin\dfrac{x}{2}\right)$；

(9) $\dfrac{\ln x}{x}\mathrm{d}x=\ln x\mathrm{d}(\qquad)$；　(10) $\sec^2 x\mathrm{d}x=\mathrm{d}(\qquad)$.

2. 求下列不定积分.

(1) $\displaystyle\int(4x+3)^{10}\mathrm{d}x$；

(2) $\displaystyle\int\dfrac{1}{\sqrt[3]{3-2x}}\mathrm{d}x$；

(3) $\displaystyle\int\mathrm{e}^{3x-2}\mathrm{d}x$；

(4) $\displaystyle\int\dfrac{x}{1+2x^2}\mathrm{d}x$；

(5) $\displaystyle\int\dfrac{x}{\sqrt{1-x^2}}\mathrm{d}x$；

(6) $\displaystyle\int\dfrac{1}{2-5x}\mathrm{d}x$；

(7) $\displaystyle\int\dfrac{\ln^3 x}{x}\mathrm{d}x$；

(8) $\displaystyle\int\dfrac{\mathrm{e}^x}{1+\mathrm{e}^x}\mathrm{d}x$；

(9) $\displaystyle\int\dfrac{1}{x^2}\sin\dfrac{1}{x}\mathrm{d}x$；

(10) $\displaystyle\int\dfrac{\sin x}{1+\cos x}\mathrm{d}x$；

(11) $\displaystyle\int\sin^2 x\mathrm{d}x$；

(12) $\displaystyle\int\cos^5 x\sin x\mathrm{d}x$；

(13) $\displaystyle\int\tan^3 x\sec x\mathrm{d}x$；

(14) $\displaystyle\int\dfrac{\arctan x}{1+x^2}\mathrm{d}x$；

(15) $\displaystyle\int\dfrac{(\arcsin x)^2}{\sqrt{1-x^2}}\mathrm{d}x$；

(16) $\displaystyle\int\dfrac{1}{\cos^2 x\sqrt{1+\tan x}}\mathrm{d}x$.

3. 求下列不定积分.

(1) $\displaystyle\int\dfrac{1}{1+\sqrt{x}}\mathrm{d}x$；

(2) $\displaystyle\int\dfrac{1}{1+\sqrt{2x-3}}\mathrm{d}x$；

(3) $\displaystyle\int\dfrac{1}{\sqrt{\mathrm{e}^x+1}}\mathrm{d}x$；

(4) $\displaystyle\int x\sqrt{x+1}\mathrm{d}x$；

(5) $\displaystyle\int\dfrac{1}{\sqrt{x}+\sqrt[4]{x}}\mathrm{d}x$；

(6) $\displaystyle\int\dfrac{\sqrt{x-1}}{x}\mathrm{d}x$；

(7) $\displaystyle\int\dfrac{x^2}{\sqrt{9-x^2}}\mathrm{d}x$；

(8) $\displaystyle\int\dfrac{1}{x^2\sqrt{1+x^2}}\mathrm{d}x$；

(9) $\displaystyle\int\dfrac{1}{\sqrt{4x^2+9}}\mathrm{d}x$；

(10) $\displaystyle\int\dfrac{1}{x^2\sqrt{x^2-1}}\mathrm{d}x$.

4.3　分部积分法

换元积分法虽然可以解决许多积分问题，但有些积分，如 $\displaystyle\int x\sin x\mathrm{d}x$，$\displaystyle\int x^2\ln x\mathrm{d}x$ 等用换元积分法仍不能解决. 对于类似以上不定积分的被积函数是两种不同类型函数的乘积的情况，往往需要用一种新的方法来解决——分部积分法.

设函数 $u=u(x)$，$v=v(x)$ 具有连续的导数，根据乘积微分法则，有 $\mathrm{d}(uv)=u\,\mathrm{d}v+v\,\mathrm{d}u$，移项得 $u\,\mathrm{d}v=\mathrm{d}(uv)-v\,\mathrm{d}u$，两边同时积分，有 $\int u\,\mathrm{d}v=uv-\int v\,\mathrm{d}u$.

定理 4-4 设函数 $u=u(x)$ 及 $v=v(x)$ 都具有连续的导数，则有

$$\int u\,\mathrm{d}v=uv-\int v\,\mathrm{d}u.$$

这个公式称为**分部积分公式**.

运用分部积分法的关键在于正确选择 u 和 $\mathrm{d}v$. 一般来说，选择时依据以下两个原则.

(1) $\mathrm{d}v$ 容易求出.

(2) $\int v\,\mathrm{d}u$ 比 $\int u\,\mathrm{d}v$ 容易计算.

例 4-24 求 $\int x\cos x\,\mathrm{d}x$.

解：令 $u=x$，$\mathrm{d}v=\cos x\,\mathrm{d}x=\mathrm{d}(\sin x)$，则 $v=\sin x$，$\mathrm{d}u=\mathrm{d}x$，因此

$$\begin{aligned}
\int x\cos x\,\mathrm{d}x &= \int x\,\mathrm{d}(\sin x)\\
&= x\sin x-\int \sin x\,\mathrm{d}x\\
&= x\sin x+\cos x+C.
\end{aligned}$$

例 4-25 求 $\int x^2\mathrm{e}^x\,\mathrm{d}x$.

解：令 $u=x^2$，$\mathrm{d}v=\mathrm{e}^x\,\mathrm{d}x=\mathrm{d}(\mathrm{e}^x)$，则 $v=\mathrm{e}^x$，$\mathrm{d}u=2x$，代入分部积分公式有

$$\begin{aligned}
\int x^2\mathrm{e}^x\,\mathrm{d}x &= \int x^2\,\mathrm{d}(\mathrm{e}^x)=x^2\mathrm{e}^x-\int \mathrm{e}^x\,\mathrm{d}(x^2)\\
&= x^2\mathrm{e}^x-2\int x\mathrm{e}^x\,\mathrm{d}x=x^2\mathrm{e}^x-2\int x\,\mathrm{d}(\mathrm{e}^x)\\
&= x^2\mathrm{e}^x-2\left(x\mathrm{e}^x-\int \mathrm{e}^x\,\mathrm{d}x\right)=x^2\mathrm{e}^x-2x\mathrm{e}^x+2\mathrm{e}^x+C\\
&= (x^2-2x+2)\mathrm{e}^x+C.
\end{aligned}$$

本例题使用了两次分部积分公式. 当对分部积分公式应用熟练后，不必设出 u 和 $\mathrm{d}v$，直接使用公式即可.

例 4-26 求 $\int x^2\ln x\,\mathrm{d}x$.

解：$\displaystyle\int x^2\ln x\,\mathrm{d}x=\frac{1}{3}\int \ln x\,\mathrm{d}(x^3)$

$$\begin{aligned}
&= \frac{1}{3}\left[x^3\ln x-\int x^3\,\mathrm{d}(\ln x)\right]\\
&= \frac{1}{3}\left(x^3\ln x-\int x^2\,\mathrm{d}x\right)\\
&= \frac{1}{3}\left(x^3\ln x-\frac{1}{3}x^3\right)+C
\end{aligned}$$

$$=\frac{1}{3}x^3\ln x-\frac{1}{9}x^3+C.$$

例 4-27 求 $\int \arctan x\,\mathrm{d}x$.

解:
$$\int \arctan x\,\mathrm{d}x =x\arctan x-\int x\,\mathrm{d}(\arctan x)$$
$$=x\arctan x-\int \frac{x}{1+x^2}\mathrm{d}x$$
$$=x\arctan x-\frac{1}{2}\int \frac{1}{1+x^2}\mathrm{d}(1+x^2)$$
$$=x\arctan x-\frac{1}{2}\ln(1+x^2)+C.$$

例 4-28 求 $\int \mathrm{e}^x\sin x\,\mathrm{d}x$.

解:
$$\int \mathrm{e}^x\sin x\,\mathrm{d}x =\int \mathrm{e}^x\mathrm{d}(-\cos x)$$
$$=-\mathrm{e}^x\cos x+\int \cos x\,\mathrm{d}(\mathrm{e}^x)$$
$$=-\mathrm{e}^x\cos x+\int \mathrm{e}^x\cos x\,\mathrm{d}x$$
$$=-\mathrm{e}^x\cos x+\int \mathrm{e}^x\mathrm{d}(\sin x)$$
$$=-\mathrm{e}^x\cos x+\mathrm{e}^x\sin x-\int \sin x\,\mathrm{d}(\mathrm{e}^x)$$
$$=-\mathrm{e}^x\cos x+\mathrm{e}^x\sin x-\int \mathrm{e}^x\sin x\,\mathrm{d}x.$$

应用两次分部积分公式后，计算结果中出现了原题形式，将式子看成关于原积分为未知量的方程，移项解方程，得
$$2\int \mathrm{e}^x\sin x\,\mathrm{d}x=-\mathrm{e}^x\cos x+\mathrm{e}^x\sin x+C_1,$$
故
$$\int \mathrm{e}^x\sin x\,\mathrm{d}x=\frac{-\mathrm{e}^x\cos x+\mathrm{e}^x\sin x}{2}+C\left(C=\frac{C_1}{2}\right).$$

例 4-29 求 $\int \sin\sqrt{x}\,\mathrm{d}x$.

解: 令 $\sqrt{x}=t$，则 $x=t^2$，$\mathrm{d}x=2t\,\mathrm{d}t$，有
$$\int \sin\sqrt{x}\,\mathrm{d}x =2\int t\sin t\,\mathrm{d}t=2\int t\,\mathrm{d}(-\cos t)$$
$$=-2t\cos t+2\int \cos t\,\mathrm{d}t$$
$$=-2t\cos t+2\sin t+C$$
$$=-2\sqrt{x}\cos\sqrt{x}+2\sin\sqrt{x}+C.$$

我来扫一扫 ：分部积分法的运用技巧 .

习题 4 - 3

求下列不定积分 .

(1) $\int x\sin x \, dx$;

(2) $\int x^2 e^{2x} \, dx$;

(3) $\int x^2 \cos x \, dx$;

(4) $\int x\ln x \, dx$;

(5) $\int \arctan x \, dx$;

(6) $\int \ln(x^2+1) \, dx$;

(7) $\int e^x \cos x \, dx$;

(8) $\int e^{2x} \sin 3x \, dx$;

(9) $\int \ln^2 x \, dx$;

(10) $\int e^{\sqrt{x}} \, dx$.

4.4 不定积分的应用

在许多实际问题中，常常遇到已知函数的导函数，求原函数的问题，即求已知函数的不定积分，下面作具体介绍 .

例 4-30 已知某曲线过点 $(1,2)$，曲线上任意一点处的切线斜率为 $\dfrac{1}{x^2}$，求该曲线的方程 .

解： 设所求的方程为 $y=f(x)$，由题意可知斜率

$$k=f'(x)=\frac{1}{x^2},$$

故曲线 $y=\displaystyle\int \frac{1}{x^2} \, dx = -\frac{1}{x}+C$，又因曲线过点 $(1,2)$，即

$$2=-1+C,$$

得 $C=3$.

因此，该曲线的方程为 $y=-\dfrac{1}{x}+3$.

例 4-31 已知一物体做直线运动，其加速度为 $a=12t^2-3\sin t$，且当 $t=0$ 时 $v=5$，$s=3$. 求：

(1) 速度 v 与时间 t 的函数关系；

(2) 路程 s 与时间 t 的函数关系 .

解: (1) 由速度与加速度的关系 $v'(t) = a(t)$, 得

$$v(t) = \int a(t)\mathrm{d}t = \int (12t^2 - 3\sin t)\mathrm{d}t = 4t^3 + 3\cos t + C.$$

将 $t = 0$, $v = 5$ 代入上式, $5 = 4 \times 0^3 + 3\cos 0 + C$, 得 $C = 2$.

因此, 速度函数 $v(t) = 4t^3 + 3\cos t + 2$.

(2) 由路程与速度的关系 $s'(t) = v(t)$, 得

$$s(t) = \int v(t)\mathrm{d}t = \int (4t^3 + 3\cos t + 2)\mathrm{d}t = t^4 + 3\sin t + 2t + C.$$

将 $t = 0$, $s = 3$ 代入上式, $3 = 0^4 + 3\sin 0 + 2 \times 0 + C$, 得 $C = 3$.

因此, 速度函数 $s(t) = t^4 + 3\sin t + 2t + 3$.

例 4-32　一电路中电流关于时间的变化率为 $\dfrac{\mathrm{d}i}{\mathrm{d}t} = 6t^2 + 1$, 若 $t = 2$ 时, $i = 30$ A, 求电流 i 关于时间 t 的函数.

解: 设电流强度为 $i(t)$, 由条件 $i'(t) = \dfrac{\mathrm{d}i}{\mathrm{d}t} = 6t^2 + 1$, 则有

$$i(t) = \int (6t^2 + 1)\mathrm{d}t = 2t^3 + t + C.$$

将 $t = 2$, $i = 30$ 代入上式, 有 $30 = 2 \times 2^3 + 2 + C$, 得 $C = 12$.

因此, 所求电流强度为 $i(t) = 2t^3 + t + 12$.

例 4-33　已知一个容器的横截面面积为 50 m², 在容器的底部有一个 0.5 m² 的小孔, 现将容器内注入 20 m 高的水, 然后打开小孔让水流出, 假设水面下降的速率为 $\dfrac{\mathrm{d}h}{\mathrm{d}t} = -\dfrac{1}{25}$ $\left(\sqrt{20} - \dfrac{t}{50}\right)(0 \leqslant t \leqslant 50\sqrt{20})$. 求水面高度在任意时刻 t 的表达式.

解: 由题可知, 水面高度为

$$h = \int -\frac{1}{25}\left(\sqrt{20} - \frac{t}{50}\right)\mathrm{d}t = -\frac{\sqrt{20}}{25}t + \frac{1}{2\,500}t^2 + C.$$

因为当 $t = 0$, $h = 20$ 时, 解得 $C = 20$, 所以

$$h = -\frac{\sqrt{20}}{25}t + \frac{1}{2\,500}t^2 + 20 (0 \leqslant t \leqslant 50\sqrt{20}).$$

例 4-34　一列火车在平直的铁轨上行驶, 由于遇到紧急情况, 火车以速度 $v(t) = 5 - t + \dfrac{55}{1+t}$ (单位: m/s) 紧急刹车. 求火车运动函数 $s(t)$.

解: 由题可知,

$$s(t) = \int \left(5 - t + \frac{55}{1+t}\right)\mathrm{d}t$$

$$= 5t - \frac{1}{2}t^2 + 55\ln|1+t| + C.$$

将 $t = 0$, $s = 0$ 代入上式, 有

$$5 \times 0 - \frac{1}{2} \times 0^2 + 55\ln|1+0| + C = 0, 得 C = 0.$$

火车运动函数 $s(t)=5t-\dfrac{1}{2}t^2+55\ln|1+t|$.

例 4-35 一列质量为 m kg 的机车进行恒功率 P 牵引加速,求机车从 70 km/h 加速到 120 km/h 需要多少时间.

解: 根据物理可得 $a(t)=\dfrac{F}{m}=\dfrac{P}{m\cdot v(t)}=\dfrac{P}{m\cdot a(t)\cdot t}$,即 $a(t)=\sqrt{\dfrac{P}{mt}}$,则

$$v(t)=\int a(t)\mathrm{d}t=\int\sqrt{\dfrac{P}{mt}}\,\mathrm{d}t,$$

可得

$$v(t)=\sqrt{\dfrac{2Pt}{m}}+C.$$

将 $v(0)=70$ km/h $=19.44$ m/s,代入上式得 $C=19.44$,则 $v(t)=\sqrt{\dfrac{2Pt}{m}}+19.44$.

将 $v=120$ km/h $=33.33$ m/s 代入,得

$$t=\dfrac{(33.33-19.44)^2}{2}\cdot\dfrac{m}{P}=96.465\dfrac{m}{P}.$$

习题 4-4

1. 已知一物体以速度 $v(t)=3t^2+1$ 做直线运动,且当 $t=1$ 时,物体经过的路程为 4,求物体的运动方程.

2. 一电路中电流关于时间变化率为 $\dfrac{\mathrm{d}i}{\mathrm{d}t}=4t-0.6t^2$,若 $t=0$ 时,$i=2$ A,求电流 i 关于时间 t 的函数.

3. 列车快进站时必须制动减速.若列车制动后的速度为 $v=1-\dfrac{1}{3}t$(km/min),问列车应该在离站台停靠点多远的地方开始制动?

4. 某自治区在建区时人口为 5 万人,一项扩建工程使城市人口从建区开始 t 年后以速率 $2\,400\sqrt{t}+800$ 增加,试写出人口与时间的表达式.

5. 在一 RC 串联电路中,设任意时刻 t 的电流 $i=2\mathrm{e}^{-t}+8\cos(2t)-4\sin(2t)$,求电容 C 上的电量 $q=q(t)$ 所满足的函数式(假设电容没有初始电量).

测试题四

第 5 章
定积分及其应用

导　读

　　在自然界和社会中存在许多变化，可以建立数学函数来反映这些变化．但自然界中的变化一般不是均匀的变化，不均匀、不规则的变化是普遍存在的．例如自然界中，水无法匀速直线流动，土地也不是标准的矩形、圆形，山川湖泊也不是柱体、球体；再如经济社会中，经济无法匀速增长；又如铁道机车运行不可能均匀地消耗电能，交通运输的客流无法均匀分布．

　　对于不均匀、不规则变化事物的计算，需要用特殊的方法，如祖暅原理．公元 1 世纪，中国南北朝算学家祖暅在求球的体积时，使用一个原理——"幂势既同，则积不容异"，意思是两个同高的立体，如在等高处的截面积恒相等，则体积相等．这一原理主要用于计算复杂几何体的体积．这一原理直到 17 世纪，才由意大利数学家卡瓦列利发现，西方人称其为卡瓦列利原理．祖暅原理可使复杂问题简单化，是微积分的萌芽．后来英国数学家牛顿和德国数学家莱布尼茨两人在独立研究的基础上分别创立了内容一致的微积分理论，解决了复杂的计算问题．

　　在科学技术和现实生活中，把复杂问题进行分割、求近似值、求和、求极限，从而构建"和式极限"来解决，由此抽象出的数学概念称为定积分．定积分与不定积分是两个不同的数学概念，但微积分基本定理把这两个概念联系起来，解决了定积分的计算问题，使定积分得到了广泛的应用．

　　本章将从两个引例出发介绍定积分的概念，讲授定积分的性质和计算方法，延伸到广义积分和重积分，最后讲解定积分在几何、物理、经济、轨道交通等社会生产方面的应用．

5.1 定积分的概念与性质

5.1.1 引例5-1 曲边梯形的面积

设函数 $y=f(x)$ 在闭区间 $[a,b]$ 上连续且非负，由曲线 $y=f(x)$ 及三条直线 $x=a$，$x=b$，$y=0(x$ 轴$)$ 所围成的平面图形(图 5-1)称为**曲边梯形**．下面讨论如何求曲边梯形的面积 A．

我们知道，矩形的高是不变的，它的面积可按公式"矩形的面积=高×底"计算．而对于曲边梯形，由于在底边上各点处的高 $f(x)$ 在区间 $[a,b]$ 上是连续变化的，故它的面积不能直接用矩形的面积公式计算．由于 $f(x)$ 是连续函数，在很小的一段区间上，它的变化很小，近似不变，所以，如果把区间 $[a,b]$ 划分为许多小区间，那么曲边梯形也相应地被划分成许多小曲边梯形．在每个小区间上用其中某一点处的高近似代替同一区间上小曲边梯形的高，那么，每个小曲边梯形就可近似地看成小矩形．以所有小矩形的面积之和作为曲边梯形面积的近似值，并把区间 $[a,b]$ 无限细分下去，使每个小区间的长度都趋于零，这时所有小矩形面积之和的极限即曲边梯形的面积．

根据以上设想，分四步计算曲边梯形的面积 A．

(1)分割．在 $[a,b]$ 内任取一组分点 $a=x_0<x_1<x_2<\cdots<x_n=b$，把区间 $[a,b]$ 分成 n 个小区间，即 $[x_0,x_1]$，$[x_1,x_2]$，$\cdots$，$[x_{n-1},x_n]$，第 i 个区间的长度为 $\Delta x_i=x_i-x_{i-1}(i=1,2,\cdots,n)$．过各分点作 x 轴的垂线，将原来的曲边梯形分割成 n 个小曲边梯形(图 5-2)，第 i 个小曲边梯形的面积记为 ΔA_i．

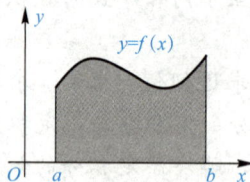

图 5-1

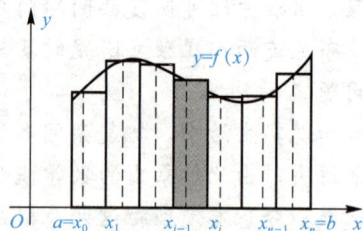

图 5-2

(2)近似代替．在每个小区间 $[x_{i-1},x_i]$ 上任取一点 ξ_i，其中 $x_{i-1}\leqslant\xi_i\leqslant x_i$，则第 i 个小曲边梯形的面积 ΔA_i 可用与它同底、高为 $f(\xi_i)$ 的小矩形的面积近似，即

$$\Delta A_i\approx f(\xi_i)\Delta x_i(i=1,2,3,\cdots,n).$$

(3)求和．n 个小矩形面积的和是所求曲边梯形面积 A 的近似值，即

$$A=\sum_{i=1}^{n}\Delta A_i\approx\sum_{i=1}^{n}f(\xi_i)\Delta x_i$$

（4）取极限．为了得到 A 的精确值，必须让每个小区间的长都趋于零．用 λ 表示 n 个小区间长度的最大值，即 $\lambda=\max\{\Delta x_1，\Delta x_2，\cdots，\Delta x_n\}$，则和式 $\sum\limits_{i=1}^{n}f(\xi_i)\Delta x_i$ 在 $\lambda\to0$ 时的极限就是曲边梯形面积的精确值 A，即

$$A=\lim_{\lambda\to0}\sum_{i=1}^{n}f(\xi_i)\Delta x_i.$$

我来扫一扫：探索变速直线运动的路程．

5.1.2　定积分的概念

定义 5-1　设函数 $y=f(x)$ 在闭区间 $[a，b]$ 上连续，任取分点 $a=x_0<x_1<x_2<\cdots<x_n=b$，将区间 $[a，b]$ 分割成 n 个小区间 $[x_{i-1}，x_i]$，第 i 个小区间的长度为 $\Delta x_i=x_i-x_{i-1}(i=1，2，\cdots，n)$，并记 $\lambda=\max\limits_{1\leqslant i\leqslant n}\{\Delta x_i\}$．在每个小区间 $[x_{i-1}，x_i]$ 上任取点 $\xi_i\in[x_{i-1}，x_i]$，作和式 $\sum\limits_{i=1}^{n}f(\xi_i)\Delta x_i$，如果不论对区间 $[a，b]$ 如何分割，也不论在小区间 $[x_{i-1}，x_i]$ 上如何取点 ξ_i，只要 $\lambda\to0$，上述和式的极限就存在，则称 $f(x)$ 在 $[a，b]$ 上可积，并称此极限为 $f(x)$ 在区间 $[a，b]$ 上的定积分，记作 $\int_a^b f(x)\mathrm{d}x$，即

$$\int_a^b f(x)\mathrm{d}x=\lim_{\lambda\to0}\sum_{i=1}^{n}f(\xi_i)\Delta x_i.$$

其中，$f(x)$ 称为**被积函数**，$f(x)\mathrm{d}x$ 称为**被积表达式**，x 称为**积分变量**，$[a，b]$ 称为**积分区间**，a，b 分别称为**积分下限**和**积分上限**．

关于定积分的定义作如下几点说明．

（1）定积分 $\int_a^b f(x)\mathrm{d}x$ 是和式 $\sum\limits_{i=1}^{n}f(\xi_i)\Delta x_i$ 的极限，即定积分是一个确定的常数，由被积函数 $f(x)$ 和积分区间 $[a，b]$ 确定，其值与积分变量用什么字母无关，即 $\int_a^b f(x)\mathrm{d}x=\int_a^b f(t)\mathrm{d}t=\int_a^b f(u)\mathrm{d}u.$

（2）定积分的定义是在 $a<b$ 条件下给出的，实质上 a 也可以大于或等于 b，为了今后计算方便，作如下规定．

当 $a>b$ 时，$\int_a^b f(x)\mathrm{d}x=-\int_b^a f(x)\mathrm{d}x$，

当 $a=b$ 时，$\int_a^a f(x)\mathrm{d}x=0.$

（3）定积分存在定理．

定理 5-1　若函数 $f(x)$ 在区间 $[a，b]$ 上连续或有界，且只有有限个第一类间断点，则

函数 $f(x)$ 在区间 $[a, b]$ 上可积.

5.1.3 定积分的几何意义

由定积分的定义,可以得到定积分的几何意义.

(1)在区间 $[a, b]$ 上,若 $f(x) \geqslant 0$,则定积分 $\int_a^b f(x) \mathrm{d}x$ 表示由曲线 $y = f(x)$ 及直线 $x = a$,$x = b$ 与 $y = 0(x$ 轴)所围成的曲边梯形面积 A,即 $\int_a^b f(x) \mathrm{d}x = A$.

(2)在区间 $[a, b]$ 上,若 $f(x) \leqslant 0$,则由曲线 $y = f(x)$ 及直线 $x = a$,$x = b$ 与 $y = 0(x$ 轴)所围成的曲边梯形位于 x 轴下方,定积分 $\int_a^b f(x) \mathrm{d}x$ 表示曲边梯形面积的负值,即 $\int_a^b f(x) \mathrm{d}x = -A$.

(3)当 $f(x)$ 在区间 $[a, b]$ 上既有正也有负时,由曲线 $y = f(x)$ 及直线 $x = a$,$x = b$ 与 $y = 0(x$ 轴)所围成的图形部分位于 x 轴的上方,部分位于 x 轴的下方(图 5-3),此时定积分 $\int_a^b f(x) \mathrm{d}x$ 表示 x 轴上方部分面积与 x 轴下方部分面积的代数和,即

$$\int_a^b f(x) \mathrm{d}x = -A_1 + A_2 - A_3.$$

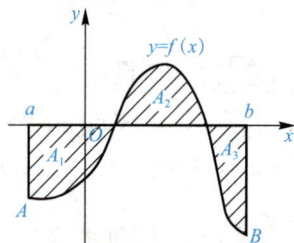

图 5-3

例 5-1 用几何意义求定积分 $\int_{-\pi}^{\pi} \sin x \, \mathrm{d}x$.

解: $\int_{-\pi}^{\pi} \sin x \, \mathrm{d}x$ 表示由曲线 $y = \sin x$,直线 $x = -\pi$,$x = \pi$ 及 x 轴围成平面图形的面积,由正弦函数 $y = \sin x$ 的奇偶性知,面积 A_1 与 A_2 全等,如图 5-4 所示:

因此,$\int_{-\pi}^{\pi} \sin x \, \mathrm{d}x = -A_1 + A_2 = 0$.

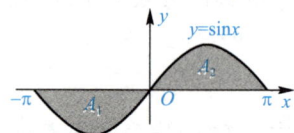

图 5-4

例 5-2 用几何意义求定积分 $\int_0^1 \sqrt{1 - x^2} \, \mathrm{d}x$.

解: $\int_0^1 \sqrt{1 - x^2} \, \mathrm{d}x$ 表示由曲线 $y = \sqrt{1 - x^2}$,直线 $x = 0$,$x = 1$ 及 x 轴围成平面图形的面积,是单位圆位于 x 轴上方的 $\frac{1}{4}$ 圆,如图 5-5 所示,因为单位圆的面积

$$A = \pi r^2 = \pi,$$

所以 $\qquad \int_0^1 \sqrt{1 - x^2} \, \mathrm{d}x = \frac{\pi}{4}$.

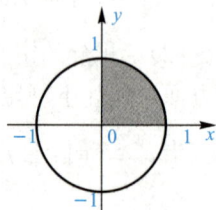

图 5-5

例 5-3 一列动车以速度 $v(t) = 3t + 2(\mathrm{m/s})$ 做直线运动,试用定积分表示列车在 $t_1 = 1 \mathrm{~s}$ 到 $t_2 = 3 \mathrm{~s}$ 期间所经过的路程,并利用定积分的几何意义求出 s 的值.

解: 运动速度是 $v = v(t)$,经过时间 T 后运动的路程为

$$s = \int_0^T v(t) \mathrm{d}t.$$

因被积函数 $v(t)=3t+2$ 的图像是一条直线，如图 5-6 所示，所以由定积分的几何意义可知，所求的路程 s 是一个梯形面积，即

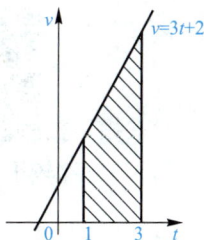

$$s=\int_1^3 v(t)\mathrm{d}t=\int_1^3(3t+2)\mathrm{d}t$$

$$=\frac{1}{2}\times(5+11)\times(3-1)=16.$$

图 5-6

5.1.4　定积分的性质

由定积分的定义与几何意义，可以得到定积分的性质．

设函数 $f(x)$ 与 $g(x)$ 在所讨论的区间上可积，则有如下性质．

性质 5-1　如果在区间 $[a,b]$ 上 $f(x)\equiv 1$，那么 $\displaystyle\int_a^b f(x)\mathrm{d}x=\int_a^b \mathrm{d}x=b-a$．

性质 5-2　被积表达式中的常数因子可以提到积分号之前，即

$$\int_a^b kf(x)\mathrm{d}x=k\int_a^b f(x)\mathrm{d}x\,(k\text{ 为常数}).$$

性质 5-3　两个函数代数和的定积分等于各自的定积分的代数和，即

$$\int_a^b[f(x)\pm g(x)]\mathrm{d}x=\int_a^b f(x)\mathrm{d}x\pm\int_a^b g(x)\mathrm{d}x.$$

该性质可推广到有限个可积函数和的形式．

性质 5-4　（定积分对积分区间的可加性）

$$\int_a^b f(x)\mathrm{d}x=\int_a^c f(x)\mathrm{d}x+\int_c^b f(x)\mathrm{d}x.$$

性质 5-5　（比较性质）如果在区间 $[a,b]$ 上有 $f(x)\leqslant g(x)$，那么

$$\int_a^b f(x)\mathrm{d}x\leqslant\int_a^b g(x)\mathrm{d}x.$$

推论 5-1　（保号性质）若 $f(x)\geqslant 0$，$x\in[a,b]$，则

$$\int_a^b f(x)\mathrm{d}x\geqslant 0.$$

性质 5-6　（积分估值定理）设 M 和 m 是函数 $f(x)$ 在闭区间 $[a,b]$ 上的最大值和最小值，则

$$m(b-a)\leqslant\int_a^b f(x)\mathrm{d}x\leqslant M(b-a).$$

性质 5-7　（积分中值定理）若函数 $f(x)$ 在闭区间 $[a,b]$ 上连续，则在该区间至少存在一点 ξ，使

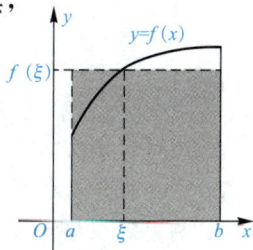

$$\int_a^b f(x)\mathrm{d}x=f(\xi)(b-a)(a\leqslant\xi\leqslant b).$$

如图 5-7 所示，把 $f(\xi)$ 叫作函数 $f(x)$ 在区间 $[a,b]$ 上的平均值．积分中值定理解决了求一个连续变化量的平均值的问题．

图 5-7

我来扫一扫□■□□■□：深入了解积分中值定理.

例 5-4 比较下列积分值的大小.

(1) $\int_0^1 (1+x)^2 \,\mathrm{d}x$ 与 $\int_0^1 (1+x)^3 \,\mathrm{d}x$;　　　　　(2) $\int_1^2 \ln x \,\mathrm{d}x$ 与 $\int_1^2 (\ln x)^2 \,\mathrm{d}x$

解：(1) 当 $0 \leqslant x \leqslant 1$ 时，$(1+x)^2 \leqslant (1+x)^3$，所以

$$\int_0^1 (1+x)^2 \,\mathrm{d}x \leqslant \int_0^1 (1+x)^3 \,\mathrm{d}x.$$

(2) 当 $1 \leqslant x \leqslant 2$ 时，$0 \leqslant \ln x \leqslant \ln 2 < 1$，有 $\ln x \geqslant (\ln x)^2$，所以

$$\int_1^2 \ln x \,\mathrm{d}x \geqslant \int_1^2 (\ln x)^2 \,\mathrm{d}x.$$

例 5-5 估计定积分 $\int_{-1}^1 \mathrm{e}^{-\frac{x^2}{2}} \,\mathrm{d}x$ 的值.

解：设 $f(x) = \mathrm{e}^{-\frac{x^2}{2}}$，则 $f'(x) = -x\mathrm{e}^{-\frac{x^2}{2}}$. 令 $f'(x) = 0$，得驻点 $x = 0$. 比较函数 $f(x)$ 在驻点和区间端点处的函数值，$f(0) = \mathrm{e}^0 = 1$，$f(-1) = f(1) = \mathrm{e}^{-\frac{1}{2}}$，故最大值 $M = 1$，最小值 $m = \mathrm{e}^{-\frac{1}{2}}$.

由定积分的估值性质，得 $2\mathrm{e}^{-\frac{1}{2}} \leqslant \int_{-1}^1 \mathrm{e}^{-\frac{x^2}{2}} \,\mathrm{d}x \leqslant 2$.

例 5-6 求函数 $y = x^2$ 在区间 $[0，1]$ 上的平均值.

解：函数 y 的平均值 $\bar{y}$ 为

$$\bar{y} = \frac{\int_0^1 x^2 \,\mathrm{d}x}{1-0} = \frac{1}{3}.$$

习题 5-1

1. 利用定积分几何意义计算下列积分的值.

(1) $\int_0^1 (2x+1)\,\mathrm{d}x$;　　　　　(2) $\int_0^{2\pi} \sin x \,\mathrm{d}x$;

(3) $\int_{-a}^a \sqrt{a^2-x^2} \,\mathrm{d}x$;　　　　　(4) $\int_{-1}^1 |x| \,\mathrm{d}x$.

2. 用定积分表示由曲线 $y = x^3$，直线 $x = -1$，$x = 2$ 及 $y = 0$ 所围成的平面图形的面积.

3. 用定积分表示由曲线 $y = \cos x$，直线 $x = 0$，$x = \pi$ 及 $y = 0$ 所围成的平面图形的面积.

4. 利用定积分性质，比较下列各组定积分的大小.

(1) $\int_0^1 x^2 \,\mathrm{d}x$ 与 $\int_0^1 \sqrt{x} \,\mathrm{d}x$;　　　　　(2) $\int_0^1 x \,\mathrm{d}x$ 与 $\int_0^1 \sin x \,\mathrm{d}x$;

(3) $\int_1^e x\,dx$ 与 $\int_1^e \ln(1+x)\,dx$；

(4) $\int_3^4 \ln x\,dx$ 与 $\int_3^4 \ln^2 x\,dx$．

5. 估计下列积分值的范围．

(1) $\int_1^4 (x^2+1)\,dx$；

(2) $\int_0^\pi (1+\sin^2 x)\,dx$．

6. 由电工学知识可知，经过时间 t，直流电流 I 消耗在电阻 R 上的功为 $W=I^2Rt$．对于交流电来说，电流强度 $i=i(t)$ 是一个随时间变化的量，试用定积分表示交流电流 i 在一个周期 $[0,T]$ 内消耗在电阻 R 上的功 W．

5.2 微积分基本公式

5.2.1 积分上限函数

设函数 $f(x)$ 在区间 $[a,b]$ 上连续，x 为区间 $[a,b]$ 上的任一点，$f(x)$ 在区间 $[a,x]$ 上连续，因此 $f(x)$ 在区间 $[a,x]$ 上也可积．定积分 $\int_a^x f(x)\,dx$ 的值随着积分上限 x 的变化而变化，对于任一 x 的取值，定积分 $\int_a^x f(x)\,dx$ 有唯一确定的值与之对应，因此，定积分 $\int_a^x f(x)\,dx$ 是 x 的函数，称为**积分上限函数**，记作 $\Phi(x)$，

$$\Phi(x)=\int_a^x f(t)\,dt,\ x\in[a,b].$$

其几何意义如图 5-8 所示．

定理 5-2 （原函数存在定理）若函数 $f(x)$ 在区间 $[a,b]$ 上连续，则积分上限函数 $\Phi(x)=\int_a^x f(t)\,dt$ 在区间 $[a,b]$ 上可导，并且它的导数等于被积函数，即

$$\Phi'(x)=\left[\int_a^x f(t)\,dt\right]'=f(x),\ x\in[a,b]. \quad (5\text{-}1)$$

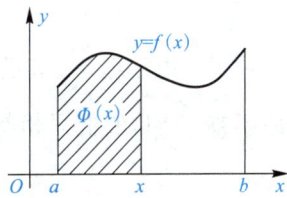

图 5-8

定理 5-2 表明，如果函数 $f(x)$ 在区间 $[a,b]$ 上连续，那么函数 $\Phi(x)=\int_a^x f(t)\,dt$ 是函数 $f(x)$ 在区间 $[a,b]$ 上的一个原函数，这就肯定了连续函数一定存在原函数；另外，定理 5-2 初步揭示了定积分与原函数的关系．因此，可以通过原函数来计算定积分．

例 5-7 已知 $\Phi(x)=\int_0^x e^{-t}\sin t\,dt$，求 $\Phi'(x)$．

解： 根据定理 5-2，得

$$\Phi'(x)=\left(\int_0^x e^{-t}\sin t\,dt\right)'=e^{-x}\sin x.$$

例 5-8 已知 $\Phi(x)=\displaystyle\int_x^0 \cos(3t+1)\mathrm{d}t$，求 $\Phi'(x)$.

解： 根据定理 5-2，得

$$\begin{aligned}
\Phi'(x) &= \left[\int_x^0 \cos(3t+1)\mathrm{d}t\right]' \\
&= \left[-\int_0^x \cos(3t+1)\mathrm{d}t\right]' \\
&= -\cos(3x+1).
\end{aligned}$$

例 5-9 已知 $\Phi(x)=\displaystyle\int_0^{x^2}\sqrt{1+t^2}\,\mathrm{d}t$，求 $\Phi'(x)$.

解： 由复合函数求导法则，得

$$\begin{aligned}
\Phi'(x) &= \left(\int_0^{x^2}\sqrt{1+t^2}\,\mathrm{d}t\right)' \\
&= \sqrt{1+x^4}\cdot \mathrm{d}(x^2)' \\
&= 2x\sqrt{1+x^4}.
\end{aligned}$$

一般地，$\left[\displaystyle\int_0^{\varphi(x)}f(t)\mathrm{d}t\right]'=f[\varphi(x)]\cdot\varphi'(x)$.

5.2.2 牛顿-莱布尼茨公式

定理 5-3 函数 $f(x)$ 在区间 $[a,b]$ 上连续，$F(x)$ 是 $f(x)$ 在 $[a,b]$ 上的一个原函数，那么

$$\int_a^b f(x)\mathrm{d}x = F(b)-F(a). \tag{5-2}$$

证明 由定理 5-2 和已知条件知，积分上限函数 $\Phi(x)=\displaystyle\int_a^x f(t)\mathrm{d}t$ 和 $F(x)$ 都是 $f(x)$ 的原函数，所以它们只相差一个常数 C，即

$$\int_a^x f(t)\mathrm{d}t = F(x)+C.$$

上式中，分别令 $x=b$，$x=a$，得

$$\int_a^b f(t)\mathrm{d}t = F(b)+C, \quad 0=F(a)+C,$$

将 $C=-F(a)$ 代入，有

$$\int_a^b f(x)\mathrm{d}x = F(b)-F(a).$$

式(5-2)称为牛顿-莱布尼茨(Newton-Leibniz)公式，也称为微积分基本公式. 该公式揭示了定积分与原函数之间的内在联系，把定积分的计算问题转化为求一个原函数在区间 $[a,b]$ 上的增量问题.

为了书写方便，式(5-2)中的 $F(b)-F(a)$ 通常记作 $F(x)\big|_a^b$ 或 $[F(x)]_a^b$. 因此，式(5-2)也可以写成

$$\int_a^b f(x)\mathrm{d}x = F(x)\big|_a^b = F(b) - F(a).$$

例 5-10　计算下列定积分.

(1) $\displaystyle\int_0^1 (x^2 + 2^x)\mathrm{d}x$ ；(2) $\displaystyle\int_0^1 \frac{1}{1+x^2}\mathrm{d}x$.

解：(1) 因为 $\left(\dfrac{x^3}{3}\right)' = x^2$，$\left(\dfrac{2^x}{\ln 2}\right)' = 2^x$，所以

$$\int_0^1 (x^2 + 2^x)\mathrm{d}x = \int_0^1 x^2 \mathrm{d}x + \int_0^1 2^x \mathrm{d}x$$

$$= \frac{x^3}{3}\Big|_0^1 + \frac{2^x}{\ln 2}\Big|_0^1$$

$$= \frac{1}{3} + \frac{1}{\ln 2}.$$

(2) 因为 $(\arctan x)' = \dfrac{1}{1+x^2}$，所以

$$\int_0^1 \frac{1}{1+x^2}\mathrm{d}x = \arctan x\,\big|_0^1$$

$$= \arctan 1 - \arctan 0 = \frac{\pi}{4}.$$

例 5-11　计算下列定积分.

(1) $\displaystyle\int_0^\pi \cos^2 \frac{x}{2}\mathrm{d}x$ ；(2) $\displaystyle\int_0^2 |1-x|\,\mathrm{d}x$.

解：(1) $\displaystyle\int_0^\pi \cos^2 \frac{x}{2}\mathrm{d}x = \frac{1}{2}\int_0^\pi (1+\cos x)\mathrm{d}x$

$$= \frac{1}{2}(x + \sin x)\Big|_0^\pi = \frac{\pi}{2}.$$

(2) $\displaystyle\int_0^2 |1-x|\,\mathrm{d}x = \int_0^1 (1-x)\mathrm{d}x + \int_1^2 (x-1)\mathrm{d}x$

$$= \left(x - \frac{1}{2}x^2\right)\Big|_0^1 + \left(\frac{1}{2}x^2 - x\right)\Big|_1^2$$

$$= 1 - \frac{1}{2} + 2 - 2 - \frac{1}{2} + 1 = 1.$$

例 5-12　一辆汽车正以 10 m/s 的速度匀速直线行驶，突然发现一障碍物，于是以 -1 m/s^2 的加速度匀减速停下，求汽车的刹车路程.

解：由题意可知，$a = v'(t) = -1$，因此 $v(t) = -t + C$（C 为任意常数）.

因为 $t = 0$ 时，$v = 10$，所以 $10 = 0 + C$，$C = 10$.

因此，速度函数 $v(t) = -t + 10$.

当汽车停下来时，速度 $v(t) = 0$，解得 $t = 10$，即经过 10 s 汽车停下来.

因此，汽车的刹车路程 $s = \displaystyle\int_0^{10} v(t)\mathrm{d}t = \int_0^{10} (-t + 10)\mathrm{d}t$

$$= \left(-\frac{1}{2}t^2 + 10t\right)\big|_0^{10} = 50\,(\text{m}).$$

习题 5-2

1. 求下列函数的导数.

(1) $\Phi(x) = \int_0^x t\sin^2 t\, dt$;

(2) $\Phi(x) = \int_x^0 e^{2t}\, dt$;

(3) $\Phi(x) = \int_1^{\sin x} t(1-t^2)\, dt$.

2. 求下列极限.

(1) $\lim\limits_{x\to 0} \dfrac{\int_0^x \cos t^2\, dt}{x}$;

(2) $\lim\limits_{x\to 0} \dfrac{\int_0^{2x} \sin t\, dt}{x^2}$.

3. 计算下列定积分.

(1) $\int_1^2 (x^3+1)\, dx$;

(2) $\int_e^3 \dfrac{1}{x}\, dx$;

(3) $\int_0^\pi (\sin x + \cos x)\, dx$;

(4) $\int_1^2 \left(x+\dfrac{1}{x}\right)^2\, dx$;

(5) $\int_{\frac{1}{\sqrt{3}}}^{\sqrt{3}} \dfrac{1}{1+x^2}\, dx$;

(6) $\int_0^{\frac{1}{2}} \dfrac{1}{\sqrt{1-x^2}}\, dx$;

(7) 设 $f(x)=\begin{cases} x+1, & x\leqslant 1 \\ \dfrac{1}{2}x^2, & x>1 \end{cases}$, 求 $\int_0^2 f(x)\, dx$.

5.3 定积分的换元积分法和分部积分法

◆5.3.1 定积分的换元积分法

定理 5-4 设函数 $f(x)$ 在区间 $[a,b]$ 上连续, 函数 $x=\varphi(t)$ 满足条件:

(1) $\varphi(\alpha)=a$, $\varphi(\beta)=b$;

(2) $x=\varphi(t)$ 在区间 $[\alpha,\beta]$ 或 $[\beta,\alpha]$ 上单调且有连续导数 $\varphi'(t)$, 则有

$$\int_a^b f(x)\, dx = \int_\alpha^\beta f[\varphi(t)]\varphi'(t)\, dt. \tag{5-3}$$

【注意】(1) 从左到右应用式(5-3), 相当于不定积分的第二换元积分法. 应用式(5-3)进行计算时, 应遵循"换元必换限"的原则, 即用 $x=\varphi(t)$ 把原积分变量 x 换成新变量 t, 积分限也必须由原来的积分限 a 和 b 相应换成新变量 t 的积分限 α 和 β.

(2) 从右到左应用式(5-3), 相当于不定积分的第一换元积分法(凑微分法). 一般不用设

出新的积分变量，原函数的上、下限不需改变，只要求出被积函数的一个原函数，直接应用牛顿-莱布尼茨公式求值.

例 5-13　计算 $\displaystyle\int_0^1 \frac{x}{x^2+1}\mathrm{d}x$.

解： $\displaystyle\int_0^1 \frac{x}{x^2+1}\mathrm{d}x = \frac{1}{2}\int_0^1 \frac{1}{x^2+1}\cdot 2x\,\mathrm{d}x = \frac{1}{2}\int_0^1 \frac{1}{x^2+1}\mathrm{d}(x^2+1)$

$$= \frac{1}{2}\ln(x^2+1)\Big|_0^1 = \frac{1}{2}\ln 2.$$

例 5-14　计算 $\displaystyle\int_0^{\frac{\pi}{2}} \cos^3 x \sin x\,\mathrm{d}x$.

解： $\displaystyle\int_0^{\frac{\pi}{2}} \cos^3 x \sin x\,\mathrm{d}x = -\int_0^{\frac{\pi}{2}} \cos^3 x\,\mathrm{d}(\cos x)$

$$= -\frac{1}{4}\cos^4 x\,\Big|_0^{\frac{\pi}{2}} = \frac{1}{4}.$$

例 5-15　计算 $\displaystyle\int_0^3 \frac{x}{\sqrt{1+x}}\mathrm{d}x$.

解： 令 $\sqrt{1+x}=t$，则 $x=t^2-1$，$\mathrm{d}x=2t\,\mathrm{d}t$，变量 x，t 的取值为 $\begin{array}{c|cc} x & 0 & 3 \\ \hline t & 1 & 2 \end{array}$，因此

$$\int_0^3 \frac{x}{\sqrt{1+x}}\mathrm{d}x = \int_1^2 \frac{t^2-1}{t}\cdot 2t\,\mathrm{d}t$$

$$= 2\int_1^2 (t^2-1)\,\mathrm{d}t$$

$$= 2\left(\frac{1}{3}t^3-t\right)\Big|_1^2 = \frac{8}{3}.$$

例 5-16　计算下列定积分.

(1) $\displaystyle\int_{\ln 3}^{\ln 8} \sqrt{1+\mathrm{e}^x}\,\mathrm{d}x$; (2) $\displaystyle\int_0^a \sqrt{a^2-x^2}\,\mathrm{d}x\ (a>0)$.

解：(1)令 $\sqrt{1+\mathrm{e}^x}=t$，则 $x=\ln(t^2-1)$，$\mathrm{d}x=\dfrac{2t}{t^2-1}\mathrm{d}t$，变量 x，t 的取值为 $\begin{array}{c|cc} x & \ln 3 & \ln 8 \\ \hline t & 1 & 2 \end{array}$，

因此

$$\int_{\ln 3}^{\ln 8} \sqrt{1+\mathrm{e}^x}\,\mathrm{d}x = \int_2^3 \frac{2t^2}{t^2-1}\mathrm{d}t$$

$$= 2\int_2^3 \left(1+\frac{1}{t^2-1}\right)\mathrm{d}t$$

$$= 2\left(t+\frac{1}{2}\ln\left|\frac{t-1}{t+1}\right|\right)\Big|_2^3 = 2+\ln\frac{3}{2}.$$

(2)令 $x=a\sin t$，$\mathrm{d}x=a\cos t\,\mathrm{d}t$，变量 x，t 的取值为 $\begin{array}{c|cc} x & 0 & a \\ \hline t & 0 & \frac{\pi}{2} \end{array}$，因此

$$\int_0^a \sqrt{a^2-x^2}\,\mathrm{d}x = \int_0^{\frac{\pi}{2}} a\cos t\cdot a\cos t\,\mathrm{d}t = a^2\int_0^{\frac{\pi}{2}} \cos^2 t\,\mathrm{d}t$$

$$=a^2\int_0^{\frac{\pi}{2}}\frac{1+\cos2t}{2}\mathrm{d}t=\frac{a^2}{2}\left[t+\frac{1}{2}\sin2t\right]\Big|_0^{\frac{\pi}{2}}$$

$$=\frac{\pi a^2}{4}.$$

若函数 $f(x)$ 在闭区间 $[-a,a]$ 上连续，则有以下结论.

(1)当 $f(x)$ 为奇函数时，$\int_{-a}^{a}f(x)\mathrm{d}x=0$.

(2)当 $f(x)$ 为偶函数时，$\int_{-a}^{a}f(x)\mathrm{d}x=2\int_0^{a}f(x)\mathrm{d}x$.

我来扫一扫▦▦▦▦：对称区间定积分的证明过程.

例 5-17　计算下列定积分.

(1) $\int_{-3}^{3}\frac{\sin x}{1+x^2}\mathrm{d}x$；(2) $\int_{-\frac{\pi}{4}}^{\frac{\pi}{4}}\cos2x\,\mathrm{d}x$.

解：(1)因为被积函数 $f(x)=\dfrac{\sin x}{1+x^2}$ 是奇函数，且积分区间 $[-3,3]$ 是对称区间，所以

$$\int_{-3}^{3}\frac{\sin x}{1+x^2}\mathrm{d}x=0.$$

(2)因为 $f(x)=\cos2x$ 是偶函数，所以

$$\int_{-\frac{\pi}{4}}^{\frac{\pi}{4}}\cos2x\,\mathrm{d}x=2\int_0^{\frac{\pi}{4}}\cos2x\,\mathrm{d}x$$

$$=\int_0^{\frac{\pi}{4}}\cos2x\,\mathrm{d}(2x)$$

$$=\sin2x\,\Big|_0^{\frac{\pi}{4}}=1.$$

5.3.2　定积分的分部积分法

定理 5-5　设 $u=u(x)$，$v=v(x)$ 在区间 $[a,b]$ 上有连续导数 $u'=u'(x)$，$v'=v'(x)$，则有

$$\int_a^b u(x)v'(x)\mathrm{d}x=[u(x)v(x)]_a^b-\int_a^b v(x)u'(x)\mathrm{d}x\,. \tag{5-4}$$

式(5-4)称为定积分的分部积分公式，也可简写成

$$\int_a^b u\,\mathrm{d}v=uv\,|_a^b-\int_a^b v\,\mathrm{d}u\,.$$

式(5-4)中 u，$\mathrm{d}v$ 的选择与不定积分的分部积分公式相似，不同之处在于式(5-4)把已积出的部分 uv 先用上、下限代入相减，变为数值.

例 5-18　计算 $\int_0^{\pi}x\cos x\,\mathrm{d}x$.

解：$u=x$，$\mathrm{d}v=\cos x\,\mathrm{d}x=\mathrm{d}(\sin x)$，代入分部积分公式，得

$$\int_0^\pi x\cos x\,\mathrm{d}x = \int_0^\pi x\,\mathrm{d}(\sin x)$$

$$= x\sin x\,\Big|_0^\pi - \int_0^\pi \sin x\,\mathrm{d}x$$

$$= (\pi\sin\pi - 0) + \cos x\,\Big|_0^\pi$$

$$= \cos\pi - \cos 0 = -2.$$

例 5-19　计算 $\displaystyle\int_0^1 \arctan x\,\mathrm{d}x$.

解: $\displaystyle\int_0^1 \arctan x\,\mathrm{d}x = x\arctan x\,\big|_0^1 - \int_0^1 x\,\mathrm{d}(\arctan x)$

$$= \frac{\pi}{4} - \int_0^1 \frac{x}{1+x^2}\mathrm{d}x = \frac{\pi}{4} - \frac{1}{2}\int_0^1 \frac{1}{1+x^2}\mathrm{d}(1+x^2)$$

$$= \frac{\pi}{4} - \frac{1}{2}\ln(1+x^2)\,\Big|_0^1$$

$$= \frac{\pi}{4} - \frac{1}{2}\ln 2.$$

例 5-20　计算 $\displaystyle\int_0^{2\pi} \mathrm{e}^x\cos x\,\mathrm{d}x$.

解: $\displaystyle\int_0^{2\pi} \mathrm{e}^x\cos x\,\mathrm{d}x = \int_0^{2\pi}\cos x\,\mathrm{d}(\mathrm{e}^x) = \mathrm{e}^x\cos x\,\big|_0^{2\pi} - \int_0^{2\pi}\mathrm{e}^x\,\mathrm{d}(\cos x)$

$$= (\mathrm{e}^{2\pi} - 1) + \int_0^{2\pi}\sin x\,\mathrm{d}(\mathrm{e}^x)$$

$$= (\mathrm{e}^{2\pi} - 1) + \mathrm{e}^x\sin x\,\big|_0^{2\pi} - \int_0^{2\pi}\mathrm{e}^x\,\mathrm{d}(\sin x)$$

$$= (\mathrm{e}^{2\pi} - 1) - \int_0^{2\pi}\mathrm{e}^x\cos x\,\mathrm{d}x.$$

移项，得

$$2\int_0^{2\pi}\mathrm{e}^x\cos x\,\mathrm{d}x = \mathrm{e}^{2\pi} - 1,$$

因此，

$$\int_0^{2\pi}\mathrm{e}^x\cos x\,\mathrm{d}x = \frac{1}{2}(\mathrm{e}^{2\pi} - 1).$$

例 5-21　计算 $\displaystyle\int_0^1 \mathrm{e}^{\sqrt{x}}\,\mathrm{d}x$.

解: 令 $\sqrt{x} = t$, 则 $x = t^2$, $\mathrm{d}x = 2t\,\mathrm{d}t$.

当 $x = 0$ 时, $t = 0$; 当 $x = 1$ 时, $t = 1$, 于是

$$\int_0^1 \mathrm{e}^{\sqrt{x}}\,\mathrm{d}x = 2\int_0^1 t\,\mathrm{e}^t\,\mathrm{d}t$$

$$= 2\int_0^1 t\,\mathrm{d}(\mathrm{e}^t)$$

$$= 2\left(t\,\mathrm{e}^t\,\big|_0^1 - \int_0^1 \mathrm{e}^t\,\mathrm{d}t\right)$$

$$= 2(\mathrm{e} - \mathrm{e}^t\,\big|_0^1) = 2.$$

习题 5−3

1. 计算下列定积分.

(1) $\int_0^1 \dfrac{1}{2x+1}\,\mathrm{d}x$；

(2) $\int_0^1 (3x-2)^3\,\mathrm{d}x$；

(3) $\int_0^{\frac{\pi}{2}} \sin x\cos x\,\mathrm{d}x$；

(4) $\int_1^e \dfrac{\ln x}{x}\,\mathrm{d}x$；

(5) $\int_0^{\ln 3} \dfrac{\mathrm{e}^x}{1+\mathrm{e}^x}\,\mathrm{d}x$；

(6) $\int_1^4 \dfrac{1}{1+\sqrt{x}}\,\mathrm{d}x$；

(7) $\int_0^3 \dfrac{x}{\sqrt{1+x}}\,\mathrm{d}x$；

(8) $\int_0^{\sqrt{2}} \sqrt{2-x^2}\,\mathrm{d}x$.

2. 计算下列定积分.

(1) $\int_1^e x\ln x\,\mathrm{d}x$；

(2) $\int_0^\pi x\sin\dfrac{x}{2}\,\mathrm{d}x$；

(3) $\int_0^1 x\mathrm{e}^{-2x}\,\mathrm{d}x$；

(4) $\int_0^\pi x\cos x\,\mathrm{d}x$；

(5) $\int_0^1 x\arctan x\,\mathrm{d}x$；

(6) $\int_0^{\frac{\pi}{2}} \mathrm{e}^{2x}\cos x\,\mathrm{d}x$.

3. 利用函数的奇偶性计算下列定积分.

(1) $\int_{-\frac{1}{2}}^{\frac{1}{2}} \dfrac{(\arcsin x)^2}{\sqrt{1-x^2}}\,\mathrm{d}x$；

(2) $\int_{-\pi}^{\pi} \dfrac{x^4\sin x}{2+3\cos x}\,\mathrm{d}x$.

5.4 广义积分

5.4.1 无穷区间上的广义积分

定义 5-2 设函数 $f(x)$ 在区间 $(a,+\infty)$ 内连续，取 $b>a$，若极限 $\lim\limits_{b\to+\infty}\int_a^b f(x)\,\mathrm{d}x$ 存在，则称此极限为函数 $f(x)$ 在 $[a,+\infty)$ 上的广义积分（或反常积分），记作 $\int_a^{+\infty} f(x)\,\mathrm{d}x$，即

$$\int_a^{+\infty} f(x)\,\mathrm{d}x = \lim_{b\to+\infty}\int_a^b f(x)\,\mathrm{d}x. \tag{5-5}$$

此时也称广义积分 $\int_a^{+\infty} f(x)\,\mathrm{d}x$ 收敛；若上述极限不存在，就称广义积分 $\int_a^{+\infty} f(x)\,\mathrm{d}x$ 发散.

类似地，定义函数 $f(x)$ 在区间 $(-\infty,b]$ 上的广义积分为

$$\int_{-\infty}^{b} f(x)\,\mathrm{d}x = \lim_{a\to-\infty}\int_{a}^{b} f(x)\,\mathrm{d}x.\tag{5-6}$$

函数 $f(x)$ 在 $(-\infty,+\infty)$ 上的广义积分定义为

$$\int_{-\infty}^{+\infty} f(x)\,\mathrm{d}x = \int_{-\infty}^{c} f(x)\,\mathrm{d}x + \int_{c}^{+\infty} f(x)\,\mathrm{d}x = \lim_{a\to-\infty}\int_{a}^{c} f(x)\,\mathrm{d}x + \lim_{b\to+\infty}\int_{c}^{b} f(x)\,\mathrm{d}x.\tag{5-7}$$

其中，c 为常数．上式中若两个广义积分 $\int_{-\infty}^{c} f(x)\,\mathrm{d}x$ 和 $\int_{c}^{+\infty} f(x)\,\mathrm{d}x$ 都收敛，则称 $\int_{-\infty}^{+\infty} f(x)\,\mathrm{d}x$ 收敛；若两者中至少有一个发散，则称 $\int_{-\infty}^{+\infty} f(x)\,\mathrm{d}x$ 发散．

上述广义积分统称为积分区间为无穷区间的广义积分．

例 5-22　计算 $\int_{1}^{+\infty} \dfrac{1}{x^3}\,\mathrm{d}x$ ．

解：任取实数 $b>1$，则

$$\int_{1}^{+\infty} \frac{1}{x^3}\,\mathrm{d}x = \lim_{b\to+\infty}\int_{1}^{b} \frac{1}{x^3}\,\mathrm{d}x = \lim_{b\to+\infty}\left(-\frac{1}{2x^2}\right)\Big|_{1}^{b}$$
$$= \lim_{b\to+\infty}\left(-\frac{1}{2b^2}+\frac{1}{2}\right)=\frac{1}{2}.$$

例 5-23　计算 $\int_{-\infty}^{0} x\,\mathrm{e}^{x}\,\mathrm{d}x$ ．

解：
$$\int_{-\infty}^{0} x\,\mathrm{e}^{x}\,\mathrm{d}x = \lim_{a\to-\infty}\int_{a}^{0} x\,\mathrm{e}^{x}\,\mathrm{d}x = \lim_{a\to-\infty}\int_{a}^{0} x\,\mathrm{d}\mathrm{e}^{x}$$
$$= \lim_{a\to-\infty}(x\,\mathrm{e}^{x}-\mathrm{e}^{x})\Big|_{a}^{0}$$
$$= \lim_{a\to-\infty}(\mathrm{e}^{a}-a\,\mathrm{e}^{a}-1)=-1.$$

例 5-24　计算 $\int_{-\infty}^{+\infty} \dfrac{1}{1+x^2}\,\mathrm{d}x$ ．

解：
$$\int_{-\infty}^{+\infty} \frac{1}{1+x^2}\,\mathrm{d}x = \int_{-\infty}^{0} \frac{1}{1+x^2}\,\mathrm{d}x + \int_{0}^{+\infty} \frac{1}{1+x^2}\,\mathrm{d}x$$
$$= \lim_{a\to-\infty}\int_{a}^{0} \frac{1}{1+x^2}\,\mathrm{d}x + \lim_{b\to+\infty}\int_{0}^{b} \frac{1}{1+x^2}\,\mathrm{d}x$$
$$= \lim_{a\to-\infty}\arctan x\Big|_{a}^{0} + \lim_{b\to+\infty}\arctan x\Big|_{0}^{b}$$
$$= \lim_{a\to-\infty}(0-\arctan a) + \lim_{b\to+\infty}(\arctan b-0)$$
$$= -\left(-\frac{\pi}{2}\right)+\frac{\pi}{2}=\pi.$$

5.4.2　无界函数的广义积分（瑕积分）

定义 5-3　设函数 $f(x)$ 在区间 $(a,b]$ 上连续，且 $\lim\limits_{x\to a^{+}} f(x)=\infty$，取 $\varepsilon>0$，如果极限

$$\lim_{\varepsilon\to 0^{+}}\int_{a+\varepsilon}^{b} f(x)\,\mathrm{d}x$$

存在，则称此极限值为函数 $f(x)$ 在区间 $(a,b]$ 上的广义积分，记作 $\int_{a}^{b} f(x)\,\mathrm{d}x$，即

$$\int_a^b f(x)\mathrm{d}x = \lim_{\varepsilon \to 0^+} \int_{a+\varepsilon}^b f(x)\mathrm{d}x. \tag{5-8}$$

此时也称广义积分收敛；否则，称广义积分发散.

类似地，可定义无界函数 $f(x)$ 在 $[a, b]$ 上的广义积分为

$$\int_a^b f(x)\mathrm{d}x = \lim_{\varepsilon \to 0^+} \int_a^{b-\varepsilon} f(x)\mathrm{d}x. \tag{5-9}$$

设 $f(x)$ 在 $[a, b]$ 上除 $x = c(a < c < b)$ 点外均连续，且 $\lim\limits_{x \to c} f(x) = \infty$，还可以定义广义积分为

$$\int_a^b f(x)\mathrm{d}x = \int_a^c f(x)\mathrm{d}x + \int_c^b f(x)\mathrm{d}x. \tag{5-10}$$

上式若两个广义积分 $\int_a^c f(x)\mathrm{d}x$ 和 $\int_c^b f(x)\mathrm{d}x$ 都收敛，则称 $\int_a^b f(x)\mathrm{d}x$ 收敛；若两者中至少有一个发散，则称 $\int_a^b f(x)\mathrm{d}x$ 发散.

上述广义积分统称为无界函数的广义积分.

例 5-25 计算 $\int_0^1 \dfrac{1}{\sqrt{1-x^2}}\mathrm{d}x$.

解： 因为 $\lim\limits_{x \to 1^-} \dfrac{1}{\sqrt{1-x^2}} = \infty$，所以由式(5-9)可知

$$\int_0^1 \frac{1}{\sqrt{1-x^2}}\mathrm{d}x = \lim_{\varepsilon \to 0^+} \int_0^{1-\varepsilon} \frac{1}{\sqrt{1-x^2}}\mathrm{d}x = \lim_{\varepsilon \to 0^+} \arcsin x \Big|_0^{1-\varepsilon}$$

$$= \lim_{\varepsilon \to 0^+} \arcsin(1-\varepsilon) = \frac{\pi}{2}.$$

例 5-26 计算 $\int_{-1}^1 \dfrac{1}{x^2}\mathrm{d}x$.

解： 因为 $\lim\limits_{x \to 0} \dfrac{1}{x^2} = \infty$，这是无界函数的广义积分，所以

$$\int_{-1}^1 \frac{1}{x^2}\mathrm{d}x = \int_{-1}^0 \frac{1}{x^2}\mathrm{d}x + \int_0^1 \frac{1}{x^2}\mathrm{d}x.$$

又因为

$$\int_{-1}^0 \frac{1}{x^2}\mathrm{d}x = \lim_{\varepsilon \to 0^+} \int_{-1}^{0-\varepsilon} \frac{1}{x^2}\mathrm{d}x = \lim_{\varepsilon \to 0^+} \left(-\frac{1}{x}\right)\Big|_{-1}^{-\varepsilon} = \lim_{\varepsilon \to 0^+} \left(\frac{1}{\varepsilon} - 1\right) = +\infty,$$

所以广义积分 $\int_{-1}^0 \dfrac{1}{x^2}\mathrm{d}x$ 发散，因此 $\int_{-1}^1 \dfrac{1}{x^2}\mathrm{d}x$ 发散.

习题 5-4

判断下列广义积分的敛散性，若收敛，则计算其值.

(1) $\int_1^{+\infty} \dfrac{1}{x^3}\mathrm{d}x$；

(2) $\int_0^{+\infty} \mathrm{e}^{-x}\mathrm{d}x$；

$(3) \int_{-\infty}^{0} \cos x \, dx$;

$(4) \int_{2}^{+\infty} \dfrac{1}{x \ln x} \, dx$;

$(5) \int_{0}^{1} \dfrac{1}{x} \, dx$;

$(6) \int_{0}^{1} \dfrac{x}{\sqrt{1-x^2}} \, dx$;

$(7) \int_{1}^{2} \dfrac{1}{(1-x)^2} \, dx$;

$(8) \int_{-\frac{\pi}{4}}^{\frac{3\pi}{4}} \sec^2 x \, dx$.

5.5 重积分

5.5.1 二重积分的概念与性质

1. 二重积分的概念

引例 5-2 曲顶柱体的体积.

设有一立体,底是 xOy 面上的有界闭区域 D,侧面是以 D 的边界曲线为准线,而母线平行于 z 轴的柱面,顶是二元函数 $z=f(x,y)$,这里 $f(x,y)>0$ 且在 D 上连续(图 5-9),这种立体叫作曲顶柱体,下面讨论如何计算曲顶柱体的体积.

对于平顶柱体,其体积可以用公式"体积=底面积×高"来计算,但曲顶柱体的顶是曲面,当点 (x,y) 在闭区域 D 上变动时,高 $f(x,y)$ 是个变量,因此不能用上面的公式直接计算.可仿照求曲边梯形面积的思路,将曲顶柱体分成若干个小的曲顶柱体来计算.具体做法如下.

(1)分割.把区域 D 任意分割成 n 个小闭区域 $\Delta\sigma_1$,$\Delta\sigma_2$,…,$\Delta\sigma_n$,小闭区域 $\Delta\sigma_i$ 的面积也记作 $\Delta\sigma_i$.在每个小闭区域内,以它的边界曲线为准线,母线平行于 z 轴的柱面,如图 5-10 所示.这些柱面把原来的曲顶柱体分割成 n 个小曲顶柱体.

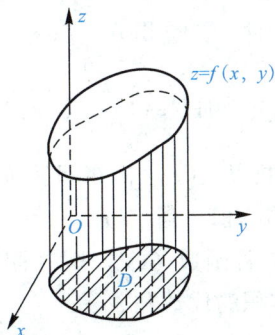

图 5-9

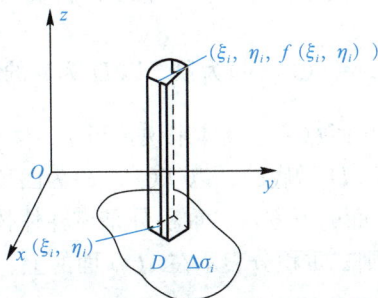

图 5-10

(2)近似代替.在每一个小闭区域 $\Delta\sigma_i$ 上任取一点 (ξ_i,η_i),用以 $f(\xi_i,\eta_i)$ 为高、以 $\Delta\sigma_i$ 为底的平顶柱体的体积 $f(\xi_i,\eta_i)\Delta\sigma_i$ 近似代替第 i 个小曲顶柱体的体积,即

$$\Delta V_i \approx f(\xi_i, \eta_i) \Delta \sigma_i.$$

（3）求和．将这 n 个小平顶柱体的体积相加，得到原曲顶柱体体积的近似值为

$$V = \sum_{i=1}^{n} \Delta V_i \approx \sum_{i=1}^{n} f(\xi_i, \eta_i) \Delta \sigma_i.$$

（4）取极限．将区域 D 无限细分，且每个小闭区域趋向于或说缩成一点，这个近似值趋近曲顶柱体的体积，即

$$V = \lim_{\lambda \to 0} \sum_{i=1}^{n} f(\xi_i, \eta_i) \Delta \sigma_i.$$

其中，λ 表示这 n 个小闭区域 $\Delta \sigma_i$ 直径中的最大值（有界闭区域的直径是指区域中任意两点间的距离）．

定义 5-4 设 $z = f(x, y)$ 是定义在有界闭区域 D 上的有界函数，将闭区域 D 任意分成 n 个小闭区域 $\Delta \sigma_1, \Delta \sigma_2, \cdots, \Delta \sigma_n$，其中 $\Delta \sigma_i (i = 1, 2, \cdots, n)$ 表示第 i 个小闭区域的面积．在每个 $\Delta \sigma_i$ 上任取一点 (ξ_i, η_i)，作和 $\sum_{i=1}^{n} f(\xi_i, \eta_i) \Delta \sigma_i$．如果当各小闭区域的直径中的最大值 λ 趋于零时，此和式的极限存在，则称此极限为函数 $f(x, y)$ 在闭区域 D 上的**二重积分**，记作

$$\iint\limits_{D} f(x, y) \mathrm{d}\sigma,$$

即

$$\iint\limits_{D} f(x, y) \mathrm{d}\sigma = \lim_{\lambda \to 0} \sum_{i=1}^{n} f(\xi_i, \eta_i) \Delta \sigma_i.$$

其中，$f(x, y)$ 称为**被积函数**，$f(x, y)\mathrm{d}\sigma$ 称为**被积表达式**，$\mathrm{d}\sigma$ 称为**面积元素**，x 与 y 称为**积分变量**，D 称为**积分区域**，$\sum_{i=1}^{n} f(\xi_i, \eta_i) \Delta \sigma_i$ 称为**积分和**．

与定积分类似，若函数 $f(x, y)$ 在有界闭区域 D 上连续，则 $f(x, y)$ 在区域 D 上的二重积分存在．

依据二重积分的定义，当 $f(x, y) \geqslant 0$，$(x, y) \in D$ 时，二重积分 $\iint\limits_{D} f(x, y) \mathrm{d}\sigma$ 在几何上表示以 $z = f(x, y)$ 为顶、以 D 为底的曲顶柱体的体积，即 $V = \iint\limits_{D} f(x, y) \mathrm{d}\sigma$．这就是二重积分的几何意义．具体来说，当 $f(x, y) \geqslant 0$ 时，函数以 $f(x, y)$ 在闭区域 D 上的二重积分表示以 D 为底面、以 $f(x, y)$ 为曲顶的曲顶柱体的体积；当 $f(x, y) \leqslant 0$ 时，表示柱体在 xOy 面的下方，二重积分是该柱体体积的相反数；若函数 $f(x, y)$ 在闭区域 D 上有正有负，则二重积分表示在 xOy 面的上、下方的柱体体积的代数和．

2. 二重积分的性质

性质 5-8 被积函数中的常数因子可以提到二重积分符号外面，即

$$\iint\limits_{D} k f(x, y) \mathrm{d}\sigma = k \iint\limits_{D} f(x, y) \mathrm{d}\sigma \quad (k \text{ 为常数}).$$

性质 5-9 （可加性）函数和、差的积分等于各个函数积分的和、差，即

$$\iint\limits_{D}[f(x,y)\pm g(x,y)]\mathrm{d}\sigma=\iint\limits_{D}f(x,y)\mathrm{d}\sigma\pm\iint\limits_{D}g(x,y)\mathrm{d}\sigma.$$

性质 5-10 **（区域的可加性）**若闭区域 D 被有限条曲线分为有限个部分闭区域，则在 D 上的二重积分就等于在各部分闭区域上的二重积分的和．例如，D 分为两个闭区域 D_1 和 D_2，则

$$\iint\limits_{D}f(x,y)\mathrm{d}\sigma=\iint\limits_{D_1}f(x,y)\mathrm{d}\sigma\pm\iint\limits_{D_2}f(x,y)\mathrm{d}\sigma.$$

性质 5-11 若在 D 上 $f(x,y)=1$，σ 为 D 的面积，则

$$\iint\limits_{D}1\cdot\mathrm{d}\sigma=\iint\limits_{D}\mathrm{d}\sigma=\sigma.$$

性质 5-12 **（比较性质）**若在 D 上 $f(x,y)\leqslant g(x,y)$，则有

$$\iint\limits_{D}f(x,y)\mathrm{d}\sigma\leqslant\iint\limits_{D}g(x,y)\mathrm{d}\sigma.$$

性质 5-13 **（估值性质）**设 M，m 分别是 $f(x,y)$ 在闭区域 D 上的最大值和最小值，σ 为 D 的面积，则

$$m\sigma\leqslant\iint\limits_{D}f(x,y)\mathrm{d}\sigma\leqslant M\sigma.$$

性质 5-14 **（中值定理）**设函数 $f(x,y)$ 在闭区域 D 上连续，σ 为 D 的面积，则在 D 上至少存在一点 (ξ,η)，使

$$\iint\limits_{D}f(x,y)\mathrm{d}\sigma=f(\xi,\eta)\cdot\sigma.$$

5.5.2 二重积分的计算

用定义直接计算二重积分是十分困难的，甚至是不可能的．事实上，可以从二重积分的几何意义引出计算方法——化二重积分为二次积分，而实现这个转化的关键在于积分变量对积分区域的表示．

1. 在直接坐标系中计算二重积分

在直接坐标系中，采用平行于 x 轴和 y 轴的直线把区域 D 分成许多小矩形，于是，面积元素为 $\mathrm{d}\sigma=\mathrm{d}x\mathrm{d}y$，二重积分在直接坐标系下的形式为

$$\iint\limits_{D}f(x,y)\mathrm{d}\sigma=\iint\limits_{D}f(x,y)\mathrm{d}x\mathrm{d}y.$$

为了便于计算，对平面区域进行适当的分类，分别称为 X 型平面区域和 Y 型平面区域，其几何特征如下．

(1) X 型平面区域．用不等式 $\varphi_1(x)\leqslant y\leqslant\varphi_2(x)$，$a\leqslant x\leqslant b$ 表示的区域，其中函数 $\varphi_1(x)$，$\varphi_2(x)$ 在区间 $[a,b]$ 上连续，称为 X 型平面区域，如图 5-11 所示．

(2) Y 型平面区域．用不等式 $\varphi_1(y)\leqslant x\leqslant\varphi_2(y)$，$c\leqslant y\leqslant d$ 表示的区域，其中函数 $\varphi_1(y)$，$\varphi_2(y)$ 在区间 $[c,d]$ 上连续，称为 Y 型平面区域，如图 5-12 所示．

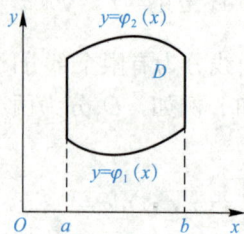

图 5-11

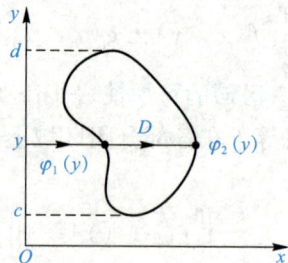

图 5-12

假设 $\iint\limits_{D} f(x, y) \mathrm{d}x\mathrm{d}y$ 的积分区域是 X 型平面区域，即

$$D: a \leqslant x \leqslant b, \varphi_1(x) \leqslant y \leqslant \varphi_2(x).$$

选 x 为积分变量，$x \in [a, b]$，任取子区间 $[x, x+\mathrm{d}x] \in [a, b]$. 设 $A(x)$ 表示过点 x 且垂直于 x 轴的平面与曲顶柱体相交的截面面积（图 5-13），该截面面积为

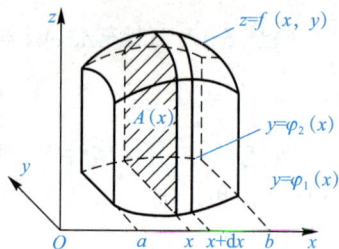

图 5-13

$A(x) = \int_{\varphi_1(x)}^{\varphi_2(x)} f(x, y)\mathrm{d}y$，那么曲顶柱体体积 V 为

$$V = \int_a^b A(x)\mathrm{d}x = \int_a^b \left[\int_{\varphi_1(x)}^{\varphi_2(x)} f(x, y)\mathrm{d}y \right]\mathrm{d}x,$$

因此，

$$\iint\limits_{D} f(x, y)\mathrm{d}\sigma = \int_a^b \left[\int_{\varphi_1(x)}^{\varphi_2(x)} f(x, y)\mathrm{d}y \right]\mathrm{d}x.$$

上式也可简记为

$$\iint\limits_{D} f(x, y)\mathrm{d}x\mathrm{d}y = \int_a^b \mathrm{d}x \int_{\varphi_1(x)}^{\varphi_2(x)} f(x, y)\mathrm{d}y. \tag{5-11}$$

如果 $\iint\limits_{D} f(x, y)\mathrm{d}x\mathrm{d}y$ 的积分区域是 Y 型平面区域，即

$$D: c \leqslant y \leqslant d, \psi_1(y) \leqslant x \leqslant \psi_2(y),$$

则同理可得

$$\iint\limits_{D} f(x, y)\mathrm{d}x\mathrm{d}y = \int_c^d \mathrm{d}y \int_{\psi_1(y)}^{\psi_2(y)} f(x, y)\mathrm{d}x. \tag{5-12}$$

式(5-11)和式(5-12)的积分方法称为化二重积分为**累次积分法**. 用式(5-11)计算第一次积分时，视 x 为常量，对变量 y 由下限 $\varphi_1(x)$ 积到上限 $\varphi_2(x)$，这时计算结果是一个关于 x 的函数，计算第二次积分时，x 是积分变量，y 为常量，计算结果是一个定值. 式(5-12)计算第一次积分时，视 y 为常量，对变量 x 由下限 $\psi_1(y)$ 积到上限 $\psi_2(y)$，这时计算结果是一个关于 y 的函数.

例 5-27 求二重积分 $\iint\limits_{D} (x^2+y^2)\mathrm{d}x\mathrm{d}y$，其中 D 是由 $y=x^2$，$x=1$，$y=0$ 所围成的区域.

解：因为区域既是 X 型平面区域，又是 Y 型平面区域，所以可先对 y 后对 x 积分，也可

先对 x 后对 y 积分.

　先对 y 后对 x 积分，得

$$\iint\limits_{D}(x^2+y^2)\mathrm{d}x\,\mathrm{d}y=\int_0^1\mathrm{d}x\int_0^{x^2}(x^2+y^2)\mathrm{d}y=\int_0^1\left(x^2y+\frac{1}{3}y^3\right)\Big|_0^{x^2}\mathrm{d}x$$

$$=\int_0^1\left(x^4+\frac{1}{3}x^6\right)\mathrm{d}x$$

$$=\left(\frac{1}{5}x^5+\frac{1}{21}x^7\right)\Big|_0^1=\frac{26}{105}.$$

例 5-28　将二重积分 $\iint\limits_{D}f(x,y)\mathrm{d}x\,\mathrm{d}y$ 化为两种不同次

序的累次积分，其中 D 是由 $y=x$，x 轴，$y=2-x$ 所围成
的区域.

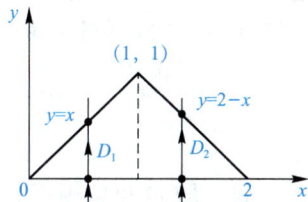

图 5-14

　解： 画出积分区域 D，如图 5-14 所示.

　先对 y 后对 x 积分，将区域 D 分成两个 D_1 和 D_2，则

$$\iint\limits_{D_1}f(x,y)\mathrm{d}x\,\mathrm{d}y=\int_0^1\mathrm{d}x\int_0^x f(x,y)\mathrm{d}y,$$

$$\iint\limits_{D_2}f(x,y)\mathrm{d}x\,\mathrm{d}y=\int_1^2\mathrm{d}x\int_0^{2-x}f(x,y)\mathrm{d}y.$$

故

$$\iint\limits_{D}f(x,y)\mathrm{d}x\,\mathrm{d}y=\int_0^1\mathrm{d}x\int_0^x f(x,y)\mathrm{d}y+\int_1^2\mathrm{d}x\int_0^{2-x}f(x,y)\mathrm{d}y.$$

　先对 x 后对 y 积分，如图 5-15 所示，则

$$\iint\limits_{D}f(x,y)\mathrm{d}x\,\mathrm{d}y=\int_0^1\mathrm{d}y\int_y^{2-y}f(x,y)\mathrm{d}x.$$

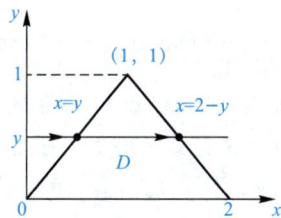

图 5-15

例 5-29　计算二重积分 $\iint\limits_{D}xy\mathrm{d}x\,\mathrm{d}y$，其中 D 是抛物线 $y^2=x$，

$y=x-2$ 所围成的区域.

　解： 画出积分区域 D，如图 5-16 所示，它是 Y 型平面区域，先对 x 后对 y 积分，则

$$\iint\limits_{D}xy\mathrm{d}x\,\mathrm{d}y=\int_{-1}^2\mathrm{d}y\int_{y^2}^{2+y}xy\mathrm{d}x=\int_{-1}^2\left[\frac{x^2}{2}y\right]_{y^2}^{2+y}\mathrm{d}y=\frac{45}{8}.$$

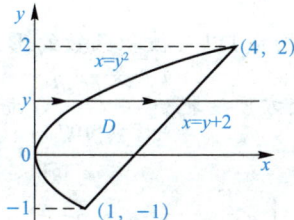

图 5-16

2. 在极坐标系中计算二重积分

如果极点为直角坐标系的原点，极轴为 x 的正半轴，则直角坐标与极坐标的转换公式为

$$\begin{cases} x=r\cos\theta \\ y=r\sin\theta \end{cases},$$

则 $f(x，y)=f(r\cos\theta，r\sin\theta)$.

在二重积分的定义中，对闭区域 D 的分割是任意的，在直角坐标系中用平行于坐标轴的直线网来划分 D，$d\sigma=dxdy$. 那么，在极坐标系中，用 θ 为常数的射线、r 为常数的同心圆将闭区域 D 分割成若干小区域，用 $[\theta，\theta+d\theta]$ 与 $[r，r+dr]$ 围成小区域的面积 $d\sigma=rdrd\theta$（图 5-17）.

因此，二重积分的极坐标形式为

$$\iint\limits_{D}f(x，y)d\sigma=\iint\limits_{D}f(r\cos\theta，r\sin\theta)rdrd\theta.$$

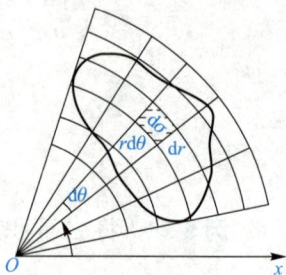

图 5-17

其中，$d\sigma=rdrd\theta$ 就是极坐标系中的面积元素.

设区域 D 可以用不等式 $\varphi_1(\theta)\leqslant r\leqslant\varphi_2(\theta)$，$\alpha\leqslant\theta\leqslant\beta$ 表示，其中函数 $\varphi_1(\theta)$，$\varphi_2(\theta)$ 在区间 $[\alpha，\beta]$ 上连续，则

$$\iint\limits_{D}f(x，y)d\sigma=\iint\limits_{D}f(r\cos\theta，r\sin\theta)rdrd\theta=\int_{\alpha}^{\beta}d\theta\int_{\varphi_1(\theta)}^{\varphi_2(\theta)}f(r\cos\theta，r\sin\theta)rdr.$$

【注意】 在极坐标系中，区域 D 的边界曲线方程一般是 $r=r(\theta)$，因此通常选择先对 r 后对 θ 积分.

如果极点 O 在区域 D 的内部，区域 D 的边界方程为 $r=r(\theta)$，$0\leqslant\theta\leqslant2\pi$，则二重积分为

$$\iint\limits_{D}f(r\cos\theta，r\sin\theta)rdrd\theta=\int_{0}^{2\pi}d\theta\int_{0}^{r(\theta)}f(r\cos\theta，r\sin\theta)rdr.$$

如果极点 O 不在区域 D 的内部，从极点 O 引两条射线 $\theta=\alpha$，$\theta=\beta$ 夹紧区域 D，那么区域 D 的边界由 $r=r_1(\theta)$，$r=r_2(\theta)$ 构成，且 $r_1(\theta)\leqslant r_2(\theta)$（图 5-18），则二重积分为

$$\iint\limits_{D}f(r\cos\theta，r\sin\theta)rdrd\theta=\int_{\alpha}^{\beta}d\theta\int_{r_1(\theta)}^{r_2(\theta)}f(r\cos\theta，r\sin\theta)rdr.$$

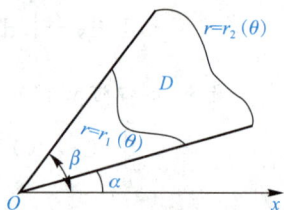

图 5-18

【注意】 对于在直角坐标系中不易积出而在极坐标系中易积出的被积函数，可以把它转化为在极坐标系中积分，反之亦然. 另外，当直角坐标系中被积函数中含有 x^2+y^2 等定值时，往往把它转化为在极坐标系中进行计算.

例 5-30 求二重积分 $\iint\limits_{D}(x^2+y^2)d\sigma$，其中 D 是圆环 $a^2\leqslant x^2+y^2\leqslant b^2$.

解：根据积分区域（由同心圆围成）以及被积函数的形式（图 5-19），显然，将这个二重积分转化为在极坐标系中计算比较方便. 把 $\begin{cases} x=r\cos\theta \\ y=r\sin\theta \end{cases}$，$d\sigma=rdrd\theta$ 代入，即可转化为极坐标系中的积分形式，有

$$\iint\limits_{D}f(x，y)d\sigma=\iint\limits_{D}f(r\cos\theta，r\sin\theta)rdrd\theta=\iint\limits_{D}r^3drd\theta.$$

对其进行累次积分计算，得

$$\iint\limits_{D}f(x，y)d\sigma=\iint\limits_{D}r^3drd\theta=\int_{0}^{2\pi}d\theta\int_{a}^{b}r^3dr=\frac{1}{4}(b^4-a^4)\int_{0}^{2\pi}d\theta=\frac{\pi}{2}(b^4-a^4).$$

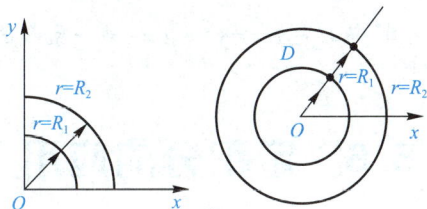

图 5-19

例 5-31　求二重积分 $\iint\limits_{D} e^{-x^2-y^2} d\sigma$，其中 D 是圆 $x^2+y^2 \leqslant a^2 (a>0)$.

解：由于极点 O 在区域 D 的内部，区域 D 的边界方程为 $r=a$，$0 \leqslant \theta \leqslant 2\pi$（图 5-20），所以把这个二重积分转化为在极坐标系中计算比较方便，即

$$\iint\limits_{D} e^{-x^2-y^2} d\sigma = \iint\limits_{D} e^{-r^2} r \, dr \, d\theta = \int_0^{2\pi} d\theta \int_0^a r e^{-r^2} \, dr = 2\pi \int_0^a r e^{-r^2} \, dr = \pi(1-e^{-a^2}).$$

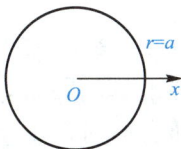

图 5-20

我来扫一扫　　　：探索更高层级的重积分.

习题 5－5

1. 用直角坐标系计算下列二重积分.

(1) $\iint\limits_{D} xy^2 d\sigma$，其中 D 是由抛物线 $y^2=2x$ 和直线 $x=\dfrac{1}{2}$ 所围成的区域；

(2) $\iint\limits_{D} (3x+2y) d\sigma$，其中 D 是由两坐标轴及直线 $x+y=2$ 所围成的区域；

(3) $\iint\limits_{D} \cos(x+y) d\sigma$，其中 D 是由直线 $x=0$，$y=\pi$ 及 $y=x$ 所围成的区域.

2. 用极坐标系计算下列二重积分.

(1) $\iint\limits_{D} (6-3x-2y) d\sigma$，其中 $D: x^2+y^2 \leqslant R^2$；

(2) $\iint\limits_{D} \sin\sqrt{x^2+y^2} \, d\sigma$，其中 $D: \pi^2 \leqslant x^2+y^2 \leqslant 4\pi^2$；

(3) $\iint\limits_{D} \ln(1+x^2+y^2)\mathrm{d}\sigma$，其中 D：$x^2+y^2 \leqslant 1$ 在第一象限的部分.

5.6　定积分的应用

定积分是在研究各种实际问题中抽象出来的数学模型. 利用定积分可以解决实际问题中非均匀变换的相应改变量的问题. 本节首先介绍将实际问题转化为定积分问题的分析方法——微元法，然后介绍定积分在几何、物理、经济学以及轨道交通专业中的应用.

5.6.1　微元法

一般来说，用定积分解决实际问题时，通常按以下步骤来进行.

(1)确定积分变量 x，并确定它的变化区间 $[a，b]$，此区间 $[a，b]$ 即积分区间.

(2)在区间 $[a，b]$ 上任取一个小区间 $[x，x+\mathrm{d}x]$，并在小区间上找出相应的部分量 $\Delta A \approx f(x)\mathrm{d}x$，记作 $\mathrm{d}A = f(x)\mathrm{d}x$，如图 5-21 阴影部分所示，称为面积的微元.

(3)写出所求量 A 的积分表达式 $A = \displaystyle\int_a^b f(x)\mathrm{d}x$，然后计算它的值.

按上述步骤解决实际问题的方法叫作定积分的 **微元法**.

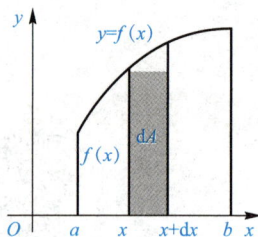

图 5-21

5.6.2　定积分在几何中的应用

1. 平面图形的面积

(1)对于由曲线 $y=f(x)[f(x)\geqslant 0]$，直线 $x=a$，$x=b$ 及 x 轴所围成曲边梯形，根据定积分的几何意义可知，其面积为 $A = \displaystyle\int_a^b f(x)\mathrm{d}x$.

(2)求由两条曲线 $y=f(x)$，$y=g(x)[f(x)\geqslant g(x)]$，直线 $x=a$，$x=b$ 及 x 轴所围成的平面图形的面积，如图 5-22 所示.

取 x 为积分变量，任取小区间 $[x，x+\mathrm{d}x]$，该区间上小曲边梯形的面积 $\mathrm{d}A$ 近似等于底为 $\mathrm{d}x$、高为 $f(x)-g(x)$ 的小矩形的面积，从而得到面积的微元

$$\mathrm{d}A = [f(x)-g(x)]\mathrm{d}x，$$

于是，该平面图形的面积为

$$A = \int_a^b [f(x)-g(x)]\mathrm{d}x.$$

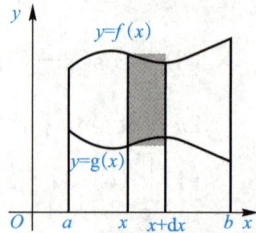

图 5-22

(3)求由两条曲线 $x=\psi(y)$，$x=\varphi(y)\big[\psi(y)\leqslant\varphi(y)\big]$，直线 $y=c$，$y=d$ 围成的平面图形的面积，如图 5-23 所示.

取 y 为积分变量，任取小区间 $[y，y+\mathrm{d}y]$，该区间上小曲边梯形的面积 $\mathrm{d}A$ 近似等于底为 $\mathrm{d}y$、高为 $\varphi(y)-\psi(y)$ 的小矩形的面积，从而得到面积的微元

$$\mathrm{d}A=\big[\varphi(y)-\psi(y)\big]\mathrm{d}y,$$

于是，该平面图形的面积为

$$A=\int_c^d\big[\varphi(y)-\psi(y)\big]\mathrm{d}y.$$

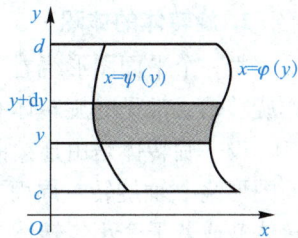

图 5-23

例 5-32　求由两条抛物线 $y=x^2$，$y^2=x$ 围成的平面图形的面积.

解：如图 5-24 所示，解方程组 $\begin{cases}y^2=x\\y=x^2\end{cases}$，得到交点坐标为 $(0，0)$ 和 $(1，1)$. 取 x 为积分变量，图形对应的 x 的变化区间为 $[0，1]$，故所求面积为

$$A=\int_0^1(\sqrt{x}-x^2)\mathrm{d}x=\left[\frac{2}{3}x^{\frac{3}{2}}-\frac{1}{3}x^3\right]_0^1=\frac{1}{3}.$$

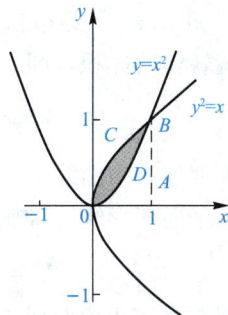

图 5-24

例 5-33　求由曲线 $y^2=x$ 和 $y=x-2$ 围成的平面图形的面积.

解：围成的图形如图 5-25 所示，解方程组 $\begin{cases}y^2=x\\y=x-2\end{cases}$，得到交点坐标为 $(1，-1)$ 和 $(4，2)$. 取 y 为积分变量，图形对应的 y 的变化区间为 $[-1，2]$，故所求面积为

$$A=\int_{-1}^2(y+2-y^2)\mathrm{d}y=\left(\frac{y^2}{2}+2y-\frac{1}{3}y^3\right)\Big|_{-1}^2=\frac{9}{2}.$$

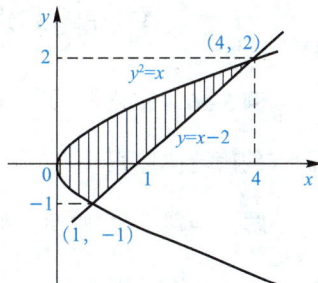

图 5-25

例 5-34　求由曲线 $y=\cos x$ 和 $y=\sin x$ 在区间 $[0，\pi]$ 围成的平面图形的面积.

解：围成的图形如图 5-26 所示，解方程组 $\begin{cases}y=\cos x\\y=\sin x\end{cases}$，得到交点坐标为 $\left(\frac{\pi}{4}，\frac{\sqrt{2}}{2}\right)$. 取 x 为积分变量，图形对应的 x 的变化区间为 $[0，\pi]$，故所求面积为

$$A=\int_0^{\frac{\pi}{4}}(\cos x-\sin x)\mathrm{d}x+\int_{\frac{\pi}{4}}^{\pi}(\sin x-\cos x)\mathrm{d}x$$

$$=(\sin x+\cos x)\Big|_0^{\frac{\pi}{4}}+(-\cos x-\sin x)\Big|_{\frac{\pi}{4}}^{\pi}$$

$$=2\sqrt{2}.$$

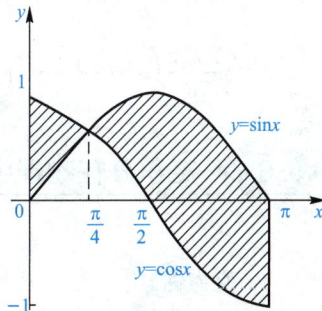

图 5-26

123

2. 旋转体的体积

由一个平面图形绕着平面内一条直线旋转一周而成的几何体称为旋转体.这条直线叫作旋转轴.常见的旋转体有圆柱、圆锥、圆台和球.

设一旋转体是由连续曲线 $y=f(x)[f(x)\geqslant0]$,直线 $x=a$,$x=b$ 及 x 轴所围成的平面图形绕 x 轴旋转一周而成的立体(图 5-27).用垂直于 x 轴的平面截该旋转体,可将该旋转体截成若干个小旋转体.对于区间 $[x,x+dx]$ 所对应的小旋转体,其体积用与其同底的一小圆柱体的体积来近似代替,则该小圆柱体的体积微元为

$$dV=\pi[f(x)]^2dx.$$

以 $\pi[f(x)]^2$ 为被积表达式,在区间 $[a,b]$ 上的定积分是所求旋转体的体积,即

$$V=\pi\int_a^b[f(x)]^2dx.$$

类似地,由曲线 $x=\varphi(y)$,直线 $y=c$,$y=d$ 及 y 轴所围成的平面图形绕 y 轴旋转而成的旋转体体积为

$$V=\pi\int_c^d[\varphi(y)]^2dy.$$

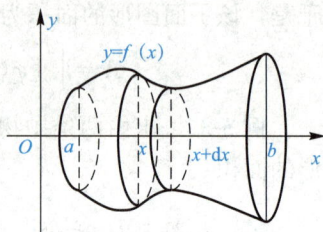

图 5-27

例 5-35 求由曲线 $y=x^2$ 和直线 $x=1$ 及 x 轴所围成的平面图形绕 x 轴旋转而成的旋转体体积.

解: 围成的图形如图 5-28 所示,选 x 为积分变量,积分区间为 $[0,1]$,由公式得所求旋转体的体积为

$$V=\pi\int_0^1(x^2)^2dx=\frac{\pi}{5}x^5\bigg|_0^1=\frac{\pi}{5}.$$

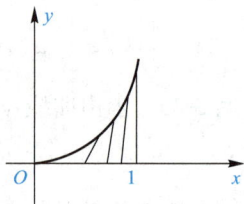

图 5-28

例 5-36 求由椭圆 $\dfrac{x^2}{a^2}+\dfrac{y^2}{b^2}=1$ 所围成的图形绕 y 轴旋转而成的旋转体体积.

解: 如图 5-29 所示,椭圆 $\dfrac{x^2}{a^2}+\dfrac{y^2}{b^2}=1$ 绕 y 轴旋转所得的

旋转体可以看作由右半椭圆 $x=\dfrac{a}{b}\sqrt{b^2-y^2}$ 及 y 轴围成的曲边

梯形绕 y 轴旋转而成,由公式得所求旋转体的体积为

$$V=2\pi\int_0^b\left(\frac{a}{b}\sqrt{b^2-y^2}\right)^2dy=\frac{2a^2\pi}{b^2}\int_0^b(b^2-y^2)dy$$

$$=\frac{2a^2\pi}{b^2}\left(b^2y-\frac{1}{3}y^3\right)\bigg|_0^b=\frac{4\pi}{3}a^2b.$$

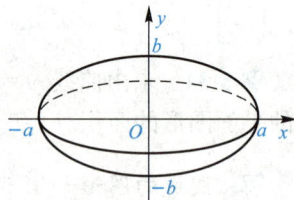

图 5-29

5.6.3 定积分在物理中的应用

1. 变力做功

由物理学知识可知,如果物体在一个常力 F 的作用下,沿力的方向做直线运动,则当物体移动距离 s 时,力 F 所做的功为

$$W = F \cdot s.$$

假设物体在运动过程中所受的力是变化的, 即 $F = F(x)$, 该物体在变力 $F(x)$ 的作用下, 沿 x 轴从 a 点移动到 b 点, 力的方向与运动方向平行, 求变力所做的功.

由于力 $F(x)$ 是变力, 如图 5-30 所示, 所以从 a 点移动到 b 点所做的功是非均匀分布的整体量, 因此可用定积分来求解. 在区间 $[a, b]$ 上任取一个微小区间 $[x, x+dx]$, 由于 $F(x)$ 是连续的, 故在这一小区间内 $F(x)$ 的变化很微小, 运用 "以常代变" 的思想, 将 $F(x)$ 在小区间 $[x, x+dx]$ 内做的功近似地看成常力做的功, 由常力做功的公式可得功的微元 $dW = F(x)dx$, 求微元 dW 在 $[a, b]$ 上的定积分, 就可得到 $F(x)$ 在整个区间上所做的功为

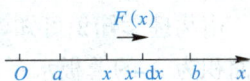

图 5-30

$$W = \int_a^b F(x)dx.$$

例 5-37　已知一弹簧原长为 1 m, 把它每压缩 1 cm 所用的力为 0.05 N. 问在弹性范围内把它由 1 m 压缩到 60 cm (图 5-31) 所做的功.

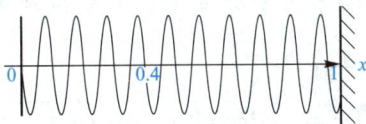

图 5-31

解:　由胡克定律知弹簧在压缩过程中, 所需要承受的弹簧压力与压缩长度成正比, 即 $F(x) = kx$ (k 为弹簧的弹性系数, 单位为 N/m), 有

$$0.05 = 0.01k,$$

解得 $k = 5$, 故 $F(x) = 5x$.

当弹簧由 1 m 被压缩到 60 cm 时, 压缩长度 $x = 1 - 0.6 = 0.4 (m)$, 由变力做功的公式, 得

$$W = \int_0^{0.4} F(x)dx$$

$$= \int_0^{0.4} 5x\, dx$$

$$= \frac{5}{2} x^2 \Big|_0^{0.4} = 0.4 (J).$$

例 5-38　把一个带 $+q$ 电量的点电荷放在 r 轴上坐标原点处, 形成一个电场, 已知在该电场中, 距离坐标原点为 r 的单位电荷受到的电场力由公式 $F = k\dfrac{q}{r^2}$ (k 为常数) 确定. 在该电场中, 一个单位正电荷在电场力的作用下, 沿着 r 轴的方向从 $r = a$ 处移动到 $r = b (a < b)$ 处, 求电场力对它所做的功.

解:　取电荷移动的射线方向为 x 正方向, 画出示意图, 如图 5-32 所示.

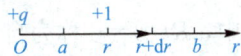

图 5-32

当单位正电荷距离原点 r 时, 由库仑定律知电场力为 $F = k\dfrac{q}{r^2}$,

这是一个变力, 则所求功为

$$W = \int_a^b \frac{kq}{r^2} \mathrm{d}r = kq \left[-\frac{1}{r} \right]_a^b = kq \left(\frac{1}{a} - \frac{1}{b} \right).$$

2. 液体静压力

由物理学知识可知，在水深 h 处的压强 $P = \rho g h$（ρ 为水的密度，g 为重力加速度）. 有一面积为 A 的薄板水平放置在水深为 h 处，那么平板一侧所受的水压力为

$$F = PA = \rho g h A.$$

把该薄板垂直放置在水中，因为在不同的深度压强不同，所以整个薄板所受的压力是非均匀分布的整体量，不能用前面的公式来计算液体压力. 那么，该如何求液体对薄板的压力呢？下面举例说明计算方法.

例 5-39 一闸门呈倒置的等腰梯形垂直地立于水中，其上底和下底边长分别为 40 m 和 20 m，高为 15 m，闸门的上边与水面平齐（图 5-33），试计算闸门一侧所承受的水压力.

解： 根据题意建立直角坐标系，由平面解析几何知，直线 AB 的方程为 $y = 20 - \frac{2}{3}x$，取 x 为积分变量，积分区间为 $[0, 15]$，闸门一侧所承受的水压力为

$$\begin{aligned}
F &= \int_0^{15} 2\rho g x \left(20 - \frac{2}{3}x \right) \mathrm{d}x \\
&= \rho g \int_0^{15} \left(40x - \frac{4}{3}x^2 \right) \mathrm{d}x \\
&= 9\,800 \left(20x^2 - \frac{4}{9}x^3 \right) \Big|_0^{15} \\
&= 2.94 \times 10^7 (\mathrm{N}).
\end{aligned}$$

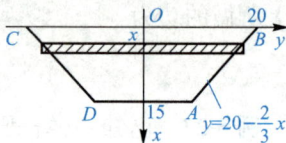

图 5-33

5.6.4 定积分在经济学中的应用

经济活动往往涉及已知边际函数或弹性函数，求原函数的问题，这就需要利用定积分或不定积分来解决，根据导数与积分的关系有如下结论.

(1) 已知边际成本函数 $C'(x)$（成本函数的导数），求总成本函数 $C(x)$.

$$C(x) = \int_0^x C'(x)\mathrm{d}x + C(0).$$

其中，$C(0)$ 是固定成本，一般不为零.

(2) 已知边际收益函数 $R'(x)$（收益函数的导数），求总收益函数 $R(x)$.

$$R(x) = \int_0^x R'(x)\mathrm{d}x + R(0) = \int_0^x R'(x)\mathrm{d}x.$$

其中，$R(0) = 0$ 称为自然条件，指当销售量为 0 时，自然收益为 0.

例 5-40 已知某产品边际成本函数 $C'(x) = x + 24$ 且固定成本 $C(0) = 1\,000$ 元，求总成本函数 $C(x)$.

解： $C(x) = \int_0^x C'(x)\mathrm{d}x + C(0) = \int_0^x (x + 24)\mathrm{d}x + 1\,000$

$$= \left[\frac{1}{2} x^2 + 24x \right]_0^x + 1\,000 = \frac{1}{2} x^2 + 24x + 1\,000.$$

例 5-41　某工厂生产某产品 x(百台)的边际成本函数为 $C'(x) = 2$(万元/百台). 设固定成本为 0,边际收益函数 $R'(x) = 7 - 2x$(万元/百台). 求:(1)生产量为多少时,总利润函数 $L(x)$ 最大? 最大总利润是多少?

(2)在利润最大生产量的基础上又生产了 50 台,总利润减少多少?

解: (1) 因为 $C(x) = \displaystyle\int_0^x C'(x)\mathrm{d}x + C(0) = \int_0^x 2\mathrm{d}x = 2x$,

$$R(x) = \int_0^x R'(x)\mathrm{d}x = \int_0^x (7 - 2x)\mathrm{d}x = 7x - x^2,$$

所以利润函数 $L(x) = R(x) - C(x) = 5x - x^2$,则 $L'(x) = 5 - 2x$.

令 $L'(x) = 0$,得唯一驻点 $x = 2.5$,又 $L''(x) = -2 < 0$,故 $x = 2.5$,即当产量为 2.5 百台时有最大利润,最大利润为

$$L(2.5) = 5 \times 2.5 - (2.5)^2 = 6.25 (万元).$$

(2)在 2.5 百台的基础上又生产了 50 台,即生产了 3 百台,此时利润为

$$L(3) = 5 \times 3 - 3^2 = 6 (万元).$$

5.6.5　定积分在轨道交通专业中的应用

1. 计算交通工具速度

交通工具做变速直线运动时所行驶的路程 S,是其速度函数 $v = v(t) [v(t) \geqslant 0]$ 在时间区间 $[T_1, T_2]$ 上的定积分,即 $S = \displaystyle\int_{T_1}^{T_2} v(t)\mathrm{d}t$.

例 5-42　一辆高速动车起步的速度-时间曲线如图 5-34 所示. 求高速动车起步 1 min 内行驶的路程.

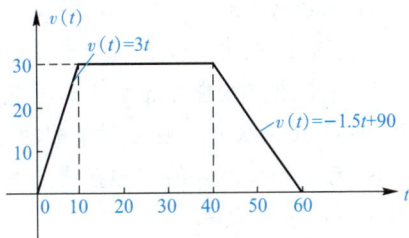

图 5-34

解: 由速度-时间曲线可得速度函数为

$$v(t) = \begin{cases} 3t, & 0 \leqslant t \leqslant 10 \\ 30, & 10 \leqslant t \leqslant 40 \\ -1.5t + 90, & 40 \leqslant t \leqslant 60 \end{cases}.$$

由公式 $S = \displaystyle\int_{T_1}^{T_2} v(t)\mathrm{d}t$ 可得高速动车在起步 1 min 内行驶的路程为

$$S = \int_0^{10} 3t\,\mathrm{d}t + \int_{10}^{40} 30\,\mathrm{d}t + \int_{40}^{60} (-1.5t + 90)\mathrm{d}t$$

$$= \frac{3}{2} t^2 \Big|_0^{10} + 30t \Big|_{10}^{40} + \left(-\frac{3}{4} t^2 + 90t \right) \Big|_{40}^{60}$$

$$= 1\,350 (\mathrm{m}).$$

2. 高速动车平梁的力矩

例 5-43　在高速动车研发过程中,需要分析平梁上受力分布荷载的作用. 已知该分布

荷载对梁左端点的力矩 $M_0 = \int_0^\pi x \sin x \, \mathrm{d}x$ ，计算该力矩的大小．

解： 由题意可知

$$\int_0^\pi x \sin x \, \mathrm{d}x = -\int_0^\pi x \, \mathrm{d}\cos x$$

$$= -x \cos x \Big|_0^\pi + \int_0^\pi \cos x \, \mathrm{d}x$$

$$= (-\pi \cos \pi - 0) + \sin x \Big|_0^\pi$$

$$= \pi + (\sin \pi - \sin 0)$$

$$= \pi.$$

习题 5－6

1. 计算由下列曲线围成的平面图形的面积．

(1) $y = -x^2 + 2$ 与 $y = x$；

(2) $y = \cos x$，$x = 0$，$x = 2\pi$ 及 $y = 0$；

(3) $y = x^3$ 与 $y = x$；

(4) $y = x$ 与 $y = \sqrt{x}$；

(5) $x = y^2$ 与 $x = 1$；

(6) $y = \ln x$，$x = 2$ 与 $x = \mathrm{e}$．

2. 求下列旋转体的体积．

(1) 曲线 $y = \sqrt{x}$ 与直线 $x = 1$，$x = 4$，$y = 0$，绕 x 轴；

(2) 曲线 $y = \sin x$，$y = \cos x$，$x \in \left[0, \dfrac{\pi}{4} \right]$ 与直线 $x = 0$，绕 x 轴；

(3) 曲线 $y = x^2$ 与直线 $x = 2$，$y = 0$，绕 y 轴；

(4) 曲线 $y = x^2$，$x = y^2$，绕 y 轴．

3. 若 2 N 的力能使弹簧伸长 1 cm，现在要使弹簧伸长 50 cm，需要做多少功？

4. 一个质点按规律 $x = t^3$ 做直线运动，介质的阻力与速度成正比，求质点从 $x = 0$ 移动到 $x = 1$ 时克服介质阻力所做的功．

5. 有一形如圆台的水桶盛满了水，桶高 3 m，上、下底半径分别为 1 m 和 2 m．试计算吸尽桶中的水所做的功．

6. 一等腰三角形的薄板垂直地沉没在水中，它的底与水面齐，薄板的底为 a，高为 h，求薄板所承受的水压力．

测试题五

第6章
常微分方程

导 读

函数用于研究客观事物中变量之间的关系,在各个专业领域的研究中往往需要找出某些变量之间的函数关系,因此函数在生产实践中具有重要意义.在某些情况下,函数关系往往不能直接找出.微积分被发明后,在解决物理问题上逐渐显示出巨大的威力,但随着物理学提出的问题日益复杂,这就需要更专门的数学方法.20世纪以来,随着大量的边缘科学诸如电磁流体力学、化学流体力学、动力气象学、海洋动力学、地下水动力学等的产生和发展,出现了微分方程.

在复杂的变化过程中,可以找出变量的变化率之间的关系,建立具有导数(或微分)的恒等式,称为微分方程.通过求解微分方程,可解出原本的函数关系式.

本章讲解常微分方程的概念和常用解法,以及微分方程在经济和工程中的应用.

6.1 微分方程的概念

6.1.1 引例

引例 6-1 已知斜率求曲线方程

一条曲线通过点 $(1,3)$,在该曲线上任意一点 (x,y) 处的切线斜率为 $3x^2$,求这条曲线的方程.

解: 设所求曲线方程为 $y=f(x)$,根据几何意义,切线斜率为曲线方程的导数,即

$$f'(x)=3x^2,$$

两边同时积分得

$$\int f'(x)\mathrm{d}x = \int 3x^2\mathrm{d}x .$$

$$f(x)=x^3+C(C\ \text{为任意常数}).$$

又因为曲线通过点(1，3)，所以把 $x=1$，$y=3$ 代入上式，可得

$$3=1+C,$$

即 $C=2$.

因此，所求曲线方程为

$$y=x^3+2.$$

引例 6-2 铁道机车的速度

铁道机车在行驶中受到的空气阻力与速度成正比，现在一列质量为 m 机车从静止开始起步，牵引力为 F，求机车行驶速度和行驶时间的关系 $v=v(t)$.

解： 设机车的空气阻力为 f_1，比例系数为 k，则空气阻力为 $f_1=kv$，方向与牵引力 F 相反，则机车有效牵引力 $f=F-f_1=F-kv$.

机车的加速度 $a=v'(t)$.

根据牛顿第二定律，速度和行驶时间的函数 $v(t)$ 满足方程

$$F-kv=mv'(t).$$

上述方程是包含速度、时间及速度导数的关系式，是微分方程，不能简单地用积分求出，还需要系统学习微分方程的解法.

以上是在几何与物理领域建立变量之间的微分方程，在其他的专业领域还有很多微分方程.

6.1.2 微分方程的基本概念

定义 6-1 方程中含有未知函数的导数(或微分)的方程称为**微分方程**.

定义 6-2 在微分方程中，含有未知函数是一元函数的微分方程称为**常微分方程**.

定义 6-3 在微分方程中，含有未知函数是多元函数的微分方程称为**偏微分方程**.

例如下列微分方程.

(1) $2x+y+y'=5$；

(2) $x\,\mathrm{d}y+y\,\mathrm{d}x=3$；

(3) $\dfrac{\partial^2 z}{\partial x^2}+\dfrac{\partial^2 z}{\partial y^2}=1$；

(4) $\dfrac{\partial z}{\partial x}+\sin y=z$.

其中，(1)，(2)是常微分方程，(3)，(4)是偏微分方程.

本书只讲解常微分方程.

定义 6-4 在微分方程中，含有未知函数的导数的最高阶数称为**微分方程的阶**.

例如，$y''+xy+2=0$ 是二阶常微分方程.

一般把 n 阶微分方程记作

$$F[x,\ y,\ y',\ \cdots,\ y^{(n)}]=0, \tag{6-1}$$

其中，$y^{(n)}$ 必须出现，而其他变量可以不出现.

定义 6-5 若将 $y=f(x)$ 以及 y 对应的 y'，y''，$\cdots$，$y^{(n)}$ 代入微分方程[式(6-1)]，方

程成立，称 $y=f(x)$ 是微分方程[式(6-1)]的解，也称为显式解；若将隐函数 $F(x，y)=0$ 代入微分方程[式(6-1)]，方程成立，称 $F(x，y)=0$ 是微分方程[式(6-1)]的隐式解．

在微分方程求解中，有些微分方程很难求解出显式解，但隐式解较容易求出，因此隐式解在微分方程求解中具有重要作用．

定义 6-6　微分方程的解中含有任意常数 $C_1，C_2，\cdots，C_n$，且独立任意常数的个数 n 与微分方程的阶数 n 相同，这样的解称为微分方程的通解．

微分方程[式(6-1)]的通解一般记为

$$F(x，y，C_1，C_2，\cdots，C_n)=0. \tag{6-2}$$

例 6-1　验证 $y=C_1\cos x+C_2\sin x$ 是微分方程 $y''+y=0$ 的解．

解：y 一阶导数 y' 和二阶导数 y'' 分别是

$$y'=-C_1\sin x+C_2\cos x，$$
$$y''=-C_1\cos x-C_2\sin x.$$

把 y'' 和 y 代入微分方程，得

$$-C_1\cos x-C_2\sin x+C_1\cos x+C_2\sin x=0.$$

因此，$y=C_1\cos x+C_2\sin x$ 是微分方程 $y''+y=0$ 的解．

此时 $C_1，C_2$ 为任意常数，则解 $y=C_1\cos x+C_2\sin x$ 是二阶微分方程 $y''+y=0$ 的通解．

定义 6-7　微分方程的解中没有任意常数，这样的解称为微分方程的特解．

由于通解中含有任意常数，表示微分方程有无数多个解，所以它不能表示某一具体事物的函数关系，必须根据实际情况确定这些常数，确定任意常数的条件叫作初始条件．

一阶常微分方程的通解 $F(x，y，C)=0$ 含有一个任意常数，确定任意常数的初始条件为 $y|_{x=x_0}=y_0$[或 $y(x_0)=y_0$]，二阶常微分方程的通解 $F(x，y，C_1，C_2)=0$ 中含有两个任意常数，确定任意常数的初始条件为 $y|_{x=x_0}=a$，$y'|_{x=x_0}=b$，其他阶微分方程依此类推．

求微分方程满足初始条件的特解的问题叫作初值问题．

例如，二阶微分方程初值问题，记作

$$\begin{cases} F(x，y，y'，y'')=0 \\ y|_{x=x_0}=a，y'|_{x=x_0}=b \end{cases} \tag{6-3}$$

例如，微分方程 $y'-2x=0$ 的通解为 $y=x^2+C$，有初始条件 $y|_{x=0}=2$，将初始条件代入通解可得 $C=2$，因此 $y=x^2+2$ 是微分方程 $y'-2x=0$ 的特解．

例 6-2　求解微分方程的初值问题 $\begin{cases} y'=2x \\ y|_{x=0}=3 \end{cases}$．

解：在方程 $y'=2x$ 两边同时对 x 积分，得

$$\int y'\mathrm{d}x=\int 2x\,\mathrm{d}x.$$

通解为

$$y=x^2+C，$$

将初始条件 $y|_{x=0}=3$(即 $x=0$，$y=3$)代入，得 $C=3$．

因此，$y=x^2+3$ 是微分方程满足初值条件的特解．

习题 6-1

1. 指出下列各微分方程的阶数.

(1) $y''' - 3y' + x = 0$；

(2) $x\,\mathrm{d}y - y\,\mathrm{d}x = 0$；

(3) $yy' - y^2 - x = 0$；

(4) $(y')^2 + x + y = 0$；

(5) $\dfrac{\mathrm{d}^2 Q}{\mathrm{d}t^2} + \dfrac{\mathrm{d}Q}{\mathrm{d}t} + \dfrac{Q}{C} = 0$；

(6) $\dfrac{\mathrm{d}y}{\mathrm{d}x} = \dfrac{y}{x}$；

(7) $y' + P(x)y = Q(x)$；

(8) $y'' + py' + q = 0$.

2. 验证下列函数是所给的微分方程的解.

(1) $y = C\mathrm{e}^{\frac{1}{2}x^4}$，$y' = 2x^3 y$；

(2) $y = \ln(\cos x - C_1) + C_2$，$y'' + (y')^2 + 1 = 0$；

(3) $y = Cx + \dfrac{1}{2}x^3$，$\dfrac{\mathrm{d}y}{\mathrm{d}x} - \dfrac{y}{x} = x^2$；

(4) $y = (C_1 x + C_2 x^2)^{\frac{2}{3}}$，$2yy'' + (y')^2 = 0$.

3. 验证函数 $y = C(1 + x^2)$ 是微分方程 $\dfrac{\mathrm{d}y}{x} = 2y\,\mathrm{d}x - x\,\mathrm{d}y$ 的解，并求满足初始条件 $y\,|_{x=1} = 4$ 的特解.

4. 写出下列条件曲线 $y = y(x)$ 所能满足的微分方程的初值问题.

(1) 曲线在任意点 $M(x，y)$ 处的切线斜率与该点 x 的比值为 4，且 $x = 0$，$y = 2$.

(2) 曲线在任意点 $M(x，y)$ 处的切线斜率与该点 y 的乘积为 2，且 $x = 1$，$y = 3$.

5. 马尔萨斯生物总数增长定律指出：在孤立的生物群体中，生物总数 n 的变化率与生物总数成正比，比例常数为 r，列出生物总数和时间的微分方程.

6. 一个 RLC 回路总，包含电感 L、电阻 R、电容 C 和电源 $e(t)$，其中电容 C 上的电荷为 Q，请基于基尔霍夫电压定律列出电路中电流 I 与时间 t 的关系式.

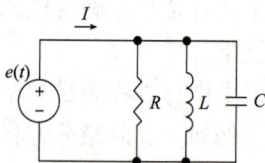

6.2 可分离变量微分方程

6.2.1 可分离变量微分方程

定义 6-8 若一阶微分方程 $F(x，y，y') = 0$ 可以变形为

$$g(y)\,\mathrm{d}y = f(x)\,\mathrm{d}x，\tag{6-4}$$

则其称为可分离变量微分方程.

式(6-4)中的 $f(x)$，$g(y)$ 分别是关于 x，y 的连续函数.

这类微分方程的特点是,可以把 x , y 两个变量和对应的微分分离到等式的左、右两边,这类微分方程求解的步骤如下.

第一步:分离变量,将微分方程分离变量到等式两端,形成 $g(y)\mathrm{d}y = f(x)\mathrm{d}x$.

第二步:两端分别积分, $\int g(y)\mathrm{d}y = \int f(x)\mathrm{d}x$.

第三步:求得微分方程的通解 $G(y) = F(x) + C$.

其中, $G(y)$, $F(x)$ 分别为 $g(y)$, $f(x)$ 的原函数,方程的解 $G(y) = F(x) + C$ 是隐式通解,有时可以变化成显式解.

例 6-3　求微分方程 $\dfrac{\mathrm{d}y}{\mathrm{d}x} = \dfrac{2x}{y}$ 的通解.

解:将方程分离变量,得到 $y\mathrm{d}y = 2x\mathrm{d}x$.

两边积分,有

$$\int y\mathrm{d}y = \int 2x\mathrm{d}x ,$$

可得

$$\frac{1}{2}y^2 = x^2 + C_1 ,$$

即

$$y = \pm\sqrt{2x^2 + 2C_1} .$$

由于 C_1 为任意常数,所以令 $C = 2C_1$,它仍然是任意常数.

因此,方程的通解为 $y = \pm\sqrt{2x^2 + C}$ (C 为任意常数).

例 6-4　求微分方程 $\dfrac{\mathrm{d}y}{\mathrm{d}x} = 2xy$ 的通解.

解:将方程分离变量,得 $\dfrac{\mathrm{d}y}{y} = 2x\mathrm{d}x$,两边积分,有

$$\int \frac{\mathrm{d}y}{y} = \int 2x\mathrm{d}x ,$$

可得

$$\ln|y| = x^2 + C_1 ,$$

即

$$y = \pm\mathrm{e}^{x^2 + C_1} = \pm\mathrm{e}^{C_1}\mathrm{e}^{x^2} .$$

由于 C_1 为任意常数,所以令 $C = \pm\mathrm{e}^{C_1}$,它仍是任意非零常数.因此,通解可表示为 $y = C\mathrm{e}^{x^2}$,此时通解不包括 $C = 0$ 的情形,需要进行讨论.

当 $C = 0$ 时,经验证 $y = 0$ 也是方程的解,故原方程的通解为

$$y = C\mathrm{e}^{x^2}\ (C\ 为任意常数).$$

注:为什么例 6-4 中求解微分方程时,丢失了 $y = 0$ 的情形,需要后期讨论后加入通解?这是因为在变量分离过程中使用了除法运算,方程 $\dfrac{\mathrm{d}y}{\mathrm{d}x} = 2xy$ 两边同时除以 y ,此时默认 $y \neq 0$,产生了失解现象.因此需要将丢失的 $y = 0$ 进行讨论.

此后遇到类似失解现象，均要进行对应的讨论．

例 6-5　求微分方程 $\dfrac{\mathrm{d}y}{\mathrm{d}x}=\dfrac{y+2}{x+1}$ 的解．

解：将方程分离变量，得 $\dfrac{1}{y+2}\mathrm{d}y=\dfrac{1}{x+1}\mathrm{d}x$，两边积分，有

$$\int\frac{1}{y+2}\mathrm{d}y=\int\frac{1}{x+1}\mathrm{d}x \ (y\neq-2,\ x\neq-1),$$

得

$$\ln|y+2|=\ln|x+1|+C_1,$$
$$y+2=\pm\mathrm{e}^{C_1}(x+1),$$
$$y=C(x+1)-2.$$

将 $y\neq-2$，$x\neq-1$ 代入，以及将 $C=0$ 代入，均可得到 $y=-2$，经验证 $y=-2$ 是方程的解，因此原方程的通解 $y=C(x+1)-2$．

注：在微分方程的求解过程中，如果通解中出现了对数，按照标准的处理均要进行对数恒等变换、去绝对值、转换常数、讨论等标准操作．经研究分析，例 6-5 可以简化求解操作，其结果完全一样，简化过程如下．

两边积分，有

$$\int\frac{1}{y+2}\mathrm{d}y=\int\frac{1}{x+1}\mathrm{d}x,$$

得

$$\ln(y+2)=\ln(x+1)+\ln C,$$
$$y+2=C(x+1),$$
$$y=C(x+1)-2.$$

以后在类似的微分方程求解中，均可使用简化求解．

例 6-6　放射性元素镭衰变速度与当时未衰变的含量 M 成正比，衰减率为 $k(0<k<1)$，当 $t=0$ 时，$M=M_0$，求镭的存量与时间 t 的函数关系．

解：由题意，所求初值问题为

$$\begin{cases}\dfrac{\mathrm{d}M}{\mathrm{d}t}=kM\\ M\mid_{t=0}=M_0\end{cases}.$$

此微分方程为变量分离方程，变量分离，得

$$\frac{\mathrm{d}M}{M}=k\,\mathrm{d}t,$$

两边积分，得

$$\ln M=kt+\ln C,$$

通解为

$$M=C\mathrm{e}^{kt}.$$

将初始条件 $M\mid_{t=0}=M_0$ 代入上式，得 $C=M_0$，故存量与时间 t 的函数为

$$M=M_0\mathrm{e}^{kt}.$$

6.2.2　齐次方程

如果微分方程中的某些方程不能进行分离变量，但可以将方程变换成$\dfrac{\mathrm{d}y}{\mathrm{d}x}=\varphi\left(\dfrac{y}{x}\right)$，则可以通过变量代换化为可分离变量的微分方程.

定义 6-9　如果 $y'=f(x,y)$ 可化为

$$\frac{\mathrm{d}y}{\mathrm{d}x}=\varphi\left(\frac{y}{x}\right) \tag{6-5}$$

的形式，则称微分方程为**齐次方程**.

例如，微分方程 $(x^2+y^2)\mathrm{d}x-xy\mathrm{d}y=0$ 可化为 $\dfrac{\mathrm{d}y}{\mathrm{d}x}=\dfrac{x^2+y^2}{xy}$，将等号右边变成加法，得 $\dfrac{\mathrm{d}y}{\mathrm{d}x}=\dfrac{1}{\dfrac{y}{x}}+\dfrac{y}{x}$，故此方程为齐次方程.

齐次方程的解法如下.

令 $u=\dfrac{y}{x}$，则 $y=ux$，$y'=u'x+u$，代入齐次方程，有

$$u+x\frac{\mathrm{d}u}{\mathrm{d}x}=\varphi(u),$$

即

$$\frac{\mathrm{d}u}{\varphi(u)-u}=\frac{\mathrm{d}x}{x},$$

其为可分离变量微分方程.

例 6-7　求微分方程 $\dfrac{\mathrm{d}y}{\mathrm{d}x}=\dfrac{y}{x}+\cot\dfrac{y}{x}$ 的通解.

解：令 $u=\dfrac{y}{x}$，则 $y=ux$，$y'=u'x+u$，代入上式，得

$$u+x\frac{\mathrm{d}u}{\mathrm{d}x}=u+\cot u,$$

分离变量，得

$$\tan u\,\mathrm{d}u=\frac{1}{x}\mathrm{d}x,$$

两边积分，得

$$\ln\sec u=\ln x+C_1=\ln x+\ln C(\text{令 }C_1=\ln C),$$

即

$$\sec u=Cx.$$

把 $u=\dfrac{y}{x}$ 回代，得原方程的通解为

$$\sec\frac{y}{x}=Cx.$$

例 6-8 求微分方程 $y^2 \mathrm{d}x - (xy - x^2)\mathrm{d}y = 0$ 的通解.

解：原方程可化为

$$\frac{\mathrm{d}y}{\mathrm{d}x} = \frac{y^2}{xy - x^2} = \frac{\left(\dfrac{y}{x}\right)^2}{\dfrac{y}{x} - 1}.$$

令 $u = \dfrac{y}{x}$，则 $y = ux$，$y' = u'x + u$，代入上式，得

$$u + x\frac{\mathrm{d}u}{\mathrm{d}x} = \frac{u^2}{u - 1},$$

分离变量，得

$$\left(1 - \frac{1}{u}\right)\mathrm{d}u = \frac{1}{x}\mathrm{d}x,$$

积分得

$$u - \ln u + C = \ln x.$$

把 $u = \dfrac{y}{x}$ 回代

$$\frac{y}{x} - \ln\frac{y}{x} + C = \ln x,$$

得原方程的通解为

$$\ln y = \frac{y}{x} + C.$$

习题 6－2

1. 求下列微分方程的通解.

(1) $\sqrt{1 - x^2}\, y' = \sqrt{1 - y^2}$；

(2) $y' = 10^{x-y}$；

(3) $\dfrac{\mathrm{d}y}{\mathrm{d}x} = \mathrm{e}^{2x-y}$；

(4) $\dfrac{\mathrm{d}y}{\mathrm{d}x} - 3xy = xy^2$；

(5) $\left(\dfrac{1}{2} - x\right)\mathrm{d}y = \dfrac{1}{2}y^2\mathrm{d}x$；

(6) $(2^{x+y} - 2^x)\mathrm{d}x + (2^{x+y} + 2^y)\mathrm{d}y = 0$；

(7) $\sec^2 x \cdot \tan y\, \mathrm{d}x + \sec^2 y \cdot \tan x\, \mathrm{d}y = 0$；

(8) $(y^2 + 1)\mathrm{d}y + x^3\mathrm{d}x = 0$.

2. 求下列微分方程在初始条件下的特解.

(1) $y' = \mathrm{e}^{2x-y}$，$y(0) = 0$；

(2) $xy' + y = y^2$，$y(1) = \dfrac{1}{2}$；

(3) $yy' = 4^x$，$y(0) = 3$；

(4) $2y(x^2 + 1)y' = x(y^2 + 1)$，$y(0) = 0$.

3. 求下列齐次方程的通解.

(1) $xy' = y\left(\ln\dfrac{y}{x} + 1\right)$；

(2) $(x^3 + y^3)\mathrm{d}x - 3xy^2\mathrm{d}y = 0$；

(3) $(1 + 2\mathrm{e}^{\frac{x}{y}})\mathrm{d}x + 2\mathrm{e}^{\frac{x}{y}}\left(1 - \dfrac{x}{y}\right)\mathrm{d}y = 0$；

(4) $\left(x - y\cos\dfrac{y}{x}\right)\mathrm{d}x + x\cos\dfrac{y}{x}\mathrm{d}y = 0$.

4. 求下列齐次方程的特解.

(1) $(y^2 - 3x^2)\mathrm{d}y + 2xy\,\mathrm{d}x = 0$，$y\,|_{x=1} = 1$.

(2) $(x^2 + 2xy - y^2)\mathrm{d}x + (y^2 + 2xy - x^2)\mathrm{d}y = 0$，$y\,|_{x=1} = 1$.

5. 设质量为 m 的物体自由下落，其所受空气阻力与速度成正比，并设开始下落时($t = 0$)速度为 0，求物体速度 v 与时间 t 的函数关系.

6.3　一阶线性微分方程

6.3.1　一阶线性微分方程

定义 6-10　方程

$$\frac{\mathrm{d}y}{\mathrm{d}x} + P(x)y = Q(x) \tag{6-6}$$

$P(x)$，$Q(x)$ 为连续函数，该方程称为**一阶线性微分方程**.

若 $Q(x) = 0$，则方程

$$\frac{\mathrm{d}y}{\mathrm{d}x} + P(x)y = 0 \tag{6-7}$$

称为**一阶线性齐次微分方程**.

若 $Q(x) \neq 0$，则方程(6-6)称为**一阶线性非齐次微分方程**.

方程(6-7)叫作对应于一阶线性非齐次微分方程(6-6)的线性齐次方程.

例 6-9　下列方程是什么类型方程?

(1) $(x+2)\dfrac{\mathrm{d}y}{\mathrm{d}x} = y$；　　　　　　　　(2) $x^2 + 2x + 3y' = 0$；

(3) $\dfrac{\mathrm{d}y}{\mathrm{d}x} + y\cos x = \mathrm{e}^x$；　　　　　　(4) $\dfrac{\mathrm{d}y}{\mathrm{d}x} = 10^{x+y}$.

解：(1) $(x+2)\dfrac{\mathrm{d}y}{\mathrm{d}x} = y \Rightarrow \dfrac{\mathrm{d}y}{\mathrm{d}x} - \dfrac{1}{x+2}y = 0$ 是一阶线性齐次方程.

(2) $x^2 + 2x + 3y' = 0 \Rightarrow 3y' = -x^2 - 2x$，因为不含 y，所以不是线性方程.

(3) $\dfrac{\mathrm{d}y}{\mathrm{d}x} + y\cos x = \mathrm{e}^x$ 是一阶线性非齐次方程.

(4) $\dfrac{\mathrm{d}y}{\mathrm{d}x} = 10^{x+y}$ 不能变成线性方程，故不是线性方程.

6.3.2　一阶线性齐次微分方程

一阶线性齐次微分方程是可分离变量的微分方程，将方程(6-7)分离变量，可得

$$\frac{\mathrm{d}y}{y} = -P(x)\mathrm{d}x,$$

两端积分，得

$$\ln|y| = -\int P(x)\mathrm{d}x,$$

整理，得

$$y = C\mathrm{e}^{-\int P(x)\mathrm{d}x}. \tag{6-8}$$

一阶线性齐次微分方程的通解为

$$y = C\mathrm{e}^{-\int P(x)\mathrm{d}x} \quad (C \text{ 为任意的常数}).$$

例 6-10　求方程 $(x+2)\dfrac{\mathrm{d}y}{\mathrm{d}x} = y$ 的通解.

解：将原方程变形为

$$\frac{\mathrm{d}y}{\mathrm{d}x} - \frac{1}{x+2}y = 0,$$

这是一阶线性齐次方程，其通解为

$$y = C\mathrm{e}^{-\int -\frac{1}{x+2}\mathrm{d}x} = C\mathrm{e}^{\ln|x+2|} = C(x+2).$$

6.3.3　一阶线性非齐次微分方程

用**常数变易法**求一阶线性非齐次微分方程 $\dfrac{\mathrm{d}y}{\mathrm{d}x} + P(x)y = Q(x)$ 的通解，把对应齐次方程的通解中的 C 换成 x 的未知函数 $C(x)$，即作变换

$$y = C(x)\mathrm{e}^{-\int P(x)\mathrm{d}x}, \tag{6-9}$$

于是

$$\frac{\mathrm{d}y}{\mathrm{d}x} = C'(x)\mathrm{e}^{-\int P(x)\mathrm{d}x} - C(x)P(x)\mathrm{e}^{-\int P(x)\mathrm{d}x}. \tag{6-10}$$

将式(6-9)和式(6-10)代入式(6-6)得

$$C'(x)\mathrm{e}^{-\int P(x)\mathrm{d}x} - C(x)P(x)\mathrm{e}^{-\int P(x)\mathrm{d}x} + P(x)C(x)\mathrm{e}^{-\int P(x)\mathrm{d}x} = Q(x),$$

两端同时积分，可得

$$C(x) = \int Q(x)\mathrm{e}^{\int P(x)\mathrm{d}x}\mathrm{d}x + C,$$

代入式(6-9)得一阶线性非齐次微分方程(6-6)的通解

$$y = \mathrm{e}^{-\int P(x)\mathrm{d}x}\left[\int Q(x)\mathrm{e}^{\int P(x)\mathrm{d}x}\mathrm{d}x + C\right]. \tag{6-11}$$

将齐次方程通解[式(6-9)]中的常数 C 变换为待定函数 $C(x)$，再代入非齐次方程[式(6-6)]求出 $C(x)$，这种方法称为**常数变易法**.

例 6-11　求微分方程 $xy' + y = \mathrm{e}^x$ 的通解.

解：将方程变形为一阶线性非齐次微分方程

$$y' + \frac{1}{x}y = \frac{\mathrm{e}^x}{x},$$

对应

$$P(x)=\frac{1}{x},\ Q(x)=\frac{e^x}{x},$$

可得方程的通解为

$$y=e^{-\int\frac{1}{x}dx}\left(\int\frac{e^x}{x}e^{\int\frac{1}{x}dx}dx+C\right)$$

$$=\frac{1}{x}(\int e^x dx+C)$$

$$=\frac{1}{x}(e^x+C).$$

例 6-12　求微分方程 $\dfrac{dy}{dx}=\dfrac{y}{x+y^3}$ 的通解.

解：上述微分方程可改写为

$$\frac{dx}{dy}=\frac{x+y^3}{y},$$

即

$$\frac{dx}{dy}-\frac{x}{y}=y^2,$$

其为关于未知函数 x 的微分方程，其中 $P(y)=-\dfrac{1}{y}$，$Q(y)=y^2$，通解为

$$x=e^{\int\frac{1}{y}dy}\left(\int y^2 e^{-\int\frac{1}{y}dy}dy+C\right)$$

$$=y(\int y dy+C)$$

$$=y\left(\frac{1}{2}y^2+C\right),$$

即方程的通解为

$$x=\frac{1}{2}y^3+Cy.$$

例 6-13　求方程 $\dfrac{dy}{dx}-\dfrac{2y}{x+1}=(x+1)^2$ 在初始条件 $y\big|_{x=0}=2$ 的特解.

解：该方程是一阶线性非齐次微分方程，这里 $P(x)=-\dfrac{2}{x+1}$，$Q(x)=(x+1)^2$，

方程的通解为

$$y=e^{\int\frac{2}{x+1}dx}\left(\int(x+1)^2 e^{\int-\frac{2}{x+1}dx}dx+C\right)$$

$$=(x+1)^2\left(\int(x+1)^2(x+1)^{-2}dx+C\right)$$

$$=(x+1)^2(x+C).$$

把初始条件 $y\big|_{x=0}=2$ 代入上式，得 $C=2$.

因此，所求的特解是 $y=(x+1)^2(x+2)$.

6.3.4 伯努利方程

定义 6-11 方程

$$\frac{\mathrm{d}y}{\mathrm{d}x}+P(x)y=Q(x)y^n \quad (n\neq0,\ 1) \tag{6-12}$$

叫作伯努利方程.

例 6-14 判断下列方程是否是伯努利方程.

(1) $\dfrac{\mathrm{d}y}{\mathrm{d}x}+xy=(1-2x)y$; (2) $\dfrac{\mathrm{d}y}{\mathrm{d}x}=y-xy^2$;

(3) $y'=\dfrac{x}{y^2}+\dfrac{y}{x^2}$; (4) $\dfrac{\mathrm{d}y}{\mathrm{d}x}-xy=x^2$.

解: (1) $\dfrac{\mathrm{d}y}{\mathrm{d}x}+xy=(1-2x)y$,由于 $n=1$,所以不是伯努利方程.

(2) $\dfrac{\mathrm{d}y}{\mathrm{d}x}=y-xy^2 \Rightarrow \dfrac{\mathrm{d}y}{\mathrm{d}x}-y=-xy^2$,是伯努利方程.

(3) $y'=\dfrac{x}{y^2}+\dfrac{y}{x^2} \Rightarrow y'-\dfrac{1}{x^2}y=xy^{-2}$,是伯努利方程.

(4) $\dfrac{\mathrm{d}y}{\mathrm{d}x}-xy=x^2$,是线性方程,不是伯努利方程.

伯努利方程[式(6-12)]不是线性方程,但可以通过变量代换变换成一阶线性方程. 伯努利方程两端同除以 y^n,得

$$y^{-n}\frac{\mathrm{d}y}{\mathrm{d}x}+P(x)y^{1-n}=Q(x).$$

令 $z=y^{1-n}$,那么

$$\frac{\mathrm{d}z}{\mathrm{d}x}=(1-n)y^{-n}\frac{\mathrm{d}y}{\mathrm{d}x},$$

可得线性方程

$$\frac{\mathrm{d}z}{\mathrm{d}x}+(1-n)P(x)z=(1-n)Q(x).$$

求出方程的通解后,再将 $z=y^{1-n}$ 代入伯努利方程可得通解.

例 6-15 求方程 $\dfrac{\mathrm{d}y}{\mathrm{d}x}+\dfrac{y}{x}=xy^2$ 的通解.

解: 两端方程同除以 y^2,得

$$y^{-2}\frac{\mathrm{d}y}{\mathrm{d}x}+\frac{1}{x}y^{-1}=x,$$

令 $z=y^{-1}$,则

$$\frac{\mathrm{d}z}{\mathrm{d}x}=-y^{-2}\frac{\mathrm{d}y}{\mathrm{d}x}.$$

原方程变形为

$$\frac{\mathrm{d}z}{\mathrm{d}x}-\frac{1}{x}z=-x.$$

通解为

$$z = \mathrm{e}^{\int \frac{1}{x} \mathrm{d}x} \left(\int -x\, \mathrm{e}^{\int -\frac{1}{x} \mathrm{d}x}\, \mathrm{d}x + C \right),$$

$$z = x(C - x).$$

以 y^{-1} 代 z，解得方程的通解为

$$xy(C - x) = 1.$$

习题 6-3

1. 求下列微分方程的通解.

(1) $y' + y\cos x = \cos x$；

(2) $(x^2 - 1)y' + 2xy - \cos x = 0$；

(3) $y'\cos x + y\sin x = 1$；

(4) $y' - \dfrac{y}{x} = x^2$；

(5) $y\ln y\, \mathrm{d}x + (x - \ln y)\, \mathrm{d}y = 0$；

(6) $y' = \dfrac{y}{2(\ln y - x)}$.

2. 求下列微分方程满足所给初始条件的特解.

(1) $y' - y\tan x = \sec x$，$y\,|_{x=0} = 0$；

(2) $y' + \dfrac{y}{x} = \dfrac{\sin x}{x}$，$y\,|_{x=0} = 1$；

(3) $\dfrac{\mathrm{d}y}{\mathrm{d}x} + y\cot x = 5\mathrm{e}^{\cos x}$，$y\,|_{x=\frac{\pi}{2}} = -4$；

(4) $\dfrac{\mathrm{d}y}{\mathrm{d}x} + \dfrac{2 - 3x^2}{x^3}y = 1$，$y\,|_{x=1} = 0$.

3. 求解下列伯努利方程的通解.

(1) $\dfrac{\mathrm{d}y}{\mathrm{d}x} - xy = -\mathrm{e}^{-x^2}y^3$；

(2) $y' + \dfrac{y}{x} = x^2 y^6$；

(3) $y' = y^4\cos x + y\tan x$；

(4) $y\dfrac{\mathrm{d}x}{\mathrm{d}y} + x - x^2\ln y = 0$.

4. 某曲线过原点，在 $(x，y)$ 处切线斜率为 $2x + y$，求该曲线方程.

5. 设有一个由电阻 $R = 10\ \Omega$、电感 $L = 2\ \mathrm{H}$、电流电压 $E = 20\sin(5t)\ (\mathrm{V})$ 串联组成的电路，合上开关，求电路中电流 i 和时间 t 的关系.

6.4　二阶常系数线性微分方程

6.4.1　二阶线性微分方程概念

定义 6-12 方程

$$y'' + P(x)y' + Q(x)y = f(x) \tag{6-13}$$

中 $P(x)$，$Q(x)$，$f(x)$ 均是关于 x 的连续函数，该方程称为二阶线性微分方程．

当 $f(x)=0$ 时，方程

$$y''+P(x)y'+Q(x)y=0 \qquad (6\text{-}14)$$

称为**二阶线性齐次微分方程**．

当 $f(x)\neq 0$ 时，称方程(6-13)为**二阶线性非齐次微分方程**．方程(6-14)叫作方程(6-13)对应的二阶线性齐次微分方程．

例 6-16 指出下列微分方程的类型．

(1) $y''+e^x y'+y\ln x=\sin x$；　　　　(2) $y''+4y'+4y=x^2+1$；

(3) $y''=y-3y'$；　　　　　　　　　(4) $y''+y'\cos x+xy^2=0$．

解： (1) $y''+e^x y'+y\ln x=\sin x$ 是**二阶线性非齐次微分方程**．

(2) $y''+4y'+4y=x^2+1$ 是**二阶线性非齐次微分方程**．

(3) $y''=y-3y' \Rightarrow y''+3y'-y=0$ 是**二阶线性齐次微分方程**．

(4) $y''+y'\cos x+xy^2=0$ 因为含有 y^2，不是**线性微分方程**．

6.4.2　二阶线性微分方程解的结构

定义 6-13 设 $y_1(x)$，$y_2(x)$，$\cdots$，$y_n(x)$ 是定义在区间 I 上的函数，如果存在不全为零的常数 k_1，k_2，$\cdots$，k_n，使 $k_1 y_1+k_2 y_2+\cdots+k_n y_n\equiv 0$，则称 $y_1(x)$，$y_2(x)$，$\cdots$，$y_n(x)$ 在区间 I 上线性相关；否则，称 $y_1(x)$，$y_2(x)$，$\cdots$，$y_n(x)$ 在区间 I 上线性无关．

函数 $y_1(x)$，$y_2(x)$ 线性无关的充要条件是 $\dfrac{y_1(x)}{y_2(x)}$ 不恒为常数．例如，函数 $y_1=e^x$，$y_2=e^{2x}$ 线性无关，而函数 $y_1=e^x$，$y_2=3e^x$ 线性相关．

定理 6-1 如果函数 $y_1(x)$ 与 $y_2(x)$ 是二阶线性齐次微分方程

$$y''+P(x)y'+Q(x)y=0$$

的两个线性无关的解，那么

$$y=C_1 y_1(x)+C_2 y_2(x)$$

是该方程的通解，C_1，C_2 为任意常数．

证明 对 $y=C_1 y_1(x)+C_2 y_2(x)$ 求一阶导数，得

$$y'=C_1 y_1'(x)+C_2 y_2'(x).$$

再求二阶导数，可得

$$y''=C_1 y_1''(x)+C_2 y_2''(x).$$

因为 $y_1(x)$ 与 $y_2(x)$ 是方程 $y''+P(x)y'+Q(x)y=0$ 的解，所以

$$y_1''(x)+P(x)y_1'(x)+Q(x)y_1(x)=0,$$
$$y_2''(x)+P(x)y_2'(x)+Q(x)y_2(x)=0,$$

从而

$$C_1 y_1''(x)+P(x)C_1 y_1'(x)+Q(x)C_1 y_1(x)=0,$$
$$C_2 y_2''(x)+P(x)C_2 y_2'(x)+Q(x)C_2 y_2(x)=0.$$

上述两个等式相加, 可得

$$[C_1 y_1''(x) + C_2 y_2''(x)] + P(x)[C_1 y_1'(x) + C_2 y_2'(x)] + Q(x)[C_1 y_1(x) + C_2 y_2(x)] = 0,$$

则 $y = C_1 y_1(x) + C_2 y_2(x)$ 满足方程 $y'' + P(x)y' + Q(x)y = 0$ 的解的条件.

又因为 $y_1(x)$ 与 $y_2(x)$ 线性无关, 所以 $y = C_1 y_1(x) + C_2 y_2(x)$ 是方程 $y'' + P(x)y' + Q(x)y = 0$ 的通解.

【注意】若 $y_1(x)$ 与 $y_2(x)$ 线性相关, 则 $\dfrac{y_1(x)}{y_2(x)} \equiv k$, 从而解为 $y = C_1 y_1(x) + C_2 y_2(x)$,

即 $y = C_1 k y_2(x) + C_2 y_2(x) = [C_1 k + C_2] y_2(x) = C y_2(x)$, 因此它不是通解.

例 6-17　判断 $y_1 = \sin x$ 与 $y_2 = \cos x$ 的线性相关性, 验证它们是否为方程 $y'' + y = 0$ 的解, 并写出方程的通解.

解: 因为 $\dfrac{y_1}{y_2} = \dfrac{\sin x}{\cos x} = \tan x$ 不恒等于一个常数, 则 y_1 与 y_2 线性无关.

将 y_1 与 y_2 代入方程, 可得

$$y_1'' + y_1 = -\sin x + \sin x = 0,$$
$$y_2'' + y_2 = -\cos x + \cos x = 0,$$

故 $y_1 = \sin x$ 与 $y_2 = \cos x$ 都是方程线性无关的两个解.

因此,

$$y = C_1 \sin x + C_2 \cos x$$

是方程的通解.

定理 6-2　设 y^* 是方程 $y'' + P(x)y' + Q(x)y = f(x)$ 的一个特解, 而 Y 是其对应的齐次方程(6-14)的通解, 则

$$y = Y + y^*$$

是二阶线性非齐次微分方程(6-13)的通解.

证明　由 Y 是其对应的齐次方程(6-14)的通解, 得

$$Y'' + P(x)Y' + Q(x)Y = 0.$$

再由设 y^* 是方程(6-13)的特解, 得

$$(y^*)'' + P(x)(y^*)' + Q(x)y^* = f(x).$$

将 $y' = Y' + (y^*)'$, $y'' = Y'' + (y^*)''$ 代入方程(6-13), 可得

$$Y'' + (y^*)'' + P(x)[Y' + (y^*)'] + Q(x)(Y + y^*) = f(x),$$
$$[Y'' + P(x)Y' + Q(x)Y] + [(y^*)'' + P(x)(y^*)' + Q(x)y^*] = f(x).$$

即 $0 + f(x) = f(x)$, 等式左、右两边相等, 故 $y = Y + y^*$ 是方程(6-13)的通解.

定理 6-3　若方程 $y'' + P(x)y' + Q(x)y = f_1(x) + f_2(x)$, 且 $y_1^*(x)$, $y_2^*(x)$ 分别是方程

$$y'' + P(x)y' + Q(x)y = f_1(x) \quad \text{与} \quad y'' + P(x)y' + Q(x)y = f_2(x)$$

的特解, 那么 $y_1^*(x) + y_2^*(x)$ 就是原方程的特解.

证明　将 $y_1^*(x) + y_2^*(x)$ 代入, 得

$$[y_1^*(x) + y_2^*(x)]'' + P(x)[y_1^*(x) + y_2^*(x)]' + Q(x)[y_1^*(x) + y_2^*(x)] = f_1(x) + f_2(x)$$
$$= [y_1^*(x)]'' + P(x)[y_1^*(x)]' + Q(x)y_1^*(x) + [y_2^*(x)]'' + P(x)[y_2^*(x)]' + Q(x)y_2^*(x)$$

$$=f_1(x)+f_2(x).$$

因此，$y_1^*(x)+y_2^*(x)$ 就是原方程的特解．

这是线性非齐次微分方程解的叠加原理．

6.4.3 二阶常系数线性齐次微分方程

定义 6-14 微分方程 $y''+P(x)y'+Q(x)y=f(x)$，若 $P(x)=p$，$Q(x)=q$，$f(x)=0$，p，q 为常数，方程

$$y''+py'+qy=0 \tag{6-15}$$

称为**二阶常系数线性齐次微分方程**．

求二阶常系数线性齐次微分方程通解的步骤如下．

第一步：写出特征方程 $r^2+pr+q=0$．

第二步：求出特征方程的两个根 r_1，r_2．

第三步：根据两个根的不同情形，写出通解(表 6-1)．

表 6-1 二阶常系数线性齐次微分方程的通解

特征方程的根	通解
两个不相同的实根 r_1，r_2	$y=C_1\mathrm{e}^{r_1x}+C_2\mathrm{e}^{r_2x}$
两个相同的实根 $r_1=r_2=-\dfrac{p}{2}=r$	$y=(C_1+C_2x)\mathrm{e}^{rx}$
一对共轭复根 $r_{1,2}=\alpha\pm\mathrm{i}\beta$	$y=\mathrm{e}^{\alpha x}(C_1\cos\beta x+C_2\sin\beta x)$

我来扫一扫 ▦▦▦ ：探索 $r^2+pr+q=0$ 的特解．

例 6-18 求微分方程 $y''-5y'+6y=0$ 的通解．

解：原方程的特征方程为

$$r^2-5r+6=0.$$

特征方程的根为 $r_1=2$，$r_2=3$，是两个不相等的实根，因此所求通解为

$$y=C_1\mathrm{e}^{2x}+C_2\mathrm{e}^{3x}.$$

例 6-19 求方程 $y''-4y'+4y=0$ 的特解．

解：原方程的特征方程为

$$r^2-4r+4=0.$$

特征方程的根为 $r_1=r_2=2$，它们是两个相等的实根，因此所求通解为

$$y=(C_1+C_2x)\mathrm{e}^{2x}.$$

例 6-20 求微分方程 $y''+2y'+5y=0$ 的通解．

解：原方程的特征方程为

$$r^2+2r+5=0.$$

特征方程的根为 $r_{1,2} = -1 \pm 2i$，它们是一对共轭复根，因此所求通解为

$$y = e^{-x}(C_1 \cos 2x + C_2 \sin 2x).$$

6.4.4 二阶常系数线性非齐次微分方程

定义 6-15 微分方程

$$y'' + py' + qy = f(x), \quad f(x) \neq 0 \tag{6-16}$$

称为**二阶常系数线性非齐次微分方程**.

根据定理 6-2，二阶常系数线性非齐次微分方程的通解是对应的齐次方程的通解 Y 与非齐次方程本身的一个特解 y^* 之和，即 $y = Y + y^*$. 前面已经讨论了齐次方程 (6-15) 通解的求法，现在只需讨论如何求出非齐次方程 (6-16) 的一个特解.

本节只介绍方程右端 $f(x)$ 的两种常见形式，采用**待定系数法**求出特解 y^*.

1. $f(x) = P_m(x)e^{\lambda x}$ 型

对于微分方程

$$y'' + py' + qy = P_m(x)e^{\lambda x}, \tag{6-17}$$

λ 是常数，$P_m(x)$ 是 x 的 m 次多项式 $P_m(x) = a_0 x^m + a_1 x^{m-1} + \cdots + a_{m-1}x + a_m$.

二阶常系数线性非齐次微分方程

$$y'' + py' + qy = P_m(x)e^{\lambda x}$$

有如下形式的特解：

$$y^* = x^k Q_m(x)e^{\lambda x}.$$

其中，$Q_m(x)$ 是与 $P_m(x)$ 同次 (m 次) 的多项式，而按照 λ 不是特征方程的根、是特征方程的单根或是特征方程的二重根，k 分别取 0，1 或 2.

我来扫一扫 ：探索 $y'' + py' + qy = P_m(x)e^{\lambda x}$ 的特解.

例 6-21 求方程 $y'' - y' - 2y = xe^x$ 的一个特解.

解： $f(x)$ 是 $P_m(x)e^{\lambda x}$ 型，且 $P_m(x) = x$，$\lambda = 1$.

对应齐次方程的特征方程为

$$r^2 - r - 2 = 0,$$

求得特征根为 $r_1 = -1$，$r_2 = 2$，λ 不是特征方程的根.

令

$$y^* = (Ax + B)e^x,$$

则

$$y^{*\prime} = Ae^x + (Ax + B)e^x = (Ax + A + B)e^x,$$

$$y^{*\prime\prime} = Ae^x + (Ax + A + B)e^x = (Ax + 2A + B)e^x.$$

代入原方程，并约去 e^x，可得

$$(Ax + 2A + B) - (Ax + A + B) - 2(Ax + B) = x,$$

$$-2Ax + A - 2B = x.$$

即 $\begin{cases} -2A = 1 \\ A - 2B = 0 \end{cases}$，可得 $\begin{cases} A = -\dfrac{1}{2} \\ B = -\dfrac{1}{4} \end{cases}$.

因此，所求特解为 $y^* = \left(-\dfrac{1}{2}x - \dfrac{1}{4}\right)e^x$.

例 6-22 求方程 $y'' + 2y' = 3e^{-2x}$ 的一个特解.

解： $f(x)$ 是 $P_m(x)e^{\lambda x}$ 型，且 $P_m(x) = 3$，$\lambda = -2$.

对应齐次方程的特征方程为

$$r^2 + 2r = 0,$$

求得特征根为 $r_1 = 0$，$r_2 = -2$，λ 是特征方程的单根.

令 $y^* = Axe^{-2x}$，则 $y^{*\prime} = A(1-2x)e^{-2x}$，$y^{*\prime\prime} = A(-4+4x)e^{-2x}$.

代入原方程，并约去 e^{-2x}，可得 $-2A = 3$，即 $A = -\dfrac{3}{2}$.

因此，所求特解为 $y^* = -\dfrac{3}{2}xe^{-2x}$.

例 6-23 求方程 $y'' - 2y' + y = (x-1)e^x$ 的通解.

解： 求对应齐次方程 $y'' - 2y' + y = 0$ 的通解.

特征方程为 $r^2 - 2r + 1 = 0$，解得特征根 $r_1 = r_2 = 1$.

对应齐次方程的通解为 $Y = (C_1 + C_2 x)e^x$.

又因 $\lambda = 1$，$P_m(x) = x - 1$，所以 λ 是特征方程的二重根，令 $y^* = x^2(Ax + B)e^x$，可得 $y^{*\prime} = [Ax^3 + (3A+B)x^2 + 2Bx]e^x$，$y^{*\prime\prime} = [Ax^3 + (6A+B)x^2 + (6A+4B)x + 2B]e^x$，代入方程，并约去 e^x，可得

$$6Ax + 2B = x - 1.$$

比较系数 $6A = 1$，$2B = -1$，得 $A = \dfrac{1}{6}$，$B = -\dfrac{1}{2}$.

方程的一个特解为 $y^* = x^2\left(\dfrac{x}{6} - \dfrac{1}{2}\right)e^x$.

因此，所求方程的通解为 $y = Y + y^* = \left(C_1 + C_2 x - \dfrac{1}{2}x^2 + \dfrac{1}{6}x^3\right)e^x$.

2. $f(x) = e^{\lambda x}[P_l(x)\cos\omega x + P_n(x)\sin\omega x]$ 型

对于微分方程

$$y'' + py' + qy = e^{\lambda x}[P_l(x)\cos\omega x + P_n(x)\sin\omega x], \tag{6-18}$$

λ，ω 为常数，$P_l(x)$ 是 x 的 l 次多项式，$P_n(x)$ 是 x 的 n 次多项式，两个多项式中可以有一个多项式为零.

对于方程(6-18)有特解，$y^* = x^k e^{\lambda x}[R_m^{(1)}(x)\cos\omega x + R_m^{(2)}(x)\sin\omega x]$，其中 $R_m^{(1)}$，$R_m^{(2)}$ 是待定多项式，$m = \max\{l, n\}$，k 按 $\lambda \pm i\omega$ 不是特征方程的根或是特征方程的根依次取 0 或 1.

我来扫一扫：探索 $y'' + py' + qy = e^{\lambda x}[P_l(x)\cos\omega x + P_n(x)\sin\omega x]$ 的特解.

例 6-24　求微分方程 $y''+3y'+2y=e^{-x}\sin x$ 的一个特解.

解： 观察方程右端 $f(x)=e^{-x}\cos x$，可知

$$P_l(x)=0,\ P_n(x)=1,\ \lambda=-1,\ \omega=1.$$

方程对应的特征方程为 $r^2+3r+2=0$，特征根为 $r_1=-1$，$r_2=-2$，故 $\lambda\pm i\omega=-1\pm i$ 不是特征方程的根.

设特解为

$$y^*=e^{-x}(A\cos x+B\sin x).$$

有

$$y^{*\prime}=e^{-x}[(B-A)\cos x+(-A-B)\sin x],$$
$$y^{*\prime\prime}=e^{-x}[-2B\cos x+2A\sin x].$$

将 y^*，$y^{*\prime}$，$y^{*\prime\prime}$ 代入原方程并整理，得

$$(B-A)\cos x-(A+B)\sin x=\sin x.$$

比较两端系数，有 $\begin{cases}B-A=0\\A+B=1\end{cases}$，解得 $A=-\dfrac{1}{2}$，$B=-\dfrac{1}{2}$.

因此，原方程的特解为 $y^*=e^{-x}\left(-\dfrac{1}{2}\cos x-\dfrac{1}{2}\sin x\right)$.

例 6-25　求方程 $y''-2y'-3y=\sin x$ 的通解.

解： 对应的齐次方程的特征方程为 $r^2-2r-3=0$.

特征根 $r_1=-1$，$r_2=3$.

因此，对应齐次方程的通解为 $Y=C_1e^{-x}+C_2e^{3x}$.

由方程右端 $f(x)=\sin x$ 可知，由于 $\lambda=0$，$\omega=1$，所以 $\pm\omega i=\pm i$ 均不是特征方程的根，故特解为

$$y^*=A\cos x+B\sin x,$$

因此有

$$y^{*\prime}=-A\sin x+B\cos x,$$
$$y^{*\prime\prime}=-A\cos x-B\sin x.$$

代入原方程，可得 $(-4A-2B)\cos x+(-4B+2A)\sin x=\sin x$.

比较系数，得

$$\begin{cases}-4A-2B=0\\-4B+2A=1\end{cases},$$

解得 $A=\dfrac{1}{10}$，$B=-\dfrac{1}{5}$.

于是，所给方程的一个特解为

$$y^*=\dfrac{1}{10}\cos x-\dfrac{1}{5}\sin x.$$

因此，所求方程的通解为

$$y=Y+y^*=C_1e^{-x}+C_2e^{3x}+\dfrac{1}{10}\cos x-\dfrac{1}{5}\sin x.$$

习题 6-4

1. 求下列微分方程的通解.

(1) $y''+4y'+4y=0$；

(2) $y''-4y'=0$；

(3) $y''+4y'+13y=0$；

(4) $y''+5y'-6y=0$；

(5) $y''+y'-2y=0$；

(6) $y''+6y'+13y=0$.

2. 求下列微分方程满足初始条件下的特解.

(1) $y''-4y'+3y=0$，$y|_{x=0}=6$，$y'|_{x=0}=10$；

(2) $y''+25y=0$，$y|_{x=0}=2$，$y'|_{x=0}=5$；

(3) $y''-4y'+13y=0$，$y|_{x=0}=2$，$y'|_{x=0}=3$；

(4) $4y''+4y'+y=0$，$y(0)=1$，$y'(0)=0$.

3. 求下列微分方程的通解.

(1) $2y''+5y'=5x^2$；

(2) $y''-8y'+16y=x$；

(3) $y''+5y'+4y=3-2x$；

(4) $y''-6y'+9y=(x^2+1)e^{3x}$；

(5) $y''+3y'+2y=3xe^{-x}$；

(6) $y''-4y'+4y=e^{2x}\sin(5x)$.

4. 潜水艇在水中静止时，在重力的作用下开始下沉，其所受阻力与下沉速度成正比.

(1) 建立下沉高度与时间的微分方程；

(2) 求解微分方程.

6.5　微分方程的应用

6.5.1　微分方程在经济中的应用

例 6-26 （公司净资产数学模型）某公司净资产为 $W(t)$（单位：百万元），它是关于时间 t 的函数，且公司净资产以每年 5% 的速度连续增长，同时公司每年要以 200 百万元的数额连续支付职工工资.

(1) 给出描述净资产 $W(t)$ 的微分方程；

(2) 解微分方程，满足初始净资产为 W_0（百万元）；

(3) 根据微分方程，讨论 $W(t)$ 的变化趋势.

解：(1) 根据题意，可得

净资产增长速度＝资产本身增长速度－职工工资支付速度.

建立微分方程

$$\frac{\mathrm{d}W}{\mathrm{d}t}=0.05W-200.$$

（2）原方程变形为

$$\frac{\mathrm{d}W}{\mathrm{d}t}=0.05(W-4\,000).$$

变量分离，得

$$\frac{\mathrm{d}W}{W-4\,000}=0.05\mathrm{d}t.$$

两边积分，得

$$\ln(W-4\,000)=0.05t+\ln C,$$

可得

$$W=Ce^{0.05t}+4\,000.$$

将 $W(0)=W_0$ 代入，$C=W_0-4\,000$，则

$$W=(W_0-4\,000)e^{0.05t}+4\,000.$$

（3）由通解表达式 $W=(W_0-4\,000)e^{0.05t}+4\,000$ 可得，当 $W_0<4\,000$ 百万元时，净资产额逐年减少；当 $W_0=4\,000$ 百万元时，公司收入和支出平衡；当 $W_0>4\,000$ 百万元时，公司净资产逐年不断增多．

例 6-27 （商品价格数学模型）设某种商品的供给量 Q_1 与需求量 Q_2 是只依赖价格 P 的线性函数，并假设在 t 时刻价格 $P(t)$ 的变化率与这时的过剩需求量成正比．试确定这种商品的价格随时间 t 的变化规律．

解：设 $Q_1=-a+bP$，$Q_2=c-dP$，其中 a，b，c，d 都是已知的正常数．

当供给量与需求量相等时，由 $Q_1=Q_2$ 求出平衡价格为 $\overline{P}=\dfrac{a+c}{b+d}$．

由题意可知，$P(t)$ 的变化率与 Q_2-Q_1 成正比，即

$$\frac{\mathrm{d}P}{\mathrm{d}t}=\alpha(Q_2-Q_1),$$

其中，α 是正常数．将 Q_1，Q_2 代入上式，得方程

$$\frac{\mathrm{d}P}{\mathrm{d}t}+kP=h,$$

其中，$k=\alpha(b+d)$，$h=\alpha(a+c)$，其为一阶线性微分方程．

其通解为 $P(t)=e^{-\int k\mathrm{d}t}\left(\int he^{\int k\mathrm{d}t}+C\right)=Ce^{-kt}+\dfrac{h}{k}=Ce^{-kt}+\overline{P}$．

初始价格 $P(0)=P_0$，解得 $C=(P_0-\overline{P})$，其特解为

$$P=(P_0-\overline{P})e^{-kt}+\overline{P},$$

此即商品价格随时间的变化规律．

例 6-28 （新产品的推广模型）某新产品上市，$x(t)$ 为 t 时刻的销量函数，该产品的用户体验度很高，有相当一部分用户会推荐新客户购买，故在 t 时刻产品销售的增长率 $\dfrac{\mathrm{d}x}{\mathrm{d}t}$，与产品销量 $x(t)$ 成正比；同时，每个产品都有一定的市场容量 N，统计表明 $\dfrac{\mathrm{d}x}{\mathrm{d}t}$ 与未购买该产品的潜在顾客数量 $N-x(t)$ 成正比，于是有

$$\frac{\mathrm{d}x}{\mathrm{d}t}=kx(N-x)(k\text{ 为比例系数}).$$

（1）对微分方程模型进行求解；

（2）对求解结果进行分析．

解：（1）题中微分方程是一个可分离变量的微分方程，分离变量得

$$\frac{\mathrm{d}x}{x(N-x)}=k\,\mathrm{d}t,$$

两边积分，得

$$\int\frac{\mathrm{d}x}{x(N-x)}=\int k\,\mathrm{d}t,$$

可得

$$\frac{1}{N}[\ln x-\ln(N-x)]=kt+C_1.$$

整理可得，通解为

$$x(t)=\frac{CNe^{kNt}}{1+Ce^{kNt}}=\frac{N}{1+Ce^{-kNt}}.$$

（2）由 $\dfrac{\mathrm{d}x}{\mathrm{d}t}=\dfrac{CN^2ke^{-kNt}}{(1+Ce^{-kNt})^2}$，$\dfrac{\mathrm{d}^2x}{\mathrm{d}t^2}=\dfrac{Ck^2N^3e^{-kNt}(Ce^{-kNt}-1)}{(1+Ce^{-kNt})^2}$，当 $x(t^*)<N$ 时，有 $\dfrac{\mathrm{d}x}{\mathrm{d}t}>0$，即销量 $x(t)$ 单调增加．当 $x(t^*)=\dfrac{N}{2}$ 时，$\dfrac{\mathrm{d}^2x}{\mathrm{d}t^2}=0$；当 $x(t^*)>\dfrac{N}{2}$ 时，$\dfrac{\mathrm{d}^2x}{\mathrm{d}t^2}<0$；当 $x(t^*)<\dfrac{N}{2}$，即销量达到最大需求量 N 的一半时，产品最为畅销；当销量不足 N 的一半时，销售速度不断升高；当销量超过 N 的一半时，销售速度逐渐降低．

在商品销售中，许多产品的销售曲线与上述推广模型十分接近．根据对曲线性状的分析，许多分析专家认为，在新产品推出的初期，应小批量生产产品并加强广告宣传，而在产品用户达到 20%～80% 期间，应大批量生产产品；在产品用户超过 80% 时，应适时转产，从而达到最大的经济效益．

6.5.2 微分方程在工程技术中的应用

例 6-29 在 RL 回路中，电阻、电感串联（图 6-1），其中电源电动势 $E=E_0\sin\omega t$（E_0，ω 为常量），电阻 R 和电感 L 为常量，在 $t=0$ 时合上开关 S，此时电流为零．求此电路中电流 i 与时间 t 的函数关系．

解： 电感 L 上的感应电动势为 $L\dfrac{\mathrm{d}i}{\mathrm{d}t}$，有

$$E=Ri+L\frac{\mathrm{d}i}{\mathrm{d}t},$$

即

$$\frac{\mathrm{d}i}{\mathrm{d}t}+\frac{R}{L}i=\frac{E_0}{L}\sin\omega t.$$

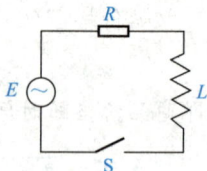

图 6-1

该方程是一阶线性非齐次微分方程，求得通解为

$$i(t)=Ce^{-\frac{R}{L}t}+\frac{E_0}{R^2+\omega^2L^2}(R\sin\omega t-\omega L\cos\omega t).$$

根据题意，初始条件为 $i(0)=0$，代入可得 $C=\dfrac{E_0\omega L}{R^2+\omega^2L^2}.$

因此，所求电流函数为

$$i(t)=\frac{E_0}{R^2+\omega^2L^2}(\omega L e^{-\frac{R}{L}t}+R\sin\omega t-\omega L\cos\omega t)(t\geqslant0).$$

例 6-30   某零件在工作后温度升至 180 ℃，现放在 20 ℃的空气中自然降温，300 s 后温度下降到 60 ℃．问若要下降到 30 ℃总共需要多长时间？

解：设物体的温度为 $T(t)$，冷却系数 $k>0$，则该问题的方程为

$$\frac{dT}{dt}=-k(T-20).$$

因为环境温度 20 ℃$<T$，物体在降温，此时 $\dfrac{dT}{dt}<0$，所以方程中有负号．

该方程是可分离变量的微分方程，也是一阶线性非齐次微分方程，求得通解为
$$T(t)=Ce^{-kt}+20.$$

其初始条件为 $T(0)=180$，求得 $C=160$．
其解为

$$T(t)=160e^{-kt}+20.$$

根据题意，$T(300)=60$，代入得

$$k=\frac{1}{150}\ln2,$$

则冷却函数为 $T(t)=160e^{-\frac{\ln2}{150}t}+20.$

因此，当 $T(t)=30$ 时，

$$30=160e^{-\frac{\ln2}{150}t}+20,$$

解得 $t=600$ s，即 600 s 后，物体温度下降到 30 ℃．

例 6-31   某飞机在降落时，为了减小滑行距离，在触地的同时飞机尾部张开减速伞，以此增加阻力．现有一质量为 9 000 kg 的飞机，着陆时的水平速度为 720 km/h．已知减速伞在打开后飞机所受的总阻力与飞机的速度成正比，比例系数 $k=6.0\times10^6$．问从着陆点开始计算，飞机滑行的最大距离是多少？

解：设 t 时刻飞机的滑行距离为 $x(t)$，速度为 $v(t)$，飞机的质量为 m．
由牛顿第二定律得

$$m\frac{dv}{dt}=-kv.$$

把 $v=\dfrac{dx}{dt}$ 代入，可得

$$dx=-\frac{m}{k}dv,\ 即\ x(t)=-\frac{m}{k}v+C.$$

由 $v(0)=v_0$，$x(0)=0$ 得 $C=\dfrac{m}{k}v_0$，从而

$$x(t)=\frac{m}{k}[v_0-v(t)].$$

当 $v(t)\rightarrow 0$ 时，将 $m=9\,000$ kg $=9\times10^6$ g，$v(0)=720$ km/h $=200$ m/s 代入

$$x(t)=\frac{mv_0}{k}=\frac{9\times10^6\times200}{6\times10^6}=300(\text{m}).$$

因此，飞机滑行的最大距离为 300 m.

习题 6－5

1. 一个质量为 m 的物体由静止开始沉入水中，下沉时水的反作用力与速度成正比，比例系数为 k，求：

(1)物体运动的微分方程；

(2)解物体运动的微分方程.

2. 一条长为 6 m 的链条自桌上无摩擦地向下滑动，设运动开始时，链条自桌上垂下部分长为 1 m.

(1)建立链条运动的微分方程；

(2)问需多少时间链条全部滑过桌面？

3. 枪弹垂直射穿厚度为 δ 的钢板，入板速度为 a，出板速度为 $b(a>b)$，设枪弹在板内受到阻力与速度成正比.

(1)建立枪弹运行的微分方程；

(2)问枪弹穿过钢板的时间是多少？

4. 某公司准备到某一社区中宣传推广新产品，该社区的总人数为 N，在 $t=0$ 时刻已经购买过该产品的人数为 x_0，在任意 t 时刻使用过该产品的人数为 $x(t)$ [$x(t)$ 为连续函数]，$x(t)$ 的变化率与已经购买过该产品的人数和未购买过该产品的人数之积成正比，比例常数为 $k>0$.

(1)建立推广新产品的微分方程；

(2)求解微分方程.

测试题六

第 7 章
无穷级数

导　读

　　无穷级数是研究有次序的可数或无穷个数函数的和的收敛性及和的数值的方法．无穷级数在数学中有着悠久的历史，中国宋代数学家秦九韶首次提出了一种无穷级数的概念，被认为是世界上最早的无穷级数，他深入研究无穷级数的和与积，并首次提出了"求和"与"求积"之间的关系，对后来的微积分理论的发展产生了深远影响．在微积分早期阶段，牛顿和莱布尼茨也使用了无穷级数来处理、研究超越函数．

　　利用无穷级数可以将一些复杂的代数函数和超越函数展开成简单形式，然后对其进行逐项微分或积分，这种方法在数学理论和实际应用中都占有重要地位．在科学技术领域，很多函数需要通过无穷之和才能得以实现，很多数值分析也需要通过无穷之和才能进行，无穷级数有着广泛应用．

　　本章讲解无穷级数的概念、性质和审敛法，以及常见幂级数、傅里叶级数，最后讲解级数在经济和工程中的应用．

7.1　常数项级数的概念与性质

7.1.1　常数项级数的概念

定义 7-1　给定一个常数数列

$$\{u_n\}=u_1, u_2, u_3, \cdots, u_n, \cdots,$$

把这个数列的各项的和

$$u_1+u_2+u_3+\cdots+u_n+\cdots$$

叫作<u>常数项级数</u>或<u>无穷级数</u>，简称<u>级数</u>，记作 $\sum\limits_{n=1}^{\infty} u_n$ ，即

$$\sum_{n=1}^{\infty} u_n = u_1 + u_2 + u_3 + \cdots + u_n + \cdots, \tag{7-1}$$

其中，u_1，u_2，u_3，…，u_n，…叫作级数的项，第 n 项 u_n 叫作级数的<u>一般项</u>或<u>通项</u>.

定义 7-2 级数 $\sum\limits_{n=1}^{\infty} u_n$ 的前 n 项和

$$s_n = \sum_{i=1}^{n} u_i = u_1 + u_2 + u_3 + \cdots + u_n$$

称为级数 $\sum\limits_{n=1}^{\infty} u_n$ 的<u>部分和</u>.

当 n 依次取 1，2，3，…时，部分和构成一个新的数列

$$\{s_n\} = s_1, \; s_2, \; \cdots, \; s_n, \; \cdots, \tag{7-2}$$

即

$$s_1 = u_1, \; s_2 = u_1 + u_2, \; s_3 = u_1 + u_2 + u_3, \; \cdots, \; s_n = u_1 + u_2 + \cdots + u_n, \; \cdots,$$

称这个数列为<u>部分和数列</u>.

根据这个数列是否存在极限，定义收敛和发散概念.

定义 7-3 无穷级数 $\sum\limits_{n=1}^{\infty} u_n$ 的部分和数列为 $\{s_n\}$，如果 $\{s_n\}$ 存在极限 s，即 $\lim\limits_{n\to\infty} s_n = s$，则称无穷级数 $\sum\limits_{n=1}^{\infty} u_n$ <u>收敛</u>，s 叫作<u>级数的和</u>，记作

$$s = \sum_{n=1}^{\infty} u_n = u_1 + u_2 + u_3 + \cdots + u_n + \cdots. \tag{7-3}$$

如果 $\{s_n\}$ 不存在极限，则称无穷级数 $\sum\limits_{n=1}^{\infty} u_n$ <u>发散</u>.

定义 7-4 当级数 $\sum\limits_{n=1}^{\infty} u_n$ 收敛时，其部分和 s_n 与级数的和 s 的差值

$$r_n = s - s_n = u_{n+1} + u_{n+2} + \cdots$$

叫作级数 $\sum\limits_{n=1}^{\infty} u_n$ 的余项.

例 7-1 讨论几何级数 $\sum\limits_{n=0}^{\infty} aq^n (a \neq 0)$ 的敛散性.

解： 当 $q \neq 1$ 时，前 n 项和为

$$s_n = a + aq + aq^2 + \cdots + aq^{n-1} = \frac{a(1-q^n)}{1-q}.$$

当 $|q| < 1$ 时，$\lim\limits_{n\to\infty} s_n = \dfrac{a}{1-q}$，级数 $\sum\limits_{n=0}^{\infty} aq^n$ 收敛，级数的和为 $\dfrac{a}{1-q}$.

当 $|q| > 1$ 时，$\lim\limits_{n\to\infty} s_n = \infty$，级数 $\sum\limits_{n=0}^{\infty} aq^n$ 发散.

当 $q = -1$ 时，$\lim\limits_{n\to\infty} s_n$ 不存在，级数 $\sum\limits_{n=0}^{\infty} aq^n$ 发散.

当 $q=1$ 时，$s_n=na$，$\lim\limits_{n\to\infty}s_n=\infty$，级数 $\sum\limits_{n=0}^{\infty}aq^n$ 发散.

因此，如果 $|q|<1$，则级数 $\sum\limits_{n=0}^{\infty}aq^n$ 收敛，其和为 $\dfrac{a}{1-q}$；如果 $|q|\geqslant1$，则级数 $\sum\limits_{n=0}^{\infty}aq^n$ 发散.

例 7-2　判定无穷级数 $\sum\limits_{n=1}^{\infty}\dfrac{1}{n(n+1)}$ 的敛散性.

解：级数的前 n 项和为
$$s_n=\frac{1}{1\cdot2}+\frac{1}{2\cdot3}+\frac{1}{3\cdot4}+\cdots+\frac{1}{n(n+1)},$$
可得
$$s_n=\left(1-\frac{1}{2}\right)+\left(\frac{1}{2}-\frac{1}{3}\right)+\cdots+\left(\frac{1}{n}-\frac{1}{n+1}\right)=1-\frac{1}{n+1},$$
由于
$$\lim_{n\to\infty}s_n=\lim_{n\to\infty}\left(1-\frac{1}{n+1}\right)=1,$$
所以，级数收敛，级数的和是 1.

例 7-3　判定无穷级数 $\sum\limits_{n=1}^{\infty}\ln\dfrac{n+1}{n}$ 的敛散性.

解：级数的前 n 项和为
$$s_n=\ln\frac{2}{1}+\ln\frac{3}{2}+\cdots+\ln\frac{n+1}{n}+\cdots,$$
可得
$$s_n=(\ln2-\ln1)+(\ln3-\ln2)+(\ln4-\ln3)+\cdots+(\ln(n+1)-\ln n)=\ln(n+1),$$
由于
$$\lim_{n\to\infty}(n+1)=\infty,$$
所以，级数发散.

7.1.2　级数的基本性质

性质 7-1　如果级数 $\sum\limits_{n=1}^{\infty}u_n$ 收敛于 s，则级数 $\sum\limits_{n=1}^{\infty}ku_n$ 也收敛，其和为 ks.

证明　$\lim\limits_{n\to\infty}(ku_1+ku_2+\cdots+ku_n)=k\lim\limits_{n\to\infty}(u_1+u_2+\cdots+u_n)=k\lim\limits_{n\to\infty}s_n=ks.$

性质 7-2　如果级数 $\sum\limits_{n=1}^{\infty}u_n$，$\sum\limits_{n=1}^{\infty}v_n$ 分别收敛于 s 和 ω，则级数 $\sum\limits_{n=1}^{\infty}(u_n\pm v_n)$ 也收敛，且其和为 $s\pm\omega$.

证明　$\lim\limits_{n\to\infty}[(u_1\pm v_1)+(u_2\pm v_2)+\cdots+(u_n\pm v_n)]$
$=\lim\limits_{n\to\infty}[(u_1+u_2+\cdots+u_n)\pm(v_1+v_2+\cdots+v_n)]$
$=s\pm\omega.$

性质 7-3 在级数中去掉、加上或改变有限项，不会改变级数的敛散性.

证明 设级数 $\sum\limits_{n=1}^{\infty} u_n$ 收敛于 s.

若加上一项 a，$\lim\limits_{n\to\infty}(s_n+a)=s+a$，则级数收敛于 $s+a$.

若去掉某一项 u_i，$\lim\limits_{n\to\infty}(s_n-u_i)=s-u_i$，则级数收敛于 $s-u_i$.

若改变某一项 $u_i+\Delta u_i$，$\lim\limits_{n\to\infty}(s_n+\Delta u_i)=s+\Delta u_i$，则级数收敛于 $s+\Delta u_i$.

性质 7-4 如果级数 $\sum\limits_{n=1}^{\infty} u_n$ 收敛，则对该级数的项任意加括号后所成的级数仍收敛，且其和不变.

证明 设级数 $\sum\limits_{n=1}^{\infty} u_n$ 收敛于 s，即

$$s=\sum_{n=1}^{\infty} u_n=u_1+u_2+u_3+u_4+u_5+\cdots,$$

显然

$$s=\sum_{n=1}^{\infty} u_n=(u_1+u_2)+(u_3+u_4+u_5)+\cdots.$$

【注意】如果级数加括号后收敛，则原来的级数不一定收敛.

例如，级数 $(1-1)+(1-1)+\cdots+(1-1)+\cdots$ 收敛于 0，但去掉括号后级数 $1-1+1-1+\cdots+(-1)^{n+1}+\cdots$ 是发散的.

推论 7-1 如果加括号后所成的级数发散，则原来的级数也发散.

性质 7-5 (级数收敛的必要条件) 如果 $\sum\limits_{n=1}^{\infty} u_n$ 收敛，则 $\lim\limits_{n\to\infty} u_n=0$.

证明 设级数 $\sum\limits_{n=1}^{\infty} u_n$ 的部分和为 s_n，且 $\lim\limits_{n\to\infty} s_n=s$，则

$$\lim_{n\to\infty} u_n=\lim_{n\to\infty}(s_n-s_{n-1})=\lim_{n\to\infty} s_n-\lim_{n\to\infty} s_{n-1}=s-s=0.$$

【注意】级数的一般项趋于 0 并不是级数收敛的充分条件.

例 7-4 证明调和级数 $\sum\limits_{n=1}^{\infty} \dfrac{1}{n}$ 发散.

证明 调和级数 $\sum\limits_{n=1}^{\infty} \dfrac{1}{n}$ 的前 n 项和为

$$s_n=1+\frac{1}{2}+\frac{1}{3}\cdots+\frac{1}{n}.$$

令 $k>n$，则 $ks_n=k+\dfrac{k}{2}+\dfrac{k}{3}\cdots+\dfrac{k}{n}>\overbrace{1+1+\cdots+1}^{n\text{项}}=n$，可得 $\lim\limits_{n\to\infty} ks_n>\lim\limits_{n\to\infty} n=\infty$.

因此，级数 $\sum\limits_{n=1}^{\infty} k\dfrac{1}{n}$ 发散，根据性质 7-1，调和级数 $\sum\limits_{n=1}^{\infty} \dfrac{1}{n}$ 必然发散.

例 7-5 判定级数 $\sum\limits_{n=1}^{\infty} \dfrac{5+2^n}{3^n}$ 的敛散性，并求级数的和.

解：对级数进行变换，即 $\displaystyle\sum_{n=1}^{\infty}\frac{5+2^n}{3^n}=\sum_{n=1}^{\infty}\frac{5}{3^n}+\sum_{n=1}^{\infty}\frac{2^n}{3^n}$.

级数 $\displaystyle\sum_{n=1}^{\infty}\frac{5}{3^n}$ 是公比 $q=\dfrac{1}{3}$ 的级数，根据例 7-1，它收敛于 $\dfrac{\frac{5}{3}}{1-\frac{1}{3}}=\dfrac{5}{2}$.

级数 $\displaystyle\sum_{n=1}^{\infty}\frac{2^n}{3^n}$ 是公比 $q=\dfrac{2}{3}$ 的级数，收敛于 $\dfrac{\frac{2}{3}}{1-\frac{2}{3}}=2$.

根据性质 7-2，级数 $\displaystyle\sum_{n=1}^{\infty}\frac{5+2^n}{3^n}$ 收敛，其和为 $\dfrac{5}{2}+2=\dfrac{9}{2}$.

例 7-6　判定级数 $\displaystyle\sum_{n=1}^{\infty}n^2$ 的敛散性.

解：级数

$$\sum_{n=1}^{\infty}n^2=1+2+4+\cdots+n^2+\cdots,$$

则

$$\lim_{x\to\infty}n^2=\infty\neq0.$$

根据性质 7-5，级数 $\displaystyle\sum_{n=1}^{\infty}n^2$ 发散.

习题 7－1

1. 写出下列级数的前四项.

(1) $\displaystyle\sum_{n=1}^{\infty}\ln\left(\frac{n+1}{n}\right)$;

(2) $\displaystyle\sum_{n=1}^{\infty}(-1)^n\frac{n!}{n^2}$.

2. 写出下列级数的一般项(通项).

(1) $1+\dfrac{1}{3}+\dfrac{1}{5}+\dfrac{1}{7}+\cdots$;

(2) $-1+\dfrac{1}{2}-\dfrac{1}{4}+\dfrac{1}{8}-\cdots$;

(3) $\dfrac{a^2}{3}-\dfrac{a^3}{5}+\dfrac{a^4}{7}-\dfrac{a^5}{9}+\cdots$;

(4) $\dfrac{\sqrt{x}}{2}-\dfrac{x}{2\cdot4}+\dfrac{x\sqrt{x}}{2\cdot4\cdot6}-\dfrac{x^2}{2\cdot4\cdot6\cdot8}+\cdots$.

3. 根据级数收敛性的定义，判定下列级数的敛散性.

(1) $1+4+9+16+\cdots$;

(2) $1+\dfrac{1}{2}+\dfrac{1}{4}+\dfrac{1}{8}+\cdots$.

4. 判定下列级数的敛散性.

(1) $\displaystyle\sum_{n=1}^{\infty}\frac{2}{n}$;

(2) $\dfrac{1}{1\cdot3}+\dfrac{1}{3\cdot5}+\dfrac{1}{5\cdot7}+\dfrac{1}{7\cdot9}\cdots$;

(3) $\displaystyle\sum_{n=1}^{\infty}\frac{n}{2n+1}$;

(4) $-2+2-2+2-\cdots$.

7.2 常数项级数的收敛法则

7.2.1 正项级数及其收敛法则

定义 7-5 级数 $\sum\limits_{n=1}^{\infty} u_n$ 的一般项为正数(或负数),称为**同号级数**,各项 $u_n \geqslant 0$ 称为**正项级数**,各项 $u_n < 0$ 称为**负项级数**.

负项级数各项只需要乘以 -1 就可以变成正项级数,因此只讲解正项级数.

设级数 $u_1 + u_2 + u_3 + \cdots + u_n + \cdots$ 是正项级数,它的部分和为 s_n. 显然,数列 $\{s_n\}$ 是一个单调增加数列.

定理 7-1 正项级数 $\sum\limits_{n=1}^{\infty} u_n$ 收敛的充分必要条件是它的部分和数列 $\{s_n\}$ 有界.

证明: 若数列 $\{s_n\}$ 有界,上界为某一常数 M,则 $s_n \leqslant M$,根据单调有界的数列必有极限,级数 $\sum\limits_{n=1}^{\infty} u_n$ 必收敛.

定理 7-2 (比较审敛法)设 $\sum\limits_{n=1}^{\infty} u_n$ 和 $\sum\limits_{n=1}^{\infty} v_n$ 都是正项级数,且 $u_n \leqslant v_n (n=1,2,\cdots)$.

(1)若级数 $\sum\limits_{n=1}^{\infty} v_n$ 收敛,则级数 $\sum\limits_{n=1}^{\infty} u_n$ 收敛.

(2)若级数 $\sum\limits_{n=1}^{\infty} u_n$ 发散,则级数 $\sum\limits_{n=1}^{\infty} v_n$ 发散.

证明 若级数 $\sum\limits_{n=1}^{\infty} v_n$ 收敛于 σ,则由于两个级数对应的一般项 $u_n \leqslant v_n$,所以

$$\sum_{n=1}^{\infty} u_n \leqslant \sum_{n=1}^{\infty} v_n = \sigma.$$

令数列 $\sum\limits_{n=1}^{\infty} u_n$ 的部分和 $s_n = u_1 + u_2 + \cdots + u_n$,则 $s_n \leqslant \sigma$,即部分和数列 $\{s_n\}$ 有界,由定理 7-1 知级数 $\sum\limits_{n=1}^{\infty} u_n$ 收敛.

若级数 $\sum\limits_{n=1}^{\infty} u_n$ 发散,现用反正法证明. 假设级数 $\sum\limits_{n=1}^{\infty} v_n$ 收敛,由于 $u_n \leqslant v_n$,级数 $\sum\limits_{n=1}^{\infty} u_n$ 也收敛,这与题设矛盾,所以级数 $\sum\limits_{n=1}^{\infty} v_n$ 一定发散.

例 7-7 判定级数 $\sum\limits_{n=1}^{\infty} \dfrac{1}{n \cdot 2^n}$ 的敛散性.

解: 因为 $\dfrac{1}{n \cdot 2^n} < \dfrac{1}{2^n}$,而 $\sum\limits_{n=1}^{\infty} \dfrac{1}{2^n}$ 是公比 $q = \dfrac{1}{2}$ 的几何级数,是收敛的,所以根据定理 7-2,

级数 $\displaystyle\sum_{n=1}^{\infty}\dfrac{1}{n\cdot 2^{n}}$ 也是收敛的.

例 7-8　讨论 p-级数

$$\sum_{n=1}^{\infty}\frac{1}{n^{p}}=1+\frac{1}{2^{p}}+\frac{1}{3^{p}}+\frac{1}{4^{p}}+\cdots+\frac{1}{n^{p}}+\cdots$$

的敛散性, 其中常数 $p>0$.

解: 设 $p\leqslant 1$, 这时 $\dfrac{1}{n^{p}}\geqslant\dfrac{1}{n}$, 而调和级数 $\displaystyle\sum_{n=1}^{\infty}\dfrac{1}{n}$ 发散, 由比较审敛法可知, 当 $p\leqslant 1$ 时级数 $\displaystyle\sum_{n=1}^{\infty}\dfrac{1}{n^{p}}$ 发散.

设 $p>1$, 将级数的一项、二项、四项、八项、$\cdots$加上括号重新组合, 可得

$$1+\left(\frac{1}{2^{p}}+\frac{1}{3^{p}}\right)+\left(\frac{1}{4^{p}}+\frac{1}{5^{p}}+\frac{1}{6^{p}}+\frac{1}{7^{p}}\right)+\left(\frac{1}{8^{p}}+\cdots+\frac{1}{15^{p}}\right)+\cdots$$

$$<1+\left(\frac{1}{2^{p}}+\frac{1}{2^{p}}\right)+\left(\frac{1}{4^{p}}+\frac{1}{4^{p}}+\frac{1}{4^{p}}+\frac{1}{4^{p}}\right)+\left(\frac{1}{8^{p}}+\cdots+\frac{1}{8^{p}}\right)+\cdots$$

$$=1+\frac{1}{2^{p-1}}+\left(\frac{1}{2^{p-1}}\right)^{2}+\left(\frac{1}{2^{p-1}}\right)^{3}+\cdots$$

即 $\displaystyle\sum_{n=1}^{\infty}\dfrac{1}{n^{p}}<\sum_{n=1}^{\infty}\left(\dfrac{1}{2^{p-1}}\right)^{n}$.

上式最右端为公比 $q=\dfrac{1}{2^{p-1}}<1$ 的等比级数, 因此级数 $\displaystyle\sum_{n=1}^{\infty}\dfrac{1}{2^{p-1}}$ 收敛. 由比较审敛法可知, 当 $p>1$ 时级数 $\displaystyle\sum_{n=1}^{\infty}\dfrac{1}{n^{p}}$ 收敛.

综上所述, 对于 p-级数 $\displaystyle\sum_{n=1}^{\infty}\dfrac{1}{n^{p}}$, 当 $p>1$ 时收敛, 当 $p\leqslant 1$ 时发散.

例 7-9　判定级数 $\displaystyle\sum_{n=1}^{\infty}\dfrac{n+2}{n^{2}+n}$ 的敛散性.

解: 因为 $\dfrac{n+2}{n^{2}+n}>\dfrac{n}{n^{2}+n}=\dfrac{1}{n+1}$, 而级数 $\displaystyle\sum_{n=1}^{\infty}\dfrac{1}{n+1}=\dfrac{1}{2}+\dfrac{1}{3}+\cdots+\dfrac{1}{n+1}+\cdots$ 是发散的, 所以根据比较审敛法, 级数 $\displaystyle\sum_{n=1}^{\infty}\dfrac{n+2}{n^{2}+n}$ 是发散的.

定理 7-3　(比较审敛法的极限形式) 设 $\displaystyle\sum_{n=1}^{\infty}u_{n}$ 和 $\displaystyle\sum_{n=1}^{\infty}v_{n}$ 都是正项级数, 且 $\displaystyle\lim_{n\to\infty}\dfrac{u_{n}}{v_{n}}=l$, 则有以下结论.

(1) 当 $0<l<+\infty$ 时, 级数 $\displaystyle\sum_{n=1}^{\infty}v_{n}$ 和级数 $\displaystyle\sum_{n=1}^{\infty}u_{n}$ 具有相同的敛散性.

(2) 当 $l=0$ 时, 若 $\displaystyle\sum_{n=1}^{\infty}v_{n}$ 收敛, 则级数 $\displaystyle\sum_{n=1}^{\infty}u_{n}$ 也收敛.

(3) 当 $l=+\infty$ 时, 若 $\displaystyle\sum_{n=1}^{\infty}v_{n}$ 发散, 则级数 $\displaystyle\sum_{n=1}^{\infty}u_{n}$ 也发散.

证明 当 $0 < l < +\infty$ 时，给定任意正数 $\varepsilon < l$，则存在某个正整数 N，当 $n > N$ 时，

$$\left| \frac{u_n}{v_n} - l \right| < \varepsilon,$$

即 $(l - \varepsilon) v_n < u_n < (l + \varepsilon) v_n$.

由 $(l - \varepsilon) v_n < u_n$ 可知，若 $\sum\limits_{n=1}^{\infty} v_n$ 发散，则级数 $\sum\limits_{n=1}^{\infty} u_n$ 也发散；由 $u_n < (l + \varepsilon) v_n$ 可知，若 $\sum\limits_{n=1}^{\infty} v_n$ 收敛，则级数 $\sum\limits_{n=1}^{\infty} u_n$ 也收敛．综上，级数 $\sum\limits_{n=1}^{\infty} v_n$ 和级数 $\sum\limits_{n=1}^{\infty} u_n$ 具有相同的敛散性．

当 $l = 0$ 时，则存在某个正整数 N，当 $n > N$ 时，$\frac{u_n}{v_n} < 1$，即 $u_n < v_n$，可知，若 $\sum\limits_{n=1}^{\infty} v_n$ 收敛，则级数 $\sum\limits_{n=1}^{\infty} u_n$ 也收敛．

当 $l = +\infty$ 时，则存在某个正整数 N，当 $n > N$ 时，$\frac{u_n}{v_n} > 1$，即 $u_n > v_n$，可知，若 $\sum\limits_{n=1}^{\infty} v_n$ 发散，则级数 $\sum\limits_{n=1}^{\infty} u_n$ 也发散．

例 7-10 判定级数 $\sum\limits_{n=1}^{\infty} \dfrac{1}{2^n - n}$ 的收敛性．

解: 因为 $\lim\limits_{n \to \infty} \dfrac{\frac{1}{2^n - n}}{\frac{1}{2^n}} = \lim\limits_{n \to \infty} \dfrac{2^n}{2^n - n} = \lim\limits_{n \to \infty} \dfrac{1}{1 - \frac{n}{2^n}} = 1$，而等比级数 $\sum\limits_{n=1}^{\infty} \dfrac{1}{2^n}$ 是收敛的，所以级数 $\sum\limits_{n=1}^{\infty} \dfrac{1}{2^n - n}$ 收敛．

例 7-11 判定级数 $\sum\limits_{n=1}^{\infty} \sin \dfrac{1}{n^2}$ 的收敛性．

解: 因为 $\lim\limits_{n \to \infty} \dfrac{\sin \frac{1}{n^2}}{\frac{1}{n^2}} = 1$，而 p-级数 $\sum\limits_{n=1}^{\infty} \dfrac{1}{n^2}$ 收敛，所以根据比较审敛法的极限形式，级数 $\sum\limits_{n=1}^{\infty} \sin \dfrac{1}{n^2}$ 收敛．

【注意】 用比较审敛法审敛时，适当地将级数和一个已知其敛散性的级数比较，基准级数通常选用等比级数和 p-级数．

定理 7-4（比值审敛法，达朗贝尔判别法）若正项级数 $\sum\limits_{n=1}^{\infty} u_n$ 的后项与前项比值的极限等于 μ，即

$$\lim\limits_{n \to \infty} \dfrac{u_{n+1}}{u_n} = \mu,$$

则有以下结论.

(1)当 $\mu<1$ 时，级数收敛.

(2)当 $\mu>1$(或∞)时，级数发散.

(3)当 $\mu=1$ 时，级数的敛散性不能确定.

例 7-12　判定级数 $\displaystyle\sum_{n=1}^{\infty}\frac{n}{3^n}$ 的敛散性.

解：因为

$$\lim_{n\to\infty}\frac{u_{n+1}}{u_n}=\lim_{n\to\infty}\frac{\dfrac{n+1}{3^{n+1}}}{\dfrac{n}{3^n}}=\lim_{n\to\infty}\frac{n+1}{3n}=\frac{1}{3},$$

所以级数收敛.

例 7-13　判定级数 $\displaystyle\sum_{n=1}^{\infty}\frac{n^n}{n!}$ 的敛散性.

解：

$$\lim_{n\to\infty}\frac{u_{n+1}}{u_n}=\lim_{n\to\infty}\frac{\dfrac{(n+1)^{n+1}}{(n+1)!}}{\dfrac{n^n}{n!}}=\lim_{n\to\infty}\frac{(n+1)^{n+1}}{(n+1)!}\cdot\frac{n!}{n^n}=\lim_{n\to\infty}\left(\frac{n+1}{n}\right)^n=\mathrm{e}.$$

因为 $\mathrm{e}>1$，所以级数发散.

7.2.2　交错级数及其审敛法则

定义 7-6　一般项正负号交替的级数

$$u_1-u_2+u_3-u_4+\cdots,$$

称为**交错级数**. 交错级数的一般形式为 $\displaystyle\sum_{n=1}^{\infty}(-1)^{n-1}u_n$，其中 $u_n>0$.

定理 7-5　(莱布尼茨定理)　如果交错级数 $\displaystyle\sum_{n=1}^{\infty}(-1)^{n-1}u_n$ 满足以下条件，则级数收敛，且其和 $s\leqslant u_1$，其余项 r_n 的绝对值 $|r_n|\leqslant u_{n+1}$.

(1)$u_n\geqslant u_{n+1}(n=1,2,3,\cdots)$.

(2)$\displaystyle\lim_{n\to\infty}u_n=0$.

证明　写出交错数列，并将相邻两项组合，即

$$s_n=(u_1-u_2)+(u_3-u_4)+\cdots+(u_{n-1}-u_n)+\cdots,$$

可得数列 $\{s_n\}$ 单调增加. 然后，改变括号组合方式如下：

$$s_n=u_1-(u_2-u_3)-(u_4-u_5)-\cdots-(u_{n-2}-u_{n-1})-\cdots.$$

由 $u_n-u_{n+1}>0$，以及 $\displaystyle\lim_{n\to\infty}u_n=0$，可得数列 $\{s_n\}$ 有界，并且 $s_n\leqslant u_1$.

根据单调有界必有极限，可得 $\displaystyle\lim_{n\to\infty}s_n=s$，交错数列是收敛的，且 $s\leqslant u_1$.

由于 $|r_n| = u_{n+1} - u_{n+2} + \cdots$ 也是收敛的交错级数，所以 $|r_n| \leqslant u_{n+1}$.

例 7-14 判定级数 $\sum\limits_{n=1}^{\infty} (-1)^{n-1} \dfrac{1}{n}$ 的敛散性.

解: 因为 $\dfrac{1}{n} > \dfrac{1}{n+1}$，且 $\lim\limits_{n \to \infty} \dfrac{1}{n} = 0$，所以由定理 7-5 可知，交错数列 $\sum\limits_{n=1}^{\infty} (-1)^{n-1} \dfrac{1}{n}$ 收敛.

例 7-15 利用交错级数

$$\sum_{n=1}^{\infty} (-1)^{n-1} \frac{1}{10^{n-1}} = 1 - \frac{1}{10} + \frac{1}{10^2} - \cdots + (-1)^{n-1} \frac{1}{10^{n-1}} + \cdots$$

计算 $\dfrac{10}{11}$ 的近似值，要求误差不超过 0.000 1.

解: 交错级数是等比级数：

$$\sum_{n=1}^{\infty} (-1)^{n-1} \frac{1}{10^{n-1}} = \frac{1}{1 - \left(-\dfrac{1}{10}\right)} = \frac{10}{11}.$$

用前 n 项和表示 $\dfrac{10}{11}$ 的近似值，那么余项绝对值 r_n 就表示误差.

由于交错级数的余项 $|r_n| \leqslant u_{n+1}$，所以要求满足 $u_{n+1} \leqslant 0.000\ 1$，即

$$u_5 = \frac{1}{10^4} = 0.000\ 1.$$

因此，

$$\frac{10}{11} \approx 1 - \frac{1}{10} + \frac{1}{10^2} - \frac{1}{10^3} = 0.909.$$

◤7.2.3 绝对收敛与条件收敛

定义 7-7 对于一般的级数

$$u_1 + u_2 + \cdots + u_n + \cdots,$$

若级数 $\sum\limits_{n=1}^{\infty} |u_n|$ 收敛，则称级数 $\sum\limits_{n=1}^{\infty} u_n$ **绝对收敛**；若级数 $\sum\limits_{n=1}^{\infty} u_n$ 收敛，而级数 $\sum\limits_{n=1}^{\infty} |u_n|$ 发散，则称级数 $\sum\limits_{n=1}^{\infty} u_n$ **条件收敛**.

绝对收敛和级数收敛有如下关系.

定理 7-6 如果级数 $\sum\limits_{n=1}^{\infty} |u_n|$ 绝对收敛，则级数 $\sum\limits_{n=1}^{\infty} u_n$ 必定收敛.

证明 令 $v_n = \dfrac{1}{2}(u_n + |u_n|)$ $(n = 1, 2, \cdots)$.

可知 $v_n \geqslant 0$ 且 $v_n \leqslant |u_n|$，因为级数 $\sum\limits_{n=1}^{\infty} |u_n|$ 收敛，根据比较审敛法，级数 $\sum\limits_{n=1}^{\infty} v_n$ 收

敛，从而级数 $\sum\limits_{n=1}^{\infty} 2v_n$ 收敛.

而 $u_n = 2v_n - |u_n|$，则 $\sum\limits_{n=1}^{\infty} u_n = \sum\limits_{n=1}^{\infty} 2v_n - \sum\limits_{n=1}^{\infty} |u_n|$.

因此，级数 $\sum\limits_{n=1}^{\infty} u_n$ 收敛.

定理 7-6 表明，对于一般的级数 $\sum\limits_{n=1}^{\infty} u_n$，判定其敛散性时，如果将级数各项加上绝对

值形成新级数 $\sum\limits_{n=1}^{\infty} |u_n|$，则此级数收敛，原级数必然收敛. 这使很多一般级数的敛散性判

定问题转化成正项级数的敛散性判定问题.

【注意】如果级数 $\sum\limits_{n=1}^{\infty} |u_n|$ 发散，则级数 $\sum\limits_{n=1}^{\infty} u_n$ 不一定发散. 但是，如果采用比值审敛

法 $\lim\limits_{n \to \infty} \left| \dfrac{u_{n+1}}{u_n} \right| > 1$ 判定级数 $\sum\limits_{n=1}^{\infty} |u_n|$ 发散，则级数 $\sum\limits_{n=1}^{\infty} u_n$ 必定发散. 这是因为 $\lim\limits_{n \to \infty} u_n \neq 0$.

例 7-16　判定级数 $\sum\limits_{n=1}^{\infty} \dfrac{\sin(na)}{n^2}$ 的敛散性.

解：因为 $\left| \dfrac{\sin(na)}{n^2} \right| \leqslant \dfrac{1}{n^2}$，而级数 $\sum\limits_{n=1}^{\infty} \dfrac{1}{n^2}$ 是收敛的，所以根据比较审敛法，级数

$\sum\limits_{n=1}^{\infty} \left| \dfrac{\sin(na)}{n^2} \right|$ 收敛，再根据定理 7-6，级数 $\sum\limits_{n=1}^{\infty} \dfrac{\sin(na)}{n^2}$ 收敛，且绝对收敛.

例 7-17　判定级数 $\sum\limits_{n=1}^{\infty} \dfrac{a^n}{n^4}$（$a$ 为常数）的敛散性.

解：因为

$$\frac{|u_{n+1}|}{|u_n|} = \frac{|a|^{n+1} n^4}{|a|^n (n+1)^4} = \left(\frac{n}{n+1} \right)^4 |a|,$$

所以

$$\lim_{n \to \infty} \left(\frac{n}{n+1} \right)^4 |a| = |a|.$$

当 $|a| \leqslant 1$ 时，级数 $\sum\limits_{n=1}^{\infty} \dfrac{a^n}{n^4}$ 绝对收敛；当 $|a| > 1$ 时，级数 $\sum\limits_{n=1}^{\infty} \dfrac{a^n}{n^4}$ 发散.

习题 7－2

1. 用比较审敛法判定下列级数的敛散性.

(1) $\sum\limits_{n=1}^{\infty} \dfrac{1}{2n^2 + 1}$；

(2) $\sum\limits_{n=1}^{\infty} \dfrac{n}{n^2 - 1}$；

(3) $\sum\limits_{n=1}^{\infty} \dfrac{1}{\sqrt{n}}$；

(4) $\sum\limits_{n=1}^{\infty} \sin \dfrac{\pi}{2^n}$.

2. 用比值审敛法判定下列级数的敛散性.

(1) $\sum\limits_{n=1}^{\infty} \dfrac{4n}{2^n}$;

(2) $\sum\limits_{n=1}^{\infty} \dfrac{n!}{2^n}$;

(3) $\sum\limits_{n=1}^{\infty} \left(\dfrac{n}{2n+1}\right)^n$;

(4) $\sum\limits_{n=1}^{\infty} n\tan\dfrac{\pi}{2^n}$.

3. 用莱布尼茨定理判定下列级数的敛散性.

(1) $\sum\limits_{n=1}^{\infty} (-1)^{n+1} \dfrac{1}{\sqrt{n}}$;

(2) $\sum\limits_{n=1}^{\infty} (-1)^{n-1} \sin\dfrac{1}{n}$.

4. 判定下列级数是否收敛,若收敛,判定其是绝对收敛还是条件收敛.

(1) $\sum\limits_{n=1}^{\infty} (-1)^{n-1} \left(\dfrac{2}{3}\right)^n$;

(2) $\sum\limits_{n=1}^{\infty} (-1)^{n-1} \dfrac{1}{\ln n}$;

(3) $\sum\limits_{n=1}^{\infty} \dfrac{\sin\dfrac{n\pi}{2}}{\sqrt{n^3}}$;

(4) $\sum\limits_{n=1}^{\infty} (-1)^{n-1} \dfrac{1}{(n-1)^2}$.

7.3 幂级数

7.3.1 函数项级数的概念

定义 7-8 由区间 I 上的有序函数列 $u_1(x)$,$u_2(x)$,…,$u_n(x)$,…所构成的表达式

$$\sum_{n=1}^{\infty} u_n(x) = u_1(x) + u_2(x) + u_3(x) + \cdots + u_n(x) + \cdots$$

称为定义在区间 I 上的函数项级数.

定义 7-9 在区间 I 内的某一定点 x_0,函数项级数变成对应的常数项级数,即

$$\sum_{n=1}^{\infty} u_n(x_0) = u_1(x_0) + u_2(x_0) + u_3(x_0) + \cdots + u_n(x_0) + \cdots,$$

若 $\sum\limits_{n=1}^{\infty} u_n(x_0)$ 收敛,则称点 x_0 是级数 $\sum\limits_{n=1}^{\infty} u_n(x)$ 的收敛点;若 $\sum\limits_{n=1}^{\infty} u_n(x_0)$ 发散,则称点 x_0 是级数 $\sum\limits_{n=1}^{\infty} u_n(x)$ 的发散点.

定义 7-10 函数项级数 $\sum\limits_{n=1}^{\infty} u_n(x)$ 的所有收敛点的集合称为它的收敛域,所有发散点的集合称为它的发散域.

定义 7-11 在收敛域上,函数项级数 $\sum\limits_{n=1}^{\infty} u_n(x)$ 的和是关于 x 的函数 $s(x)$,$s(x)$ 称为函数项级数 $\sum\limits_{n=1}^{\infty} u_n(x)$ 的和函数,即 $s(x) = \sum\limits_{n=1}^{\infty} u_n(x)$. 函数项级数的前 n 项和 $\sum\limits_{i=1}^{n} u_i(x)$

记作 $s_n(x)$，即

$$s_n(x) = u_1(x) + u_2(x) + u_3(x) + \cdots + u_n(x).$$

在收敛域上有 $\lim\limits_{n\to\infty} s_n(x) = s(x)$.

函数项级数 $\sum\limits_{n=1}^{\infty} u_n(x)$ 的和函数 $s(x)$ 与部分和 $s_n(x)$ 的差 $r_n(x) = s(x) - s_n(x)$ 叫作函数项级数 $\sum\limits_{n=1}^{\infty} u_n(x)$ 的余项，并在收敛域内有 $\lim\limits_{n\to\infty} r_n(x) = 0$.

例 7-18　讨论函数项级数 $\sum\limits_{n=1}^{\infty} x^n$ 的敛散性.

解：函数项级数的部分和为

$$\sum_{i=1}^{n} x^n = x + x^2 + \cdots + x^n = \frac{x(1-x^n)}{1-x}.$$

当 $|x| < 1$ 时，$\lim\limits_{n\to\infty} \dfrac{x(1-x^n)}{1-x} = \dfrac{x}{1-x}$，因此，函数项级数 $\sum\limits_{n=1}^{\infty} x^n$ 的收敛域为 $(-1, 1)$，和函数为 $s(x) = \dfrac{x}{1-x}$.

当 $|x| > 1$ 时，$\lim\limits_{n\to\infty} \dfrac{x(1-x^n)}{1-x} = \infty$，因此级数 $\sum\limits_{n=1}^{\infty} x^n$ 发散. 当 $x = 1$ 时，级数 $S_n = n$，$\lim\limits_{n\to\infty} S_n = \infty$，级数发散. 当 $x = -1$ 时，级数各项 $+1$，-1 交替出现，级数发散. 因此发散域 $(-\infty, -1] \cup [1, +\infty)$.

7.3.2　幂级数及其收敛性

定义 7-12　形如 $\sum\limits_{n=0}^{\infty} a_n(x-x_0)^n$ 的函数项级数称为**幂级数**，其中 x_0 是常数，a_n 只与 n 有关，a_n 称为幂级数的**系数**. 当 $x_0 = 0$ 时，幂级数的简化形式为

$$\sum_{n=0}^{\infty} a_n x^n = a_0 + a_1 x + a_2 x^2 + \cdots + a_n x^n + \cdots.$$

一切形式的幂级数 $\sum\limits_{n=0}^{\infty} a_n(x-x_0)^n$，只需要做 $t = x - x_0$ 的变化，都可以变成简化形式. 本书只研究幂级数 $\sum\limits_{n=0}^{\infty} a_n x^n$.

显然，当 $x = 0$ 时，幂级数 $\sum\limits_{n=0}^{\infty} a_n x^n = a_0$，幂级数收敛.

定理 7-7　（阿贝尔定理）　对于幂级数 $\sum\limits_{n=0}^{\infty} a_n x^n$，若当 $x = x_0(x_0 \neq 0)$ 时收敛，则适合不等式 $|x| < |x_0|$ 的一切 x 使此幂级数绝对收敛. 反之，若当 $x = x_0$ 时级数 $\sum\limits_{n=0}^{\infty} a_n x^n$ 发散，则适合不等式 $|x| > |x_0|$ 的一切 x 使此幂级数发散.

证明　先设 x_0 是幂级数 $\sum\limits_{n=0}^{\infty} a_n x^n$ 的收敛点，即级数 $\sum\limits_{n=0}^{\infty} a_n x^n$ 收敛．根据级数收敛的必要条件，有 $\lim\limits_{n\to\infty} a_n x_0^n = 0$，于是存在一个常数 M，使 $|a_n x_0^n| \leqslant M (n=1, 2, \cdots)$，当 $|x| < |x_0|$，即 $\left|\dfrac{x}{x_0}\right| < 1$ 时，于是

$$|a_n x^n| = \left|a_n x_0^n \cdot \frac{x^n}{x_0^n}\right| = |a_n x_0^n| \cdot \left|\frac{x}{x_0}\right|^n \leqslant M \cdot \left|\frac{x}{x_0}\right|^n.$$

此时级数 $\sum\limits_{n=0}^{\infty} M \cdot \left|\dfrac{x}{x_0}\right|^n$ 为公比小于 1 的等比级数，故 $\sum\limits_{n=0}^{\infty} M \cdot \left|\dfrac{x}{x_0}\right|^n$ 收敛．根据比较审敛法，级数 $\sum\limits_{n=0}^{\infty} |a_n x^n|$ 收敛，也就是级数 $\sum\limits_{n=0}^{\infty} a_n x^n$ 绝对收敛．

对于本定理的第二部分，用反证法证明．当幂级数在 $x=x_0$ 时发散，若存在一点 x_1 使 $|x_1| > |x_0|$ 使级数收敛，则根据本定理的第一部分，幂级数在 $x=x_0$ 时应该收敛，这与所设幂级数在 $x=x_0$ 时发散矛盾．故此定理得证．

定理 7-7 表明，幂级数从原点开始向两边扩散，在某一界点范围内幂级数收敛，超过界点的范围幂级数发散，在界点处既有可能收敛，也有可能发散(图 7-1).

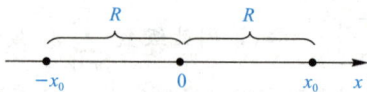

图 7-1

定义 7-13　对于幂级数 $\sum\limits_{n=0}^{\infty} a_n x^n$，必有一个正数 $0 \leqslant R \leqslant +\infty$，使以下结论成立．

(1)当 $|x| < R$ 时，幂级数绝对收敛．

(2)当 $|x| > R$ 时，幂级数发散．

(3)当 $x=R$ 与 $x=-R$ 时，幂级数既可能收敛，也可能发散．

此时，R 叫作幂级数 $\sum\limits_{n=0}^{\infty} a_n x^n$ 的**收敛半径**．$(-R, R)$ 叫作幂级数 $\sum\limits_{n=0}^{\infty} a_n x^n$ 的**收敛区间**．再讨论 $x=\pm R$ 处的敛散性，就可以确定级数的**收敛域**．幂级数 $\sum\limits_{n=0}^{\infty} a_n x^n$ 的收敛域是 $(-R, R)$，$[-R, R)$，$(-R, R]$，$[-R, R]$ 四种之一．

如果幂级数 $\sum\limits_{n=0}^{\infty} a_n x^n$ 只在 $x=0$ 处收敛，则规定收敛半径 $R=0$，收敛域为 $\{0\}$；如果幂级数 $\sum\limits_{n=0}^{\infty} a_n x^n$ 对一切 x 都收敛，则规定收敛半径 $R=+\infty$，收敛域为 $(-\infty, +\infty)$．

定理 7-8　在幂级数 $\sum\limits_{n=0}^{\infty} a_n x^n$ 中，若 $\lim\limits_{n\to\infty}\left|\dfrac{a_{n+1}}{a_n}\right| = \rho$，$a_n$，$a_{n+1}$ 是相邻两项的系数，则有以下结论．

(1)当 $0 < \rho < +\infty$，收敛半径 $R=\dfrac{1}{\rho}$．

(2)当 $\rho=0$，收敛半径 $R=+\infty$．

（3）当 $\rho=+\infty$，收敛半径 $R=0$.

证明　根据比值审敛法，有

$$\lim_{n\to\infty}\left|\frac{a_{n+1}x^{n+1}}{a_nx^n}\right|=\lim_{n\to\infty}\left|\frac{a_{n+1}}{a_n}\right|\cdot|x|=\rho|x|.$$

（1）如果 $0<\rho<+\infty$，则在 $\rho|x|<1$，即 $|x|<\dfrac{1}{\rho}$ 时幂级数收敛，故 $R=\dfrac{1}{\rho}$.

（2）如果 $\rho=0$，则对于任意 $x\in(-\infty,+\infty)$，均有 $\rho|x|=0$，幂级数总是收敛的，故 $R=+\infty$.

（3）如果 $\rho=+\infty$，则当 $x\neq0$ 时，$\rho|x|=+\infty$，幂级数发散，当 $x=0$ 时，$\rho|x|=0$，幂级数收敛，故 $R=0$.

例 7-19　求幂级数 $\displaystyle\sum_{n=1}^{\infty}\frac{x^n}{n}$ 的收敛半径与收敛域.

解：因为

$$\rho=\lim_{n\to\infty}\left|\frac{a_{n+1}}{a_n}\right|=\lim_{n\to\infty}\frac{n}{n+1}=1,$$

所以收敛半径为 $R=\dfrac{1}{\rho}=1$.

当 $x=1$ 时，级数成为调和级数 $\displaystyle\sum_{n=1}^{\infty}\frac{1}{n}$，发散. 当 $x=-1$ 时，级数成为交错级数 $\displaystyle\sum_{n=1}^{\infty}(-1)^n\frac{1}{n}$，根据莱布尼茨定理，级数收敛. 因此，收敛域为 $[-1,1)$.

例 7-20　求幂级数 $\displaystyle\sum_{n=1}^{\infty}(\ln n)x^n$ 的收敛域.

解：因为

$$\rho=\lim_{n\to\infty}\left|\frac{a_{n+1}}{a_n}\right|=\lim_{n\to\infty}\frac{\ln(n+1)}{\ln n}=\lim_{n\to\infty}\frac{\frac{1}{n+1}}{\frac{1}{n}}=\lim_{n\to\infty}\frac{n}{n+1}=1,$$

所以收敛半径 $R=\dfrac{1}{\rho}=1$.

当 $x=-1$ 时，级数 $\displaystyle\sum_{n=1}^{\infty}(\ln n)(-1)^n$ 的通项极限不为 0，所以发散，当 $x=1$ 时，级数 $\displaystyle\sum_{n=1}^{\infty}(\ln n)1^n$ 的通项极限是 ∞，所以发散. 故幂级数 $\displaystyle\sum_{n=1}^{\infty}(\ln n)x^n$ 的收敛域为 $(-1,1)$.

例 7-21　求幂级数 $\displaystyle\sum_{n=0}^{\infty}n!\,x^n$ 的收敛域.

解：因为

$$\rho=\lim_{n\to\infty}\left|\frac{a_{n+1}}{a_n}\right|=\lim_{n\to\infty}\frac{(n+1)!}{n!}=\lim_{n\to\infty}(n+1)=+\infty,$$

所以收敛半径为 $R=0$，即级数仅在 $x=0$ 处收敛，收敛域为 $\{0\}$.

例 7-22　求幂级数 $\displaystyle\sum_{n=0}^{\infty}\frac{x^{2n}}{4^n}$ 的收敛域.

解：级数缺少奇次幂的项，定理 7-8 不能应用．可使用比值审敛法求收敛半径．

幂级数的一般项记为 $u_n(x) = \dfrac{x^{2n}}{4^n}$．因为

$$\lim_{n \to \infty}\left|\frac{u_{n+1}(x)}{u_n(x)}\right| = \lim_{n \to \infty}\left|\frac{\frac{x^{2(n+1)}}{4^{(n+1)}}}{\frac{x^{2n}}{4^n}}\right| = \lim_{n \to \infty}\left|\frac{x^{2(n+1)}}{4^{n+1}} \cdot \frac{4^n}{x^{2n}}\right| = \lim_{n \to \infty}\left|\frac{x^2}{4}\right|$$

当 $\left|\dfrac{x^2}{4}\right| < 1$，即 $|x^2| < 4$，$-2 < x < 2$ 时，级数收敛．当 $x = -2$ 时，级数 $\displaystyle\sum_{n=0}^{\infty}\frac{(-2)^{2n}}{4^n} = \sum_{n=0}^{\infty}1$

发散．当 $x = 2$ 时，级数 $\displaystyle\sum_{n=0}^{\infty}\frac{2^{2n}}{4^n} = \sum_{n=0}^{\infty}1$ 发散．故幂级数 $\displaystyle\sum_{n=0}^{\infty}\frac{x^{2n}}{4^n}$ 的收敛域为 $(-2, 2)$．

7.3.3 幂级数的运算和性质

1. 幂级数的运算

幂级数 $\displaystyle\sum_{n=0}^{\infty}a_n x^n$ 及 $\displaystyle\sum_{n=0}^{\infty}b_n x^n$ 的收敛区间分别为 $(-R_1, R_1)$ 及 $(-R_2, R_2)$，记 $R = \min(R_1, R_2)$，有下列运算．

(1) 加法：$\displaystyle\sum_{n=0}^{\infty}a_n x^n + \sum_{n=0}^{\infty}b_n x^n = \sum_{n=0}^{\infty}(a_n + b_n)x^n$．

(2) 减法：$\displaystyle\sum_{n=0}^{\infty}a_n x^n - \sum_{n=0}^{\infty}b_n x^n = \sum_{n=0}^{\infty}(a_n - b_n)x^n$．

(3) 乘法：$\left(\displaystyle\sum_{n=0}^{\infty}a_n x^n\right) \cdot \left(\sum_{n=0}^{\infty}b_n x^n\right) = a_0 b_0 + (a_0 b_1 + a_1 b_0)x + (a_0 b_2 + a_1 b_1 + a_2 b_0)x^2 + \cdots + (a_0 b_n + a_1 b_{n-1} + \cdots + a_n b_0)x^n + \cdots$．

(4) 除法：$\dfrac{a_0 + a_1 x + a_2 x^2 + \cdots + a_n x^n + \cdots}{b_0 + b_1 x + b_2 x^2 + \cdots + b_n x^n + \cdots} = c_0 + c_1 x + c_2 x^2 + \cdots + c_n x^n + \cdots$．

经过运算后的新级数在 $(-R, R)$ 内收敛．

2. 幂级数的性质

对于和函数为 $s(x)$、收敛半径为 R 的幂级数 $\displaystyle\sum_{n=0}^{\infty}a_n x^n$，有下列重要性质．

性质 7-6 和函数 $s(x)$ 在其收敛区间 $(-R, R)$ 内可导，并且有逐项求导公式：

$$s'(x) = \left(\sum_{n=0}^{\infty}a_n x^n\right)' = \sum_{n=0}^{\infty}(a_n x^n)' = \sum_{n=1}^{\infty}n a_n x^{n-1}$$

逐项求导后所得到的幂级数的收敛半径仍然是 R．

推论 7-1 幂级数 $\displaystyle\sum_{n=0}^{\infty}a_n x^n$ 经过任意阶导数后形成的幂级数，收敛半径仍然是 R．

性质 7-7 和函数 $s(x)$ 在其收敛区间 $(-R, R)$ 上可积，并且有逐项积分公式：

$$\int_0^x s(x)\,\mathrm{d}x = \int_0^x \left(\sum_{n=0}^{\infty}a_n x^n\right)\mathrm{d}x = \sum_{n=0}^{\infty}\int_0^x a_n x^n\,\mathrm{d}x = \sum_{n=0}^{\infty}\frac{a_n}{n+1}x^{n+1}$$

逐项积分后所得到的幂级数的收敛半径仍然是 R．

例 7-23 求幂级数 $\sum\limits_{n=1}^{\infty} nx^{n-1}$ 的和函数.

解: 所求幂级数的收敛半径 $R=1$, 收敛区间为 $(-1, 1)$, 和函数为 $s(x)$, 因为 $\sum\limits_{n=1}^{\infty} x^n$

与 $\sum\limits_{n=1}^{\infty} nx^{n-1}$ 有相同的收敛半径和收敛区间, 所以

$$s(x) = \sum_{n=1}^{\infty} nx^{n-1} = \left(\sum_{n=1}^{\infty} x^n\right)' = \left(\frac{x}{1-x}\right)' = \frac{1}{(1-x)^2}.$$

例 7-24 求幂级数 $\sum\limits_{n=0}^{\infty} \frac{1}{n+1} x^{n+1}$ 的和函数.

解: 所求幂级数的收敛半径 $R=1$, 收敛区间为 $(-1, 1)$, 和函数为 $s(x)$, 则

$$s(x) = \sum_{n=0}^{\infty} \frac{1}{n+1} x^{n+1} = \int_0^x \sum_{n=0}^{\infty} x^n \, \mathrm{d}x = \int_0^x \frac{1}{1-x} \, \mathrm{d}x = -\ln(1-x).$$

习题 7-3

1. 求下列幂级数的收敛半径.

(1) $\sum\limits_{n=1}^{\infty} nx^n$;

(2) $\sum\limits_{n=1}^{\infty} \frac{(x+2)^n}{n \cdot 2^n}$.

2. 求下列幂级数的收敛域.

(1) $\sum\limits_{n=1}^{\infty} \frac{x^n}{2^n n^2}$;

(2) $\sum\limits_{n=1}^{\infty} (-1)^n \frac{x^n}{n(n+1)}$;

(3) $\sum\limits_{n=1}^{\infty} \frac{2^n}{2n+1} x^n$;

(4) $\sum\limits_{n=1}^{\infty} \frac{x^n}{n \cdot 3^n}$.

3. 求下列级数的和函数.

(1) $\sum\limits_{n=1}^{\infty} (n+1)x^n$;

(2) $\sum\limits_{n=1}^{\infty} (-1)^{n-1} \frac{x^n}{n}$.

7.4 函数的幂级数展开

函数项级数 $\sum\limits_{n=1}^{\infty} u_n(x)$ 在收敛域内有和函数 $s(x)$, 那么反过来, 给定一个函数 $f(x)$,

可以考虑在某个区间内将其展开成函数项级数, 特别是展开成幂级数 $\sum\limits_{n=0}^{\infty} a_n(x-x_0)^n$, 因为幂级数形式简单, 而且具有多种性质, 对研究函数形态、数值计算具有重要意义. 下面研究函数的幂级数展开.

定理 7-9 如果函数 $f(x)$ 在点 x_0 处的某邻域内可以展开成幂级数 $\sum\limits_{n=0}^{\infty} a_n(x-x_0)^n$, 则幂级数的展开是唯一的, 且

$$a_0 = f(x_0), \quad a_1 = f'(x_0), \quad a_2 = \frac{f''(x_0)}{2!}, \quad \cdots, \quad a_n = \frac{f^{(n)}(x_0)}{n!}, \quad \cdots.$$

证明 函数的幂级数展开式为

$$f(x)=\sum_{n=0}^{\infty}a_n(x-x_0)^n=a_0+a_1(x-x_0)+a_2(x-x_0)^2+\cdots+a_n(x-x_0)^n+\cdots.$$

将 $x=x_0$ 代入，$a_0=f(x_0)$.

$$f'(x)=a_1+a_2\cdot 2(x-x_0)+a_3\cdot 3(x-x_0)^2+\cdots+a_n\cdot n(x-x_0)^{n-1}+\cdots,$$

将 $x=x_0$ 代入，$a_1=f'(x_0)$.

$$f''(x)=2a_2+a_3\cdot 3\cdot 2(x-x_0)+a_3\cdot 4\cdot 3(x-x_0)^2+\cdots+a_n\cdot n\cdot(n-1)(x-x_0)^{n-2}+\cdots,$$

将 $x=x_0$ 代入，$a_2=\dfrac{f''(x_0)}{2!}$.

依此类推，$a_n=\dfrac{f^{(n)}(x_0)}{n!}$.

定理 7-10 如果 $f(x)$ 在点 x_0 处的某邻域内各阶导数 $f'(x)$，$f''(x)$，$\cdots$，$f^{(n)}(x)$，$\cdots$ 均存在，则 $f(x)$ 可以展开成幂级数：

$$f(x)=f(x_0)+f'(x_0)(x-x_0)+\frac{f''(x_0)}{2!}(x-x_0)^2+\cdots+\frac{f^{(n)}(x_0)}{n!}(x-x_0)^n+\cdots.$$

这一幂级数称为函数 $f(x)$ 的**泰勒级数**.

如果函数 $f(x)$ 存在 $n+1$ 阶导数，根据泰勒中值定理，可得

$$f(x)=f(x_0)+f'(x_0)(x-x_0)+\frac{f''(x_0)}{2!}(x-x_0)^2+\cdots+\frac{f^{(n)}(x_0)}{n!}(x-x_0)^n+R_n(x),$$

其中，$R_n(x)=\dfrac{f^{(n+1)}(\xi)}{(n+1)!}(x-x_0)^{n+1}$，$\xi$ 介于 x 与 x_0 之间，$R_n(x)$ 称为**拉格朗日余项**.

证明 当 $x=x_0$ 时，$f(x)$ 的泰勒级数收敛于 $f(x_0)$.

当 $x\neq x_0$ 时，函数 $f(x)$ 在该邻域内能展开成泰勒级数的充分必要条件是 $f(x)$ 泰勒级数中的拉格朗日余项 $R_n(x)$ 在 $n\to\infty$ 时的极限为零，即 $\lim\limits_{n\to\infty}R_n(x)=0$.

先证明必要性. 设 $f(x)$ 在 $U(x_0)$ 内能展开为泰勒级数，即

$$f(x)=f(x_0)+f'(x_0)(x-x_0)+\frac{f''(x_0)}{2!}(x-x_0)^2+\cdots+\frac{f^{(n)}(x_0)}{n!}(x-x_0)^n+\cdots.$$

又设 $s_{n+1}(x)$ 是 $f(x)$ 泰勒级数的前 $n+1$ 项的和，则在 $U(x_0)$ 内

$$\lim_{n\to\infty}s_{n+1}(x)\to f(x).$$

而 $f(x)$ 的 n 阶泰勒公式可写成 $f(x)=s_{n+1}(x)+R_n(x)$，于是

$$\lim_{n\to\infty}R_n(x)=f(x)-\lim_{n\to\infty}s_{n+1}(x)=0.$$

再证明充分性. 设 $\lim\limits_{n\to\infty}R_n(x)=0$ 成立.

因为 $f(x)$ 的 n 阶泰勒公式可写成 $f(x)=s_{n+1}(x)+R_n(x)$，于是

$$s_{n+1}(x)=f(x)-R_n(x)\to f(x),$$

即 $f(x)$ 的泰勒级数在 $U(x_0)$ 内收敛，并且收敛于 $f(x)$.

定理 7-11 在泰勒级数中取 $x_0=0$，函数 $f(x)$ 可以展开成

$$f(x)=f(0)+f'(0)x+\frac{f''(0)}{2!}x^2+\cdots+\frac{f^{(n)}(0)}{n!}x^n+\cdots,$$

此级数称为 $f(x)$ 的**麦克劳林级数**.

1. 直接展开法

把函数 $f(x)$ 按照定理 7-11 直接展开成 x 的幂级数,按照下列步骤进行.

第一步,求出 $f(x)$ 的各阶导数:$f'(x)$,$f''(x)$,$f'''(x)$,$\cdots$,$f^{(n)}(x)$,$\cdots$.

第二步,将 $x_0=0$ 代入各阶导数并求出数值:

$$f'(0),\ f''(0),\ f'''(0),\ \cdots,\ f^{(n)}(0),\ \cdots.$$

第三步,写出幂级数

$$f(x)=f(0)+f'(0)x+\frac{f''(0)}{2!}x^2+\cdots+\frac{f^{(n)}(0)}{n!}x^n+\cdots,$$

并求出收敛半径 R.

第四步,考查在收敛区间 $(-R,R)$ 内,

$$\lim_{n\to\infty}R_n(x)=\lim_{n\to\infty}\frac{f^{(n+1)}(\xi)}{(n+1)!}x^{n+1}$$

是否为零.如果为零,则 $f(x)$ 在 $(-R,R)$ 内有展开式

$$f(x)=f(0)+f'(0)x+\frac{f''(0)}{2!}x^2+\cdots+\frac{f^{(n)}(0)}{n!}x^n+\cdots.$$

例 7-25　试将函数 $f(x)=\mathrm{e}^x$ 展开成 x 的幂级数.

解:所给函数的各阶导数为 $f^{(n)}(x)=\mathrm{e}^x\,(n=1,2,\cdots)$,因此 $f^{(n)}(0)=1\,(n=1,2,\cdots)$.得到幂级数

$$1+x+\frac{1}{2!}x^2+\cdots+\frac{1}{n!}x^n+\cdots,$$

该幂级数的收敛半径 $R=+\infty$.

由于对于任何有限的数 ξ(ξ 介于 0 与 x 之间),有

$$|R_n(x)|=\left|\frac{\mathrm{e}^\xi}{(n+1)!}x^{n+1}\right|<\mathrm{e}^{|x|}\cdot\frac{|x|^{n+1}}{(n+1)!},$$

而 $\lim\limits_{n\to\infty}\dfrac{|x|^{n+1}}{(n+1)!}=0$,所以 $\lim\limits_{n\to\infty}|R_n(x)|=0$,从而有展开式

$$\mathrm{e}^x=1+x+\frac{1}{2!}x^2+\cdots+\frac{1}{n!}x^n+\cdots\quad(-\infty<x<+\infty).$$

用级数的部分和来近似代替 e^x,展开的项数越多越接近 e^x,如图 7-2 所示.

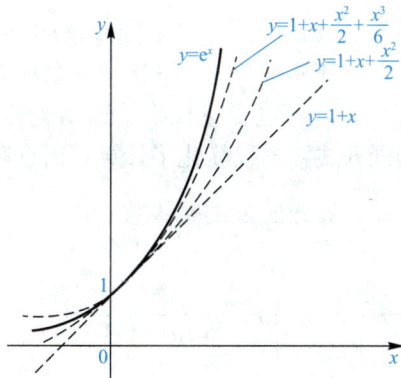

图 7-2

例 7-26 将函数 $f(x)=\sin x$ 展开成 x 的幂级数.

解：因为 $f^{(n)}(x)=\sin\left(x+n\cdot\dfrac{\pi}{2}\right)(n=1,2,\cdots)$，所以 $f^{(n)}(0)$ 顺序循环地取 $0,1$，$0,-1,\cdots(n=0,1,2,\cdots)$，于是得级数

$$x-\frac{x^3}{3!}+\frac{x^5}{5!}-\cdots+(-1)^{n-1}\frac{x^{2n-1}}{(2n-1)!}+\cdots,$$

它的收敛半径为 $R=+\infty$.

对于任何有限的数 $\xi(\xi$ 介于 0 与 x 之间$)$，有

$$|R_n(x)|=\left|\frac{\sin\left[\xi+\dfrac{(n+1)\pi}{2}\right]}{(n+1)!}x^{n+1}\right|\leqslant\frac{|x|^{n+1}}{(n+1)!},$$

而 $\lim\limits_{n\to\infty}\dfrac{|x|^{n+1}}{(n+1)!}=0$，因此 $\lim\limits_{n\to\infty}|R_n(x)|=0$，从而有展开式

$$\sin x=x-\frac{x^3}{3!}+\frac{x^5}{5!}-\cdots+(-1)^{n-1}\frac{x^{2n-1}}{(2n-1)!}+\cdots\quad(-\infty<x<+\infty).$$

例 7-27 将函数 $f(x)=(1+x)^m$ 展开成 x 的幂级数，其中 m 为任意常数.

解：$f(x)$ 的各阶导数为

$$f'(x)=m(1+x)^{m-1},$$
$$f''(x)=m(m-1)(1+x)^{m-2},$$
$$\cdots$$
$$f^{(n)}(x)=m(m-1)(m-2)\cdots(m-n+1)(1+x)^{m-n},$$
$$\cdots$$

因此

$$f(0)=1,\ f'(0)=m,\ f''(0)=m(m-1),\cdots,$$
$$f^{(n)}(0)=m(m-1)(m-2)\cdots(m-n+1),\cdots.$$

可以得知 $R_n(x)\to0$.

于是，得幂级数

$$(1+x)^m=1+mx+\frac{m(m-1)}{2!}x^2+\cdots+\frac{m(m-1)\cdots(m-n+1)}{n!}x^n+\cdots.$$

2. 间接展开法

函数展开成幂级数，可以按照公式展开，再验证拉格朗日余项的极限是否为零，但有些函数按公式展开比较困难，首先计算量较大，其次研究余项即使对于初等函数也较困难。还可以利用已知函数展开的幂级数，通过变量代换、四则运算、恒等变形、逐项求导、逐项积分等方法来间接求函数的展开式，不仅简化了计算，而且避免了余项的判断.

例 7-28 将函数 $f(x)=\cos x$ 展开成 x 的幂级数.

解：已知

$$\sin x=x-\frac{x^3}{3!}+\frac{x^5}{5!}-\cdots+(-1)^{n-1}\frac{x^{2n-1}}{(2n-1)!}+\cdots,\ x\in(-\infty,+\infty),$$

对上式两边逐项求导，可得

$$\cos x = 1 - \frac{x^2}{2!} + \frac{x^4}{4!} - \cdots + (-1)^n \frac{x^{2n}}{(2n)!} + \cdots, \quad x \in (-\infty, +\infty).$$

例 7-29 将函数 $f(x) = \ln(1+x)$ 展开成 x 的幂级数，并指出收敛域.

解： $\ln'(1+x) = \frac{1}{1+x}$，而

$$\frac{1}{1+x} = 1 - x + x^2 - x^3 + \cdots + (-1)^n x^n + \cdots, \quad x \in (-1, 1).$$

将上式左、右两端分别积分，得

$$\ln(1+x) = x - \frac{1}{2}x^2 + \frac{1}{3}x^3 + \cdots + \frac{(-1)^n}{n+1}x^{n+1} + \cdots, \quad x \in (-1, 1).$$

当 $x=1$ 时，上式仍然成立，收敛域为 $(-1, 1]$.

例 7-30 将函数 $f(x) = \arctan x$ 展开成 x 的幂级数，并指出收敛域.

解： 由 $\frac{1}{1+x} = 1 - x + x^2 - x^3 + \cdots + (-1)^n x^n + \cdots, \quad x \in (-1, 1)$，得

$$\frac{1}{1+x^2} = 1 - x^2 + x^4 - x^6 + \cdots + (-1)^n x^{2n} + \cdots, \quad x \in (-1, 1).$$

因为 $(\arctan x)' = \frac{1}{1+x^2}$，从而 $\arctan x$ 的展开式是上式从 0 到 x 逐项积分，得

$$\arctan x = x - \frac{1}{3}x^3 + \frac{1}{5}x^5 + \cdots + (-1)^n \frac{x^{2n+1}}{2n+1} + \cdots, \quad x \in (-1, 1).$$

当 $x = \pm 1$ 时，上式仍然成立，收敛域为 $[-1, 1]$.

例 7-31 将函数 $f(x) = \frac{1}{x^2-3x+2}$ 展开成 x 的幂级数，并指出其收敛域.

解： 因为 $f(x) = \frac{1}{(1-x)(2-x)} = \frac{1}{1-x} - \frac{1}{2-x}$，所以

$$\frac{1}{1-x} = \sum_{n=0}^{\infty} x^n \,(|x| < 1), \quad \frac{1}{2-x} = \frac{1}{2}\sum_{n=0}^{\infty}\left(\frac{x}{2}\right)^n = \sum_{n=0}^{\infty}\frac{x^n}{2^{n+1}}\,(|x| < 2),$$

得 $f(x) = \frac{1}{x^2-3x+2} = \sum_{n=0}^{\infty}\left(1 - \frac{1}{2^{n+1}}\right)x^n$，收敛域为 $(-1, 1)$.

一些常用的函数展开式如下.

$$\frac{1}{1-x} = 1 + x + x^2 + \cdots + x^n + \cdots \quad (-1 < x < 1),$$

$$e^x = 1 + x + \frac{1}{2!}x^2 + \cdots + \frac{1}{n!}x^n + \cdots \quad (-\infty < x < +\infty),$$

$$\sin x = x - \frac{x^3}{3!} + \frac{x^5}{5!} - \cdots + (-1)^{n-1}\frac{x^{2n-1}}{(2n-1)!} + \cdots \quad (-\infty < x < +\infty),$$

$$\cos x = 1 - \frac{x^2}{2!} + \frac{x^4}{4!} - \cdots + (-1)^n \frac{x^{2n}}{(2n)!} + \cdots \quad (-\infty < x < +\infty),$$

$$\ln(1+x) = x - \frac{x^2}{2} + \frac{x^3}{3} - \frac{x^4}{4} + \cdots + (-1)^n \frac{x^{n+1}}{n+1} + \cdots \quad (-1 < x \le 1),$$

$$(1+x)^m = 1 + mx + \frac{m(m-1)}{2!}x^2 + \cdots + \frac{m(m-1)\cdots(m-n+1)}{n!}x^n + \cdots (-1 < x < 1).$$

我来扫一扫：幂级数展开式的应用.

习题 7-4

1. 将下列函数展开成 x 的幂级数，并求展开式成立的区间.

(1) $y = a^x (a > 0,\ a \neq 1)$;

(2) $y = \cos^2 x$;

(3) $y = \ln(2-x)$;

(4) $y = \dfrac{1}{2+x^2}$.

2. 将函数 $f(x) = \ln x$ 展开成 $(x-2)$ 的幂级数.

3. 利用函数的幂级数展开式求下列各式近似值(精确到 10^{-4}).

(1) $\sqrt[5]{240}$;

(2) $\cos 2°$.

4. 利用被积函数的幂级数展开式求下列定积分近似值(精确到 10^{-4}).

(1) $\displaystyle\int_0^1 \cos\sqrt{x}\,\mathrm{d}x$;

(2) $\displaystyle\int_0^1 \mathrm{e}^{-x^2}\,\mathrm{d}x$.

7.5 傅里叶级数

7.5.1 三角级数及三角函数系

在科学技术中，周期运动是一种常见的运动，正弦函数是常见且简单的周期函数．例如，描述简谐振动的函数

$$y = A\sin(\omega t + \varphi)$$

就是一个以 $\dfrac{2\pi}{\omega}$ 为周期的正弦函数．其中，y 表示动点的位置，t 表示时间，A 为振幅，ω 为角频率，φ 为初相.

在实际问题中，还会遇到各种各样的非正弦函数的周期函数，它们可以反映复杂的周期运动．例如，在电子技术中周期为 T 的矩形波就是非正弦周期函数．那么如何处理非正弦周期函数呢？联系到用函数的幂级数展开式表示和讨论函数，可以用一系列以 T 为周期的正弦函数 $A_n \sin(n\omega t + \varphi_n)$ 组成的级数来表示，记作

$$f(t)=A_0+\sum_{n=1}^{\infty}A_n\sin(n\omega t+\varphi_n),\qquad(7\text{-}4)$$

其中，A_0，A_n，$\varphi_n(n=1，2，3，\cdots)$都是常数.

将周期函数按上述方式展开，就把一个比较复杂的周期运动展开成许多不同频率的简谐振动的叠加. 在电工学上，这种展开称为谐波分析. 其中常数项 A_0 称为 $f(t)$ 的直流分量；$A_1\sin(\omega t+\varphi_1)$ 称为一次谐波；$A_2\sin(2\omega t+\varphi_2)$，$A_3\sin(3\omega t+\varphi_3)$，$\cdots$依次称为二次谐波、三次谐波、$\cdots$.

将正弦函数 $A_n\sin(n\omega t+\varphi_n)$ 按三角公式变形，得

$$A_n\sin(n\omega t+\varphi_n)=A_n\sin\varphi_n\cos(n\omega t)+A_n\cos\varphi_n\sin(n\omega t),$$

并且令 $\dfrac{a_0}{2}=A_0$，$a_n=A_n\sin\varphi_n$，$b_n=A_n\cos\varphi_n$，$\omega=\dfrac{\pi}{l}$，则式(7-4)右端的级数就可以改写为

$$\frac{a_0}{2}+\sum_{n=1}^{\infty}\left(a_n\cos\frac{n\pi t}{l}+b_n\sin\frac{n\pi t}{l}\right)\qquad(7\text{-}5)$$

形如式(7-5)的级数叫作三角级数，其中 a_0，a_n，$b_n(n=1，2，3，\cdots)$都是常数.

令 $\dfrac{\pi t}{l}=x$，式(7-5)成为

$$\frac{a_0}{2}+\sum_{n=1}^{\infty}(a_n\cos nx+b_n\sin nx),\qquad(7\text{-}6)$$

这就把以 $2l$ 为周期的三角级数转换为以 2π 为周期的**三角级数**.

为了讨论三角级数[式(7-6)]的收敛问题，以及周期函数转换成三角级数的方法，首先给出三角函数系的正交性.

函数列

$$1，\cos x，\sin x，\cos 2x，\sin 2x，\cdots，\cos nx，\sin nx，\cdots,\qquad(7\text{-}7)$$

称为**三角函数系**.

三角函数系中的任何两个函数在区间$[-\pi，\pi]$上正交，就是指在三角函数系[式(7-7)]中任何不同的两个函数的乘积在区间$[-\pi，\pi]$上的积分等于零，即

$$\int_{-\pi}^{\pi}\cos nx\,\mathrm{d}x=0(n=1，2，\cdots),$$

$$\int_{-\pi}^{\pi}\sin nx\,\mathrm{d}x=0(n=1，2，\cdots),$$

$$\int_{-\pi}^{\pi}\sin kx\cos nx\,\mathrm{d}x=0(k，n=1，2，\cdots),$$

$$\int_{-\pi}^{\pi}\sin kx\sin nx\,\mathrm{d}x=0(k，n=1，2，\cdots，k\neq n),$$

$$\int_{-\pi}^{\pi}\cos kx\cos nx\,\mathrm{d}x=0(k，n=1，2，\cdots，k\neq n).$$

三角函数系中任何两个相同的函数的乘积在区间$[-\pi，\pi]$上的积分不等于零，即

$$\int_{-\pi}^{\pi}1^2\,\mathrm{d}x=2\pi,$$

$$\int_{-\pi}^{\pi}\cos^2 nx\,\mathrm{d}x=\pi(n=1，2，\cdots),$$

$$\int_{-\pi}^{\pi}\sin^2 nx\,\mathrm{d}x=\pi(n=1，2，\cdots).$$

7.5.2 函数展开成傅里叶级数

设 $f(x)$ 是周期为 2π 的周期函数，且能展开成三角级数

$$f(x) = \frac{a_0}{2} + \sum_{k=1}^{\infty} (a_k \cos kx + b_k \sin kx), \tag{7-8}$$

那么系数 a_0，a_1，b_1，…如何确定？它们与函数 $f(x)$ 之间存在怎样的关系？

假定三角级数[式(7-8)]可逐项积分，则

$$\int_{-\pi}^{\pi} f(x)\,\mathrm{d}x = \int_{-\pi}^{\pi} \frac{a_0}{2}\,\mathrm{d}x + \sum_{k=1}^{\infty} \left(a_k \int_{-\pi}^{\pi} \cos kx\,\mathrm{d}x + b_k \int_{-\pi}^{\pi} \sin kx\,\mathrm{d}x \right), \tag{7-9}$$

由正交性可知，$\int_{-\pi}^{\pi} f(x)\,\mathrm{d}x = \frac{a_0}{2} \cdot 2\pi$，可得

$$a_0 = \frac{1}{\pi} \int_{-\pi}^{\pi} f(x)\,\mathrm{d}x.$$

用 $\cos nx$ 乘以式(7-9)两端，得

$$\int_{-\pi}^{\pi} f(x)\cos nx\,\mathrm{d}x = \int_{-\pi}^{\pi} \frac{a_0}{2}\cos nx\,\mathrm{d}x + \sum_{k=1}^{\infty} \left(a_k \int_{-\pi}^{\pi} \cos kx \cos nx\,\mathrm{d}x + b_k \int_{-\pi}^{\pi} \sin kx \cos nx\,\mathrm{d}x \right)$$
$$= a_n\pi.$$

由正交性可知，仅当 $n = k$ 时，等式右边有一项不为零，即

$$\int_{-\pi}^{\pi} f(x)\cos nx\,\mathrm{d}x = a_k \int_{-\pi}^{\pi} \cos^2 kx\,\mathrm{d}x = a_k\pi,$$

可得

$$a_k = \frac{1}{\pi} \int_{-\pi}^{\pi} f(x)\cos nx\,\mathrm{d}x,$$

同理可得

$$b_k = \frac{1}{\pi} \int_{-\pi}^{\pi} f(x)\sin nx\,\mathrm{d}x.$$

系数 a_0，a_1，b_1，… 叫作函数 $f(x)$ 的**傅里叶系数**.

由于当 $n = 0$ 时，a_n 的表达式正好给出 a_0，所以已得结果可合并写成

$$\begin{cases} a_n = \dfrac{1}{\pi} \displaystyle\int_{-\pi}^{\pi} f(x)\cos nx\,\mathrm{d}x, & (n = 1,\ 2,\ \cdots) \\[2mm] b_n = \dfrac{1}{\pi} \displaystyle\int_{-\pi}^{\pi} f(x)\sin nx\,\mathrm{d}x, & (n = 1,\ 2,\ \cdots) \end{cases} \tag{7-10}$$

将傅里叶系数代入式(7-8)右端，所得的三角级数

$$\frac{a_0}{2} + \sum_{n=1}^{\infty} (a_n \cos nx + b_n \sin nx)$$

叫作函数 $f(x)$ 的**傅里叶级数**.

定义在 $(-\infty, +\infty)$ 上周期为 2π 的函数 $f(x)$，如果在一个周期上可积，一定可以展开成 $f(x)$ 的傅里叶级数，但是函数 $f(x)$ 的傅里叶级数不一定收敛，即使收敛，也不一定收敛于函数 $f(x)$.

定理 7-12　(收敛定理,狄利克雷充分条件)设 $f(x)$ 是周期为 2π 的周期函数,如果它满足——在一个周期内连续或只有有限个第一类间断点,在一个周期内至多只有有限个极值点,则 $f(x)$ 的傅里叶级数收敛,并且有以下结论.

(1)当 x 是 $f(x)$ 的连续点时,级数收敛于 $f(x)$.

(2)当 x 是 $f(x)$ 的间断点时,级数收敛于 $\dfrac{1}{2}\big[f(x^-)+f(x^+)\big]$.

由定理 7-12 可知,函数展开成傅里叶级数的条件比展开成幂级数的条件低得多,若记

$$C=\left\{x\mid f(x)=\frac{1}{2}\big[f(x^-)+f(x^+)\big]\right\},$$

则在 C 上 $f(x)$ 的傅里叶级数展开式为

$$f(x)=\frac{a_0}{2}+\sum_{n=1}^{\infty}(a_n\cos nx+b_n\sin nx),\ x\in C. \tag{7-11}$$

例 7-32　设 $f(x)$ 是周期为 2π 的周期函数,它在 $[-\pi,\pi)$ 上的表达式为

$$f(x)=\begin{cases}-1, & -\pi\leqslant x<0,\\ 1, & 0\leqslant x<\pi\end{cases},$$

将 $f(x)$ 展开成傅里叶级数.

解：所给函数满足收敛定理的条件,在 $x=k\pi(k=0,\pm1,\pm2,\cdots)$ 处不连续,在其他点连续,由定理 7-12 可知,$f(x)$ 的傅里叶级数收敛,当 $x=k\pi$ 时收敛于

$$\frac{1}{2}\big[f(k\pi^-)+f(k\pi^+)\big]=\frac{1}{2}(-1+1)=0,$$

当 $x\neq k\pi$ 时级数收敛于 $f(x)$.

傅里叶系数计算如下.

$$a_n=\frac{1}{\pi}\int_{-\pi}^{\pi}f(x)\cos nx\,\mathrm{d}x=\frac{1}{\pi}\int_{-\pi}^{0}(-1)\cos nx\,\mathrm{d}x+\frac{1}{\pi}\int_{0}^{\pi}1\cdot\cos nx\,\mathrm{d}x=0\,(n=1,2,\cdots).$$

$$b_n=\frac{1}{\pi}\int_{-\pi}^{\pi}f(x)\sin nx\,\mathrm{d}x=\frac{1}{\pi}\int_{-\pi}^{0}(-1)\sin nx\,\mathrm{d}x+\frac{1}{\pi}\int_{0}^{\pi}1\cdot\sin nx\,\mathrm{d}x$$

$$=\frac{1}{\pi}\left[\frac{\cos nx}{n}\right]_{-\pi}^{0}+\frac{1}{\pi}\left[-\frac{\cos nx}{n}\right]_{0}^{\pi}=\frac{1}{n\pi}(1-\cos n\pi-\cos n\pi+1)$$

$$=\frac{2}{n\pi}[1-(-1)^n]=\begin{cases}\dfrac{4}{n\pi}, & n=1,3,5,\cdots\\[2mm] 0, & n=2,4,6,\cdots\end{cases}.$$

因此,$f(x)$ 的傅里叶级数展开式为

$$f(x)=\frac{4}{\pi}\left[\sin x+\frac{1}{3}\sin 3x+\cdots+\frac{1}{2k-1}\sin(2k-1)x+\cdots\right]$$

$$(-\infty<x<+\infty;\ x\neq0,\pm\pi,\pm2\pi,\cdots).$$

$f(x)$ 展开成傅里叶级数的和函数如图 7-3 所示.

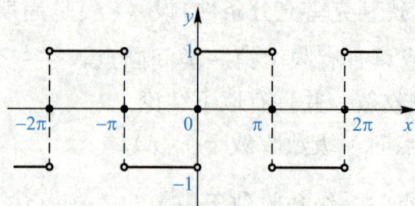

图 7-3

例 7-33 设 $f(x)$ 是周期为 2π 的周期函数，它在 $(-\pi, \pi]$ 上的表达式为

$$f(x)=\begin{cases}x, & 0\leqslant x\leqslant\pi\\ 0, & -\pi<x<0\end{cases},$$

将 $f(x)$ 展开成傅里叶级数．

解： 所给函数满足收敛定理的条件，它在点 $x=(2k+1)\pi(k=0, \pm 1, \pm 2, \cdots)$ 处不连续，因此，$f(x)$ 的傅里叶级数在 $x=(2k+1)\pi$ 处收敛于

$$\frac{1}{2}[f(x-0)+f(-x+0)]=\frac{1}{2}(\pi+0)=\frac{\pi}{2},$$

在连续点 $x[x\neq(2k+1)\pi]$ 处级数收敛于 $f(x)$．

傅里叶系数计算如下．

$$a_0=\frac{1}{\pi}\int_{-\pi}^{\pi}f(x)\mathrm{d}x=\frac{1}{\pi}\int_0^{\pi}x\mathrm{d}x=\frac{\pi}{2}.$$

$$a_n=\frac{1}{\pi}\int_{-\pi}^{\pi}f(x)\cos nx\,\mathrm{d}x=\frac{1}{\pi}\int_0^{\pi}x\cos nx\,\mathrm{d}x=\frac{1}{\pi}\left[\frac{x\sin nx}{n}+\frac{\cos nx}{n^2}\right]_0^{\pi}$$

$$=\frac{1}{n^2\pi}(\cos n\pi-1)=\begin{cases}-\dfrac{2}{n^2\pi}, & n=1, 3, 5, \cdots\\ 0, & n=2, 4, 6, \cdots\end{cases}.$$

$$b_n=\frac{1}{\pi}\int_{-\pi}^{\pi}f(x)\sin nx\,\mathrm{d}x=\frac{1}{\pi}\int_0^{\pi}x\sin nx\,\mathrm{d}x=\frac{1}{\pi}\left[-\frac{x\cos nx}{n}+\frac{\sin nx}{n^2}\right]_0^{\pi}$$

$$=-\frac{\cos n\pi}{n}=\frac{(-1)^{n+1}}{n}(n=1, 2, \cdots).$$

$f(x)$ 的傅里叶级数展开式为

$$f(x)=\frac{\pi}{4}-\left(\frac{2}{\pi}\cos x-\sin x\right)-\frac{1}{2}\sin 2x-\left(\frac{2}{3^2\pi}\cos 3x-\frac{1}{3}\sin 3x\right)-\cdots$$

$$(-\infty<x<+\infty; \ x\neq\pm\pi, \pm 3\pi, \cdots).$$

$f(x)$ 展开成傅里叶级数的和函数如图 7-4 所示．

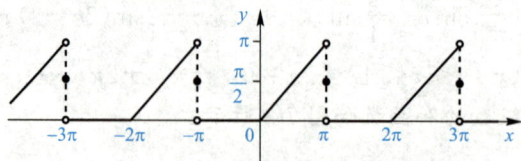

图 7-4

我来扫一扫 ：深入学习傅里叶级数．

习题 7－5

1. 下列函数周期都为 2π，试求其傅里叶级数展开式．

$(1) f(x)=\begin{cases} 0, & -\pi \leqslant x<0 \\ 2, & 0 \leqslant x<\pi \end{cases}$；
$\qquad$
$(2) f(x)=\begin{cases} 0, & -\pi \leqslant x \leqslant 0 \\ \sin x, & 0<x \leqslant \pi \end{cases}$.

2. 将函数 $f(x)=\cos \dfrac{x}{2}(-\pi \leqslant x \leqslant \pi)$ 展开成傅里叶级数．

3. 将函数 $f(x)=x+1(0 \leqslant x \leqslant \pi)$ 展开成正弦级数和余弦级数．

4. 函数 $f(x)$ 是以周期为 2 的函数，在 $(1<x \leqslant 3)$ 上的表达式为

$$f(x)=\begin{cases} 1, & 1<x \leqslant 2 \\ 3-x, & 2<x \leqslant \pi \end{cases},$$

将 $f(x)$ 展开成傅里叶级数．

7.6　级数的应用实践

7.6.1　级数在经济中的应用

1. 乘数效应

乘数效应是一种宏观的经济效应，也是一种宏观经济控制手段，是指经济活动中某一变量的增减所引起的经济总量变化的连锁反应程度．例如，一个部门或企业的投资支出会转化为其他部门的收入，这个部门把得到的收入在扣除储蓄后用于消费或投资，又会转化为其他部门的收入．如此循环下去，社会的经济总量成倍增加．

例 7-34　某国政府通过一项削减 100 亿美元税收的法案，假设每个人将消费这笔额外收入的 90％，并把剩余的存起来，试估计消减税收对拉动消费的总影响有多大．

解： 因为削减税收后人们的收入增加了，将有 0.90×100 亿美元被用于消费；那么这笔消费将被其他人接受，它的 90％ 又被用于消费，因此又增加了 $0.90^2 \times 100$ 亿美元的消费；这些钱再被其他接受者花费它的 90％，即又增加了 $0.90^3 \times 100$ 亿美元的消费……如此下去，削减税收后所产生的新的消费的总和由下列无穷级数给出：

$$0.9 \times 100+0.9^2 \times 100+0.9^3 \times 100+\cdots+0.9^n \times 100+\cdots.$$

这是一个公比为 0.9 的几何级数，此级数收敛，它的和为

$$\frac{0.9 \times 100}{1-0.9} = \frac{90}{0.1} = 900(亿美元),$$

即削减 100 亿美元的税收产生的附加的消费大约为 900 亿美元.

本例中,每人接受 1 美元再消费的比例称作"边际消费倾向"(marginal propensity to consume,MPC),因此削减税收所产生的消费总和为

$$附加消费的总和 = [削减税额] \times \frac{MPC}{1-MPC}.$$

2. 投资问题

设初始投资为 p,年利率为 r,t 年重复一次投资.这样第一次更新费用的现值为 $p\mathrm{e}^{-rt}$,第二次更新费用的现值为 $p\mathrm{e}^{-2rt}$,依此类推,投资费用 D 为下列等比数列之和:

$$D = p + p\mathrm{e}^{-rt} + p\mathrm{e}^{-2rt} + \cdots + p\mathrm{e}^{-nrt} + \cdots = \frac{p}{1-\mathrm{e}^{-rt}} = \frac{p\mathrm{e}^{rt}}{\mathrm{e}^{rt}-1}.$$

例 7-35 建钢桥的费用为 380 000 元,每隔 10 年需要油漆一次,每次费用为 40 000 元,桥的期望寿命为 40 年;建造一座木桥的费用为 200 000 元,每隔 2 年需要油漆一次,每次的费用为 20 000 元,其期望寿命为 15 年,若年利率为 10%,问建造哪一种桥较经济?

解: 根据题意,桥的费用包括两部分:建桥费用+油漆费用.

对于建钢桥,$p = 380\,000$,$r = 0.1$,$t = 40$,$rt_1 = 0.1 \times 40 = 4$.

建钢桥的费用为

$$D_1 = p + p\mathrm{e}^{-4} + p\mathrm{e}^{-2 \times 4} + \cdots + p\mathrm{e}^{-n \times 4} + \cdots = \frac{p}{1-\mathrm{e}^{-4}} = \frac{p\mathrm{e}^4}{\mathrm{e}^4-1},$$

其中,$\mathrm{e}^4 \approx 54.598$,则

$$D_1 = \frac{380\,000 \times 54.598}{54.598-1} \approx 387\,089.8.$$

油漆钢桥的费用为

$$D_2 = \frac{40\,000 \times \mathrm{e}^{0.1 \times 10}}{\mathrm{e}^{0.1 \times 10}-1} \approx 63\,279.1.$$

因此,建钢桥的总费用的现值为

$$D = D_1 + D_2 = 450\,368.9.$$

类似地,建木桥的费用为

$$D_3 = \frac{200\,000 \times \mathrm{e}^{0.1 \times 15}}{\mathrm{e}^{0.1 \times 15}-1} \approx \frac{200\,000 \times 4.482}{4.482-1} \approx 257\,438.3,$$

油漆木桥的费用为

$$D_4 = \frac{20\,000 \times \mathrm{e}^{0.1 \times 2}}{\mathrm{e}^{0.1 \times 2}-1} \approx \frac{20\,000 \times 1.221\,4}{1.221\,4-1} \approx 110\,334.2,$$

建木桥的总费用的现值为

$$D = D_3 + D_4 = 367\,772.5.$$

因此,建木桥较为经济.

3. 资金现值问题

现假设价格每年以备份率 i 涨价,年利率为 r,若某种服务或项目的现在费用为 p_0,

则 t 年后的费用为 $A_t = p_0 e^{it}$，其现值为

$$p_t = A_t e^{-rt} = p_0 e^{-(r-i)t}.$$

因此，在通货膨胀的情况下，计算总费用 D 的等比级数为

$$D = p + p e^{-(r-i)t} + p e^{-2(r-i)t} + \cdots + p e^{-n(r-i)t} + \cdots$$

$$= \frac{p}{1 - e^{-(r-i)t}} = \frac{p e^{(r-i)t}}{e^{(r-i)t} - 1}.$$

例 7-36 某基金会拟在某校设立一项永久奖学金，该基金会每年需向学校捐助 50 万元用于奖励品学兼优的学生，并且永不停止．自签约之日起支付第一笔款项，以后每年支付一笔，剩余款项存在银行．银行年利率为 5%，存入基金采用连续复利，在签订合同之日起，该基金会一次将所有钱存入银行，问存入多少钱才能保证合同正常履行？

解： 设银行年利率为 r，每年计息 n 次，现有存款为 P，t 年后银行存款余额 F 为

$$F = P\left(1 + \frac{r}{n}\right)^{nt}.$$

由于采用连续复利，以连续复利计算利息，可以认为 $n \to \infty$，所以

$$F = P \cdot \lim_{n \to \infty}\left(1 + \frac{r}{n}\right)^{nt} = P \cdot e^{rt},$$

即 $P = F \cdot e^{-rt}$．

第一笔款项在签合同当天兑付，因此 $P_1 = 50$，第二笔款项在一年后兑付，其现值为 $P_2 = 50 \cdot e^{-0.05}$，第三笔款项在第二年后兑付，其现值为 $P_3 = 50 \cdot e^{-0.05 \times 2}$，$\cdots$，第 n 笔款项在 $n-1$ 年后兑付，其现数值为 $P_n = 50 \cdot e^{-0.05 \times (n-1)}$，则总限值

$$P = P_1 + P_2 + P_3 + \cdots + P_n + \cdots$$

$$= 50 + 50 \cdot e^{-0.05} + 50 \cdot e^{-0.05 \times 2} + \cdots + 50 \cdot e^{-0.05 \times (n-1)} + \cdots$$

为等比级数，且公比 $|q| = |e^{-0.05}| < 1$，因此原级数收敛，其和函数为

$$P = \frac{50}{1 - e^{-0.05}} \approx 1\,025.21(\text{万元}).$$

因此，该基金会在签合同时要准备 1 025.21 万元，才能保证合同正常履行．

7.6.2 级数在工程中的应用

在科学计算中，常常遇到计算椭圆周长的问题．

例 7-37 设有椭圆 $\dfrac{x^2}{a^2} + \dfrac{y^2}{b^2} = 1$，求它的周长．

解： 将椭圆方程写成参数形式：

$$\begin{cases} x = a\cos\theta \\ y = b\sin\theta \end{cases} \quad (0 \leqslant \theta \leqslant 2\pi).$$

设椭圆的离心率为 c，即 $c = \dfrac{1}{a}\sqrt{a^2 - b^2}$，可得椭圆的弧微分

$$ds = \sqrt{(dx)^2 + (dy)^2} = \sqrt{a^2\sin^2\theta + b^2\cos^2\theta}\, d\theta$$

$$=\sqrt{a^2-(a^2-b^2)\cos^2\theta}\,\mathrm{d}\theta=a\sqrt{1-c^2\cos^2\theta}\,\mathrm{d}\theta,$$

因此，椭圆的周长为

$$s=4\int_0^{\frac{\pi}{2}}\mathrm{d}s=4a\int_0^{\frac{\pi}{2}}\sqrt{1-c^2\cos^2\theta}\,\mathrm{d}\theta.$$

显然 $\int\sqrt{1-c^2\cos^2\theta}\,\mathrm{d}\theta$ 不能直接积分，因为原函数不是初等函数. 现用函数的幂级数展开式来求椭圆周长.

根据 $\sqrt{1+x}=1+\dfrac{1}{2}x-\dfrac{1}{8}x^2+\dfrac{3}{48}x^3-\cdots\quad(-1\leqslant x\leqslant 1)$，由 $0\leqslant c<1$，从而 $0\leqslant c\cos\theta<1\left(0\leqslant\theta\leqslant\dfrac{\pi}{2}\right)$，可得

$$\frac{1}{a}\sqrt{a^2-b^2}\approx 1-\frac{1}{2}c^2\cos^2\theta.$$

因此，

$$s=4a\int_0^{\frac{\pi}{2}}\left(1-\frac{1}{2}c^2\cos^2\theta\right)\mathrm{d}\theta=4a\int_0^{\frac{\pi}{2}}\left[1-\frac{1}{2}c^2\,\frac{1+\cos(2\theta)}{2}\right]\mathrm{d}\theta=2\pi a\left(1-\frac{c^2}{4}\right),$$

从而，椭圆的周长公式近似为

$$s\approx 2\pi a\left(1-\frac{c^2}{4}\right).$$

还可用幂级数展开式推出椭圆的周长，并得出更精确的近似计算公式为

$$s\approx 2\pi a\left(1-\frac{1}{4}c^2-\frac{3}{64}c^4\right).$$

习题 7−6

1. 某公司租用了一个天然水库，每年向水库方支付 100 万元，自签约之日起支付第一笔款项，以后每年支付一笔款项，剩余款项存在银行，银行年利率为 5%，以年复利连续计算利息，则该合同的现值等于多少？

2. 某隧道断面为椭圆形，长半轴为 5 m，短半轴为 3 m，试求隧道断面周长（精确到小数点后 3 位）.

测试题七

第8章

行列式与矩阵

导读

科学发展日新月异，不仅要研究单个变量之间的关系，还要进一步研究多个变量之间的关系．线性化的问题可以计算，线性代数正是解决线性化问题的有力工具．线性代数是讨论线性方程及线性运算的代数，在线性代数中最重要的内容就是行列式和矩阵．

我国早在《九章算术》中就提及了行列式和矩阵的雏形，当时在解线性方程组时，要排列算筹，用算筹把方程各项的系数、常数依序排列成一个长方形的形状，然后移动算筹，求解方程．它的性质和运算过程，和后来提出的矩阵相当，这可以说是世界上最古老的矩阵．英国数学家凯利在 1858 年引入了矩阵的术语，并将其应用于线性代数和几何学．

本章讲解行列式、矩阵的概念，以及相应的变换．

8.1 行列式的概念

8.1.1 二阶与三阶行列式

引例 8-1 在初等代数中，用加减消元法解二元一次方程组

$$\begin{cases} a_{11}x + a_{12}y = b_1 \\ a_{21}x + a_{22}y = b_2 \end{cases},$$

可得

$$(a_{11}a_{22} - a_{12}a_{21})x = b_1a_{22} - b_2a_{12},$$
$$(a_{11}a_{22} - a_{12}a_{21})y = b_2a_{11} - b_1a_{21}.$$

当 $a_{11}a_{22}-a_{12}a_{21}\neq0$ 时，该线性方程组的解为

$$\begin{cases} x=\dfrac{b_1a_{22}-b_2a_{12}}{a_{11}a_{22}-a_{12}a_{21}} \\[2mm] y=\dfrac{b_2a_{11}-b_1a_{21}}{a_{11}a_{22}-a_{12}a_{21}} \end{cases}.$$

为表示上述结果，引入记号

$$D=\begin{vmatrix} a_{11} & a_{12} \\ a_{21} & a_{22} \end{vmatrix}=a_{11}a_{22}-a_{12}a_{21}.$$

$\begin{vmatrix} a_{11} & a_{12} \\ a_{21} & a_{22} \end{vmatrix}$ 称为**二阶行列式**，$a_{11}a_{22}-a_{12}a_{21}$ 称为二阶行列式的**值**，其中，a_{11}，a_{12}，a_{22}，a_{21} 称作行列式的**元素**，a_{11}，a_{12} 所在的对角线称为**主对角线**，a_{12}，a_{21} 所在的对角线称为**次对角线**. 二阶行列式的计算方法是主对角线元素之积减去次对角线元素之积（也称为按**对角线展开法**）.

按照二阶行列式的概念，引入行列式 $D_1=\begin{vmatrix} b_1 & a_{12} \\ b_2 & a_{22} \end{vmatrix}$，$D_2=\begin{vmatrix} a_{11} & b_1 \\ a_{21} & b_2 \end{vmatrix}$，它们是将行列式 D 的第 1 列、第 2 列分别换成方程组的常数列而得，当 $D\neq0$ 时，二元一次方程组的解可以简洁地表示为

$$x_1=\frac{D_1}{D},\ x_2=\frac{D_2}{D}.$$

其中，分母 D 是由原方程组未知数的系数构成的行列式，叫作系数行列式.

例 8-1　计算二阶行列式 $\begin{vmatrix} 2 & 4 \\ 3 & -2 \end{vmatrix}$ 的值.

解：$\begin{vmatrix} 2 & 4 \\ 3 & -2 \end{vmatrix}=2\times(-2)-3\times4=-16.$

例 8-2　用行列式解线性方程组 $\begin{cases} 5x+3y=0 \\ 12x+7y=-1 \end{cases}.$

解：系数行列式

$$D=\begin{vmatrix} 5 & 3 \\ 12 & 7 \end{vmatrix}=5\times7-3\times12=-1\neq0.$$

故方程组有解，又

$$D_1=\begin{vmatrix} 0 & 3 \\ -1 & 7 \end{vmatrix}=3,\ D_2=\begin{vmatrix} 5 & 0 \\ 12 & -1 \end{vmatrix}=-5.$$

所以方程组的解为 $x_1=\dfrac{D_1}{D}=\dfrac{3}{-1}=-3$，$x_2=\dfrac{D_2}{D}=\dfrac{-5}{-1}=5.$

类似地，讨论三元线性方程组

$$\begin{cases} a_{11}x+a_{12}y+a_{13}z=b_1 \\ a_{21}x+a_{22}y+a_{23}z=b_2 \\ a_{31}x+a_{32}y+a_{33}z=b_3 \end{cases}$$

的解．利用加减消元法，可以解出三元线性方程组的解为

$$\begin{cases} x_1 = \dfrac{b_1 a_{22} a_{33} + b_2 a_{32} a_{13} + b_3 a_{12} a_{23} - b_1 a_{23} a_{32} - b_2 a_{12} a_{33} - b_3 a_{22} a_{13}}{a_{11} a_{22} a_{33} + a_{12} a_{23} a_{31} + a_{13} a_{21} a_{32} - a_{11} a_{23} a_{32} - a_{12} a_{21} a_{33} - a_{13} a_{22} a_{31}} \\[3mm] x_2 = \dfrac{b_1 a_{31} a_{23} + b_2 a_{11} a_{33} + b_3 a_{21} a_{13} - b_1 a_{21} a_{33} - b_2 a_{13} a_{31} - b_3 a_{23} a_{11}}{a_{11} a_{22} a_{33} + a_{12} a_{23} a_{31} + a_{13} a_{21} a_{32} - a_{11} a_{23} a_{32} - a_{12} a_{21} a_{33} - a_{13} a_{22} a_{31}} \\[3mm] x_3 = \dfrac{b_1 a_{21} a_{32} + b_2 a_{12} a_{31} + b_3 a_{11} a_{22} - b_1 a_{22} a_{31} - b_2 a_{32} a_{11} - b_3 a_{12} a_{21}}{a_{11} a_{22} a_{33} + a_{12} a_{23} a_{31} + a_{13} a_{21} a_{32} - a_{11} a_{23} a_{32} - a_{12} a_{21} a_{33} - a_{13} a_{22} a_{31}} \end{cases} .$$

该公式烦琐难记，为了方便表示，引入三阶行列式的定义，称符号

$$\begin{vmatrix} a_{11} & a_{12} & a_{13} \\ a_{21} & a_{22} & a_{23} \\ a_{31} & a_{32} & a_{33} \end{vmatrix}$$

为 **三阶行列式**，其值按对角线展开法如下：

$$D = \begin{vmatrix} a_{11} & a_{12} & a_{13} \\ a_{21} & a_{22} & a_{23} \\ a_{31} & a_{32} & a_{33} \end{vmatrix} = a_{11} a_{22} a_{33} + a_{12} a_{23} a_{31} + a_{13} a_{21} a_{32} - a_{13} a_{22} a_{31} - a_{12} a_{21} a_{33} - a_{11} a_{23} a_{32}.$$

该等式左端称为三阶行列式，右端称为三阶行列式的 **展开式**．三阶行列式有 3 行、3 列共 9 个元素，其展开式共有 3! = 6 项，其中有 3 个正项、3 个负项，每项都是来自不同行、不同列的 3 个元素的乘积．其计算规则如图 8-1 所示．这种方法也叫作 **沙路法**．

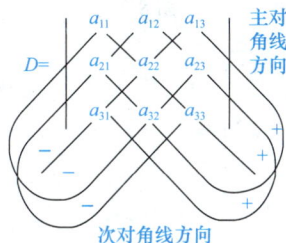

图 8-1

根据三阶行列式的定义，有

$$x_1 = \dfrac{\begin{vmatrix} b_1 & a_{12} & a_{13} \\ b_2 & a_{22} & a_{23} \\ b_3 & a_{32} & a_{33} \end{vmatrix}}{\begin{vmatrix} a_{11} & a_{12} & a_{13} \\ a_{21} & a_{22} & a_{23} \\ a_{31} & a_{32} & a_{33} \end{vmatrix}}, \quad x_2 = \dfrac{\begin{vmatrix} a_{11} & b_1 & a_{13} \\ a_{21} & b_2 & a_{23} \\ a_{31} & b_3 & a_{33} \end{vmatrix}}{\begin{vmatrix} a_{11} & a_{12} & a_{13} \\ a_{21} & a_{22} & a_{23} \\ a_{31} & a_{32} & a_{33} \end{vmatrix}}, \quad x_3 = \dfrac{\begin{vmatrix} a_{11} & a_{12} & b_1 \\ a_{21} & a_{22} & b_2 \\ a_{31} & a_{32} & b_3 \end{vmatrix}}{\begin{vmatrix} a_{11} & a_{12} & a_{13} \\ a_{21} & a_{22} & a_{23} \\ a_{31} & a_{32} & a_{33} \end{vmatrix}}.$$

若记 $D = \begin{vmatrix} a_{11} & a_{12} & a_{13} \\ a_{21} & a_{22} & a_{23} \\ a_{31} & a_{32} & a_{33} \end{vmatrix}$ 为方程组的系数行列式，且

$$D_1 = \begin{vmatrix} b_1 & a_{12} & a_{13} \\ b_2 & a_{22} & a_{23} \\ b_3 & a_{32} & a_{33} \end{vmatrix}（用方程组的常数列替换 D 中的第 1 列），$$

$$D_2 = \begin{vmatrix} a_{11} & b_1 & a_{13} \\ a_{21} & b_2 & a_{23} \\ a_{31} & b_3 & a_{33} \end{vmatrix}（用方程组的常数列替换 D 中的第 2 列），$$

$$D_3 = \begin{vmatrix} a_{11} & a_{12} & b_1 \\ a_{21} & a_{22} & b_2 \\ a_{31} & a_{32} & b_3 \end{vmatrix}（用方程组的常数列替换 D 中的第 3 列），$$

则三元线性方程组的解可以三阶行列式表示为 $x_1 = \dfrac{D_1}{D}$，$x_2 = \dfrac{D_2}{D}$，$x_3 = \dfrac{D_3}{D}$.

【注意】

(1)对角线法则仅适用于二、三阶行列式的计算.

(2)三阶行列式也可以用划线的方法确定，如图 8-2 所示.

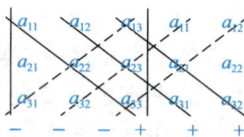

图 8-2

例 8-3 计算行列式 $D = \begin{vmatrix} 1 & 2 & 3 \\ 6 & 5 & 4 \\ 7 & 8 & 9 \end{vmatrix}$.

解： 由对角线法则展开得

$$D = \begin{vmatrix} 1 & 2 & 3 \\ 6 & 5 & 4 \\ 7 & 8 & 9 \end{vmatrix} = 1 \times 5 \times 9 + 6 \times 8 \times 3 + 7 \times 2 \times 4 - 3 \times 5 \times 7 - 4 \times 8 \times 1 - 9 \times 2 \times 6 = 0.$$

例 8-4 计算行列式 $\begin{vmatrix} x & y & z \\ 0 & a & b \\ 0 & 0 & m \end{vmatrix}$.

解： 由对角线法则展开得

$$\begin{vmatrix} x & y & z \\ 0 & a & b \\ 0 & 0 & m \end{vmatrix} = xam + 0 + 0 - 0 - 0 - 0 = xam.$$

像这种主对角线下方元素全部为零的行列式称为上三角行列式，主对角线上方的元素全部为零的行列式称为下三角行列式. 上、下三角行列式统称为三角行列式. 上三角行列式的值等于其主对角线所有元素的乘积.

例 8-5 利用行列式解三元线性方程组

$$\begin{cases} x_1 + 2x_2 + x_3 = 3 \\ -2x_1 + x_2 - x_3 = -3. \\ x_1 - 4x_2 + 2x_3 = -5 \end{cases}$$

解：因为

$$D_1 = \begin{vmatrix} 3 & 2 & 1 \\ -3 & 1 & -1 \\ -5 & -4 & 2 \end{vmatrix} = 6 + 10 + 12 - (-5) - (-12) - 12 = 33,$$

$$D_2 = \begin{vmatrix} 1 & 3 & 1 \\ -2 & -3 & -1 \\ 1 & -5 & 2 \end{vmatrix} = (-6) + (-3) + 10 - (-3) - (-12) - 5 = 11,$$

$$D_3 = \begin{vmatrix} 1 & 2 & 3 \\ -2 & 1 & -3 \\ 1 & -4 & -5 \end{vmatrix} = (-5) + (-6) + 24 - 3 - 20 - 12 = -22,$$

$$D = \begin{vmatrix} 1 & 2 & 1 \\ -2 & 1 & -1 \\ 1 & -4 & 2 \end{vmatrix} = 2 + 8 - 2 - 1 - 4 + 8 = 11,$$

所以三元线性方程组的解为

$$x_1 = \frac{D_1}{D} = \frac{33}{11} = 3, \quad x_2 = \frac{D_2}{D} = \frac{11}{11} = 1, \quad x_3 = \frac{D_3}{D} = \frac{-22}{11} = -2.$$

8.1.2　n 阶行列式

在初等数学中，将 n 个不同的数排成一列共有 $n!$ 种排法，每一种排法都是这 n 个数的一个 **n 级全排列**，简称 **n 级排列**.

例如，1234 是一个 4 级排列，34521 是一个 5 级排列.

如果规定一种各元素之间的标准次序(例如，n 个不同自然数，可以规定由小到大的次序为标准次序)，当一个排列中的两个元素的排序与标准排序不一致时，记为一个**逆序**，一个排列中所有逆序的总数叫作这个**排列的逆序数**. 逆序数为奇数的排列称为**奇排列**，逆序数为偶数的排列称为**偶排列**.

如果一个 n 级排列 $j_1 j_2 \cdots j_n$ 中，排在元素 j_i 前且比 j_i 大的元素个数有 t_i 个，则称 j_i 这个元素的逆序数为 t_i，n 级排列中所有元素的逆序数之和就是这个 n 级排列的逆序数，记作 $\tau(j_1 j_2 \cdots j_n) = t_1 + t_2 + \cdots + t_n$.

例 8-6　求 5 级排列 42513 的逆序数.

解：4 排在首位，逆序数为 0.

排在 2 前面且比 2 大的元素有 1 个，故 2 的逆序数为 1.

排在 5 前面且比 5 大的元素有 0 个，故 5 的逆序数为 0.

排在 1 前面且比 1 大的元素有 4，2 和 5，共 3 个，故 1 的逆序数为 3.

排在 3 前面且比 3 大的元素有 4 和 5，共 2 个，故 3 的逆序数为 2.

因此该 5 级排列的逆序数为 $\tau(42513)=0+1+0+3+2=6$，此排列是一个偶排列．

三阶行列式展开式即 $D=a_{11}a_{22}a_{33}+a_{13}a_{21}a_{32}+a_{12}a_{23}a_{31}-a_{13}a_{22}a_{31}-a_{12}a_{21}a_{33}-a_{11}a_{23}a_{32}$，其每一项的行标按自然数的顺序排列以后，列标是由 1，2，3 组成的不同排列，共有 $3!=6$ 个，分别为

$$123，231，312，132，213，321.$$

它们的逆序数分别为

$$\tau(123)=0，\tau(231)=2，\tau(312)=2，\tau(132)=1，\tau(213)=1，\tau(321)=3.$$

逆序数为偶数的排列是偶排列，它们分别对应三阶行列式展开式中的三个正项，逆序数为奇数的排列是奇排列，它们分别对应三阶行列式展开式中的三个负项．因此，得出如下结论．

行列式中各项的符号判定：在每一项中，元素的行标按照自然数顺序排列以后，若元素的列标排列是奇排列，则取负号，若是偶排列，则取正号．

由此，三阶行列式又可以写成

$$\begin{vmatrix} a_{11} & a_{12} & a_{13} \\ a_{21} & a_{22} & a_{23} \\ a_{31} & a_{32} & a_{33} \end{vmatrix} = \sum_{(j_1 j_2 j_3)} (-1)^{\tau(j_1 j_2 j_3)} a_{1j_1} a_{2j_2} a_{3j_3}.$$

再看二阶行列式 $\begin{vmatrix} a_{11} & a_{12} \\ a_{21} & a_{22} \end{vmatrix} = a_{11}a_{22}-a_{12}a_{21} = \sum_{(j_1 j_2)} (-1)^{\tau(j_1 j_2)} a_{1j_1} a_{2j_2}$，把二阶、三阶行列式的概念推广到 n 阶行列式的情形：

由 n^2 个数 $a_{ij}(i,j=1,2,3,\cdots,n)$ 排列成的 n 行 n 列，并在左、右两边各加一竖线的算式

$$D = \begin{vmatrix} a_{11} & a_{12} & \cdots & a_{1n} \\ a_{21} & a_{22} & \cdots & a_{2n} \\ \vdots & \vdots & \ddots & \vdots \\ a_{n1} & a_{n2} & \cdots & a_{mn} \end{vmatrix}$$

称为 n 阶行列式．它表示所有可能取自不同的行、不同的列的 n 个元素乘积的代数和，即

$$\begin{vmatrix} a_{11} & a_{12} & \cdots & a_{1n} \\ a_{21} & a_{22} & \cdots & a_{2n} \\ \vdots & \vdots & \ddots & \vdots \\ a_{n1} & a_{n2} & \cdots & a_{mn} \end{vmatrix} = \sum_{(j_1 j_2 \cdots j_n)} (-1)^{\tau(j_1 j_2 \cdots j_n)} a_{1j_1} a_{2j_2} \cdots a_{nj_n}.$$

上式右端称为 n 阶行列式的展开式．

【注意】

(1)当 $n=1$ 时，行列式 $|a|=a$ 称为一阶行列式，例如，$|-5|=-5$，$|2|=2$．此处记号不能与绝对值符号混淆！当 $n=2$ 和 $n=3$ 时，对应的行列式称为二阶行列式和三阶行列式．

(2)二、三阶行列式是 n 阶行列式的特例．把三阶以上的行列式称为高阶行列式．

(3)n 阶行列式的定义说明其值为 n^2 个元素 $a_{ij}(i,j=1,2,\cdots,n)$ 的乘积构成的和式(即展开式)．用归纳法可以证明：n 阶行列式的展开式中有 $n!$ 个项，每个项都是来自不

同行、不同列的 n 个元素的乘积；在展开式中带正号的项和带负号的项各占一半.

(4)当 $n\geqslant4$ 时，n 阶行列式 $D_n=\begin{vmatrix} a_{11} & a_{12} & \cdots & a_{1n} \\ a_{21} & a_{22} & \cdots & a_{2n} \\ \vdots & \vdots & \ddots & \vdots \\ a_{n1} & a_{n2} & \cdots & a_{nn} \end{vmatrix}$ 不能再用对角线展开法计算，需

要用行列式展开式计算.

例 8-7　求下三角行列式 $D=\begin{vmatrix} a_{11} & 0 & \cdots & 0 \\ a_{21} & a_{22} & \cdots & 0 \\ \vdots & \vdots & \ddots & \vdots \\ a_{n1} & a_{n2} & \cdots & a_{nn} \end{vmatrix}$ 的值.

解：由 n 阶行列式的定义可知，行列式 D 共有 $n!$ 项.设行列式 D 的一般项为

$$(-1)^{\tau[j_1 j_2\cdots j_n]}a_{1j_1}a_{2j_2}\cdots a_{nj_n}.$$

一般项中的 a_{1j_1} 取自第 1 行，第 1 行中只有 a_{11} 不为零，因此，$j_1=1$，即 D 中除含 a_{11} 的那些项不为零外，其他项均为零；一般项中的 a_{2j_2} 取自第 2 行，第 2 行中只有 a_{21} 和 a_{22} 不为零，由于第一个元素 a_{11} 已取自第 1 列，所以第二个元素不能再取自第 1 列，即不能取 a_{21}，故第二个元素只能取 a_{22}，从而 $j_2=2$，即 D 中除含 a_{11}，a_{22} 的那些项不为零外，其余项均为零；依此类推，可得 $j_3=3$，$j_4=4$，$\cdots$，$j_n=n$.依此可知，D 的展开式中只有 $a_{11}a_{22}\cdots a_{nn}$ 这一项不为零，其余各项均为零.又因为逆序数 $\tau[12\cdots n]=0$，所以该项应取正号.

综上所述，下三角行列式的值为 $D=\begin{vmatrix} a_{11} & 0 & \cdots & 0 \\ a_{21} & a_{22} & \cdots & 0 \\ \vdots & \vdots & \ddots & \vdots \\ a_{n1} & a_{n2} & \cdots & a_{nn} \end{vmatrix}=a_{11}a_{22}\cdots a_{nn}.$

结论：n 阶三角行列式的值等于所有主对角线元素的乘积，即

$$上三角行列式\ D_n=\begin{vmatrix} a_{11} & 0 & \cdots & a_{1n} \\ 0 & a_{22} & \cdots & a_{2n} \\ \vdots & \vdots & \ddots & \vdots \\ 0 & 0 & \cdots & a_{nn} \end{vmatrix}=a_{11}a_{22}\cdots a_{nn},$$

$$下三角行列式\ D_n=\begin{vmatrix} a_{11} & 0 & \cdots & 0 \\ a_{21} & a_{22} & \cdots & 0 \\ \vdots & \vdots & \ddots & \vdots \\ a_{n1} & a_{n2} & \cdots & a_{nn} \end{vmatrix}=a_{11}a_{22}\cdots a_{nn}.$$

特别地，$D=\begin{vmatrix} a_{11} & 0 & \cdots & 0 \\ 0 & a_{22} & \cdots & 0 \\ \vdots & \vdots & \ddots & \vdots \\ 0 & 0 & \cdots & a_{nn} \end{vmatrix}=a_{11}a_{22}\cdots a_{nn}$，此行列式称为对角行列式，对角行

列式通常记作 $\mathrm{diag}(a_{11},a_{22},\cdots,a_{nn})$.

想一想:

次对角线下方元素全为零的行列式 $\begin{vmatrix} a_{11} & a_{12} & \cdots & a_{1n} \\ a_{21} & a_{22} & \cdots & 0 \\ \vdots & \vdots & \ddots & \vdots \\ a_{n1} & 0 & \cdots & 0 \end{vmatrix}$ 的值是多少?

8.1.3 行列式按行/列展开

一般地,行列式的阶数越小,其计算过程就越简单,为了简化高阶行列式的运算,引入余子式和代数余子式的概念,以便用低阶行列式表示高阶行列式.

在 n 阶行列式 D_n 中把元素 a_{ij} 所在的第 i 行和第 j 列划去,剩下的元素按原来的位置顺序构成一个 $n-1$ 阶行列式,称为**元素 a_{ij} 的余子式**,记作 M_{ij},另称 $A_{ij}=(-1)^{i+j}M_{ij}$ 为**元素 a_{ij} 的代数余子式**.

例如,在三阶行列式 $\begin{vmatrix} 1 & 2 & 4 \\ 0 & 9 & 8 \\ 5 & 2 & 7 \end{vmatrix}$ 中,元素 $a_{23}=8$ 的余子式和代数余子式分别为

$$M_{23}=\begin{vmatrix} 1 & 2 \\ 5 & 2 \end{vmatrix}=-8, A_{23}=(-1)^{2+3}\begin{vmatrix} 1 & 2 \\ 5 & 2 \end{vmatrix}=-\begin{vmatrix} 1 & 2 \\ 5 & 2 \end{vmatrix}=8.$$

【注意】由元素 a_{ij} 的余子式和代数余子式的定义可知,a_{ij} 的余子式 M_{ij} 和代数余子式 A_{ij} 的大小与本身无关,只与 a_{ij} 的位置有关.

例 8-8 已知 $\begin{vmatrix} 1 & a & 3 \\ 2 & 4 & b \\ c & 7 & 6 \end{vmatrix}$,写出元素 a,b,c 对应的余子式和代数余子式.

解: a 的余子式为 $M_{12}=\begin{vmatrix} 2 & b \\ c & 6 \end{vmatrix}$,代数余子式为 $A_{12}=(-1)^{1+2}\begin{vmatrix} 2 & b \\ c & 6 \end{vmatrix}$.

b 的余子式为 $M_{23}=\begin{vmatrix} 1 & a \\ c & 7 \end{vmatrix}$,代数余子式为 $A_{23}=(-1)^{2+3}\begin{vmatrix} 1 & a \\ c & 7 \end{vmatrix}$.

c 的余子式为 $M_{31}=\begin{vmatrix} a & 3 \\ 4 & b \end{vmatrix}$,代数余子式为 $A_{31}=(-1)^{3+1}\begin{vmatrix} a & 3 \\ 4 & b \end{vmatrix}$.

在三阶行列式 $\begin{vmatrix} a_{11} & a_{12} & a_{13} \\ a_{21} & a_{22} & a_{23} \\ a_{31} & a_{32} & a_{33} \end{vmatrix}$ 中,有如下结果.

第一行元素 a_{11} 的代数余子式为 $A_{11}=(-1)^{1+1}\begin{vmatrix} a_{22} & a_{23} \\ a_{32} & a_{33} \end{vmatrix}=a_{22}a_{33}-a_{23}a_{32}$;

第一行元素 a_{12} 的代数余子式为 $A_{12}=(-1)^{1+2}\begin{vmatrix} a_{21} & a_{23} \\ a_{31} & a_{33} \end{vmatrix}=-(a_{21}a_{33}-a_{23}a_{31})$;

第一行元素 a_{13} 的代数余子式为 $A_{13}=(-1)^{1+3}\begin{vmatrix} a_{21} & a_{22} \\ a_{31} & a_{32} \end{vmatrix}=a_{21}a_{32}-a_{22}a_{31}$.

因此，三阶行列式的值可以计算为

$$
\begin{vmatrix} a_{11} & a_{12} & a_{13} \\ a_{21} & a_{22} & a_{23} \\ a_{31} & a_{32} & a_{33} \end{vmatrix} = a_{11}a_{22}a_{33} + a_{12}a_{23}a_{31} + a_{13}a_{21}a_{32} - a_{11}a_{23}a_{32} - a_{12}a_{21}a_{33} - a_{13}a_{22}a_{31}
$$

$$
= a_{11}(a_{22}a_{33} - a_{23}a_{32}) - a_{12}(a_{21}a_{33} - a_{23}a_{31}) + a_{13}(a_{21}a_{32} - a_{22}a_{31}).
$$

根据代数余子式定义，上式可以写为

$$
\begin{vmatrix} a_{11} & a_{12} & a_{13} \\ a_{21} & a_{22} & a_{23} \\ a_{31} & a_{32} & a_{33} \end{vmatrix} = a_{11}A_{11} + a_{12}A_{12} + a_{13}A_{13}.
$$

该式称为三阶行列式**按照第一行的展开式**.

同理，可以定义 n 阶行列式的按行(列)展开.

定理 8-1 ［行列式的按行(列)展开定理］ 行列式等于它的任一行(列)元素分别与其对应的代数余子式乘积的和，即

$$
\begin{vmatrix} a_{11} & a_{12} & \cdots & a_{1n} \\ a_{21} & a_{22} & \cdots & a_{2n} \\ \vdots & \vdots & \ddots & \vdots \\ a_{n1} & a_{n2} & \cdots & a_{nn} \end{vmatrix} = a_{i1}A_{i1} + a_{i2}A_{i2} + \cdots + a_{in}A_{in} = \sum_{k=1}^{n} a_{ik}A_{ik} \text{(按第 } i \text{ 行展开)},
$$

或

$$
\begin{vmatrix} a_{11} & a_{12} & \cdots & a_{1n} \\ a_{21} & a_{22} & \cdots & a_{2n} \\ \vdots & \vdots & \ddots & \vdots \\ a_{n1} & a_{n2} & \cdots & a_{nn} \end{vmatrix} = a_{1j}A_{1j} + a_{2j}A_{2j} + \cdots + a_{nj}A_{nj} = \sum_{k=1}^{n} a_{kj}A_{kj} \text{(按第 } j \text{ 列展开)}.
$$

证明略.

计算行列式的值时，若某行(列)零较多，则可利用行列式的展开定理按该行(列)展开，将其变成低一阶的行列式，以便于行列式的计算.

例 8-9 计算行列式 $\begin{vmatrix} 0 & 0 & 2 & 0 \\ 0 & 3 & 5 & 11 \\ 9 & 1 & 4 & 8 \\ 0 & 1 & 3 & 7 \end{vmatrix}$ 的值.

解：$\begin{vmatrix} 0 & 0 & 2 & 0 \\ 0 & 3 & 5 & 11 \\ 9 & 1 & 4 & 8 \\ 0 & 1 & 3 & 7 \end{vmatrix} \xrightarrow{\text{按第 1 列展开}} 9(-1)^{3+1} \begin{vmatrix} 0 & 2 & 0 \\ 3 & 5 & 11 \\ 1 & 3 & 7 \end{vmatrix} \xrightarrow{\text{按第 1 行展开}} 9 \times 2(-1)^{1+2}$

$\begin{vmatrix} 3 & 11 \\ 1 & 7 \end{vmatrix} = -180.$

习题 8−1

1. 计算下列行列式.

(1) $\begin{vmatrix} 9 & 8 \\ 7 & 6 \end{vmatrix}$；

(2) $\begin{vmatrix} \sin x & -\cos x \\ \cos x & \sin x \end{vmatrix}$；

(3) $\begin{vmatrix} x-1 & x-2 \\ x & x+1 \end{vmatrix}$；

(4) $\begin{vmatrix} -1 & 0 & 7 \\ 0 & 3 & 2 \\ 1 & 2 & 3 \end{vmatrix}$；

(5) $\begin{vmatrix} 2 & 3 & 6 \\ 11 & 6 & -1 \\ 3 & 4 & -5 \end{vmatrix}$；

(6) $\begin{vmatrix} 3 & 0 & -1 \\ -2 & 1 & 3 \\ 2 & 2 & 1 \end{vmatrix}$.

2. 用行列式解下列线性方程组.

(1) $\begin{cases} 3x-2y=3 \\ -4x+3y=-1 \end{cases}$；

(2) $\begin{cases} 2x_1-x_2-5x_3=5 \\ x_1+3x_2=7 \\ 2x_2-x_3=5 \end{cases}$.

3. 计算下列各排列的逆序数，并指出它们的奇偶性.

(1) 21354；

(2) 21786345；

(3) 985673124.

4. 判断下列乘积是否是五阶行列式的项，若是，试确定项的符号.

(1) $a_{41}a_{22}a_{35}a_{54}a_{13}$；

(2) $a_{32}a_{23}a_{41}a_{55}a_{12}$；

(3) $a_{42}a_{25}a_{51}a_{13}a_{34}$.

5. 用行列式展开法计算下列高阶行列式.

(1) $\begin{vmatrix} 1 & 0 & 0 & 2 \\ 1 & 3 & -2 & 1 \\ 0 & 2 & 4 & 3 \\ 5 & 6 & 2 & 1 \end{vmatrix}$；

(2) $\begin{vmatrix} 4 & a & 5 & 0 \\ 0 & 1 & b & 6 \\ 0 & 0 & 2 & c \\ 0 & 0 & 0 & 3 \end{vmatrix}$.

8.2 行列式的计算

行列式表示一个特定的数，从 n 阶行列式定义来看，除特殊行列式外，利用定义计算行列式是非常困难的. 因此，下面讨论行列式的性质. 合理利用行列式的性质更容易计算行列式.

行列式的性质

定义 8-1 将行列式 D 的行与列按顺序互换后得到的行列式，称为行列式的转置行列式，记作 D^{T} 或 D'.

若 $D = \begin{vmatrix} a_{11} & a_{12} & a_{13} \\ a_{21} & a_{22} & a_{23} \\ a_{31} & a_{32} & a_{33} \end{vmatrix}$，则 $D^{\mathrm{T}} = \begin{vmatrix} a_{11} & a_{21} & a_{31} \\ a_{12} & a_{22} & a_{32} \\ a_{13} & a_{23} & a_{33} \end{vmatrix}$，由此可以得出 D 中第 i 行第 j 列上的元素与 D^{T} 中第 j 行第 i 列上的元素相等.

例如，$D = \begin{vmatrix} 1 & 2 & 3 \\ 4 & 5 & 6 \\ 7 & 8 & 9 \end{vmatrix}$，则 $D^{\mathrm{T}} = \begin{vmatrix} 1 & 4 & 7 \\ 2 & 5 & 8 \\ 3 & 6 & 9 \end{vmatrix}$.

性质 8-1 行列式与它的转置行列式相等，即 $D^{\mathrm{T}} = D$.

例如，二阶行列式如下：

$$D = \begin{vmatrix} a_{11} & a_{12} \\ a_{21} & a_{22} \end{vmatrix} = a_{11}a_{22} - a_{12}a_{21},$$

$$D^{\mathrm{T}} = \begin{vmatrix} a_{11} & a_{21} \\ a_{12} & a_{22} \end{vmatrix} = a_{11}a_{22} - a_{12}a_{21}.$$

显然二阶行列式 $D^{\mathrm{T}} = D$.

性质 8-1 对于任意的 n 阶行列式都成立，性质 8-1 表明了行列式的行与列的地位相同，对行成立的所有操作，对列同样都成立.

性质 8-2 交换行列式的两行(列)，行列式的值变号.

交换行列式的第 i 行和第 j 行，记作 $r_i \leftrightarrow r_j$，即

$$\begin{vmatrix} a_{11} & a_{12} & \cdots & a_{1n} \\ \cdots & \cdots & \cdots & \cdots \\ a_{i1} & a_{i2} & \cdots & a_{in} \\ \cdots & \cdots & \cdots & \cdots \\ a_{j1} & a_{j2} & \cdots & a_{jn} \\ \cdots & \cdots & \cdots & \cdots \\ a_{n1} & a_{n2} & \cdots & a_{nn} \end{vmatrix} \xlongequal{r_i \leftrightarrow r_j} - \begin{vmatrix} a_{11} & a_{12} & \cdots & a_{1n} \\ \cdots & \cdots & \cdots & \cdots \\ a_{j1} & a_{j2} & \cdots & a_{jn} \\ \cdots & \cdots & \cdots & \cdots \\ a_{i1} & a_{i2} & \cdots & a_{in} \\ \cdots & \cdots & \cdots & \cdots \\ a_{n1} & a_{n2} & \cdots & a_{nn} \end{vmatrix}.$$

交换行列式的第 i 列和第 j 列，记作 $c_i \leftrightarrow c_j$.

例 8-10 计算下列行列式.

(1) $\begin{vmatrix} 2 & 4 & 6 & 8 \\ 0 & 0 & 6 & 3 \\ 0 & 3 & 4 & 0 \\ 0 & 0 & 0 & 5 \end{vmatrix}$；

(2) $\begin{vmatrix} 0 & 0 & 0 & a \\ 0 & 0 & b & 0 \\ 0 & c & 0 & 0 \\ d & 0 & 0 & 0 \end{vmatrix}$.

解：(1) 交换第 2、3 行.

$$\begin{vmatrix}2&4&6&8\\0&0&6&3\\0&3&4&0\\0&0&0&5\end{vmatrix}\xlongequal{r_2\leftrightarrow r_3}-\begin{vmatrix}2&4&6&8\\0&3&4&0\\0&0&6&3\\0&0&0&5\end{vmatrix}=-2\times3\times6\times5=-180.$$

(2)交换1、4行和2、3行.

$$\begin{vmatrix}0&0&0&a\\0&0&b&0\\0&c&0&0\\d&0&0&0\end{vmatrix}\xlongequal{r_1\leftrightarrow r_4}-\begin{vmatrix}d&0&0&0\\0&0&b&0\\0&c&0&0\\0&0&0&a\end{vmatrix}\xlongequal{r_2\leftrightarrow r_3}\begin{vmatrix}d&0&0&0\\0&c&0&0\\0&0&b&0\\0&0&0&a\end{vmatrix}=abcd.$$

推论 8-1 如果行列式中某一行(列)全为零，则行列式为零.

性质 8-3 用常数 k 乘以行列式的某一行(列)，等于用常数 k 乘以此行列式的值.

行列式的第 i 行乘以一个数 k，记作 kr_i.

$$\begin{vmatrix}a_{11}&a_{12}&\cdots&a_{1n}\\\cdots&\cdots&\cdots&\cdots\\ka_{i1}&ka_{i2}&\cdots&ka_{in}\\\cdots&\cdots&\cdots&\cdots\\a_{n1}&a_{n2}&\cdots&a_{nn}\end{vmatrix}=k\begin{vmatrix}a_{11}&a_{12}&\cdots&a_{1n}\\\cdots&\cdots&\cdots&\cdots\\a_{i1}&a_{i2}&\cdots&a_{in}\\\cdots&\cdots&\cdots&\cdots\\a_{n1}&a_{n2}&\cdots&a_{nn}\end{vmatrix}.$$

行列式的第 i 列乘以一个数 k，记作 kc_i.

性质 8-3 表明行列式某行(列)有公因子，公因子可以提到行列式的外面.

推论 8-2 如果行列式中有两行(列)对应的元素都相等，则行列式为 0.

推论 8-3 如果行列式有两行(列)对应元素成比例，则行列式为 0.

性质 8-4 如果行列式某一行(列)的元素可以写成两项之和，则该行列式可以写成两个行列式的和.

$$\begin{vmatrix}a_{11}&a_{12}&\cdots&a_{1n}\\\cdots&\cdots&\cdots&\cdots\\b_{i1}+c_{i1}&b_{i2}+c_{i2}&\cdots&b_{in}+c_{in}\\\cdots&\cdots&\cdots&\cdots\\a_{n1}&a_{n2}&\cdots&a_{nn}\end{vmatrix}=\begin{vmatrix}a_{11}&a_{12}&\cdots&a_{1n}\\\cdots&\cdots&\cdots&\cdots\\b_{i1}&b_{i2}&\cdots&b_{in}\\\cdots&\cdots&\cdots&\cdots\\a_{n1}&a_{n2}&\cdots&a_{nn}\end{vmatrix}+\begin{vmatrix}a_{11}&a_{12}&\cdots&a_{1n}\\\cdots&\cdots&\cdots&\cdots\\c_{i1}&c_{i2}&\cdots&c_{in}\\\cdots&\cdots&\cdots&\cdots\\a_{n1}&a_{n2}&\cdots&a_{nn}\end{vmatrix}.$$

例 8-11 计算行列式 $\begin{vmatrix}1\,997&1\,998&2\,001\\3&2&-1\\2&1&0\end{vmatrix}$.

解：

$$\begin{aligned}\begin{vmatrix}1\,997&1\,998&2\,001\\3&2&-1\\2&1&0\end{vmatrix}&=\begin{vmatrix}2\,000-3&2\,000-2&2\,000+1\\3&2&-1\\2&1&0\end{vmatrix}\\&=\begin{vmatrix}2\,000&2\,000&2\,000\\3&2&-1\\2&1&0\end{vmatrix}+\begin{vmatrix}-3&-2&1\\3&2&-1\\2&1&0\end{vmatrix}\\&=2\,000\begin{vmatrix}1&1&1\\3&2&1\\2&1&0\end{vmatrix}-0\\&=0.\end{aligned}$$

性质 8-5 将行列式的某一行(列)的所有元素都乘上同一个常数 k 后再加到另外一行去，行列式的值不变.

行列式的第 j 行乘以一个数 k 加到第 i 行上去，记作 r_i+kr_j.

$$\begin{vmatrix} a_{11} & a_{12} & \cdots & a_{1n} \\ \cdots & \cdots & \cdots & \cdots \\ a_{i1} & a_{i2} & \cdots & a_{in} \\ \cdots & \cdots & \cdots & \cdots \\ a_{j1} & a_{j2} & \cdots & a_{jn} \\ \cdots & \cdots & \cdots & \cdots \\ a_{n1} & a_{n2} & \cdots & a_{nn} \end{vmatrix} \overset{r_i+kr_j}{=} \begin{vmatrix} a_{11} & a_{12} & \cdots & a_{1n} \\ \cdots & \cdots & \cdots & \cdots \\ a_{i1}+ka_{j1} & a_{i2}+ka_{j2} & \cdots & a_{in}+ka_{jn} \\ \cdots & \cdots & \cdots & \cdots \\ a_{j1} & a_{j2} & \cdots & a_{jn} \\ \cdots & \cdots & \cdots & \cdots \\ a_{n1} & a_{n2} & \cdots & a_{nn} \end{vmatrix}.$$

行列式的第 j 列乘以一个数 k 加到第 i 列上去，记作 c_i+kc_j.

例 8-12 计算行列式 $D=\begin{vmatrix} 1 & -1 & 2 & 2 \\ 2 & 3 & 1 & 5 \\ -1 & 1 & 4 & 2 \\ 3 & -3 & 6 & 2 \end{vmatrix}.$

解： 根据性质 8-5，可得

$$D=\begin{vmatrix} 1 & -1 & 2 & 2 \\ 2 & 3 & 1 & 5 \\ -1 & 1 & 4 & 2 \\ 3 & -3 & 6 & 2 \end{vmatrix} \xrightarrow{r_2-2r_1} \begin{vmatrix} 1 & -1 & 2 & 2 \\ 0 & 5 & -3 & 1 \\ -1 & 1 & 4 & 2 \\ 3 & -3 & 6 & 2 \end{vmatrix} \xrightarrow{r_3+r_1} \begin{vmatrix} 1 & -1 & 2 & 2 \\ 0 & 5 & -3 & 1 \\ 0 & 0 & 6 & 4 \\ 3 & -3 & 6 & 2 \end{vmatrix}$$

$$\xrightarrow{r_4-3r_1} \begin{vmatrix} 1 & -1 & 2 & 2 \\ 0 & 5 & -3 & 1 \\ 0 & 0 & 6 & 4 \\ 0 & 0 & 0 & -4 \end{vmatrix} =1\times5\times6\times(-4)=-120.$$

先利用行列式的性质将行列式化成三角行列式，再利用三角行列式的结论求得行列式的值的方法，称为**化三角法**.

化三角法习惯上使用行的变换，通常将行列式变换为上三角行列式，一般步骤如下.

(1)将 a_{11} 位置以下的元素全部变为 0.

(2)将 a_{22} 位置以下的元素全部变为 0.

(3)依此类推，将 $a_{ii}(i=1,2,\cdots,n-1)$ 以下的元素全部变为 0，行列式变换为上三角行列式.

(4)行列式的值等于上三角行列式主对角线元素的乘积.

性质 8-6 行列式某一行(列)的元素与另一行(列)对应元素的代数余子式的乘积和等于 0，即

$$a_{i1}A_{k1}+a_{i2}A_{k2}+\cdots+a_{in}A_{kn}=0(i\neq k),$$
$$a_{1j}A_{1t}+a_{2j}A_{2t}+\cdots+a_{nj}A_{nt}=0(j\neq t).$$

例如，在行列式 $\begin{vmatrix} 1 & 4 & 7 \\ 2 & 5 & 8 \\ 3 & 6 & 9 \end{vmatrix}$ 中，

$$a_{11}A_{21}+a_{12}A_{22}+a_{13}A_{23}=1\times(-1)^{2+1}\begin{vmatrix} 4 & 7 \\ 6 & 9 \end{vmatrix}+4\times(-1)^{2+2}\begin{vmatrix} 1 & 7 \\ 3 & 9 \end{vmatrix}+7\times(-1)^{2+3}\begin{vmatrix} 1 & 4 \\ 3 & 6 \end{vmatrix}$$

$$=-36+42+4\times(9-21)-7\times(6-12)=0.$$

例 8-13　计算行列式 $\begin{vmatrix} a & 0 & 0 & 1 \\ 0 & a & 0 & 0 \\ 0 & 0 & a & 0 \\ 1 & 0 & 0 & a \end{vmatrix}$.

解：第一行中有多个元素为零，根据行列式的展开定理，按照第一行展开，得

$$D=a\times(-1)^{1+1}\begin{vmatrix} a & 0 & 0 \\ 0 & a & 0 \\ 0 & 0 & a \end{vmatrix}+1\times(-1)^{1+4}\begin{vmatrix} 0 & a & 0 \\ 0 & 0 & a \\ 1 & 0 & 0 \end{vmatrix}.$$

对等号右边第一个行列式用三角行列式的性质计算，第二个行列式按照第三行展开，可得

$$D=a^4-1\times1\times(-1)^{3+1}\begin{vmatrix} a & 0 \\ 0 & a \end{vmatrix}$$
$$=a^4-a^2.$$

利用行列式的性质将某行(列)化为尽可能多的 0 后，再按照该行(列)展开，使之变成低一阶的行列式，如此继续下去，直到化为三阶或者二阶行列式，从而求出行列式，这个方法称为**降阶法**.

【拓展】可直接求解的行列式类型.
利用行列式的定义或性质可直接求出的行列式
1. 对角行列式

$$\begin{vmatrix} a_{11} & 0 & \cdots & 0 \\ 0 & a_{22} & \cdots & 0 \\ \vdots & \vdots & \ddots & \vdots \\ 0 & \cdots & \cdots & a_{nn} \end{vmatrix}=a_{11}a_{22}\cdots a_{nn}.$$

2. 三角行列式

上三角行列式 $\begin{vmatrix} a_{11} & a_{12} & \cdots & a_{1n} \\ 0 & a_{22} & \cdots & a_{2n} \\ \vdots & \vdots & \ddots & \vdots \\ 0 & 0 & \cdots & a_{nn} \end{vmatrix}=a_{11}a_{22}\cdots a_{nn}.$

下三角行列式 $\begin{vmatrix} a_{11} & 0 & \cdots & 0 \\ a_{21} & a_{22} & \cdots & 0 \\ \vdots & \vdots & \ddots & \vdots \\ a_{n1} & a_{n2} & \cdots & a_{nn} \end{vmatrix}=a_{11}a_{22}\cdots a_{nn}.$

3. 副对角行列式

$$\begin{vmatrix} a_{11} & a_{12} & \cdots & a_{1n} \\ a_{21} & a_{22} & a_{2,n-1} & 0 \\ \vdots & \ddots & & \vdots \\ a_{n1} & 0 & \cdots & 0 \end{vmatrix}=(-1)^{\frac{n(n-1)}{2}}a_{1n}a_{2,n-1}\cdots a_{n1}.$$

$$\begin{vmatrix} 0 & 0 & \cdots & a_{1n} \\ 0 & 0 & a_{2,n-1} & a_{2n} \\ \vdots & \ddots & \vdots & \vdots \\ a_{n1} & a_{n2} & \cdots & a_{nn} \end{vmatrix}=(-1)^{\frac{n(n-1)}{2}}a_{1n}a_{2,n-1}\cdots a_{n1}.$$

4. 分块对角行列式

对角线上分块为方阵

$$\begin{vmatrix} a_{11} & \cdots & a_{1k} & & & \\ \vdots & \ddots & \vdots & & 0 & \\ a_{k1} & \cdots & a_{kk} & & & \\ & & & b_{11} & \cdots & b_{1n} \\ & 0 & & \vdots & \ddots & \vdots \\ & & & b_{n1} & \cdots & b_{nn} \end{vmatrix} = \begin{vmatrix} a_{11} & \cdots & a_{1k} \\ \vdots & \ddots & \vdots \\ a_{k1} & \cdots & a_{kk} \end{vmatrix} \cdot \begin{vmatrix} b_{11} & \cdots & b_{1n} \\ \vdots & \ddots & \vdots \\ b_{n1} & \cdots & b_{nn} \end{vmatrix}.$$

5. 分块三角行列式

分块上三角行列式，
$$\begin{vmatrix} a_{11} & \cdots & a_{1k} & c_{11} & \cdots & c_{1n} \\ \vdots & \ddots & \vdots & \vdots & & \vdots \\ a_{k1} & \cdots & a_{kk} & c_{k1} & \cdots & c_{kn} \\ & & & b_{11} & \cdots & b_{1n} \\ & 0 & & \vdots & \ddots & \vdots \\ & & & b_{n1} & \cdots & b_{nn} \end{vmatrix} = \begin{vmatrix} a_{11} & \cdots & a_{1k} \\ \vdots & \ddots & \vdots \\ a_{k1} & \cdots & a_{kk} \end{vmatrix} \cdot \begin{vmatrix} b_{11} & \cdots & b_{1n} \\ \vdots & \ddots & \vdots \\ b_{n1} & \cdots & b_{nn} \end{vmatrix}.$$

分块下三角行列式，
$$\begin{vmatrix} a_{11} & \cdots & a_{1k} & & & \\ \vdots & \ddots & \vdots & & 0 & \\ a_{k1} & \cdots & a_{kk} & & & \\ c_{11} & \cdots & c_{1k} & b_{11} & \cdots & b_{1n} \\ \vdots & & \vdots & \vdots & \ddots & \vdots \\ c_{n1} & \cdots & c_{nk} & b_{n1} & \cdots & b_{nn} \end{vmatrix} = \begin{vmatrix} a_{11} & \cdots & a_{1k} \\ \vdots & \ddots & \vdots \\ a_{k1} & \cdots & a_{kk} \end{vmatrix} \cdot \begin{vmatrix} b_{11} & \cdots & b_{1n} \\ \vdots & \ddots & \vdots \\ b_{n1} & \cdots & b_{nn} \end{vmatrix}.$$

6. 分块副对角行列式

$$\begin{vmatrix} & & & a_{11} & \cdots & a_{1k} \\ & 0 & & \vdots & \ddots & \vdots \\ & & & a_{k1} & \cdots & a_{kk} \\ b_{11} & \cdots & b_{1n} & c_{11} & \cdots & c_{1k} \\ \vdots & \ddots & \vdots & \vdots & \ddots & \vdots \\ b_{n1} & \cdots & b_{nn} & c_{n1} & \cdots & c_{nk} \end{vmatrix} = (-1)^{kn} \begin{vmatrix} a_{11} & \cdots & a_{1k} \\ \vdots & \ddots & \vdots \\ a_{k1} & \cdots & a_{kk} \end{vmatrix} \cdot \begin{vmatrix} b_{11} & \cdots & b_{1n} \\ \vdots & \ddots & \vdots \\ b_{n1} & \cdots & b_{nn} \end{vmatrix}.$$

$$\begin{vmatrix} c_{11} & \cdots & c_{1n} & a_{11} & \cdots & a_{1k} \\ \vdots & \ddots & \vdots & \vdots & \ddots & \vdots \\ c_{k1} & \cdots & c_{kn} & a_{k1} & \cdots & a_{kk} \\ b_{11} & \cdots & b_{1n} & & & \\ \vdots & \ddots & \vdots & & 0 & \\ b_{n1} & \cdots & b_{nn} & & & \end{vmatrix} = (-1)^{kn} \begin{vmatrix} a_{11} & \cdots & a_{1k} \\ \vdots & \ddots & \vdots \\ a_{k1} & \cdots & a_{kk} \end{vmatrix} \cdot \begin{vmatrix} b_{11} & \cdots & b_{1n} \\ \vdots & \ddots & \vdots \\ b_{n1} & \cdots & b_{nn} \end{vmatrix}.$$

7. 范德蒙行列式

$$V_n = \begin{vmatrix} 1 & 1 & 1 & \cdots & 1 \\ x_1 & x_2 & x_3 & \cdots & x_n \\ x_1^2 & x_2^2 & x_3^2 & \cdots & x_n^2 \\ \vdots & \vdots & \vdots & \ddots & \vdots \\ x_1^{n-1} & x_2^{n-1} & x_3^{n-1} & \cdots & x_n^{n-1} \end{vmatrix} = \prod_{1 \leqslant j < i \leqslant n} (x_i - x_j).$$

范德蒙行列式为

$$V_n = \begin{vmatrix} 1 & 1 & 1 & \cdots & 1 \\ x_1 & x_2 & x_3 & \cdots & x_n \\ x_1^2 & x_2^2 & x_3^2 & \cdots & x_n^2 \\ \vdots & \vdots & \vdots & \ddots & \vdots \\ x_1^{n-1} & x_2^{n-1} & x_3^{n-1} & \cdots & x_n^{n-1} \end{vmatrix} = \prod_{1 \leqslant j \leqslant i \leqslant n} (x_i = x_j).$$

范德蒙行列式是在解方程组中抽象出来的，揭晓了用行列式求解 n 元线性方程组的问题，这里只讨论方程个数与未知量个数相等的方程组．

8.2.2 克莱姆法则

定理 8-2 （克莱姆法则），n 元线性方程组（n 个方程）

$$\begin{cases} a_{11}x_1 + a_{12}x_2 + \cdots + a_{1n}x_n = b_1 \\ a_{21}x_1 + a_{22}x_2 + \cdots + a_{2n}x_n = b_2 \\ \cdots \\ a_{n1}x_1 + a_{n2}x_2 + \cdots + a_{nn}x_n = b_n \end{cases} \tag{8-1}$$

的系数行列式为

$$D = \begin{vmatrix} a_{11} & a_{12} & \cdots & a_{1n} \\ a_{21} & a_{22} & \cdots & a_{2n} \\ \cdots & \cdots & \cdots & \cdots \\ a_{n1} & a_{n2} & \cdots & a_{nn} \end{vmatrix} \neq 0,$$

则该方程组有唯一解：

$$x_1 = \frac{D_1}{D}, \ x_2 = \frac{D_2}{D}, \ \cdots, \ x_n = \frac{D_n}{D}.$$

其中，D_j 指用常数列替换系数行列式中的第 j 列后得到的新行列式：

$$D_j = \begin{vmatrix} a_{11} & \cdots & a_{1,j-1} & b_1 & a_{1,j+1} & \cdots \\ a_{21} & \cdots & a_{2,j-1} & b_2 & a_{2,j+1} & \cdots \\ \cdots & \cdots & \cdots & \cdots & \cdots & \cdots \\ a_{n1} & \cdots & a_{n,j-1} & b_n & a_{n,j+1} & \cdots \end{vmatrix}.$$

例 8-14 用克莱姆法则解线性方程组

$$\begin{cases} 2x_1 + x_2 - 2x_3 + 3x_4 = 3 \\ x_1 - 2x_2 + x_3 + x_4 = 0 \\ x_1 + x_2 - x_3 + 2x_4 = 2 \\ x_1 + x_2 + x_3 + 3x_4 = 3 \end{cases}.$$

解： 系数行列式为

$$D = \begin{vmatrix} 2 & 1 & -2 & 3 \\ 1 & -2 & 1 & 1 \\ 1 & 1 & -1 & 2 \\ 1 & 1 & 1 & 3 \end{vmatrix} = 2 \neq 0.$$

由于

$$D_1 = \begin{vmatrix} 3 & 1 & -2 & 3 \\ 0 & -2 & 1 & 1 \\ 2 & 1 & -1 & 2 \\ 3 & 1 & 1 & 3 \end{vmatrix} = 3, \qquad D_2 = \begin{vmatrix} 2 & 3 & -2 & 3 \\ 1 & 0 & 1 & 1 \\ 1 & 2 & -1 & 2 \\ 1 & 3 & 1 & 3 \end{vmatrix} = 2,$$

$$D_3 = \begin{vmatrix} 2 & 1 & 3 & 3 \\ 1 & -2 & 0 & 1 \\ 1 & 1 & 2 & 2 \\ 1 & 1 & 3 & 3 \end{vmatrix} = 1, \qquad D_4 = \begin{vmatrix} 2 & 1 & -2 & 3 \\ 1 & -2 & 1 & 0 \\ 1 & 1 & -1 & 2 \\ 1 & 1 & 1 & 3 \end{vmatrix} = 0,$$

所以方程组有唯一解：

$$x_1 = \frac{D_1}{D} = \frac{3}{2}, \quad x_2 = \frac{D_2}{D} = 1, \quad x_3 = \frac{D_3}{D} = \frac{1}{2}, \quad x_4 = \frac{D_4}{D} = 0.$$

克莱姆法则的应用需满足以下两个条件．

(1) 方程的个数与未知量个数相等．

(2) 系数行列式 $D \neq 0$．若 $D = 0$，方程组可能有解，也可能无解，这将在后续的学习中讨论．

定义 8-2 若 n 元线性方程组 $\begin{cases} a_{11}x_1 + a_{12}x_2 + \cdots + a_{1n}x_n = b_1 \\ a_{21}x_1 + a_{22}x_2 + \cdots + a_{2n}x_n = b_2 \\ \cdots \\ a_{n1}x_1 + a_{n2}x_2 + \cdots + a_{nn}x_n = b_n \end{cases}$ 中等号右端常数项全为

零，即

$$\begin{cases} a_{11}x_1 + a_{12}x_2 + \cdots + a_{1n}x_n = 0 \\ a_{21}x_1 + a_{22}x_2 + \cdots + a_{2n}x_n = 0 \\ \cdots \\ a_{n1}x_1 + a_{n2}x_2 + \cdots + a_{nn}x_n = 0 \end{cases}, \tag{8-2}$$

则称该方程组为 n 元**齐次线性方程组**．若常数项 b_1，b_2，$\cdots$，b_n 不全为零，则称该方程组为**非齐次线性方程组**．

显然，当 $x_1 = x_2 = \cdots x_n = 0$ 时齐次线性方程组［式(8-2)］一定成立，称 $x_1 = x_2 = \cdots = x_n = 0$ 为齐次线性方程组的**零解**．齐次线性方程组一定有零解，但不一定有非零解．

定理 8-3 若齐次线性方程组的系数行列式 $D \neq 0$，则该方程组有唯一的零解．

推论 8-4 若齐次线性方程组有非零解，则其系数行列式 D 等于 0．

例 8-15 当 λ 为何值时，方程组

$$\begin{cases} \lambda x_1 + x_2 + x_3 = 0 \\ x_1 + \lambda x_2 - x_3 = 0 \\ 2x_1 - x_2 + x_3 = 0 \end{cases}$$

有非零解？

解：系数行列式为

$$D = \begin{vmatrix} \lambda & 1 & 1 \\ 1 & \lambda & -1 \\ 2 & -1 & 1 \end{vmatrix} = (\lambda + 1)(\lambda - 4).$$

当 $D=0$ 时方程组有非零解，即 $\lambda=-1$ 或 4.

因此，当 $\lambda=-1$ 或 4 时方程组有非零解.

例 8-16 由网孔法设桥式电路闭合回路的电流分别为 I_1，I_2，I_3，如图 8-3 所示. 已知 $R_1=2$，$R_2=1$，$R_3=1$，$R_4=2$，$R_5=1$，$E=14$，计算流过中央支路 AB 的电流 I_{AB}.

解: 由基尔霍夫定律可得如下方程组：

$$\begin{cases} R_1I_1+R_5(I_1-I_2)+R_2(I_1-I_3)=0 \\ R_3I_2+R_4(I_2-I_3)+R_5(I_2-I_1)=0 \\ R_2(I_3-I_1)+R_4(I_3-I_2)=E \end{cases}.$$

将已知条件分别代入方程组并整理得

$$\begin{cases} 4I_1-I_2-I_3=0 \\ -I_1+4I_2-2I_3=0 \\ -I_1-2I_2+3I_3=14 \end{cases}.$$

计算行列式：

$$D=\begin{vmatrix} 4 & -1 & -1 \\ -1 & 4 & -2 \\ -1 & -2 & 3 \end{vmatrix}=21,\quad D_1=\begin{vmatrix} 0 & -1 & -1 \\ 0 & 4 & -2 \\ 14 & -2 & 3 \end{vmatrix}=84,$$

$$D_2=\begin{vmatrix} 4 & 0 & -1 \\ -1 & 0 & -2 \\ -1 & 14 & 3 \end{vmatrix}=126,\quad D_3=\begin{vmatrix} 4 & -1 & 0 \\ -1 & 4 & 0 \\ -1 & -2 & 14 \end{vmatrix}=210.$$

因此，$I_1=\dfrac{D_1}{D}=4$，$I_2=\dfrac{D_2}{D}=6$，$I_3=\dfrac{D_3}{D}=10$.

流过中央支路 AB 的电流 $I_{AB}=I_1-I_2=-2$，即电流是从 B 流向 A 的.

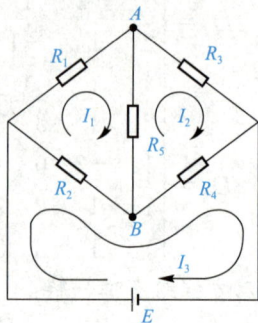

图 8-3

习题 8－2

1. 利用行列式的性质计算下列行列式.

(1) $\begin{vmatrix} 2021 & 2022 & 2023 \\ 2024 & 2025 & 2026 \\ 2027 & 2028 & 2029 \end{vmatrix}$；

(2) $\begin{vmatrix} 1+x & 1+x & 1 \\ 2+x & 1+2x & 2 \\ 3+x & 1+3x & 3 \end{vmatrix}$；

(3) $\begin{vmatrix} a+b+2c & a & b \\ c & b+c+2a & b \\ c & a & c+a+2b \end{vmatrix}$；

(4) $\begin{vmatrix} 5 & -3 & 0 & 1 \\ 0 & -2 & -1 & 0 \\ 1 & 0 & 4 & 7 \\ 0 & 0 & 2 & 0 \end{vmatrix}$；

$$(5)\begin{vmatrix} a & a & a & a \\ b & b & 0 & 0 \\ c & 0 & c & 0 \\ d & 0 & 0 & d \end{vmatrix};$$

$$(6)\begin{vmatrix} 1 & 0 & 0 & 0 & 0 \\ 0 & 1 & 0 & 1 & 0 \\ 0 & 0 & 1 & 0 & 0 \\ 0 & 1 & 0 & 2 & 0 \\ 0 & 0 & 0 & 0 & 1 \end{vmatrix};$$

$$(7)\begin{vmatrix} 1 & 2 & 1 & 1 \\ 2 & 4 & 3 & 2 \\ 2 & 4 & 2 & 2 \\ 3 & 6 & 3 & 4 \end{vmatrix};$$

$$(8)\begin{vmatrix} 0 & 1 & 1 & 7 \\ 1 & 2 & 0 & 2 \\ 1 & 5 & 2 & 1 \\ 4 & 1 & 2 & 4 \end{vmatrix}.$$

2. 用克莱姆法则求解线性方程组.

$$\begin{cases} x_1 + x_2 + 2x_3 + 3x_4 = 1 \\ 3x_1 - x_2 - x_3 - 2x_4 = -4 \\ 2x_1 + 3x_2 - x_3 - x_4 = -6 \\ x_1 + 2x_2 + 3x_3 - x_4 = -4 \end{cases}.$$

3. 当 λ 取何值时, 线性方程组 $\begin{cases} x_1 + \lambda x_3 = 0 \\ 2x_1 - x_4 = 0 \\ \lambda x_1 + x_2 = 0 \\ x_3 + 2x_4 = 0 \end{cases}$ 只有零解?

4. 当 λ 为何值时, 线性方程组 $\begin{cases} \lambda x_1 + x_2 + x_3 = 0 \\ x_1 + \lambda x_2 + x_3 = 0 \\ x_1 + x_2 + \lambda x_3 = 0 \end{cases}$ 有非零解.

5. 研究机器人的旋转运动时, 旋转矩阵 $\boldsymbol{X} = \begin{pmatrix} \cos 60° & -\sin 60° & 0 \\ \sin 60° & \cos 60° & 0 \\ 0 & 0 & 1 \end{pmatrix}$, 计算旋转矩阵对

应的行列式.

8.3　矩阵的概念及基本运算

矩阵是解决诸如网络设计、电路分析等问题的强有力的数学工具, 也是利用计算机进行数据处理和分析的数学基础. 目前国际认可的最优化的科技应用软件——Matlab 就是以矩阵作为基本的数据结构, 从矩阵的数据分析、处理发展起来的被广泛应用的软件包.

8.3.1　矩阵的概念

在现实生活中, 经常看到一些数表, 如某公司销售三种产品 A, B, C, 它们在前四个月的销售量见表 8-1.

表 8-1　前四个月的销量

月份	商品 A	商品 B	商品 C
一月	910	370	149
二月	878	349	160
三月	649	401	152
四月	598	388	148

在方程组中，如果隐去未知量和等号，也可以得到一个表格，例如：

$$\begin{cases} 2x-3y+4z=1 \\ 3x+4y-z=2 \end{cases} \Rightarrow$$

2	−3	4	1
3	4	−1	2

在数学中习惯将数据从表格中提出来研究，诸如：

$$\begin{pmatrix} 910 & 370 & 149 \\ 878 & 349 & 160 \\ 649 & 401 & 152 \\ 598 & 388 & 148 \end{pmatrix} \text{或者} \begin{pmatrix} 2 & -3 & 4 & 1 \\ 3 & 4 & -1 & 2 \end{pmatrix}$$

这样的纯数表，在数学上叫作**矩阵**.

定义 8-3　由 $m \times n$ 个数 $a_{ij}(i=1, 2, \cdots, m; j=1, 2, \cdots, n)$ 按照一定顺序排列成的 m 行、n 列的矩形数表，称为 $m \times n$ 矩阵，记作

$$A = \begin{pmatrix} a_{11} & a_{12} & \cdots & a_{1n} \\ a_{21} & a_{22} & \cdots & a_{2n} \\ \cdots & \cdots & \cdots & \cdots \\ a_{m1} & a_{m2} & \cdots & a_{mn} \end{pmatrix}.$$

横的各排称为矩阵的行，纵的各排称为矩阵的列，a_{ij} 称为矩阵 A 的第 i 行、第 j 列**元素**(图 8-4). 矩阵常用大写字母 A，B，$\cdots$或(a_{ij})，(b_{ij})，$\cdots$表示，有时为了标明矩阵的行数和列数，也可以用 $A_{m \times n}$ 或$(a_{ij})_{m \times n}$ 表示矩阵，$m \times n$ 表示该矩阵有 m 行、n 列. 矩阵元素都是实数的矩阵称为实矩阵，矩阵元素都是复数的矩阵称为复矩阵. 本书只讨论实矩阵.

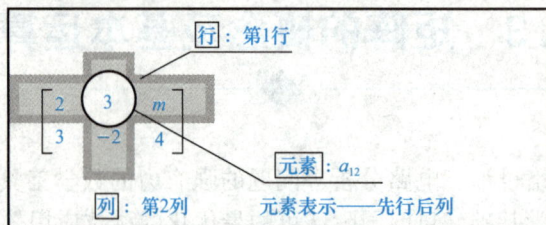

图 8-4

举例如下.

2×2 矩阵：$\begin{pmatrix} 3 & 10 \\ -7 & 4 \end{pmatrix}$(叫作二阶矩阵，$n \times n$ 矩阵叫作 n **阶矩阵**).

2×3 矩阵：$\begin{pmatrix} 2 & 3 & 1 \\ 3 & -2 & 4 \end{pmatrix}$(叫作 2 行、3 列的矩阵).

3×2 矩阵: $\begin{pmatrix} -3 & 1 \\ 2 & 7 \\ 0 & 5 \end{pmatrix}$ (叫作 3 行、2 列的矩阵).

下面介绍几种特殊矩阵.

(1) 当矩阵 $\boldsymbol{A}_{m\times n}$ 中所有元素都为零时,该矩阵称为零矩阵,记作 $\boldsymbol{O}_{m\times n}$,简写为 $\boldsymbol{O}$,这里的 $\boldsymbol{O}$ 表示一个矩阵,不是数 0.

(2) 当 $m=1$ 时,矩阵 $\boldsymbol{A}_{m\times n}$ 只有 1 行,称为**行矩阵**,例如 1×3 矩阵: $(-2\ 5\ 1)$. 行矩阵也叫作行向量.

当 $n=1$ 时,矩阵 $\boldsymbol{A}_{m\times n}$ 只有 1 列,称为**列矩阵**,例如 3×1 矩阵: $\begin{pmatrix} 1 \\ 0 \\ -8 \end{pmatrix}$. 列矩阵也叫作列向量.

(3) 当 $m=n=1$ 时,该矩阵只有一个元素 a_{11},记作 $\boldsymbol{A}=(a_{11})=a_{11}$. 例如, $\boldsymbol{A}=(-2)=-2$, $\boldsymbol{B}=(5)=5$.

(4) 当 $m=n$ 时,矩阵的行数与列数相等,称为 n 阶矩阵,也称为 n 阶方阵. 元素 a_{11}, a_{22}, a_{33}, $\cdots$, a_{nn} 称为主对角线元素. 如果一个方阵除主对角线元素外,其余元素都为零时,则该矩阵称为 **n 阶对角矩阵**:

$$\boldsymbol{A}=\begin{pmatrix} a_{11} & 0 & \cdots & 0 \\ 0 & a_{22} & \cdots & 0 \\ \vdots & \vdots & & \vdots \\ 0 & 0 & \cdots & a_{nn} \end{pmatrix}.$$

对角矩阵简记为 $\boldsymbol{A}=\mathrm{diag}(a_{11}, a_{22}, \cdots, a_{nn})$,或者 $\boldsymbol{A}=\begin{pmatrix} a_{11} & & & \\ & a_{22} & & \\ & & \ddots & \\ & & & a_{nn} \end{pmatrix}.$

若对角矩阵中主对角线元素都相等,即 $a_{11}=a_{22}=\cdots=a_{nn}=a$,则

$$\boldsymbol{A}=\begin{pmatrix} a & & & \\ & a & & \\ & & \ddots & \\ & & & a \end{pmatrix},$$

此时该对角矩阵叫作 **n 阶数量矩阵**.

当 n 阶数量矩阵的主对角线元素为 1 时,称该 n 阶数量矩阵为 **n 阶单位矩阵**,用字母 $\boldsymbol{E}$ 或 $\boldsymbol{E}_n$ 表示,即

$$\boldsymbol{E}_n=\begin{pmatrix} 1 & & & \\ & 1 & & \\ & & \ddots & \\ & & & 1 \end{pmatrix}.$$

(5) 主对角线下方元素全为零的方阵称为**上三角形矩阵**,即

$$A = \begin{pmatrix} a_{11} & a_{12} & \cdots & a_{1n} \\ 0 & a_{22} & \cdots & a_{2n} \\ \vdots & \vdots & & \vdots \\ 0 & 0 & \cdots & a_{nn} \end{pmatrix}.$$

主对角线上方的元素都为零的方阵称为下三角形矩阵，即

$$B = \begin{pmatrix} a_{11} & 0 & \cdots & 0 \\ a_{21} & a_{22} & \cdots & 0 \\ \vdots & \vdots & \ddots & \vdots \\ a_{n1} & a_{n2} & \cdots & a_{nn} \end{pmatrix}.$$

上三角形矩阵和下三角形矩阵统称为三角形矩阵．

例如，上三角形矩阵 $\begin{pmatrix} 2 & 4 & 0 & 1 \\ 0 & 0 & 6 & 2 \\ 0 & 0 & -5 & 2 \\ 0 & 0 & 0 & 2 \end{pmatrix}$，下三角形矩阵 $\begin{pmatrix} -1 & 0 & 0 \\ 3 & 5 & 0 \\ 0 & 7 & 2 \end{pmatrix}$．

(6)设矩阵满足以下条件．

1)矩阵有零行(元素全为零的行)，零行全部在下方．

2)各非零行的第一个不为零的元素(首非零元)的列标随行标的递增而严格增大．

这样的矩阵称为阶梯矩阵．

例如，$A = \begin{pmatrix} 3 & -1 & 2 \\ 0 & 4 & 1 \end{pmatrix}$，$B = \begin{pmatrix} 1 & 0 & 1 & 3 \\ 0 & 0 & 2 & 4 \\ 0 & 0 & 0 & 0 \\ 0 & 0 & 0 & 0 \end{pmatrix}$，$C = \begin{pmatrix} 6 & 2 & 5 & -3 \\ 0 & 0 & -9 & 2 \\ 0 & 0 & 0 & 1 \\ 0 & 0 & 0 & 0 \end{pmatrix}$ 等都是阶梯矩阵，

但是 $D = \begin{pmatrix} 1 & 0 & 1 & 3 \\ 0 & 7 & 2 & 4 \\ 0 & 3 & 1 & 0 \\ 0 & 0 & 0 & 0 \end{pmatrix}$，$E = \begin{pmatrix} 1 & 3 & 5 \\ 1 & -4 & 11 \end{pmatrix}$ 不是阶梯矩阵．

(7)若阶梯矩阵进一步满足以下条件，则称之为行最简形矩阵．

1)各非零行的首非零元都是 1．

2)所有首非零元素所在列的其余元素都是 0．

例如，$A = \begin{pmatrix} 1 & 0 & 0 & 3 \\ 0 & 1 & 0 & 4 \\ 0 & 0 & 1 & 0 \\ 0 & 0 & 0 & 0 \end{pmatrix}$，$B = \begin{pmatrix} 1 & 0 & 0 & 3 \\ 0 & 0 & 1 & 4 \\ 0 & 0 & 0 & 0 \\ 0 & 0 & 0 & 0 \end{pmatrix}$，$C = \begin{pmatrix} 1 & 2 & 5 & 0 \\ 0 & 0 & 0 & 1 \\ 0 & 0 & 0 & 0 \\ 0 & 0 & 0 & 0 \end{pmatrix}$ 都是行最简形矩阵．

定义 8-4 若矩阵 A 和矩阵 B 的行数、列数分别相等，则称 A，B 为同型矩阵．例如，

矩阵 $A = \begin{pmatrix} 2 & 5 \\ -1 & 4 \\ 3 & -7 \end{pmatrix}$ 与矩阵 $B = \begin{pmatrix} 0 & 2 \\ 1 & -3 \\ 9 & 5 \end{pmatrix}$ 是同型矩阵．

定义 8-5 若矩阵 $A = (a_{ij})$ 和矩阵 $B = (b_{ij})$ 为同型矩阵，并且对应的元素都相等，即

$a_{ij}=b_{ij}(i=1,2,\cdots,m;j=1,2,\cdots,n)$，则称矩阵 $\boldsymbol{A}$ 与矩阵 $\boldsymbol{B}$ **相等**，记作 $\boldsymbol{A}=\boldsymbol{B}$.

例如，由 $\begin{pmatrix}4&x&3\\-1&0&y\end{pmatrix}=\begin{pmatrix}4&5&3\\z&0&6\end{pmatrix}$，可以立刻得出 $x=5$，$y=6$，$z=-1$.

8.3.2　矩阵的线性运算

矩阵的加法、减法，矩阵与数的乘法统称为矩阵的线性运算.

定义 8-6　设

$$\boldsymbol{A}=(a_{ij})_{m\times n}=\begin{pmatrix}a_{11}&a_{12}&\cdots&a_{1n}\\a_{21}&a_{22}&\cdots&a_{2n}\\\vdots&\vdots&\ddots&\vdots\\a_{m1}&a_{m2}&\cdots&a_{mn}\end{pmatrix},$$

$$\boldsymbol{B}=(b_{ij})_{m\times n}=\begin{pmatrix}b_{11}&b_{12}&\cdots&b_{1n}\\b_{21}&b_{22}&\cdots&b_{2n}\\\vdots&\vdots&\ddots&\vdots\\b_{m1}&b_{m2}&\cdots&b_{mn}\end{pmatrix}$$

为同型矩阵，把矩阵 $\boldsymbol{A}$，$\boldsymbol{B}$ 对应元素相加得到新的矩阵 $\boldsymbol{C}$，则称矩阵 $\boldsymbol{C}$ 为矩阵 $\boldsymbol{A}$ 与矩阵 $\boldsymbol{B}$ 的和，记作 $\boldsymbol{C}=\boldsymbol{A}+\boldsymbol{B}$，即

$$\boldsymbol{C}=\boldsymbol{A}+\boldsymbol{B}=\begin{pmatrix}a_{11}&a_{12}&\cdots&a_{1n}\\a_{21}&a_{22}&\cdots&a_{2n}\\\vdots&\vdots&\ddots&\vdots\\a_{m1}&a_{m2}&\cdots&a_{mn}\end{pmatrix}+\begin{pmatrix}b_{11}&b_{12}&\cdots&b_{1n}\\b_{21}&b_{22}&\cdots&b_{2n}\\\vdots&\vdots&\ddots&\vdots\\b_{m1}&b_{m2}&\cdots&b_{mn}\end{pmatrix}$$

$$=\begin{pmatrix}a_{11}+b_{11}&a_{12}+b_{12}&\cdots&a_{1n}+b_{1n}\\a_{21}+b_{21}&a_{22}+b_{22}&\cdots&a_{2n}+b_{2n}\\\vdots&\vdots&\ddots&\vdots\\a_{m1}+b_{m1}&a_{m2}+b_{m2}&\cdots&a_{mn}+b_{mn}\end{pmatrix}.$$

例 8-17　已知 $\boldsymbol{A}=\begin{pmatrix}2&1&4\\0&3&3\end{pmatrix}$，$\boldsymbol{B}=\begin{pmatrix}3&3&1\\4&0&3\end{pmatrix}$，求 $\boldsymbol{A}+\boldsymbol{B}$.

解：$\boldsymbol{A}+\boldsymbol{B}=\begin{pmatrix}2&1&4\\0&3&3\end{pmatrix}+\begin{pmatrix}3&3&1\\4&0&3\end{pmatrix}=\begin{pmatrix}2+3&1+3&4+1\\0+4&3+0&3+3\end{pmatrix}=\begin{pmatrix}5&4&5\\4&3&6\end{pmatrix}$.

设 $\boldsymbol{A}=(a_{ij})_{m\times n}$，则 $(-a_{ij})_{m\times n}$ 称为 $\boldsymbol{A}$ 的负矩阵，记为 $-\boldsymbol{A}$，即

$$-\boldsymbol{A}=(-a_{ij})_{m\times n}=\begin{pmatrix}-a_{11}&-a_{12}&\cdots&-a_{1n}\\-a_{21}&-a_{22}&\cdots&-a_{2n}\\\vdots&\vdots&\ddots&\vdots\\-a_{m1}&-a_{m2}&\cdots&-a_{mn}\end{pmatrix}.$$

定义 8-7　设 $\boldsymbol{A}=(a_{ij})_{m\times n}$，$\boldsymbol{B}=(b_{ij})_{m\times n}$，且 $\boldsymbol{A}$，$\boldsymbol{B}$ 为同型矩阵，则

$$A-B=A+(-B)=\begin{pmatrix} a_{11} & a_{12} & \cdots & a_{1n} \\ a_{21} & a_{22} & \cdots & a_{2n} \\ \vdots & \vdots & \ddots & \vdots \\ a_{m1} & a_{m2} & \cdots & a_{mn} \end{pmatrix}+\begin{pmatrix} -b_{11} & -b_{12} & \cdots & -b_{1n} \\ -b_{21} & -b_{22} & \cdots & -b_{2n} \\ \vdots & \vdots & \ddots & \vdots \\ -b_{m1} & -b_{m2} & \cdots & -b_{mn} \end{pmatrix}$$

$$=\begin{pmatrix} a_{11}-b_{11} & a_{12}-b_{12} & \cdots & a_{1n}-b_{1n} \\ a_{21}-b_{21} & a_{22}-b_{22} & \cdots & a_{2n}-b_{2n} \\ \vdots & \vdots & \ddots & \vdots \\ a_{m1}-b_{m1} & a_{m2}-b_{m2} & \cdots & a_{mn}-b_{mn} \end{pmatrix}.$$

显然，$A-A=A+(-A)=O$.

不难看出，两个矩阵只有在行数与列数分别对应相同时才能相加减，即只有同型矩阵才可以相加减.

矩阵的加法满足以下规律（A，B，C 都是同型矩阵）.

(1) $A+B=B+A$.

(2) $(A+B)+C=A+(B+C)$.

(3) $A+O=A$.

(4) $A+(-A)=O$.

例 8-18 已知 $A=\begin{pmatrix} 1 & 2 & 3 \\ 0 & 1 & -1 \\ 3 & -2 & 4 \end{pmatrix}$，$B=\begin{pmatrix} 1 & 0 & 4 \\ 2 & -3 & 0 \\ -1 & -2 & -3 \end{pmatrix}$，求：(1) $A+B$；(2) $A-B$.

解： (1) $A+B=\begin{pmatrix} 1 & 2 & 3 \\ 0 & 1 & -1 \\ 3 & -2 & 4 \end{pmatrix}+\begin{pmatrix} 1 & 0 & 4 \\ 2 & -3 & 0 \\ -1 & -2 & -3 \end{pmatrix}$

$$=\begin{pmatrix} 1+1 & 2+0 & 3+4 \\ 0+2 & 1+(-3) & -1+0 \\ 3+(-1) & -2+(-2) & 4+(-3) \end{pmatrix}=\begin{pmatrix} 2 & 2 & 7 \\ 2 & -2 & -1 \\ 2 & -4 & 1 \end{pmatrix}.$$

(2) $A-B=\begin{pmatrix} 1 & 2 & 3 \\ 0 & 1 & -1 \\ 3 & -2 & 4 \end{pmatrix}-\begin{pmatrix} 1 & 0 & 4 \\ 2 & -3 & 0 \\ -1 & -2 & -3 \end{pmatrix}$

$$=\begin{pmatrix} 1-1 & 2-0 & 3-4 \\ 0-2 & 1-(-3) & -1-0 \\ 3-(-1) & -2-(-2) & 4-(-3) \end{pmatrix}=\begin{pmatrix} 0 & 2 & -1 \\ -2 & 4 & -1 \\ 4 & 0 & 7 \end{pmatrix}.$$

定义 8-8 设矩阵 $A=(a_{ij})$ 是 $m\times n$ 矩阵，k 为一个常数，A 和 k 的乘积仍然是 $m\times n$ 矩阵，记作 kA 或 Ak，且

$$kA=Ak=(ka_{ij})=\begin{pmatrix} ka_{11} & ka_{12} & \cdots & ka_{1n} \\ ka_{21} & ka_{22} & & ka_{2n} \\ \cdots & \cdots & & \cdots \\ ka_{m1} & ka_{m2} & \cdots & ka_{mn} \end{pmatrix}.$$

矩阵的数乘满足以下运算律（A，B 是同型矩阵，k，l 为常数）.

(1) $(kl)A = k(lA)$.

(2) $(k+l)A = kA + lA$.

(3) $k(A+B) = kA + kB$.

例 8-19 设 $A = \begin{pmatrix} 2 & -1 & 3 \\ 1 & 3 & -2 \end{pmatrix}$，$B = \begin{pmatrix} -1 & 1 & 3 \\ 2 & -2 & 1 \end{pmatrix}$，求 $A+2B$，$2A-B$.

解： $A + 2B = \begin{pmatrix} 2 & -1 & 3 \\ 1 & 3 & -2 \end{pmatrix} + \begin{pmatrix} -2 & 2 & 6 \\ 4 & -4 & 2 \end{pmatrix} = \begin{pmatrix} 0 & 1 & 9 \\ 5 & -1 & 0 \end{pmatrix}$.

$2A - B = \begin{pmatrix} 4 & -2 & 6 \\ 2 & 6 & -4 \end{pmatrix} - \begin{pmatrix} -1 & 1 & 3 \\ 2 & -2 & 1 \end{pmatrix} = \begin{pmatrix} 5 & -3 & 3 \\ 0 & 8 & -5 \end{pmatrix}$.

例 8-20 设 $A = \begin{pmatrix} 3 & -1 & 2 & 0 \\ 1 & 5 & 7 & 9 \\ 2 & 4 & 6 & 8 \end{pmatrix}$，$B = \begin{pmatrix} 7 & 5 & -2 & 4 \\ 5 & 1 & 9 & 7 \\ 3 & 2 & -1 & 6 \end{pmatrix}$，且 $A+2X = B$，求 X.

解： 由 $A + 2X = B$，得

$$X = \frac{1}{2}(B-A) = \frac{1}{2} \begin{pmatrix} 4 & 6 & -4 & 4 \\ 4 & -4 & 2 & -2 \\ 1 & -2 & -7 & -2 \end{pmatrix} = \begin{pmatrix} 2 & 3 & -2 & 2 \\ 2 & -2 & 1 & -1 \\ \frac{1}{2} & -1 & -\frac{7}{2} & -1 \end{pmatrix}.$$

8.3.3 矩阵的乘法

定义 8-9 设矩阵 $A = (a_{ij})$ 是 $m \times t$ 矩阵，$B = (b_{ij})$ 是 $t \times n$ 矩阵，称矩阵 A 乘以矩阵 B 的乘积为 $A_{m \times t} B_{t \times n} = C_{m \times n} = (c_{ij})$，且

$$c_{ij} = a_{i1}b_{1j} + a_{i2}b_{2j} + \cdots + a_{it}b_{tj} = \sum_{k=1}^{t} a_{ik}b_{kj}.$$

【注意】

(1) 只有左边矩阵的列数等于右边矩阵的行数，矩阵才能相乘.

(2) A 乘以 B 的乘积矩阵，是以左边矩阵的行数为积矩阵的行数，以右边矩阵的列数为积矩阵的列数. 积矩阵中的元素 c_{ij} 是左边矩阵第 i 行和右边矩阵第 j 列对应元素的乘积之和.

例 8-21 设矩阵 $A = \begin{pmatrix} 1 & 2 & 3 \\ 4 & 5 & 6 \end{pmatrix}_{2 \times 3}$，$B = \begin{pmatrix} 7 & 10 & 0 \\ 8 & 11 & 1 \\ 9 & 12 & 0 \end{pmatrix}_{3 \times 3}$，求 AB.

解： $AB = \begin{pmatrix} 1 & 2 & 3 \\ 4 & 5 & 6 \end{pmatrix} \begin{pmatrix} 7 & 10 & 0 \\ 8 & 11 & 1 \\ 9 & 12 & 0 \end{pmatrix}$

$= \begin{pmatrix} 1\times7+2\times8+3\times9 & 1\times10+2\times11+3\times12 & 1\times0+2\times1+3\times0 \\ 4\times7+5\times8+6\times9 & 4\times10+5\times11+6\times12 & 4\times0+5\times1+6\times0 \end{pmatrix}$

$$= \begin{pmatrix} 50 & 68 & 2 \\ 122 & 167 & 5 \end{pmatrix}.$$

例 8-22 设矩阵 $\boldsymbol{A} = \begin{pmatrix} 1 & -2 \\ -1 & 2 \end{pmatrix}$, $\boldsymbol{B} = \begin{pmatrix} 2 & 4 \\ 1 & 2 \end{pmatrix}$, 求 $\boldsymbol{AB}$.

解: $\boldsymbol{AB} = \begin{pmatrix} 1 & -2 \\ -1 & 2 \end{pmatrix} \begin{pmatrix} 2 & 4 \\ 1 & 2 \end{pmatrix} = \begin{pmatrix} 0 & 0 \\ 0 & 0 \end{pmatrix}.$

由例 8-22 可知, 若 $\boldsymbol{AB} = \boldsymbol{O}$, 不一定存在 $\boldsymbol{A} = \boldsymbol{O}$ 或 $\boldsymbol{B} = \boldsymbol{O}$.

例 8-23 设矩阵 $\boldsymbol{A} = \begin{pmatrix} -1 & 2 \\ 2 & -4 \end{pmatrix}$, $\boldsymbol{B} = \begin{pmatrix} -2 & 2 \\ -1 & 1 \end{pmatrix}$, $\boldsymbol{C} = \begin{pmatrix} 4 & -6 \\ 2 & -3 \end{pmatrix}$, 求 $\boldsymbol{AB}$ 和 $\boldsymbol{AC}$.

解: $\boldsymbol{AB} = \begin{pmatrix} -1 & 2 \\ 2 & -4 \end{pmatrix} \begin{pmatrix} -2 & 2 \\ -1 & 1 \end{pmatrix} = \begin{pmatrix} 0 & 0 \\ 0 & 0 \end{pmatrix},$

$$\boldsymbol{AC} = \begin{pmatrix} -1 & 2 \\ 2 & -4 \end{pmatrix} \begin{pmatrix} 4 & -6 \\ 2 & -3 \end{pmatrix} = \begin{pmatrix} 0 & 0 \\ 0 & 0 \end{pmatrix}.$$

由例 8-23 可知, 若 $\boldsymbol{AB} = \boldsymbol{AC}$, 则不一定存在 $\boldsymbol{B} = \boldsymbol{C}$.

例 8-24 若 $\boldsymbol{A} = \begin{pmatrix} a_1 \\ a_2 \\ a_3 \end{pmatrix}$, $\boldsymbol{B} = (b_1 \ b_2 \ b_3)$, 求 $\boldsymbol{AB}$ 和 $\boldsymbol{BA}$.

解: $\boldsymbol{AB} = \begin{pmatrix} a_1 \\ a_2 \\ a_3 \end{pmatrix} (b_1 \ b_2 \ b_3) = \begin{pmatrix} a_1 b_1 & a_1 b_2 & a_1 b_3 \\ a_2 b_1 & a_2 b_2 & a_2 b_3 \\ a_3 b_1 & a_3 b_2 & a_3 b_3 \end{pmatrix},$

$$\boldsymbol{BA} = (b_1 \quad b_2 \quad b_3) \begin{pmatrix} a_1 \\ a_2 \\ a_3 \end{pmatrix} = (b_1 a_1 + b_2 a_2 + b_3 a_3) = a_1 b_1 + a_2 b_2 + a_3 b_3.$$

由例 8-24 可知, 矩阵乘法一般不满足交换律, 即 $\boldsymbol{AB} \neq \boldsymbol{BA}$.

例 8-25 设矩阵 $\boldsymbol{E} = \begin{pmatrix} 1 & 0 & 0 \\ 0 & 1 & 0 \\ 0 & 0 & 1 \end{pmatrix}$, $\boldsymbol{A} = \begin{pmatrix} 2 & -2 & 3 \\ 3 & 1 & 5 \\ -4 & 2 & 1 \end{pmatrix}$, 求 $\boldsymbol{EA}$ 和 $\boldsymbol{AE}$.

解: $\boldsymbol{EA} = \begin{pmatrix} 1 & 0 & 0 \\ 0 & 1 & 0 \\ 0 & 0 & 1 \end{pmatrix} \begin{pmatrix} 2 & -2 & 3 \\ 3 & 1 & 5 \\ -4 & 2 & 1 \end{pmatrix} = \begin{pmatrix} 2 & -2 & 3 \\ 3 & 1 & 5 \\ -4 & 2 & 1 \end{pmatrix}.$

$$\boldsymbol{AE} = \begin{pmatrix} 2 & -2 & 3 \\ 3 & 1 & 5 \\ -4 & 2 & 1 \end{pmatrix} \begin{pmatrix} 1 & 0 & 0 \\ 0 & 1 & 0 \\ 0 & 0 & 1 \end{pmatrix} = \begin{pmatrix} 2 & -2 & 3 \\ 3 & 1 & 5 \\ -4 & 2 & 1 \end{pmatrix}.$$

由例 8-25 可知, 矩阵乘法中单位矩阵 $\boldsymbol{E}$ 所起的作用与代数中 "1" 的作用类似, 一般地,
$\boldsymbol{A}_{m \times n} \boldsymbol{E}_n = \boldsymbol{A}_{m \times n}$, $\boldsymbol{E}_n \boldsymbol{A}_{m \times n} = \boldsymbol{A}_{m \times n}$.

矩阵的乘法满足以下运算律.

(1) $(\boldsymbol{AB})\boldsymbol{C} = \boldsymbol{A}(\boldsymbol{BC})$.

(2)$\boldsymbol{A}(\boldsymbol{B}+\boldsymbol{C})=\boldsymbol{AB}+\boldsymbol{AC}$；$(\boldsymbol{A}+\boldsymbol{B})\boldsymbol{C}=\boldsymbol{AC}+\boldsymbol{BC}$.

(3)$k(\boldsymbol{AB})=(k\boldsymbol{A})\boldsymbol{B}=\boldsymbol{A}(k\boldsymbol{B})$.

(4)$\boldsymbol{EA}=\boldsymbol{AE}=\boldsymbol{A}$.

由矩阵乘法可以定义方阵的幂.

定义 8-10 对 n 阶方阵 $\boldsymbol{A}$，若 k 为常数，则称 $\boldsymbol{A}^k=\underbrace{\boldsymbol{AA}\cdots\boldsymbol{A}}_{k\text{个}}$ 为**方阵 $\boldsymbol{A}$ 的 k 次幂**.

记 $\boldsymbol{A}^0=\boldsymbol{E}$，$\boldsymbol{A}^k=\boldsymbol{A}^{k-1}\boldsymbol{A}$（$k$ 为正整数）.

根据矩阵乘法运算律，方阵的幂有以下性质.

(1)$\boldsymbol{A}^k\boldsymbol{A}^t=\boldsymbol{A}^{k+t}$.

(2)$(\boldsymbol{A}^k)^t=\boldsymbol{A}^{kt}$.

(3)若 $\boldsymbol{AB}=\boldsymbol{BA}$，则 $(\boldsymbol{AB})^k=\boldsymbol{A}^k\boldsymbol{B}^k$，一般地，$(\boldsymbol{AB})^k\neq\boldsymbol{A}^k\boldsymbol{B}^k$.

以上 k，t 均为正整数.

8.3.4　矩阵的转置

定义 8-11 设矩阵 $\boldsymbol{A}=(a_{ij})$ 是 $m\times n$ 矩阵，将元素的行列位置互换所形成的 $n\times m$ 矩阵称为**转置矩阵**，记作 $\boldsymbol{A}^{\mathrm{T}}$.

设 $\boldsymbol{A}=\begin{pmatrix} a_{11} & a_{12} & \cdots & a_{1n} \\ a_{21} & a_{22} & \cdots & a_{2n} \\ \vdots & \vdots & \ddots & \vdots \\ a_{m1} & a_{m2} & \cdots & a_{mn} \end{pmatrix}$，则 $\boldsymbol{A}^{\mathrm{T}}=\begin{pmatrix} a_{11} & a_{21} & \cdots & a_{m1} \\ a_{12} & a_{22} & \cdots & a_{m2} \\ \vdots & \vdots & \ddots & \vdots \\ a_{1n} & a_{2n} & \cdots & a_{mn} \end{pmatrix}$.

由定义可以看出，转置矩阵的元素 (i,j) 实际上是原矩阵的 (j,i) 元素，转置矩阵的第 i 行实际上是原矩阵的第 i 列.

矩阵的转置满足以下规律.

(1)$(\boldsymbol{A}^{\mathrm{T}})^{\mathrm{T}}=\boldsymbol{A}$.

(2)$(\boldsymbol{A}+\boldsymbol{B})^{\mathrm{T}}=\boldsymbol{A}^{\mathrm{T}}+\boldsymbol{B}^{\mathrm{T}}$.

(3)$(k\boldsymbol{A})^{\mathrm{T}}=k\boldsymbol{A}^{\mathrm{T}}$.

(4)$(\boldsymbol{AB})^{\mathrm{T}}=\boldsymbol{B}^{\mathrm{T}}\boldsymbol{A}^{\mathrm{T}}$.

例 8-26 设 $\boldsymbol{x}=(1,2,3)$，$\boldsymbol{y}=(-1,0,2)$，求 $\boldsymbol{x}\boldsymbol{y}^{\mathrm{T}}$ 和 $\boldsymbol{x}^{\mathrm{T}}\boldsymbol{y}$.

解：$\boldsymbol{x}\boldsymbol{y}^{\mathrm{T}}=(1,2,3)\begin{pmatrix} -1 \\ 0 \\ 2 \end{pmatrix}=5$.

$$\boldsymbol{x}^{\mathrm{T}}\boldsymbol{y}=\begin{pmatrix} 1 \\ 2 \\ 3 \end{pmatrix}(-1,0,2)=\begin{pmatrix} -1 & 0 & 2 \\ -2 & 0 & 4 \\ -3 & 0 & 6 \end{pmatrix}.$$

若 $\boldsymbol{A}^{\mathrm{T}}=\boldsymbol{A}$，则称矩阵 $\boldsymbol{A}$ 为对称矩阵，对称矩阵满足 $a_{ij}=a_{ji}$；若 $\boldsymbol{A}^{\mathrm{T}}=-\boldsymbol{A}$，则称矩阵 $\boldsymbol{A}$ 为反对称矩阵，反对称矩阵满足 $a_{ij}=-a_{ji}$.

例 8-27 证明：$\boldsymbol{A}^{\mathrm{T}}\boldsymbol{A}$ 是对称矩阵.

证明 因为 $(\boldsymbol{A}^{\mathrm{T}}\boldsymbol{A})^{\mathrm{T}} = \boldsymbol{A}^{\mathrm{T}}(\boldsymbol{A}^{\mathrm{T}})^{\mathrm{T}} = \boldsymbol{A}^{\mathrm{T}}\boldsymbol{A}$，所以 $\boldsymbol{A}^{\mathrm{T}}\boldsymbol{A}$ 为对称矩阵.

◆ 8.3.5 方阵的行列式

定义 8-12 n 阶方阵 $\boldsymbol{A}$ 的元素按原有次序构成的行列式称为**方阵 $\boldsymbol{A}$ 的行列式**，记作 $|\boldsymbol{A}|$ 或 $\det \boldsymbol{A}$.

矩阵与行列式是两个完全不同的概念. 矩阵中的 n 阶方阵是 n^2 个数组成的一个数表，代表一张表格. n 阶行列式是由这 n^2 个数按照一定的运算规则所计算出的一个数.

由 n 阶方阵 $\boldsymbol{A}$ 所确定的行列式 $|\boldsymbol{A}|$ 满足如下运算规律.

(1) $|\boldsymbol{A}^{\mathrm{T}}| = |\boldsymbol{A}|$.

(2) $|\lambda\boldsymbol{A}| = \lambda^n |\boldsymbol{A}|$.

(3) $|\boldsymbol{A}\boldsymbol{B}| = |\boldsymbol{A}| \, |\boldsymbol{B}|$.

$\boldsymbol{A}$，$\boldsymbol{B}$ 均表示 n 阶方阵，λ 表示常数.

例 8-28 有矩阵 $\boldsymbol{A} = \begin{pmatrix} 1 & 3 \\ 2 & 4 \end{pmatrix}$，$\boldsymbol{B} = \begin{pmatrix} -1 & 2 \\ 1 & 3 \end{pmatrix}$，验证 $|\boldsymbol{A}\boldsymbol{B}| = |\boldsymbol{A}| \, |\boldsymbol{B}|$.

解： 因为

$$|\boldsymbol{A}\boldsymbol{B}| = \left| \begin{pmatrix} 1 & 3 \\ 2 & 4 \end{pmatrix} \begin{pmatrix} -1 & 2 \\ 1 & 3 \end{pmatrix} \right| = \left| \begin{pmatrix} 2 & 11 \\ 2 & 16 \end{pmatrix} \right| = 10,$$

$$|\boldsymbol{A}| = \left| \begin{pmatrix} 1 & 3 \\ 2 & 4 \end{pmatrix} \right| = -2, \quad |\boldsymbol{B}| = \left| \begin{pmatrix} -1 & 2 \\ 1 & 3 \end{pmatrix} \right| = -5,$$

$$|\boldsymbol{A}| \, |\boldsymbol{B}| = (-2)(-5) = 10,$$

所以 $|\boldsymbol{A}\boldsymbol{B}| = |\boldsymbol{A}| \, |\boldsymbol{B}|$.

习题 8-3

1. 设 $\boldsymbol{A} = \begin{pmatrix} a & 1 & 3 \\ 0 & b & 4 \\ 5 & 2 & 3 \end{pmatrix}$，$\boldsymbol{B} = \begin{pmatrix} 2 & 1 & c \\ 0 & 1 & 4 \\ d & 2 & 3 \end{pmatrix}$，且 $\boldsymbol{A} = \boldsymbol{B}$，求 a，b，c，d 的值.

2. 判断下列矩阵是否为阶梯矩阵.

(1) $\begin{pmatrix} -1 & 3 & 5 \\ 0 & 4 & -1 \\ 0 & 0 & 2 \end{pmatrix}$；

(2) $\begin{pmatrix} 2 & 0 & 4 & 2 & 3 \\ 0 & 0 & 3 & 0 & 1 \\ 0 & 0 & 0 & 0 & 0 \end{pmatrix}$；

(3) $\begin{pmatrix} -2 & 4 & 0 & 5 \\ 0 & 3 & 0 & 2 \\ 0 & 0 & 0 & 1 \\ 0 & 0 & 0 & 0 \\ 0 & 0 & 0 & 0 \end{pmatrix}$；

(4) $\begin{pmatrix} 2 & 9 & 5 & 4 \\ 0 & 3 & 0 & 1 \\ 0 & 0 & -1 & -3 \\ 0 & 0 & 1 & 2 \\ 0 & 0 & 0 & 0 \end{pmatrix}$.

3. 判断下列矩阵是否为行最简形矩阵.

(1) $\begin{pmatrix} 1 & 0 & 0 & 0 & 0 \\ 0 & 1 & 1 & 0 & 0 \\ 0 & 0 & 1 & 1 & 1 \\ 0 & 0 & 0 & 0 & 0 \end{pmatrix}$;

(2) $\begin{pmatrix} 1 & 0 & -7 & 0 & 8 \\ 0 & 1 & 6 & 0 & -9 \\ 0 & 0 & 0 & 1 & -1 \\ 0 & 0 & 0 & 0 & 0 \end{pmatrix}$;

(3) $\begin{pmatrix} 1 & -1 & 0 & 1 & -1 \\ 0 & 1 & 0 & 0 & 1 \\ 0 & 0 & 1 & -1 & -1 \\ 0 & 0 & 0 & 0 & 0 \end{pmatrix}$;

(4) $\begin{pmatrix} 1 & -9 & 0 & 8 & 0 & 6 \\ 0 & 0 & 1 & -7 & 0 & -5 \\ 0 & 0 & 0 & 0 & 1 & 4 \end{pmatrix}$.

4. 已知 $\boldsymbol{A} = \begin{pmatrix} 3 & 1 & 4 \\ 2 & -1 & -2 \\ 2 & 4 & 1 \end{pmatrix}$, $\boldsymbol{B} = \begin{pmatrix} 0 & 1 & 2 \\ 3 & 4 & -1 \\ -2 & 1 & 1 \end{pmatrix}$, 求 $3\boldsymbol{A} - \boldsymbol{B}$.

5. 已知 $\boldsymbol{A} = \begin{pmatrix} 1 & 2 \\ 2 & 1 \end{pmatrix}$, $\boldsymbol{B} = \begin{pmatrix} 2 & -3 \\ 3 & 1 \end{pmatrix}$, 求 $\boldsymbol{AB}$ 和 $\boldsymbol{BA}$.

6. 已知 $\boldsymbol{A} = \begin{pmatrix} 5 & 8 \\ 6 & 7 \end{pmatrix}$, $\boldsymbol{B} = \begin{pmatrix} 5 & 3 & 4 \\ 2 & 2 & 4 \end{pmatrix}$, $\boldsymbol{C} = \begin{pmatrix} 15 \\ 10 \\ 6 \end{pmatrix}$, 求 $(\boldsymbol{AB})\boldsymbol{C}$ 和 $\boldsymbol{A}(\boldsymbol{BC})$.

7. 已知 $\boldsymbol{A} = \begin{pmatrix} 1 & 3 \\ 2 & -1 \\ 2 & 1 \end{pmatrix}$, $\boldsymbol{B} = \begin{pmatrix} 2 & 1 & 3 \\ 5 & 2 & 1 \end{pmatrix}$, 求 $(1)\boldsymbol{A}^{\mathrm{T}} - 2\boldsymbol{B}$, $(2)2\boldsymbol{A} - \boldsymbol{B}^{\mathrm{T}}$.

8. 已知 $\boldsymbol{A} = \begin{pmatrix} 2 & 0 & -1 \\ 1 & 3 & 2 \end{pmatrix}$, $\boldsymbol{B} = \begin{pmatrix} 1 & 7 \\ 4 & 2 \\ 2 & 0 \end{pmatrix}$, 求 $(\boldsymbol{AB})^{\mathrm{T}}$.

9. 计算下列矩阵的乘积.

(1) $\begin{pmatrix} 2 \\ -2 \\ 3 \end{pmatrix}(1 \quad -2)$;

(2) $\begin{pmatrix} 3 & -2 \\ 4 & 1 \end{pmatrix}^{\mathrm{T}}\begin{pmatrix} 1 & 1 \\ 0 & 1 \end{pmatrix}$;

(3) $\begin{pmatrix} 2 & 1 & 2 \\ 2 & 3 & 6 \end{pmatrix}\begin{pmatrix} 1 & 0 & 2 & 1 \\ 0 & 1 & 3 & 2 \\ -1 & 1 & 1 & 0 \end{pmatrix}$;

(4) $\begin{pmatrix} 1 & 1 & 1 \\ 1 & 2 & 1 \\ 0 & 0 & 2 \end{pmatrix}^{2}$.

8.4 逆矩阵

8.4.1 逆矩阵的概念

在前面已经讨论了矩阵的加法和减法, 矩阵减法可以看成矩阵加法的逆运算, 那么,矩阵与矩阵的乘法有没有逆运算呢？接下来讨论矩阵的逆矩阵问题．

定义 8-13 设矩阵 A 是一个 n 阶方阵，矩阵 E 是一个 n 阶单位矩阵．若存在一个 n 阶方阵 B，使

$$AB=BA=E,$$

则称 B 为 A 的逆矩阵，简称 A 的逆矩阵或逆，记作 A^{-1}，即 $A^{-1}=B$．此时称 A 为可逆矩阵，简称可逆阵．同理，B 也是可逆矩阵，其逆矩阵是 A，即 $B^{-1}=A$．也就是说，A 与 B 互为逆矩阵．

例如，对于矩阵 $A=\begin{pmatrix} 1 & 0 \\ 1 & 1 \end{pmatrix}$，$B=\begin{pmatrix} 1 & 0 \\ -1 & 1 \end{pmatrix}$，有

$$AB=\begin{pmatrix} 1 & 0 \\ 1 & 1 \end{pmatrix}\begin{pmatrix} 1 & 0 \\ -1 & 1 \end{pmatrix}=\begin{pmatrix} 1 & 0 \\ 0 & 1 \end{pmatrix}=E,$$

$$BA=\begin{pmatrix} 1 & 0 \\ -1 & 1 \end{pmatrix}\begin{pmatrix} 1 & 0 \\ 1 & 1 \end{pmatrix}=\begin{pmatrix} 1 & 0 \\ 0 & 1 \end{pmatrix}=E,$$

即有 $AB=BA=E$，故 A 与 B 互为逆矩阵．

【注意】

(1) 可逆矩阵只可能在方阵中产生．

(2) 不是所有的方阵都有逆矩阵．

例如，方阵 $\begin{pmatrix} 1 & 0 \\ 0 & 0 \end{pmatrix}$ 就没有逆矩阵．假设方阵 $\begin{pmatrix} 1 & 0 \\ 0 & 0 \end{pmatrix}$ 可逆，且逆矩阵为 $\begin{pmatrix} b_1 & b_2 \\ b_3 & b_4 \end{pmatrix}$，那么

$$\begin{pmatrix} 1 & 0 \\ 0 & 0 \end{pmatrix}\begin{pmatrix} b_1 & b_2 \\ b_3 & b_4 \end{pmatrix}=\begin{pmatrix} b_1 & b_2 \\ 0 & 0 \end{pmatrix}\neq\begin{pmatrix} 1 & 0 \\ 0 & 1 \end{pmatrix},$$

故假设不成立，方阵 $\begin{pmatrix} 1 & 0 \\ 0 & 0 \end{pmatrix}$ 没有逆矩阵．

(3) 零矩阵也没有逆矩阵．

8.4.2 逆矩阵的性质

性质 8-7 若方阵 A 可逆，则逆矩阵 A^{-1} 是唯一的．

证明 设 B，C 都是 A 的逆矩阵，则有

$$B=BE=B(AC)=(BA)C=EC=C,$$

因此 A 的逆矩阵是唯一的．

性质 8-8 若方阵 A 可逆，则逆矩阵 A^{-1} 也可逆，且 $(A^{-1})^{-1}=A$．

证明 因为 A^{-1} 是 A 的逆矩阵，所以

$$A(A^{-1})=(A^{-1})A=E.$$

根据逆矩阵的定义可知，A 是 A^{-1} 的逆矩阵，即 $(A^{-1})^{-1}=A$．

性质 8-9 若方阵 A 可逆，则转置矩阵 A^{T} 也可逆，且 $(A^{\mathrm{T}})^{-1}=(A^{-1})^{\mathrm{T}}$．

证明 由转置矩阵的性质得

$$(A^{-1})^{\mathrm{T}}A^{\mathrm{T}}=(AA^{-1})^{\mathrm{T}}=E^{\mathrm{T}}=E,$$

$$A^{\mathrm{T}}(A^{-1})^{\mathrm{T}}=(A^{-1}A)^{\mathrm{T}}=E^{\mathrm{T}}=E,$$

因此，
$$(A^{\mathrm{T}})^{-1} = (A^{-1})^{\mathrm{T}}.$$

性质 8-10　若 A，B 为同阶方阵且均可逆，则 AB 也可逆，且 $(AB)^{-1} = B^{-1}A^{-1}$.

证明　因为
$$(AB)(B^{-1}A^{-1}) = A(BB^{-1})A^{-1} = AEA^{-1} = AA^{-1} = E,$$
$$(B^{-1}A^{-1})(AB) = B^{-1}(A^{-1}A)B = B^{-1}EB = B^{-1}B = E,$$
所以 $(AB)^{-1} = B^{-1}A^{-1}$.

一般地，$(AB)^{-1} \neq A^{-1}B^{-1}$.

8.4.3　逆矩阵的求法

定义 8-14　设 A 为 n 阶方阵，若 $|A| \neq 0$，则称 A 为非奇异矩阵；若 $|A| = 0$，则称 A 为奇异矩阵.

定理 8-4　若方阵 A 可逆，则 A 为非奇异矩阵，即 $|A| \neq 0$.

证明　因为 A 可逆，所以存在矩阵 B，使
$$AB = BA = E,$$
于是有
$$|A| \, |B| = |AB| = |E| = 1,$$
即 $|A| \neq 0$，故 A 为非奇异矩阵.

定义 8-15　n 阶方阵
$$A = \begin{pmatrix} a_{11} & a_{12} & \cdots & a_{1n} \\ a_{21} & a_{22} & \cdots & a_{2n} \\ \vdots & \vdots & \ddots & \vdots \\ a_{n1} & a_{n2} & \cdots & a_{nn} \end{pmatrix}$$

的行列式 $|A|$ 中元素 a_{ij} 的代数余子式 A_{ij} 所构成的方阵的转置
$$\begin{pmatrix} A_{11} & A_{12} & \cdots & A_{1n} \\ A_{21} & A_{22} & \cdots & A_{2n} \\ \vdots & \vdots & & \vdots \\ A_{n1} & A_{n2} & \cdots & A_{nn} \end{pmatrix}^{\mathrm{T}} = \begin{pmatrix} A_{11} & A_{21} & \cdots & A_{n1} \\ A_{12} & A_{22} & \cdots & A_{n2} \\ \vdots & \vdots & \ddots & \vdots \\ A_{1n} & A_{2n} & \cdots & A_{nn} \end{pmatrix}$$

称为 A 的**伴随矩阵**，记作 A^*.

例 8-29　求矩阵 $\begin{pmatrix} 1 & 2 & 3 \\ 3 & 2 & 1 \\ 2 & 1 & 1 \end{pmatrix}$ 的伴随矩阵 A^*.

解： $A_{11} = (-1)^{1+1} \begin{vmatrix} 2 & 1 \\ 1 & 1 \end{vmatrix} = 1$, $A_{12} = (-1)^{1+2} \begin{vmatrix} 3 & 1 \\ 2 & 1 \end{vmatrix} = -1$, $A_{13} = (-1)^{1+3} \begin{vmatrix} 3 & 2 \\ 2 & 1 \end{vmatrix} = -1$.

$A_{21} = (-1)^{2+1} \begin{vmatrix} 2 & 3 \\ 1 & 1 \end{vmatrix} = 1$, $A_{22} = (-1)^{2+2} \begin{vmatrix} 1 & 3 \\ 2 & 1 \end{vmatrix} = -5$, $A_{23} = (-1)^{2+3} \begin{vmatrix} 1 & 2 \\ 2 & 1 \end{vmatrix} = 3$.

$A_{31}=(-1)^{3+1}\begin{vmatrix}2 & 3\\ 2 & 1\end{vmatrix}=-4, A_{32}=(-1)^{3+2}\begin{vmatrix}1 & 3\\ 3 & 1\end{vmatrix}=8, A_{33}=(-1)^{3+3}\begin{vmatrix}1 & 2\\ 3 & 2\end{vmatrix}=-4.$

因此，$\boldsymbol{A}^*=\begin{pmatrix}1 & 1 & -4\\ -1 & -5 & 8\\ -1 & 3 & -4\end{pmatrix}$.

方阵 $\boldsymbol{A}$ 的逆矩阵与其伴随矩阵有着密切的联系，以三阶方阵为例：

$$\boldsymbol{A}\boldsymbol{A}^*=\begin{pmatrix}a_{11} & a_{12} & a_{13}\\ a_{21} & a_{22} & a_{23}\\ a_{31} & a_{32} & a_{33}\end{pmatrix}\begin{pmatrix}A_{11} & A_{21} & A_{31}\\ A_{12} & A_{22} & A_{32}\\ A_{13} & A_{23} & A_{33}\end{pmatrix}$$

$$=\begin{pmatrix}a_{11}A_{11}+a_{12}A_{12}+a_{13}A_{13} & a_{11}A_{21}+a_{12}A_{22}+a_{13}A_{23} & a_{11}A_{31}+a_{12}A_{32}+a_{13}A_{33}\\ a_{21}A_{11}+a_{22}A_{12}+a_{23}A_{13} & a_{21}A_{21}+a_{22}A_{22}+a_{23}A_{23} & a_{21}A_{31}+a_{22}A_{32}+a_{23}A_{33}\\ a_{31}A_{11}+a_{32}A_{12}+a_{33}A_{13} & a_{31}A_{21}+a_{32}A_{22}+a_{33}A_{23} & a_{31}A_{31}+a_{32}A_{32}+a_{33}A_{33}\end{pmatrix}.$$

由行列式的展开定理和行列式的性质 $a_{i1}A_{k1}+a_{i2}A_{k2}+\cdots+a_{in}A_{kn}=0(i\neq k)$ 可得

$$\boldsymbol{A}\boldsymbol{A}^*=\begin{pmatrix}a_{11} & a_{12} & a_{13}\\ a_{21} & a_{22} & a_{23}\\ a_{31} & a_{32} & a_{33}\end{pmatrix}\begin{pmatrix}A_{11} & A_{21} & A_{31}\\ A_{12} & A_{22} & A_{32}\\ A_{13} & A_{23} & A_{33}\end{pmatrix}=\begin{pmatrix}|\boldsymbol{A}| & 0 & 0\\ 0 & |\boldsymbol{A}| & 0\\ 0 & 0 & |\boldsymbol{A}|\end{pmatrix}$$

$$=|\boldsymbol{A}|\begin{pmatrix}1 & 0 & 0\\ 0 & 1 & 0\\ 0 & 0 & 1\end{pmatrix}=|\boldsymbol{A}|\boldsymbol{E},$$

因此，$\boldsymbol{A}\dfrac{\boldsymbol{A}^*}{|\boldsymbol{A}|}=\boldsymbol{E}$，由逆矩阵概念可知，$\boldsymbol{A}^{-1}=\dfrac{\boldsymbol{A}^*}{|\boldsymbol{A}|}$.

定理 8-5 若 $\boldsymbol{A}$ 为 n 阶方阵，且 $|\boldsymbol{A}|\neq0$，则 $\boldsymbol{A}$ 可逆，且 $\boldsymbol{A}^{-1}=\dfrac{1}{|\boldsymbol{A}|}\boldsymbol{A}^*$.

推论 8-5 方阵 $\boldsymbol{A}$ 可逆的充分必要条件是方阵 $\boldsymbol{A}$ 是非奇异方阵.

推论 8-6 设 $\boldsymbol{A}$ 是 n 阶方阵，若存在 n 阶方阵 $\boldsymbol{B}$，使

$$\boldsymbol{A}\boldsymbol{B}=\boldsymbol{E}(或 \boldsymbol{B}\boldsymbol{A}=\boldsymbol{E})，则 \boldsymbol{B}=\boldsymbol{A}^{-1}.$$

该推论表明，验证一个矩阵是否为另一个矩阵的逆矩阵，只需验证 $\boldsymbol{A}\boldsymbol{B}=\boldsymbol{E}$ 或者 $\boldsymbol{B}\boldsymbol{A}=\boldsymbol{E}$ 即可，不必同时验证两个等式.

例 8-30 根据例 8-29，求矩阵 $\begin{pmatrix}1 & 2 & 3\\ 3 & 2 & 1\\ 2 & 1 & 1\end{pmatrix}$ 的逆矩阵.

解：因为

$$\begin{vmatrix}1 & 2 & 3\\ 3 & 2 & 1\\ 2 & 1 & 1\end{vmatrix}=-4,$$

由例 8-29 可知，

$$\boldsymbol{A}^*=\begin{pmatrix}1 & 1 & -4\\ -1 & -5 & 8\\ -1 & 3 & -4\end{pmatrix},$$

根据定理 8-5 可得

$$A^{-1} = \frac{A^*}{|A|} = \frac{1}{-4}\begin{pmatrix} 1 & 1 & -4 \\ -1 & -5 & 8 \\ -1 & 3 & -4 \end{pmatrix} = \begin{pmatrix} -\dfrac{1}{4} & -\dfrac{1}{4} & 1 \\ \dfrac{1}{4} & \dfrac{5}{4} & -2 \\ \dfrac{1}{4} & -\dfrac{3}{4} & 1 \end{pmatrix}.$$

例 8-31 求方阵 $\begin{pmatrix} a & b \\ c & d \end{pmatrix}$ 的逆矩阵，其中 $ad - bc \neq 0$.

解： 因为 $\begin{vmatrix} a & b \\ c & d \end{vmatrix} = ad - bc \neq 0$，故该方阵可逆.

又 $A_{11} = d$，$A_{12} = -c$，$A_{21} = -b$，$A_{22} = a$，由定理 8-5 可得 $A^{-1} = \dfrac{1}{ad - bc}$ $\begin{pmatrix} d & -b \\ -c & a \end{pmatrix}$.

【注意】二阶逆矩阵的速求法.

求二阶逆矩阵可用"两调一除"的方法. 其做法是：先将二阶方阵中主对角线元素调换位置，再将次对角线元素调换符号，最后用 $|A|$ 去除一个元素，即可得 A 的逆矩阵.

此法仅适用于二阶矩阵，对二阶以上的矩阵不适用.

对线性方程组 $\begin{cases} a_{11}x_1 + a_{12}x_2 + \cdots + a_{1n}x_n = b_1 \\ a_{21}x_1 + a_{22}x_2 + \cdots + a_{2n}x_n = b_2 \\ \cdots \\ a_{n1}x_1 + a_{n2}x_2 + \cdots + a_{nn}x_n = b_n \end{cases}$，如果记 $A = \begin{pmatrix} a_{11} & a_{12} & \cdots & a_{1n} \\ a_{21} & a_{22} & \cdots & a_{2n} \\ \vdots & \vdots & \ddots & \vdots \\ a_{n1} & a_{n2} & \cdots & a_{nn} \end{pmatrix}$，

$X = \begin{pmatrix} x_1 \\ x_2 \\ \vdots \\ x_n \end{pmatrix}$，$B = \begin{pmatrix} b_1 \\ b_2 \\ \vdots \\ b_n \end{pmatrix}$，则利用矩阵的乘法，可将该线性方程组写成矩阵形式

$$\begin{pmatrix} a_{11} & a_{12} & \cdots & a_{1n} \\ a_{21} & a_{22} & \cdots & a_{2n} \\ \vdots & \vdots & \ddots & \vdots \\ a_{n1} & a_{n2} & \cdots & a_{nn} \end{pmatrix} \begin{pmatrix} x_1 \\ x_2 \\ \vdots \\ x_n \end{pmatrix} = \begin{pmatrix} b_1 \\ b_2 \\ \vdots \\ b_n \end{pmatrix},$$

即 $AX = B$.

其中，A 是由线性方程组的系数构成的矩阵，称为系数矩阵，X 称为未知量矩阵，B 称为常数矩阵. 当 $|A| \neq 0$ 时，A 可逆. 在等式 $AX = B$ 的两边左乘 A^{-1} 得 $X = A^{-1}B$，这就是线性方程组的解.

例 8-32 解线性方程组 $\begin{cases} 2x_1 + 2x_2 + x_3 = 1 \\ 3x_1 + x_2 + 5x_3 = 2 \\ 3x_1 + 2x_2 + 3x_3 = 3 \end{cases}$.

解：线性方程组的矩阵形式为 $\begin{pmatrix} 2 & 2 & 1 \\ 3 & 1 & 5 \\ 3 & 2 & 3 \end{pmatrix}\begin{pmatrix} x_1 \\ x_2 \\ x_3 \end{pmatrix} = \begin{pmatrix} 1 \\ 2 \\ 3 \end{pmatrix}$.

记 $\boldsymbol{A} = \begin{pmatrix} 2 & 2 & 1 \\ 3 & 1 & 5 \\ 3 & 2 & 3 \end{pmatrix}$，$\boldsymbol{X} = \begin{pmatrix} x_1 \\ x_2 \\ x_3 \end{pmatrix}$，$\boldsymbol{B} = \begin{pmatrix} 1 \\ 2 \\ 3 \end{pmatrix}$，即 $\boldsymbol{AX} = \boldsymbol{B}$.

因为 $|\boldsymbol{A}| = \begin{vmatrix} 2 & 2 & 1 \\ 3 & 1 & 5 \\ 3 & 2 & 3 \end{vmatrix} = 1 \neq 0$，且 $\boldsymbol{A}^* = \begin{pmatrix} -7 & -4 & 9 \\ 6 & 3 & -7 \\ 3 & 2 & -4 \end{pmatrix}$，所以

$$\boldsymbol{A}^{-1} = \frac{1}{|\boldsymbol{A}|}\boldsymbol{A}^* = \begin{pmatrix} -7 & -4 & 9 \\ 6 & 3 & -7 \\ 3 & 2 & -4 \end{pmatrix},$$

得方程组的解为

$$\boldsymbol{X} = \boldsymbol{A}^{-1}\boldsymbol{B} = \begin{pmatrix} -7 & -4 & 9 \\ 6 & 3 & -7 \\ 3 & 2 & -4 \end{pmatrix}\begin{pmatrix} 1 \\ 2 \\ 3 \end{pmatrix} = \begin{pmatrix} 12 \\ -9 \\ -5 \end{pmatrix}.$$

因此，线性方程组的解为 $\begin{cases} x_1 = 12 \\ x_2 = -9 \\ x_3 = -5 \end{cases}$.

习题 8−4

1. 求矩阵 $\begin{pmatrix} 1 & 2 & 3 \\ 2 & 1 & 2 \\ 1 & 3 & 3 \end{pmatrix}$ 的伴随矩阵.

2. 判断下列矩阵是否可逆，若可逆，求其逆矩阵.

(1) $\begin{pmatrix} 1 & 2 \\ -3 & 4 \end{pmatrix}$;　　　(2) $\begin{pmatrix} 3 & -2 \\ 5 & -1 \end{pmatrix}$;　　　(3) $\begin{pmatrix} 2 & 2 & 1 \\ 3 & 1 & 5 \\ 3 & 2 & 3 \end{pmatrix}$.

3. 求矩阵 $\begin{pmatrix} 1 & 1 & -1 \\ 2 & -1 & 0 \\ 1 & 0 & 1 \end{pmatrix}$ 的伴随矩阵和逆矩阵.

4. 已知矩阵方程 $\begin{pmatrix} 1 & -2 \\ 3 & -7 \end{pmatrix}\boldsymbol{X} = \begin{pmatrix} 3 \\ 1 \end{pmatrix}$，求矩阵 $\boldsymbol{X}$.

5. 在四端子网络中，导纳参数矩阵 $\begin{pmatrix} \boldsymbol{Y}_{11} & \boldsymbol{Y}_{12} \\ \boldsymbol{Y}_{21} & \boldsymbol{Y}_{22} \end{pmatrix}$ 与阻抗参数矩阵 $\begin{pmatrix} \boldsymbol{Z}_{11} & \boldsymbol{Z}_{12} \\ \boldsymbol{Z}_{21} & \boldsymbol{Z}_{22} \end{pmatrix}$ 互为逆矩阵，

已知 $\begin{pmatrix} \dot{V}_1 \\ \dot{V}_2 \end{pmatrix} = \begin{pmatrix} Z_{11} & Z_{12} \\ Z_{21} & Z_{22} \end{pmatrix} \begin{pmatrix} \dot{I}_1 \\ \dot{I}_2 \end{pmatrix}$，求 $\begin{pmatrix} \dot{I}_1 \\ \dot{I}_2 \end{pmatrix}$.

8.5　矩阵的初等变换

8.5.1　矩阵初等变换的概念

在中学，已经学过用消元法解二元方程组和三元方程组.例如，解二元方程组

$$\begin{cases} 2x_1 + 5x_2 = 0 & (1) \\ x_1 + x_2 = 1 & (2) \end{cases},$$

为了消去未知数 x_1，采用如下步骤.

第一步，对调方程组中(1)式与(2)式，得

$$\begin{cases} x_1 + x_2 = 1 & (3) \\ 2x_1 + 5x_2 = 0 & (4) \end{cases},$$

第二步，用 -2 乘(3)式，再加到(4)式上，得

$$\begin{cases} x_1 + x_2 = 1 & (3) \\ 3x_2 = -2 & (5) \end{cases},$$

即

$$\begin{cases} x_1 + x_2 = 1 & (3) \\ x_2 = -\dfrac{2}{3} & (6) \end{cases},$$

第三步，把(6)式代入(3)式，得

$$\begin{cases} x_1 = \dfrac{5}{3} & (3) \\ x_2 = -\dfrac{2}{3} & (6) \end{cases}.$$

在上述解方程的过程中，主要用到了以下三种变换.

(1)交换两个方程的相对位置.

(2)将一个方程的两边同时乘以一个非零常数.

(3)将一个方程两边乘以一个常数后，再加到另一个方程上.

对方程施行这三种变换后的方程组与原方程组是同解的，将这三种变换称为方程组的初等变换.类似地，可以得到矩阵的初等变换.

定义 8-16　以下三种变换称为**矩阵的初等行变换**.

(1)交换矩阵第 i 行和第 j 行，记作 $r_i \leftrightarrow r_j$（换法变换）.

（2）非零的数 k 乘以第 i 行的所有元素，记作 kr_i（倍乘变换）.

（3）第 i 行乘以常数 k 后加到第 j 行上去，记作 $r_j + kr_i$（倍加变换）.

变换（3）也可以说是第 j 行加上第 i 行的 k 倍，其中第 i 行的元素没有发生变化，变化的是第 j 行的元素.

如果将定义 8-16 中的行改为列，则称为 **矩阵的初等列变换**——交换矩阵两列，记作 $c_i \leftrightarrow c_j$；非零的数乘以某一列的所有元素，记作 kc_j；某一列乘以一个数加到另外一列上去，记作 $c_j + kc_i$.

初等行变换和初等列变换统称为 **初等变换**，通常采用初等行变换.

定义 8-17 若矩阵 A 经过一系列初等变换化为矩阵 B，记作 $A \rightarrow B$，则称矩阵 A 和矩阵 B 等价，记作 $A \sim B$ 或 $B \sim A$.

定义 8-18 任意矩阵 $A = (a_{ij})_{m \times n}$ 经若干次初等变换后均可化为标准形式 $D = \begin{pmatrix} E_r & 0 \\ 0 & 0 \end{pmatrix}$，即任意矩阵必等价于上述形式的某个对角矩阵，并把该矩阵称为标准型矩阵.

例 8-33 将矩阵 $A = \begin{pmatrix} 2 & 1 & 2 & 3 \\ 4 & 1 & 3 & 5 \\ 2 & 0 & 1 & 2 \end{pmatrix}$ 化为标准型矩阵.

解：$A = \begin{pmatrix} 2 & 1 & 2 & 3 \\ 4 & 1 & 3 & 5 \\ 2 & 0 & 1 & 2 \end{pmatrix} \xrightarrow[r_3 - r_1]{r_2 - 2r_1} \begin{pmatrix} 2 & 1 & 2 & 3 \\ 0 & -1 & -1 & -1 \\ 0 & -1 & -1 & -1 \end{pmatrix} \xrightarrow{\frac{1}{2}c_1} \begin{pmatrix} 1 & 1 & 2 & 3 \\ 0 & -1 & -1 & -1 \\ 0 & -1 & -1 & -1 \end{pmatrix}$

$\xrightarrow[c_4 - 3c_1]{\substack{c_2 - c_1 \\ c_3 - 2c_1}} \begin{pmatrix} 1 & 0 & 0 & 0 \\ 0 & -1 & -1 & -1 \\ 0 & -1 & -1 & -1 \end{pmatrix} \xrightarrow[-r_2]{\substack{r_3 - r_2 \\ c_3 - c_2 \\ c_4 - c_2}} \begin{pmatrix} 1 & 0 & 0 & 0 \\ 0 & 1 & 0 & 0 \\ 0 & 0 & 0 & 0 \end{pmatrix}$.

8.5.2 初等矩阵

定义 8-19 将单位矩阵进行 **一次** 初等变换所得到的矩阵，称为初等矩阵.

矩阵初等行变换有三种情况，则初等矩阵也有三种，如下所述.

（1）交换单位矩阵 E 的第 i，j 列，记作 $I(i, j)$.

（2）单位矩阵 E 的第 i 行乘以数 k，记作 $I(i(k))$.

（3）单位矩阵 E 的第 j 行乘以数 k 加到第 i 行上去，记作 $I(i, j(k))$.

例 8-34 对于 4 阶单位矩阵，请写出初等矩阵 $I(2, 3)$，$I(3(-2))$，$I(1, 3(-5))$.

解：$I(2, 3) = \begin{pmatrix} 1 & 0 & 0 & 0 \\ 0 & 0 & 1 & 0 \\ 0 & 1 & 0 & 0 \\ 0 & 0 & 0 & 1 \end{pmatrix}$；

$$I(3(-2)) = \begin{vmatrix} 1 & 0 & 0 & 0 \\ 0 & 1 & 0 & 0 \\ 0 & 0 & -2 & 0 \\ 0 & 0 & 0 & 1 \end{vmatrix};$$

$$I(1,3(-5)) = \begin{vmatrix} 1 & 0 & -5 & 0 \\ 0 & 1 & 0 & 0 \\ 0 & 0 & 1 & 0 \\ 0 & 0 & 0 & 1 \end{vmatrix}.$$

例 8-35 已知三阶初等矩阵 $I(2,3)$，$I(3(-2))$，$I(1,3(-5))$，以及矩阵

$$A = \begin{pmatrix} a_{11} & a_{12} & a_{13} & a_{14} \\ a_{21} & a_{22} & a_{23} & a_{24} \\ a_{31} & a_{32} & a_{33} & a_{34} \end{pmatrix}.$$

求 $I(2,3)A$，$I(3(-2))A$，$I(1,3(-5))A$.

解： $I(2,3)A = \begin{pmatrix} 1 & 0 & 0 \\ 0 & 0 & 1 \\ 0 & 1 & 0 \end{pmatrix} \begin{pmatrix} a_{11} & a_{12} & a_{13} & a_{14} \\ a_{21} & a_{22} & a_{23} & a_{24} \\ a_{31} & a_{32} & a_{33} & a_{34} \end{pmatrix} = \begin{pmatrix} a_{11} & a_{12} & a_{13} & a_{14} \\ a_{31} & a_{32} & a_{33} & a_{34} \\ a_{21} & a_{22} & a_{23} & a_{24} \end{pmatrix};$

$$I(1,3(-2))A = \begin{pmatrix} 1 & 0 & 0 \\ 0 & 1 & 0 \\ 0 & 0 & -2 \end{pmatrix} \begin{pmatrix} a_{11} & a_{12} & a_{13} & a_{14} \\ a_{21} & a_{22} & a_{23} & a_{24} \\ a_{31} & a_{32} & a_{33} & a_{34} \end{pmatrix}$$

$$= \begin{pmatrix} a_{11} & a_{12} & a_{13} & a_{14} \\ a_{21} & a_{22} & a_{23} & a_{24} \\ -2a_{31} & -2a_{32} & -2a_{33} & -2a_{34} \end{pmatrix};$$

$$I(1,3(-5))A = \begin{pmatrix} 1 & 0 & -5 \\ 0 & 1 & 0 \\ 0 & 0 & 1 \end{pmatrix} \begin{pmatrix} a_{11} & a_{12} & a_{13} & a_{14} \\ a_{21} & a_{22} & a_{23} & a_{24} \\ a_{31} & a_{32} & a_{33} & a_{34} \end{pmatrix}$$

$$= \begin{pmatrix} a_{11}-5a_{31} & a_{12}-5a_{32} & a_{13}-5a_{33} & a_{14}-5a_{34} \\ a_{21} & a_{22} & a_{23} & a_{24} \\ a_{31} & a_{32} & a_{33} & a_{34} \end{pmatrix}.$$

由例 8-35 可以看出，矩阵左边乘以一个初等矩阵相当于对矩阵进行相应的初等行变换.

◆8.5.3◆ 阶梯矩阵与行最简形矩阵

阶梯矩阵是指矩阵的零行全部在下方，并且每行首个非零元素的列标依次增加的矩阵，例如：

$$\begin{pmatrix} a_{11} & a_{12} & a_{13} & a_{14} \\ 0 & a_{22} & a_{23} & a_{24} \\ 0 & 0 & a_{33} & a_{34} \\ 0 & 0 & 0 & a_{44} \end{pmatrix}; \quad \begin{pmatrix} a_{11} & a_{12} & a_{13} & a_{14} \\ 0 & a_{22} & a_{23} & a_{24} \\ 0 & 0 & a_{33} & a_{34} \\ 0 & 0 & 0 & 0 \end{pmatrix};$$

$$\begin{pmatrix} a_{11} & a_{12} & a_{13} & a_{14} \\ 0 & a_{22} & a_{23} & a_{24} \\ 0 & 0 & 0 & a_{34} \\ 0 & 0 & 0 & 0 \end{pmatrix}; \quad \begin{pmatrix} a_{11} & a_{12} & a_{13} & a_{14} \\ 0 & 0 & 0 & 0 \\ 0 & 0 & 0 & 0 \\ 0 & 0 & 0 & 0 \end{pmatrix}.$$

以每一行第一个不为零的元素(首非零元)为转折点，可以画出阶梯线，例如：

$$\begin{pmatrix} 1 & 1 & -2 & 1 & 4 \\ 0 & 1 & -1 & 1 & 0 \\ 0 & 0 & 0 & 1 & -3 \\ 0 & 0 & 0 & 0 & 0 \end{pmatrix}$$

注意，阶梯矩阵的特点如下.

(1)横线下方全是 0.

(2)画出的阶梯每阶只有一行，阶数即非零行行数.

(3)竖线后面第一个元素为非零元素.

继续对阶梯矩阵施行初等行变换，可以将每一行的首非零元素变成 1，且首非零元素 1 所在列的其余元素全部变为 0，即

$$\begin{pmatrix} 1 & 1 & -2 & 1 & 4 \\ 0 & 1 & -1 & 1 & 0 \\ 0 & 0 & 0 & 1 & -3 \\ 0 & 0 & 0 & 0 & 0 \end{pmatrix} \xrightarrow[r_2-r_3]{r_1-r_2} \begin{pmatrix} ① & 0 & -1 & 0 & 4 \\ 0 & ① & -1 & 0 & 3 \\ 0 & 0 & 0 & ① & -3 \\ 0 & 0 & 0 & 0 & 0 \end{pmatrix}.$$

这样矩阵就变成了行最简形矩阵.

【注意】任意矩阵都可以通过初等行变换化为行阶梯矩阵和行最简形矩阵.

例 8-36　用初等行变换将矩阵 $A = \begin{pmatrix} 2 & 0 & -1 & 3 \\ 1 & 2 & -2 & 4 \\ 0 & 1 & 3 & -1 \end{pmatrix}$ 化为行阶梯矩阵.

解：$A = \begin{pmatrix} 2 & 0 & -1 & 3 \\ 1 & 2 & -2 & 4 \\ 0 & 1 & 3 & -1 \end{pmatrix} \xrightarrow{r_1 \leftrightarrow r_2} \begin{pmatrix} 1 & 2 & -2 & 4 \\ 2 & 0 & -1 & 3 \\ 0 & 1 & 3 & -1 \end{pmatrix} \xrightarrow{r_2-2r_1} \begin{pmatrix} 1 & 2 & -2 & 4 \\ 0 & -4 & 3 & -5 \\ 0 & 1 & 3 & -1 \end{pmatrix}$

$\xrightarrow{r_2 \leftrightarrow r_3} \begin{pmatrix} 1 & 2 & -2 & 4 \\ 0 & 1 & 3 & -1 \\ 0 & -4 & 3 & -5 \end{pmatrix} \xrightarrow{r_3+4r_2} \begin{pmatrix} 1 & 2 & -2 & 4 \\ 0 & 1 & 3 & -1 \\ 0 & 0 & 15 & -9 \end{pmatrix}.$

例 8-37　用初等行变换将矩阵 $\begin{pmatrix} 1 & 2 & 1 & 0 & 3 \\ 0 & -3 & 1 & 1 & -5 \\ 0 & 0 & -2 & 1 & 0 \\ 0 & 0 & 0 & 0 & 0 \end{pmatrix}$ 化为行最简形矩阵.

解：$\begin{pmatrix} 1 & 2 & 1 & 0 & 3 \\ 0 & -3 & 1 & 1 & -5 \\ 0 & 0 & -2 & 1 & 0 \\ 0 & 0 & 0 & 0 & 0 \end{pmatrix} \xrightarrow[\substack{-\frac{1}{2}r_3}]{-\frac{1}{3}r_2} \begin{pmatrix} 1 & 2 & 1 & 0 & 3 \\ 0 & 1 & -\frac{1}{3} & -\frac{1}{3} & \frac{5}{3} \\ 0 & 0 & 1 & -\frac{1}{2} & 0 \\ 0 & 0 & 0 & 0 & 0 \end{pmatrix}$

$\xrightarrow{r_1-2r_2} \begin{pmatrix} 1 & 0 & \frac{5}{3} & \frac{2}{3} & -\frac{1}{3} \\ 0 & 1 & -\frac{1}{3} & -\frac{1}{3} & \frac{5}{3} \\ 0 & 0 & 1 & -\frac{1}{2} & 0 \\ 0 & 0 & 0 & 0 & 0 \end{pmatrix} \xrightarrow[\substack{r_2+\frac{1}{3}r_3}]{r_1-\frac{5}{3}r_3} \begin{pmatrix} 1 & 0 & 0 & \frac{3}{2} & -\frac{1}{3} \\ 0 & 1 & 0 & -\frac{1}{2} & \frac{5}{3} \\ 0 & 0 & 1 & -\frac{1}{2} & 0 \\ 0 & 0 & 0 & 0 & 0 \end{pmatrix}.$

定义 8-20 在 $m \times n$ 阶的矩阵 $\boldsymbol{A}$ 中，任意选取 k 行、k 列交点上的 k^2 个元素，按照原来的次序排成的 k 阶行列式称为矩阵 $\boldsymbol{A}$ 的 k 阶子式，其中 $k \leqslant \min(m, n)$.

例如：矩阵 $\begin{pmatrix} 1 & 2 & 1 & 0 & 3 \\ 0 & -3 & 1 & 1 & -5 \\ 0 & 0 & -2 & 1 & 0 \\ 0 & 0 & 0 & 0 & 0 \end{pmatrix}$ 中取第一、三、四行，第二、四、五列交点上的

9 个元素 $\begin{pmatrix} 1 & \vdots & 2 & 1 & \vdots & 0 & 3 \\ 0 & \vdots & -3 & 1 & \vdots & 1 & -5 \\ 0 & \vdots & 0 & -2 & \vdots & 1 & 0 \end{pmatrix}$，按照原来的次序排成的行列式 $\begin{vmatrix} 2 & 0 & 3 \\ 0 & 1 & 0 \\ 0 & 0 & 0 \end{vmatrix}$ 是该矩阵的一

个三阶子式.

子式的行和列是在原矩阵中任意取的，因此可以组成 $C_4^3 C_5^3 = 40$ 个三阶子式. 一般地，矩阵 $\boldsymbol{A}_{m \times n}$ 可以组成 $C_m^k C_n^k$ 个 k 阶子式，$k \leqslant \min(m, n)$.

定义 8-21 如果矩阵 $\boldsymbol{A}$ 中存在一个 r 阶子式的值不为零，而 $r+1$ 阶子式（如果存在的话）的值都等于零，即矩阵 $\boldsymbol{A}$ 的非零子式的最高阶数为 r，则称 r 是矩阵 $\boldsymbol{A}$ 的秩，记作 $r(\boldsymbol{A}) = r$.

从上述定义可以看出，用非零子式的最高阶数计算矩阵的秩需要进行大量的行列式计算，非常烦琐. 实际上，行阶梯矩阵中非零行的行数与矩阵的秩是相等的，以后可以由行阶梯矩阵的非零行行数得到矩阵的秩，而不必化为标准型矩阵.

8.5.4 用矩阵的初等变换求矩阵的秩

定理 8-6 矩阵的初等行变换不改变矩阵的秩.

例 8-38 求矩阵 $\boldsymbol{A}_{3 \times 4} = \begin{pmatrix} 1 & 2 & -1 & 4 \\ 2 & 4 & 3 & 5 \\ -1 & -2 & 6 & -7 \end{pmatrix}$ 的秩.

解：$\begin{pmatrix} 1 & 2 & -1 & 4 \\ 2 & 4 & 3 & 5 \\ -1 & -2 & 6 & -7 \end{pmatrix} \xrightarrow[r_3+r_1]{r_2-2r_1} \begin{pmatrix} 1 & 2 & -1 & 4 \\ 0 & 0 & 5 & -3 \\ 0 & 0 & 5 & -3 \end{pmatrix} \xrightarrow{r_3-r_2} \begin{pmatrix} 1 & 2 & -1 & 4 \\ 0 & 0 & 5 & -3 \\ 0 & 0 & 0 & 0 \end{pmatrix}.$

该行阶梯矩阵的非零行行数为 2，故 $r(A)=2$.

【说明】 矩阵 $A_{m \times n}$ 的秩 $r(A) \leqslant \min(m, n)$.

例 8-39 求矩阵 $A_{3 \times 3} = \begin{pmatrix} 1 & 2 & 3 \\ 2 & 2 & 1 \\ 3 & 4 & 3 \end{pmatrix}$ 的秩.

解：$A_{3 \times 3} = \begin{pmatrix} 1 & 2 & 3 \\ 2 & 2 & 1 \\ 3 & 4 & 3 \end{pmatrix} \rightarrow \begin{pmatrix} 1 & 2 & 3 \\ 0 & -2 & -5 \\ 0 & -2 & -6 \end{pmatrix} \rightarrow \begin{pmatrix} 1 & 2 & 3 \\ 0 & -2 & -5 \\ 0 & 0 & -1 \end{pmatrix}$

$\rightarrow \begin{pmatrix} 1 & 0 & -2 \\ 0 & -2 & -5 \\ 0 & 0 & -1 \end{pmatrix} \rightarrow \begin{pmatrix} 1 & 0 & 0 \\ 0 & -2 & 0 \\ 0 & 0 & -1 \end{pmatrix} \rightarrow \begin{pmatrix} 1 & 0 & 0 \\ 0 & 1 & 0 \\ 0 & 0 & 1 \end{pmatrix}.$

该行阶梯矩阵的非零行行数为 3，故 $r(A)=3$.

8.5.5 用矩阵的初等变换求方阵的逆矩阵

用伴随矩阵虽然可以求出矩阵的逆矩阵，但是其计算量较大，现介绍如何用矩阵的初等变换求逆矩阵.

可以用宽矩阵法结合初等行变换求可逆方阵的逆矩阵：将一可逆方阵右边附带一同阶单位矩阵，对此宽矩阵进行初等行变换，在将此宽矩阵的左边变为单位矩阵的同时，右边部分自动化为原矩阵的逆矩阵，即

$$(A \vdots I) \xrightarrow{\text{初等行变换}} (I \vdots A^{-1}).$$

例 8-40 求矩阵 $A = \begin{pmatrix} 2 & 2 & 3 \\ 1 & -1 & 0 \\ -1 & 2 & 1 \end{pmatrix}$ 的逆矩阵.

解：将矩阵 A 和单位矩阵 I 进行如下拼接.

$(A \vdots I) = \begin{pmatrix} 2 & 2 & 3 & 1 & 0 & 0 \\ 1 & -1 & 0 & 0 & 1 & 0 \\ -1 & 2 & 1 & 0 & 0 & 1 \end{pmatrix} \xrightarrow[r_3+r_2]{r_1-2r_2} \begin{pmatrix} 0 & 4 & 3 & 1 & -2 & 0 \\ 1 & -1 & 0 & 0 & 1 & 0 \\ 0 & 1 & 1 & 0 & 1 & 1 \end{pmatrix}$

$\xrightarrow{r_1 \leftrightarrow r_2} \begin{pmatrix} 1 & -1 & 0 & 0 & 1 & 0 \\ 0 & 4 & 3 & 1 & -2 & 0 \\ 0 & 1 & 1 & 0 & 1 & 1 \end{pmatrix} \xrightarrow[r_2-4r_3]{r_1+r_3} \begin{pmatrix} 1 & 0 & 1 & 0 & 2 & 1 \\ 0 & 0 & -1 & 1 & -6 & -4 \\ 0 & 1 & 1 & 0 & 1 & 1 \end{pmatrix}$

$\xrightarrow{r_2 \leftrightarrow r_3} \begin{pmatrix} 1 & 0 & 1 & 0 & 2 & 1 \\ 0 & 1 & 1 & 0 & 1 & 1 \\ 0 & 0 & -1 & 1 & -6 & -4 \end{pmatrix} \xrightarrow[r_2+r_3]{r_1+r_3} \begin{pmatrix} 1 & 0 & 0 & 1 & -4 & -3 \\ 0 & 1 & 0 & 1 & -5 & -3 \\ 0 & 0 & -1 & 1 & -6 & -4 \end{pmatrix}$

$$\xrightarrow{-r_3} \begin{pmatrix} 1 & 0 & 0 & 1 & -4 & -3 \\ 0 & 1 & 0 & 1 & -5 & -3 \\ 0 & 0 & 1 & -1 & 6 & 4 \end{pmatrix}.$$

因此，$\boldsymbol{A}^{-1} = \begin{pmatrix} 1 & -4 & -3 \\ 1 & -5 & -3 \\ -1 & 6 & 4 \end{pmatrix}.$

在用矩阵的初等变换求逆矩阵时要注意以下问题.

(1)在进行初等行变换的过程中，若矩阵 $\boldsymbol{A}$ 出现了零行，则矩阵 $\boldsymbol{A}$ 不可逆.

(2)只能对宽矩阵 $(\boldsymbol{A} \vdots \boldsymbol{I})$ 进行初等行变换，不能进行初等列变换.

例 8-41 用逆矩阵解方程组 $\begin{cases} x_1 + x_2 + x_3 + x_4 = 5 \\ x_1 + 2x_2 - x_3 + x_4 = -2 \\ 2x_1 + 2x_2 + 3x_3 + x_4 = -2 \\ 3x_1 + 3x_2 + 2x_3 + 3x_4 = 4 \end{cases}.$

解：设

$$\boldsymbol{A} = \begin{pmatrix} 1 & 1 & 1 & 1 \\ 1 & 2 & -1 & 1 \\ 2 & 2 & 3 & 1 \\ 3 & 3 & 2 & 3 \end{pmatrix}, \quad \boldsymbol{X} = \begin{pmatrix} x_1 \\ x_2 \\ x_3 \\ x_4 \end{pmatrix}, \quad \boldsymbol{b} = \begin{pmatrix} 5 \\ -2 \\ -2 \\ 4 \end{pmatrix},$$

则

$$(\boldsymbol{A} \vdots \boldsymbol{I}) = \begin{pmatrix} 1 & 1 & 1 & 1 & 1 & 0 & 0 & 0 \\ 1 & 2 & -1 & 1 & 0 & 1 & 0 & 0 \\ 2 & 2 & 3 & 1 & 0 & 0 & 1 & 0 \\ 3 & 3 & 2 & 3 & 0 & 0 & 0 & 1 \end{pmatrix} \xrightarrow[\substack{r_2 - r_1 \\ r_3 - 2r_1 \\ r_4 - 3r_1}]{} \begin{pmatrix} 1 & 1 & 1 & 1 & 1 & 0 & 0 & 0 \\ 0 & 1 & -2 & 0 & -1 & 1 & 0 & 0 \\ 0 & 0 & 1 & -1 & -2 & 0 & 1 & 0 \\ 0 & 0 & -1 & 0 & -3 & 0 & 0 & 1 \end{pmatrix}$$

$$\xrightarrow{r_1 - r_2} \begin{pmatrix} 1 & 0 & 3 & 1 & 2 & -1 & 0 & 0 \\ 0 & 1 & -2 & 0 & -1 & 1 & 0 & 0 \\ 0 & 0 & 1 & -1 & -2 & 0 & 1 & 0 \\ 0 & 0 & -1 & 0 & -3 & 0 & 0 & 1 \end{pmatrix}$$

$$\xrightarrow[\substack{r_1 - 3r_3 \\ r_2 + 2r_3 \\ r_4 + r_3}]{} \begin{pmatrix} 1 & 0 & 0 & 4 & 8 & -1 & -3 & 0 \\ 0 & 1 & 0 & -2 & -5 & 1 & 2 & 0 \\ 0 & 0 & 1 & -1 & -2 & 0 & 1 & 0 \\ 0 & 0 & 0 & -1 & -5 & 0 & 1 & 1 \end{pmatrix} \xrightarrow{-r_4} \begin{pmatrix} 1 & 0 & 0 & 4 & 8 & -1 & -3 & 0 \\ 0 & 1 & 0 & -2 & -5 & 1 & 2 & 0 \\ 0 & 0 & 1 & -1 & -2 & 0 & 1 & 0 \\ 0 & 0 & 0 & 1 & 5 & 0 & -1 & -1 \end{pmatrix}$$

$$\xrightarrow[\substack{r_1 - 4r_4 \\ r_2 + 2r_4 \\ r_3 + r_4}]{} \begin{pmatrix} 1 & 0 & 0 & 0 & -12 & -1 & 1 & 4 \\ 0 & 1 & 0 & 0 & 5 & 1 & 0 & -2 \\ 0 & 0 & 1 & 0 & 3 & 0 & 0 & -1 \\ 0 & 0 & 0 & 1 & 5 & 0 & -1 & -1 \end{pmatrix},$$

即 $A^{-1} = \begin{pmatrix} -12 & -1 & 1 & 4 \\ 5 & 1 & 0 & -2 \\ 3 & 0 & 0 & -1 \\ 5 & 0 & -1 & -1 \end{pmatrix}$.

由于 $X = A^{-1}b$，故

$$X = \begin{pmatrix} -12 & -1 & 1 & 4 \\ 5 & 1 & 0 & -2 \\ 3 & 0 & 0 & -1 \\ 5 & 0 & -1 & -1 \end{pmatrix} \begin{pmatrix} 5 \\ -2 \\ -2 \\ 4 \end{pmatrix} = \begin{pmatrix} -44 \\ 15 \\ 11 \\ 23 \end{pmatrix},$$

即 $\begin{cases} x_1 = -44 \\ x_2 = 15 \\ x_3 = 11 \\ x_4 = 23 \end{cases}$.

习题 8−5

1. 写出下列四阶初等矩阵.

(1) $E(2, 3)$;

(2) $E(2, 3(k))$;

(3) $\begin{pmatrix} 1 & 0 & 1 & 2 \\ 2 & -3 & 0 & 1 \\ 1 & 0 & 2 & -1 \\ 0 & 4 & -1 & 3 \end{pmatrix} E(2, 3)$;

(4) $\begin{pmatrix} 1 & 0 & 1 & 2 \\ 2 & -3 & 0 & 1 \\ 1 & 0 & 2 & -1 \\ 0 & 4 & -1 & 3 \end{pmatrix} E(1, 3(2))$.

2. 用初等行变换将下列矩阵化为阶梯矩阵.

(1) $\begin{pmatrix} 1 & 1 & -1 \\ 2 & -1 & 0 \\ 1 & 0 & 1 \end{pmatrix}$;

(2) $\begin{pmatrix} 1 & 1 & 1 & -1 \\ -1 & -1 & 2 & 3 \\ 2 & 2 & 5 & 0 \end{pmatrix}$.

3. 用初等行变换将下列矩阵化为行最简形矩阵.

(1) $\begin{pmatrix} 1 & 2 & -3 & 4 \\ 2 & 3 & -5 & 7 \\ 2 & 5 & -8 & 8 \end{pmatrix}$;

(2) $\begin{pmatrix} 1 & 1 & 1 & 1 \\ -1 & 2 & -4 & 2 \\ 2 & 5 & -1 & 3 \end{pmatrix}$.

4. 用初等行变换将下列矩阵化为标准型矩阵.

(1) $\begin{pmatrix} 1 & -1 & 2 \\ 3 & 2 & 1 \end{pmatrix}$;

(2) $\begin{pmatrix} 1 & -1 & 2 \\ 3 & 2 & 1 \\ 1 & 0 & 2 \end{pmatrix}$.

5. 用初等行变换求下列矩阵的秩.

$(1)\boldsymbol{A}=\begin{pmatrix} 1 & 1 & 1 & 2 \\ 1 & 3 & 3 & 2 \\ 1 & 1 & 2 & 1 \end{pmatrix};$

$(2)\boldsymbol{B}=\begin{vmatrix} 1 & 3 & -1 & -2 \\ 2 & -1 & 2 & 3 \\ 3 & 2 & 1 & 1 \\ 1 & -4 & 3 & 5 \end{vmatrix}.$

6. 用初等行变换求下列矩阵的逆矩阵.

$(1)\begin{pmatrix} 1 & -1 & 3 \\ 2 & -1 & 4 \\ -1 & 2 & -4 \end{pmatrix};$

$(2)\begin{pmatrix} 1 & -1 & 1 \\ 3 & 0 & 5 \\ -1 & 2 & 0 \end{pmatrix}.$

7. 用逆矩阵解方程

$$\begin{pmatrix} 1 & 2 & 3 \\ 0 & 1 & 2 \\ 4 & 5 & 3 \end{pmatrix}\boldsymbol{X}=\begin{pmatrix} 1 & 2 \\ 0 & 1 \\ 1 & 0 \end{pmatrix}.$$

测试题八

第 9 章
线性方程组

导 读

我国自古以来就对线性方程组有所研究,《九章算术》一书中就有线性方程组的介绍和研究,而后数学家刘徽撰写了《九章算术注》,创立了"互乘相消法",为解线性方程组增加了新内容.1247年,秦九韶将解线性方程组的方法改进为"互乘法".大约1678年,德国数学家莱布尼茨首次开始线性方程组在西方的研究.

线性方程组的应用非常广泛,它在多种科学和工程领域中扮演着重要的角色,例如,在物流调度领域,线性方程组用于优化物流运输路线,降低运输成本;在金融领域,线性方程组用于模拟资产配置,帮助投资者制定投资策略;在工程领域,线性方程组用于优化设计,提高产品质量;在计算机科学和机器学习领域,线性方程组用于自然语言处理、图像处理、推荐系统等.

本章讲解线性方程组的解法和线性规划.

9.1　非齐次线性方程组

9.1.1　高斯消元法

在中学时期,我们学过消元法,它是解线性方程组的重要方法之一.公元1世纪前后,中国古代数学名著《九章算术》中就有了用消元法解方程组的介绍.

对于一般的线性方程组

$$\begin{cases} a_{11}x_1 + a_{12}x_2 + \cdots + a_{1n}x_n = b_1 \\ a_{21}x_1 + a_{22}x_2 + \cdots + a_{2n}x_n = b_2 \\ \cdots \\ a_{m1}x_1 + a_{m2}x_2 + \cdots + a_{mn}x_n = b_m \end{cases},$$

记矩阵 A 为

$$A = \begin{pmatrix} a_{11} & a_{12} & \cdots & a_{1n} \\ a_{21} & a_{22} & \cdots & a_{2n} \\ \cdots & \cdots & \cdots & \cdots \\ a_{m1} & a_{m2} & \cdots & a_{mn} \end{pmatrix},$$

称为线性方程组的系数矩阵．记列矩阵

$$X = \begin{pmatrix} x_1 \\ x_2 \\ \vdots \\ x_n \end{pmatrix} \text{ 和 } b = \begin{pmatrix} b_1 \\ b_2 \\ \vdots \\ b_m \end{pmatrix}$$

为线性方程组的未知量矩阵和常数矩阵．将常数列加到系数矩阵的右边所形成的矩阵，称

为线性方程组的增广矩阵，记作 $\overline{A} = (A, b) = \begin{pmatrix} a_{11} & a_{12} & \cdots & a_{1n} & b_1 \\ a_{21} & a_{22} & \cdots & a_{2n} & b_2 \\ \vdots & \vdots & \ddots & \vdots & \vdots \\ a_{m1} & a_{m2} & \cdots & a_{mn} & b_m \end{pmatrix}.$

在用消元法解线性方程组的过程中，如果隐去方程组中的未知量，则可以发现其消元过程实际上就是对增广矩阵进行初等行变换的过程．

例如，解线性方程组 $\begin{cases} 2x_1 - x_2 + 2x_3 = 4 \\ x_1 + x_2 + 2x_3 = 1 \\ 4x_1 + x_2 + 4x_3 = 2 \end{cases}$．

解： 将方程组的消元过程与矩阵初等变换过程做成对照表，见表 9-1.

表 9-1　方程组的消元过程与增广矩阵的变换过程

方程组的消元过程	增广矩阵的变换过程
$\begin{cases} 2x_1 - x_2 + 2x_3 = 4 \\ x_1 + x_2 + 2x_3 = 1 \\ 4x_1 + x_2 + 4x_3 = 2 \end{cases} \xrightarrow{r_1 \leftrightarrow r_2}$	$\begin{pmatrix} 2 & -1 & 2 & 4 \\ 1 & 1 & 2 & 1 \\ 4 & 1 & 4 & 2 \end{pmatrix} \xrightarrow{r_1 \leftrightarrow r_2}$
$\begin{cases} x_1 + x_2 + 2x_3 = 1 \\ 2x_1 - x_2 + 2x_3 = 4 \\ 4x_1 + x_2 + 4x_3 = 2 \end{cases} \xrightarrow[r_3 - 4r_1]{r_2 - 2r_1}$	$\begin{pmatrix} 1 & 1 & 2 & 1 \\ 2 & -1 & 2 & 4 \\ 4 & 1 & 4 & 2 \end{pmatrix} \xrightarrow[r_3 - 4r_1]{r_2 - 2r_1}$
$\begin{cases} x_1 + x_2 + 2x_3 = 1 \\ -3x_2 - 2x_3 = 2 \\ -3x_2 - 4x_3 = -2 \end{cases} \xrightarrow{r_3 - r_2}$	$\begin{pmatrix} 1 & 1 & 2 & 1 \\ 0 & -3 & -2 & 2 \\ 0 & -3 & -4 & -2 \end{pmatrix} \xrightarrow{r_3 - r_2}$

方程组的消元过程	增广矩阵的变换过程
$\begin{cases} x_1+x_2+2x_3=1 \\ -3x_2-2x_3=2 \\ -2x_3=-4 \end{cases} \xrightarrow[r_3+r_1]{r_2-r_3}$	$\begin{pmatrix} 1 & 1 & 2 & 1 \\ 0 & -3 & -2 & 2 \\ 0 & 0 & -2 & -4 \end{pmatrix} \xrightarrow[r_1+r_3]{r_2-r_3}$
$\begin{cases} x_1+x_2=-3 \\ -3x_2=6 \\ -2x_3=-4 \end{cases} \xrightarrow[\substack{-\frac{1}{3}r_2 \\ -\frac{1}{2}r_3}]{\substack{r_1+\frac{1}{3}r_2}}$	$\begin{pmatrix} 1 & 1 & 0 & -3 \\ 0 & -3 & 0 & 6 \\ 0 & 0 & -2 & -4 \end{pmatrix} \xrightarrow[\substack{-\frac{1}{3}r_2 \\ -\frac{1}{2}r_3}]{\substack{r_1+\frac{1}{3}r_2}}$
$\begin{cases} x_1=-1 \\ x_2=-2 \\ x_3=2 \end{cases}$	$\begin{pmatrix} 1 & 0 & 0 & -1 \\ 0 & 1 & 0 & -2 \\ 0 & 0 & 1 & 2 \end{pmatrix}$

由表 9-1 可以看出，方程组的消元顺序与增广矩阵的变换顺序一致．用矩阵求解线性方程组的方法更为简单．把这种用矩阵求解线性方程组的方法称为高斯(Gauss)消元法．

9.1.2 非齐次线性方程组解的判断

在一般线性方程组

$$\begin{cases} a_{11}x_1+a_{12}x_2+\cdots+a_{1n}x_n=b_1 \\ a_{21}x_1+a_{22}x_2+\cdots+a_{2n}x_n=b_2 \\ \cdots \\ a_{m1}x_1+a_{m2}x_2+\cdots+a_{mn}x_n=b_m \end{cases}$$

中，若右端常数项 b_1，b_2，$\cdots$，b_m 不全为零，则称该方程组为非齐次线性方程组，简记作 $AX=b$．

若将由 n 个数 c_1，c_2，$\cdots$，c_n 组成的有序数组依次替换非齐次线性方程组中的 x_1，x_2，$\cdots$，x_n 后，方程组中的每个方程都成立，则称这个有序数组 $\begin{pmatrix} c_1 \\ c_2 \\ \vdots \\ c_n \end{pmatrix}$ 为该非齐次线性方程组的一个解，也叫作解向量．

定理 9-1 （非齐次线性方程组解的判断定理）

对于 n 元非齐次线性方程组 $\begin{cases} a_{11}x_1+a_{12}x_2+\cdots+a_{1n}x_n=b_1 \\ a_{21}x_1+a_{22}x_2+\cdots+a_{2n}x_n=b_2 \\ \cdots \\ a_{m1}x_1+a_{m2}x_2+\cdots+a_{mn}x_n=b_m \end{cases}$，即 $Ax=b$（$A=$

$(a_{ij})_{m \times n}$，有以下结论．

(1)无解的充分必要条件是 $r(\boldsymbol{A}) < r(\boldsymbol{A}, \boldsymbol{b})$，即 $r(\boldsymbol{A}) < r(\overline{\boldsymbol{A}})$．

(2)有唯一解的充分必要条件是 $r(\boldsymbol{A}) = r(\boldsymbol{A}, \boldsymbol{b}) = n$，即 $r(\boldsymbol{A}) = r(\overline{\boldsymbol{A}}) = n$，$n$ 为未知量个数．

(3)有无穷多解的充分必要条件是 $r(\boldsymbol{A}) = r(\boldsymbol{A}, \boldsymbol{b}) < n$，即 $r(\boldsymbol{A}) = r(\overline{\boldsymbol{A}}) < n$，$n$ 为未知量个数．

9.1.3 用矩阵初等变换求非齐次线性方程组的解

例 9-1 解线性方程组

$$\begin{cases} 2x_1 + 2x_2 - x_3 = 6 \\ x_1 - 2x_2 + 4x_3 = 3. \\ x_1 + 2x_2 + x_3 = 9 \end{cases}$$

解：将方程组的增广矩阵简化为行阶梯矩阵．

$$(\boldsymbol{A} \vdots \boldsymbol{b}) = \begin{pmatrix} 2 & 2 & -1 & 6 \\ 1 & -2 & 4 & 3 \\ 1 & 2 & 1 & 9 \end{pmatrix} \xrightarrow{r_1 \leftrightarrow r_2} \begin{pmatrix} 1 & -2 & 4 & 3 \\ 2 & 2 & -1 & 6 \\ 1 & 2 & 1 & 9 \end{pmatrix}$$

$$\xrightarrow[r_3 - r_1]{r_2 - 2r_1} \begin{pmatrix} 1 & -2 & 4 & 3 \\ 0 & 6 & -9 & 0 \\ 0 & 4 & -3 & 6 \end{pmatrix} \xrightarrow{\frac{1}{6}r_2} \begin{pmatrix} 1 & -2 & 4 & 3 \\ 0 & 1 & -\frac{3}{2} & 0 \\ 0 & 4 & -3 & 6 \end{pmatrix} \xrightarrow[r_3 - 4r_2]{r_1 + 2r_2} \begin{pmatrix} 1 & 0 & 1 & 3 \\ 0 & 1 & -\frac{3}{2} & 0 \\ 0 & 0 & 3 & 6 \end{pmatrix}.$$

由该阶梯矩阵可知 $r(\boldsymbol{A}) = r(\boldsymbol{A}, \boldsymbol{b}) = 3$，方程组有唯一解．继续对增广矩阵进行初等变换：

$$\overline{\boldsymbol{A}} \xrightarrow{\frac{1}{3}r_3} \begin{pmatrix} 1 & 0 & 1 & 3 \\ 0 & 1 & -\frac{3}{2} & 0 \\ 0 & 0 & 1 & 2 \end{pmatrix} \xrightarrow[r_2 + \frac{3}{2}r_3]{r_1 - r_3} \begin{pmatrix} 1 & 0 & 0 & 1 \\ 0 & 1 & 0 & 3 \\ 0 & 0 & 1 & 2 \end{pmatrix}.$$

行最简形矩阵表示的同解方程组为

$$\begin{cases} x_1 = 1 \\ x_2 = 3. \\ x_3 = 2 \end{cases}$$

因此，该方程组的解为 $x_1 = 1$，$x_2 = 3$，$x_3 = 2$．

由例 9-1 可知，用高斯消元法求解线性方程组的一般步骤如下．

(1)写出方程组的增广矩阵．

(2)用初等行变换将增广矩阵化为阶梯矩阵，判断方程组解的情况．

(3)若方程组有解，则继续将增广矩阵化为行最简形矩阵．

(4)由行最简形矩阵求出该方程组的解．

例 9-2　解方程组

$$\begin{cases} 5x_1-x_2+2x_3+x_4=7 \\ 2x_1+x_2+4x_3-2x_4=1 \\ x_1-3x_2-6x_3+5x_4=0 \end{cases}.$$

解： 对方程组的增广矩阵作初等行变换.

$$\overline{\boldsymbol{A}}=(\boldsymbol{A}\,\vdots\,\boldsymbol{b})=\begin{pmatrix} 5 & -1 & 2 & 1 & 7 \\ 2 & 1 & 4 & -2 & 1 \\ 1 & -3 & -6 & 5 & 0 \end{pmatrix} \xrightarrow{r_1\leftrightarrow r_3} \begin{pmatrix} 1 & -3 & -6 & 5 & 0 \\ 2 & 1 & 4 & -2 & 1 \\ 5 & -1 & 2 & 1 & 7 \end{pmatrix}$$

$$\xrightarrow[r_3-5r_1]{r_2-2r_1} \begin{pmatrix} 1 & -3 & -6 & 5 & 0 \\ 0 & 7 & 16 & -12 & 1 \\ 0 & 14 & 32 & -24 & 7 \end{pmatrix} \xrightarrow{r_3-2r_2} \begin{pmatrix} 1 & -3 & -6 & 5 & 0 \\ 0 & 7 & 16 & -12 & 1 \\ 0 & 0 & 0 & 0 & 5 \end{pmatrix}.$$

由最后一行知，$r(\boldsymbol{A})=2$，$r(\overline{\boldsymbol{A}})=3$，$r(\boldsymbol{A})<r(\overline{\boldsymbol{A}})$，所以原方程组无解.

例 9-3　解线性方程组

$$\begin{cases} 4x_1+3x_2-2x_3=14 \\ 2x_1-x_2+4x_3=2 \\ x_1+2x_2-3x_3=6 \end{cases}.$$

解： 利用增广矩阵消元法.

$$\overline{\boldsymbol{A}}=(\boldsymbol{A}\,\vdots\,\boldsymbol{b})=\begin{pmatrix} 4 & 3 & -2 & 14 \\ 2 & -1 & 4 & 2 \\ 1 & 2 & -3 & 6 \end{pmatrix} \xrightarrow[\substack{r_2-2r_1 \\ r_3-4r_1}]{r_1\leftrightarrow r_3} \begin{pmatrix} 1 & 2 & -3 & 6 \\ 0 & -5 & 10 & -10 \\ 0 & -5 & 10 & -10 \end{pmatrix} \xrightarrow{r_3-r_2}$$

$$\begin{pmatrix} 1 & 2 & -3 & 6 \\ 0 & -5 & 10 & -10 \\ 0 & 0 & 0 & 0 \end{pmatrix}.$$

因此，$r(\boldsymbol{A})=r(\overline{\boldsymbol{A}})=2<n=3$，方程组有无穷多解，继续对增广矩阵进行初等行变换.

$$\overline{\boldsymbol{A}} \xrightarrow{-\frac{1}{5}r_2} \begin{pmatrix} 1 & 2 & -3 & 6 \\ 0 & 1 & -2 & 2 \\ 0 & 0 & 0 & 0 \end{pmatrix} \xrightarrow{r_1-2r_2} \begin{pmatrix} 1 & 0 & 1 & 2 \\ 0 & 1 & -2 & 2 \\ 0 & 0 & 0 & 0 \end{pmatrix}.$$

由行最简形矩阵可知其同解方程组为

$$\begin{cases} x_1+x_3=2 \\ x_2-2x_3=2 \end{cases},$$

解之得

$$\begin{cases} x_1=-x_3+2 \\ x_2=2x_3+2 \end{cases}.$$

该方程组出现自由未知量 x_3（可取任意常数），令自由未知量 $x_3=c\in \mathrm{R}$，得方程组的通解（即全部解）为

$$\begin{cases} x_1=-c+2 \\ x_2=2c+2\,(c\in \mathrm{R}) \\ x_3=c \end{cases}$$

第 9 章　线性方程组

或

$$\begin{pmatrix} x_1 \\ x_2 \\ x_3 \end{pmatrix} = c \begin{pmatrix} -1 \\ 2 \\ 1 \end{pmatrix} + \begin{pmatrix} 2 \\ 2 \\ 0 \end{pmatrix} (c \in \mathbf{R}).$$

当自由未知量个数大于 1 时，自由未知量的取法不是唯一的，因此解的形式也不唯一．

习题 9 - 1

1. 对于线性方程组
$$\begin{cases} x_1 + x_2 + 2x_3 = -1 \\ x_1 + 2x_2 + 3x_3 = 1 \\ 2x_1 + 2x_2 + ax_3 = b \end{cases},$$

当 a，b 为何值时，方程组(1)无解？(2)有唯一解？(3)有多解？

2. 判断下列方程组是否有解，如有解则求出方程组的解．

(1)$\begin{cases} x_1 + x_2 + x_3 = 1 \\ -x_1 + 2x_2 - 4x_3 = 2 \\ 2x_1 + 5x_2 - x_3 = 3 \end{cases}$;　　(2)$\begin{cases} 2x_1 - x_2 + 2x_3 = 4 \\ x_1 + x_2 + 2x_3 = 1 \\ 4x_1 + x_2 + 4x_3 = 2 \end{cases}$;

(3)$\begin{cases} x_1 + x_2 + x_3 = 3 \\ 2x_1 + x_2 - x_3 = 2 \\ 4x_1 + 3x_2 + x_3 = 7 \end{cases}$;　　(4)$\begin{cases} x_1 + x_2 - 3x_3 - x_4 = -2 \\ 2x_1 + x_2 - x_3 + x_4 = 3 \\ 3x_1 + x_2 + x_3 + 3x_4 = 8 \end{cases}$;

(5)$\begin{cases} x_1 + 2x_2 - 3x_3 = 1 \\ 2x_1 - x_2 + 2x_3 = 2 \\ 3x_1 + x_2 - x_3 = 4 \end{cases}$;　　(6)$\begin{cases} x_1 + x_2 - 2x_3 - x_4 = 1 \\ x_1 - x_2 + x_3 - x_4 = 2 \\ x_1 - 3x_2 + 4x_3 - x_4 = 3 \end{cases}$.

3. 对于图 9-1 所示电路，通过分析可以建立电流所满足的线性方程组
$$\begin{cases} I_1 + I_2 + I_3 = 0 \\ -I_1 + 3I_3 = 24 \\ -2I_2 + 3I_3 = 0 \end{cases}.$$

用逆矩阵求出各个电流．

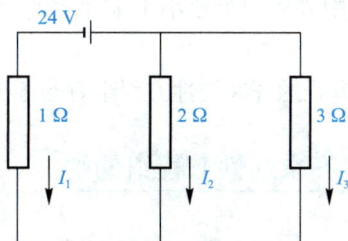

图 9-1

231

9.2　齐次线性方程组

在一般的 n 元线性方程组

$$\begin{cases} a_{11}x_1+a_{12}x_2+\cdots+a_{1n}x_n=b_1 \\ a_{21}x_1+a_{22}x_2+\cdots+a_{2n}x_n=b_2 \\ \cdots \\ a_{m1}x_1+a_{m2}x_2+\cdots+a_{mn}x_n=b_m \end{cases}$$

中，若右端常数项 b_1，b_2，$\cdots$，b_m 全为零，即

$$\begin{cases} a_{11}x_1+a_{12}x_2+\cdots+a_{1n}x_n=0 \\ a_{21}x_1+a_{22}x_2+\cdots+a_{2n}x_n=0 \\ \cdots \\ a_{m1}x_1+a_{m2}x_2+\cdots+a_{mn}x_n=0 \end{cases}$$

时，则称该方程组为齐次线性方程组，简记作 $AX=O$.

显然，任何齐次线性方程组 $AX=O$ 一定有零解 $x_1=x_2=\cdots=x_n=0$. 当它有非零解时，非零解有多少个？如何求出这些非零解？这是本节主要研究的问题.

9.2.1　齐次线性方程组解的判断

定理 9-2　（齐次线性方程组解的判断定理）

对于 n 元齐次线性方程组 $\begin{cases} a_{11}x_1+a_{12}x_2+\cdots+a_{1n}x_n=0 \\ a_{21}x_1+a_{22}x_2+\cdots+a_{2n}x_n=0 \\ \cdots \\ a_{m1}x_1+a_{m2}x_2+\cdots+a_{mn}x_n=0 \end{cases}$，即 $AX=O(A=(a_{ij})_{m\times n})$，

有以下结论.

(1)方程组有唯一零解的充分必要条件是 $r(A)=n$，n 为未知量个数.

(2)方程组有无穷多非零解的充分必要条件是 $r(A)<n$，n 为未知量个数.

推论 9-1　齐次线性方程组中方程的个数小于未知数的个数，即 $m<n$ 时，方程组必有无穷多非零解.

推论 9-2　n 个未知数 n 个方程的齐次线性方程组有非零解的充分必要条件是 $|A|=0$.

9.2.2　用矩阵初等变换求齐次线性方程组的解

例 9-4　解齐次线性方程组 $\begin{cases} x_1+2x_2+3x_3=0 \\ 2x_1-x_2-x_3=0 \\ x_1-3x_2-3x_3=0 \end{cases}$.

解：齐次线性方程组的增广矩阵为$(\boldsymbol{A} \vdots \boldsymbol{O})$，由于常数项为 0，进行初等行变换后始终是 0，所以对于齐次线性方程组的求解，直接用系数矩阵 $\boldsymbol{A}$.

$$\boldsymbol{A}=\begin{pmatrix} 1 & 2 & 3 \\ 2 & -1 & -1 \\ 1 & -3 & -3 \end{pmatrix} \xrightarrow[r_3-r_1]{r_2-2r_1} \begin{pmatrix} 1 & 2 & 3 \\ 0 & -5 & -7 \\ 0 & -5 & -6 \end{pmatrix} \xrightarrow{r_3-r_2} \begin{pmatrix} 1 & 2 & 3 \\ 0 & -5 & -7 \\ 0 & 0 & 1 \end{pmatrix}$$

$$\xrightarrow{-\frac{1}{5}r_2} \begin{pmatrix} 1 & 2 & 3 \\ 0 & 1 & \frac{7}{5} \\ 0 & 0 & 1 \end{pmatrix} \xrightarrow{r_1-2r_2} \begin{pmatrix} 1 & 0 & \frac{1}{5} \\ 0 & 1 & \frac{7}{5} \\ 0 & 0 & 1 \end{pmatrix} \xrightarrow[r_2-\frac{7}{5}r_3]{r_1-\frac{1}{5}r_3} \begin{pmatrix} 1 & 0 & 0 \\ 0 & 1 & 0 \\ 0 & 0 & 1 \end{pmatrix}.$$

原方程组等价于方程组 $\begin{cases} x_1=0 \\ x_2=0 \\ x_3=0 \end{cases}$，则方程组只有零解 $x=0$.

例 9-5　解齐次线性方程组 $\begin{cases} x_1+x_2-2x_3-x_4=0 \\ x_1+3x_2+x_3-2x_4=0 \\ 2x_1+4x_2-x_3-3x_4=0 \\ 3x_1+5x_2-3x_3-4x_4=0 \end{cases}$.

解：系数矩阵

$$\boldsymbol{A}=\begin{pmatrix} 1 & 1 & -2 & -1 \\ 1 & 3 & 1 & -2 \\ 2 & 4 & -1 & -3 \\ 3 & 5 & -3 & -4 \end{pmatrix} \xrightarrow[\substack{r_3-2r_1 \\ r_4-3r_1}]{r_2-r_1} \begin{pmatrix} 1 & 1 & -2 & -1 \\ 0 & 2 & 3 & -1 \\ 0 & 2 & 3 & -1 \\ 0 & 2 & 3 & -1 \end{pmatrix} \xrightarrow[r_4-r_2]{r_3-r_2} \begin{pmatrix} 1 & 1 & -2 & -1 \\ 0 & 2 & 3 & -1 \\ 0 & 0 & 0 & 0 \\ 0 & 0 & 0 & 0 \end{pmatrix}$$

$$\xrightarrow{\frac{1}{2}r_2} \begin{pmatrix} 1 & 1 & -2 & -1 \\ 0 & 1 & \frac{3}{2} & -\frac{1}{2} \\ 0 & 0 & 0 & 0 \\ 0 & 0 & 0 & 0 \end{pmatrix} \xrightarrow{r_1-r_2} \begin{pmatrix} 1 & 0 & -\frac{7}{2} & -\frac{1}{2} \\ 0 & 1 & \frac{3}{2} & -\frac{1}{2} \\ 0 & 0 & 0 & 0 \\ 0 & 0 & 0 & 0 \end{pmatrix}.$$

行简化阶梯矩阵的第 $3,4$ 行全是零，等价于方程 $0x_1+0x_2+0x_3+0x_4=0$，即 $0=0$，称为多余方程，可以去掉，则原方程组等价于方程组

$$\begin{cases} x_1-\frac{7}{2}x_3-\frac{1}{2}x_4=0 \\ x_2+\frac{3}{2}x_3-\frac{1}{2}x_4=0 \end{cases}.$$

方程组中的 x_3,x_4 称为自由变量，x_1,x_2 的值受 x_3,x_4 的制约，若令 $x_3=c_1$，$x_4=c_2$，则可得方程组的解为

$$\begin{cases} x_1 = \dfrac{7}{2}c_1 + \dfrac{1}{2}c_2 \\ x_2 = -\dfrac{3}{2}c_1 + \dfrac{1}{2}c_2 \\ x_3 = c_1 \\ x_4 = c_2 \end{cases}$$

方程组的解也可以写成

$$\boldsymbol{x} = \begin{pmatrix} \dfrac{7}{2}c_1 + \dfrac{1}{2}c_2 \\ -\dfrac{3}{2}c_1 + \dfrac{1}{2}c_2 \\ c_1 \\ c_2 \end{pmatrix} = c_1 \begin{pmatrix} \dfrac{7}{2} \\ -\dfrac{3}{2} \\ 1 \\ 0 \end{pmatrix} + c_2 \begin{pmatrix} \dfrac{1}{2} \\ \dfrac{1}{2} \\ 0 \\ 1 \end{pmatrix} \quad (c_1,\ c_2\ \text{为任意常数}).$$

例 9-6 当 k 为何值时，齐次线性方程组

$$\begin{cases} x_1 + x_2 + 2x_3 = 0 \\ x_1 + kx_2 + x_3 = 0 \\ x_1 + x_2 + kx_3 = 0 \end{cases}$$

有非零解？

解：系数矩阵

$$\boldsymbol{A} = \begin{pmatrix} 1 & 1 & 2 \\ 1 & k & 1 \\ 1 & 1 & k \end{pmatrix} \xrightarrow[r_3 - r_1]{r_2 - r_1} \begin{pmatrix} 1 & 1 & 2 \\ 0 & k-1 & -1 \\ 0 & 0 & k-2 \end{pmatrix}.$$

当 $k-1=0$ 或 $k-2=0$，即 $k=1$ 或 $k=2$ 时，易得 $r(\boldsymbol{A})<3$，则齐次线性方程组有非零解.

习题 9-2

判断下列齐次线性方程组是否有解，如有，则求出齐次线性方程组的解.

(1) $\begin{cases} x_1 - 2x_2 + x_3 = 0 \\ x_1 + 2x_2 - 3x_3 = 0 \\ -x_1 + 2x_2 + 2x_3 = 0 \end{cases}$；

(2) $\begin{cases} x_1 + x_2 + x_3 + x_4 = 0 \\ x_1 + 2x_2 + 2x_3 + 3x_4 = 0 \\ 2x_1 + 3x_2 + 3x_3 + 4x_4 = 0 \end{cases}$；

(3) $\begin{cases} x_1 + 2x_2 + 2x_3 + x_4 = 0 \\ 2x_1 + x_2 - 2x_3 - 2x_4 = 0 \\ x_1 - x_2 - 4x_3 - 3x_4 = 0 \end{cases}$；

(4) $\begin{cases} 3x_1 + x_2 - x_3 = 0 \\ 3x_1 + 2x_2 + 3x_3 = 0 \\ 2x_2 + 4x_3 = 0 \end{cases}$.

9.3 n 维向量

在线性方程组的消元法中，它的解是由未知量的系数和常数项决定的．非齐次线性方程组的一个解是一个有序数组 $\begin{bmatrix} c_1 \\ c_2 \\ \vdots \\ c_n \end{bmatrix}$，即一个向量．

9.3.1 n 维向量及其运算

定义 9-1 由 n 个有序的实数组成的有序数组 $(a_1, a_2, \cdots, a_n)$ 叫作 n **维行向量**，其中第 i 个数叫作这个向量的第 i 个分量（或坐标）$(i=1, 2, \cdots, n)$．向量一般用希腊字母 $\boldsymbol{\alpha}$, $\boldsymbol{\beta}$, $\boldsymbol{\gamma}$, $\cdots$ 表示，如 $\boldsymbol{\alpha}=(a_1, a_2, \cdots, a_n)$，$\boldsymbol{\beta}=(b_1, b_2, \cdots, b_n)$ 等，有时也可以用其他字母表示．

同理，称有序数组 $\boldsymbol{\gamma}=\begin{bmatrix} c_1 \\ c_2 \\ \vdots \\ c_n \end{bmatrix}$ 为 n **维列向量**．n 维行向量和 n 维列向量统称为 n **维向量**．

n 维向量是一个有序数组，矩阵是一个按特定规则排列的数表，故 n 维行向量可以看作一个 $1\times n$ 的行矩阵，n 维列向量可以看作是一个 $n\times 1$ 的列矩阵．根据矩阵转置的定义，可以将

$$\boldsymbol{\gamma}=\begin{bmatrix} c_1 \\ c_2 \\ \vdots \\ c_n \end{bmatrix}$$

写成 $\boldsymbol{\gamma}=(c_1, c_2, \cdots, c_n)^{\mathrm{T}}$．

线性方程组 $\begin{cases} a_{11}x_1+a_{12}x_2+\cdots+a_{1n}x_n=b_1 \\ a_{21}x_1+a_{22}x_2+\cdots+a_{2n}x_n=b_2 \\ \cdots \\ a_{m1}x_1+a_{m2}x_2+\cdots+a_{mn}x_n=b_m \end{cases}$ 中系数矩阵 $\boldsymbol{A}=\begin{bmatrix} a_{11} & a_{12} & \cdots & a_{1n} \\ a_{21} & a_{22} & \cdots & a_{2n} \\ \cdots & \cdots & \cdots & \cdots \\ a_{m1} & a_{m2} & \cdots & a_{mn} \end{bmatrix}$ 的每一行都是一个 n 维行向量，共有 m 个行向量，称为矩阵 $\boldsymbol{A}$ 的行向量组．记这 m 个行向量为 $\boldsymbol{\alpha}_1$, $\boldsymbol{\alpha}_2$, $\cdots$, $\boldsymbol{\alpha}_m$，其中 $\boldsymbol{\alpha}_i=(a_{i1}, a_{i2}, \cdots, a_{in})$，$i=1, 2, \cdots, m$．

同理，系数矩阵 $\boldsymbol{A}$ 的每一列都是一个 m 维的列向量，共有 n 个列向量，称为矩阵 $\boldsymbol{A}$ 的列向量组．记这 n 个列向量为 $\boldsymbol{\beta}_1$, $\boldsymbol{\beta}_2$, $\cdots$, $\boldsymbol{\beta}_n$，其中 $\boldsymbol{\beta}_j=\begin{bmatrix} a_{1j} \\ a_{2j} \\ \vdots \\ a_{mj} \end{bmatrix}$，$j=1, 2, \cdots, n$．

所有分量都是 0 的向量叫作零向量，记作 $\boldsymbol{0}=(0,0,\cdots,0)$．与零矩阵类似，维数不同的零向量也是不同的．本书主要研究非零向量．

由于向量可以看作矩阵，所以和矩阵完全一样，可以定义向量的相等、向量加法、向量减法、数与向量的乘法．

定义 9-2 如果两个 n 维向量 $\boldsymbol{\alpha}=(a_1,a_2,\cdots,a_n)$ 与 $\boldsymbol{\beta}=(b_1,b_2,\cdots,b_n)$ 对应的分量相等，则称这两个向量相等，记作 $\boldsymbol{\alpha}=\boldsymbol{\beta}$．

定义 9-3 设向量 $\boldsymbol{\alpha}=(a_1,a_2,\cdots,a_n)$，$\boldsymbol{\beta}=(b_1,b_2,\cdots,b_n)$，则向量 $(a_1+b_1,a_2+b_2,\cdots,a_n+b_n)$ 称为向量 $\boldsymbol{\alpha}$ 与 $\boldsymbol{\beta}$ 的和，记作 $\boldsymbol{\alpha}+\boldsymbol{\beta}$，即

$$\boldsymbol{\alpha}+\boldsymbol{\beta}=(a_1+b_1,a_2+b_2,\cdots,a_n+b_n).$$

向量 $(-a_1,-a_2,\cdots,-a_n)$ 称为 $\boldsymbol{\alpha}=(a_1,a_2,\cdots,a_n)$ 的负向量，记作 $-\boldsymbol{\alpha}$，即

$$-\boldsymbol{\alpha}=(-a_1,-a_2,\cdots,-a_n).$$

两个向量 $\boldsymbol{\alpha}$ 与 $\boldsymbol{\beta}$ 的差可看成 $\boldsymbol{\alpha}$ 与 $\boldsymbol{\beta}$ 的负向量 $-\boldsymbol{\beta}$ 的和，记作 $\boldsymbol{\alpha}-\boldsymbol{\beta}$，即

$$\boldsymbol{\alpha}-\boldsymbol{\beta}=\boldsymbol{\alpha}+(-\boldsymbol{\beta})=(a_1-b_1,a_2-b_2,\cdots,a_n-b_n).$$

定义 9-4 设 $\boldsymbol{\alpha}=(a_1,a_2,\cdots,a_n)$，$\lambda$ 为一个实数，则向量 $(\lambda a_1,\lambda a_2,\cdots,\lambda a_n)$ 称为数 λ 与向量 $\boldsymbol{\alpha}$ 的乘积，记作 $\lambda\boldsymbol{\alpha}$，即

$$\lambda\boldsymbol{\alpha}=(\lambda a_1,\lambda a_2,\cdots,\lambda a_n).$$

向量运算与矩阵运算的规律相同，故向量有下列运算规律．

(1) $\boldsymbol{\alpha}+\boldsymbol{0}=\boldsymbol{\alpha}$．

(2) $\boldsymbol{\alpha}+\boldsymbol{\beta}=\boldsymbol{\beta}+\boldsymbol{\alpha}$．

(3) $\boldsymbol{\alpha}+(-\boldsymbol{\alpha})=\boldsymbol{0}$．

(4) $(\boldsymbol{\alpha}+\boldsymbol{\beta})+\boldsymbol{\gamma}=\boldsymbol{\alpha}+(\boldsymbol{\beta}+\boldsymbol{\gamma})$．

(5) $1\cdot\boldsymbol{\alpha}=\boldsymbol{\alpha}$．

(6) $k(l\boldsymbol{\alpha})=(kl)\boldsymbol{\alpha}$．

(7) $k(\boldsymbol{\alpha}+\boldsymbol{\beta})=k\boldsymbol{\alpha}+k\boldsymbol{\beta}$．

(8) $(k+l)\boldsymbol{\alpha}=k\boldsymbol{\alpha}+l\boldsymbol{\alpha}$．

例 9-7 已知向量 $\boldsymbol{\alpha}_1=(1,2,3,0)$，$\boldsymbol{\alpha}_2=(4,5,0,6)$，$\boldsymbol{\alpha}_3=(6,1,-2,3)$，求 $3\boldsymbol{\alpha}_1+2\boldsymbol{\alpha}_2-\boldsymbol{\alpha}_3$．

解： $3\boldsymbol{\alpha}_1+2\boldsymbol{\alpha}_2-\boldsymbol{\alpha}_3=3(1,2,3,0)+2(4,5,0,6)-(6,1,-2,3)$

$$=(3,6,9,0)+(8,10,0,12)-(6,1,-2,3)$$

$$=(3+8-6,6+10-1,9+0+2,0+12-3)$$

$$=(5,15,11,9).$$

9.3.2 向量组的线性相关性

定义 9-5 设 $\boldsymbol{\alpha}_1,\boldsymbol{\alpha}_2,\cdots,\boldsymbol{\alpha}_m$ 为 m 个 n 维向量，$k_1,k_2,\cdots,k_m$ 为任意 m 个数，若向量

$$\boldsymbol{\beta}=k_1\boldsymbol{\alpha}_1+k_2\boldsymbol{\alpha}_2+\cdots+k_m\boldsymbol{\alpha}_m,$$

则称 $\boldsymbol{\beta}$ 为 $\boldsymbol{\alpha}_1$，$\boldsymbol{\alpha}_2$，$\cdots$，$\boldsymbol{\alpha}_m$ 的一个**线性组合**，或称 $\boldsymbol{\beta}$ 可由 $\boldsymbol{\alpha}_1$，$\boldsymbol{\alpha}_2$，$\cdots$，$\boldsymbol{\alpha}_m$ **线性表示**（或**线性表出**）.

例 9-8　证明向量 $\boldsymbol{\beta}=(2, 3, 1)$ 可由向量 $\boldsymbol{\alpha}_1=(1, 1, 0)$，$\boldsymbol{\alpha}_2=(0, 1, 1)$ 线性表示，并写出具体线性表示.

解：设 $\boldsymbol{\beta}=k_1\boldsymbol{\alpha}_1+k_2\boldsymbol{\alpha}_2$，即

$$(2, 3, 1)=k_1(1, 1, 0)+k_2(0, 1, 1)=(k_1, k_1+k_2, k_2).$$

根据向量相等的定义，有

$$\begin{cases} k_1=2 \\ k_1+k_2=3, \\ k_2=1 \end{cases}$$

解之得 $\begin{cases} k_1=2 \\ k_2=1 \end{cases}$.

因此，$\boldsymbol{\beta}=2\boldsymbol{\alpha}_1+\boldsymbol{\alpha}_2$，即 $\boldsymbol{\beta}$ 可由 $\boldsymbol{\alpha}_1$ 和 $\boldsymbol{\alpha}_2$ 线性表示，或者说 $\boldsymbol{\beta}$ 是 $\boldsymbol{\alpha}_1$ 和 $\boldsymbol{\alpha}_2$ 的线性组合.

定理 9-3　在线性方程组中，向量 $\boldsymbol{\beta}$ 可以由向量组 $\boldsymbol{\alpha}_1$，$\boldsymbol{\alpha}_2$，$\cdots$，$\boldsymbol{\alpha}_m$ 线性表示的充要条件是以 $\boldsymbol{\alpha}_1$，$\boldsymbol{\alpha}_2$，$\cdots$，$\boldsymbol{\alpha}_m$ 为系数的方程组 $x_1\boldsymbol{\alpha}_1+x_2\boldsymbol{\alpha}_2+\cdots x_m\boldsymbol{\alpha}_m=\boldsymbol{\beta}$ 有解.

推论 9-3　零向量是任何一组向量的线性组合.

定义 9-6　设 $\boldsymbol{\alpha}_1$，$\boldsymbol{\alpha}_2$，$\cdots$，$\boldsymbol{\alpha}_m$ 为 m 个 n 维向量，若存在一组不全为 0 的数 k_1，k_2，$\cdots$，k_m 使

$$k_1\boldsymbol{\alpha}_1+k_2\boldsymbol{\alpha}_2+\cdots+k_m\boldsymbol{\alpha}_m=\boldsymbol{0},$$

则称 $\boldsymbol{\alpha}_1$，$\boldsymbol{\alpha}_2$，$\cdots$，$\boldsymbol{\alpha}_m$ 这 m 个向量**线性相关**，否则就称这 m 个向量**线性无关**.

推论 9-4　若 n 维向量组 $\boldsymbol{\varepsilon}_1=(1, 0, \cdots, 0)$，$\boldsymbol{\varepsilon}_2=(0, 1, \cdots, 0)$，$\cdots$，$\boldsymbol{\varepsilon}_n=(0, 0, \cdots, 1)$ 是线性无关的，且任何一个 n 维向量 $\boldsymbol{\alpha}=(a_1, a_2, \cdots, a_n)$ 都是 n 维向量组 $\boldsymbol{\varepsilon}_1=(1, 0, \cdots, 0)$，$\boldsymbol{\varepsilon}_2=(0, 1, \cdots, 0)$，$\boldsymbol{\varepsilon}_n=(0, 0, \cdots, 1)$ 的线性组合，则称向量组 $\boldsymbol{\varepsilon}_1=(1, 0, \cdots, 0)$，$\varepsilon_2=(0, 1, \cdots, 0)$，$\cdots\boldsymbol{\varepsilon}_n=(0, 0, \cdots, 1)$ 为 n **维基本向量**.

例 9-9　证明向量 $\boldsymbol{\alpha}_1=(3, -6, 9)$，$\boldsymbol{\alpha}_2=(1, -2, 3)$，$\boldsymbol{\alpha}_3=(-2, 5, -7)$ 线性相关.

解：因为 $\boldsymbol{\alpha}_1=3\boldsymbol{\alpha}_2$，若取 $k_1=1$，$k_2=-3$，$k_3=0$，则它们不全为 0，且有 $\boldsymbol{\alpha}_1-3\boldsymbol{\alpha}_2+0\boldsymbol{\alpha}_3=\boldsymbol{0}$，所以 $\boldsymbol{\alpha}_1$，$\boldsymbol{\alpha}_2$，$\boldsymbol{\alpha}_3$ 线性相关.

推论 9-5　一个零向量是线性相关的，一个非零向量是线性无关的，含有零向量的向量组是线性相关的.

推论 9-6　若向量组中有两个向量的对应分量成比例，则该向量组线性相关.

例 9-10　设 $\boldsymbol{\alpha}_1=(1, 2, -1)$，$\boldsymbol{\alpha}_2=(2, -3, 1)$，$\boldsymbol{\alpha}_3=(4, 1, -1)$，试讨论它们的线性相关性.

解：设存在 k_1，k_2，k_3 使 $k_1\boldsymbol{\alpha}_1+k_2\boldsymbol{\alpha}_2+k_3\boldsymbol{\alpha}_3=\boldsymbol{0}$，即

$$k_1(1, 2, -1)+k_2(2, -3, 1)+k_3(4, 1, -1)=\boldsymbol{0}.$$

由此得线性方程组 $\begin{cases} k_1+2k_2+4k_3=0 \\ 2k_1-3k_2+k_3=0. \\ -k_1+k_2-k_3=0 \end{cases}$

因为它的系数行列式 $\begin{vmatrix} 1 & 2 & 4 \\ 2 & -3 & 1 \\ -1 & 1 & -1 \end{vmatrix} = 0$，所以线性方程组有非零解. 这就是说，存

在一组不全为零的解数(如 $k_1 = -2$, $k_2 = -1$, $k_3 = 1$)，使 $k_1\boldsymbol{\alpha}_1 + k_2\boldsymbol{\alpha}_2 + k_3\boldsymbol{\alpha}_3 = \boldsymbol{0}$ 成立，因此向量组 $\boldsymbol{\alpha}_1$, $\boldsymbol{\alpha}_2$, $\boldsymbol{\alpha}_3$ 线性相关.

定理 9-4 向量组 $\boldsymbol{\alpha}_1$, $\boldsymbol{\alpha}_2$, $\cdots$, $\boldsymbol{\alpha}_m$ 线性相关的充分必要条件是以 $\boldsymbol{\alpha}_1$, $\boldsymbol{\alpha}_2$, $\cdots$, $\boldsymbol{\alpha}_m$ 为系数的方程组 $x_1\boldsymbol{\alpha}_1 + x_2\boldsymbol{\alpha}_2 + \cdots + x_m\boldsymbol{\alpha}_m = \boldsymbol{\beta}$ 有非零解.

向量组 $\boldsymbol{\alpha}_1$, $\boldsymbol{\alpha}_2$, $\cdots$, $\boldsymbol{\alpha}_m$ 线性无关的充分必要条件是以 $\boldsymbol{\alpha}_1$, $\boldsymbol{\alpha}_2$, $\cdots$, $\boldsymbol{\alpha}_m$ 为系数的方程组 $x_1\boldsymbol{\alpha}_1 + x_2\boldsymbol{\alpha}_2 + \cdots + x_m\boldsymbol{\alpha}_m = \boldsymbol{\beta}$ 只有零解.

9.3.3 向量组的秩

定义 9-7 设有向量组 A，若其中的 r 个向量 $\boldsymbol{\alpha}_1$, $\boldsymbol{\alpha}_2$, $\cdots$, $\boldsymbol{\alpha}_r$ 满足以下条件，则称 $\boldsymbol{\alpha}_1$, $\boldsymbol{\alpha}_2$, $\cdots$, $\boldsymbol{\alpha}_r$ 是向量组 A 的一个极大线性无关组，简称极大无关组.

(1) $\boldsymbol{\alpha}_1$, $\boldsymbol{\alpha}_2$, $\cdots$, $\boldsymbol{\alpha}_r$ 线性无关.

(2) A 中任意一个另外的向量 $\boldsymbol{\alpha}_{r+1}$，都能使 $\boldsymbol{\alpha}_1$, $\boldsymbol{\alpha}_2$, $\cdots$, $\boldsymbol{\alpha}_{r+1}$ 线性相关.

注：(1)"极大线性"也可理解为：A 中任何一个向量都能由 $\boldsymbol{\alpha}_1$, $\boldsymbol{\alpha}_2$, $\cdots$, $\boldsymbol{\alpha}_r$ 线性表示.

(2) 全为零向量的向量组没有极大无关组.

(3) 向量组的极大无关组可能不止一个，但其向量的个数是相同的.

例 9-11 求向量组 $\boldsymbol{\alpha}_1 = (1, 1, 1)$, $\boldsymbol{\alpha}_2 = (0, 1, 2)$, $\boldsymbol{\alpha}_3 = (0, 0, 3)$, $\boldsymbol{\alpha}_4 = (1, 2, 6)$ 的一个极大线性无关组.

解：因为 $\boldsymbol{\alpha}_1$, $\boldsymbol{\alpha}_2$, $\boldsymbol{\alpha}_3$ 的分量构成的行列式

$$\begin{vmatrix} 1 & 1 & 1 \\ 0 & 1 & 2 \\ 0 & 0 & 3 \end{vmatrix} = 3 \neq 0,$$

所以 $\boldsymbol{\alpha}_1$, $\boldsymbol{\alpha}_2$, $\boldsymbol{\alpha}_3$ 线性无关.

易知 $\boldsymbol{\alpha}_1 + \boldsymbol{\alpha}_2 + \boldsymbol{\alpha}_3 - \boldsymbol{\alpha}_4 = 0$，即 $\boldsymbol{\alpha}_1$, $\boldsymbol{\alpha}_2$, $\boldsymbol{\alpha}_3$, $\boldsymbol{\alpha}_4$ 线性相关，因此 $\boldsymbol{\alpha}_1$, $\boldsymbol{\alpha}_2$, $\boldsymbol{\alpha}_3$ 是所给向量组的一个极大无关组.

定义 9-8 向量组 $\boldsymbol{\alpha}_1$, $\boldsymbol{\alpha}_2$, $\cdots$, $\boldsymbol{\alpha}_m$ 的极大无关组所含向量的个数称为该向量组的秩，记作 $r(\boldsymbol{\alpha}_1, \boldsymbol{\alpha}_2, \cdots, \boldsymbol{\alpha}_m)$.

例如，在例 9-11 中，$r(\boldsymbol{\alpha}_1, \boldsymbol{\alpha}_2, \boldsymbol{\alpha}_3, \boldsymbol{\alpha}_4) = 3$. n 维基本向量组 e_1, e_2, $\cdots$, e_n 的秩 $r(e_1, e_2, \cdots, e_n) = n$.

定义 9-9 矩阵 A 的行向量组的秩称为 A 的行秩，矩阵 A 的列向量组的秩称为 A 的列秩. 任一矩阵 A，其行秩等于列秩，且这个共同值称为矩阵 A 的秩.

例 9-12 求矩阵 $A = \begin{pmatrix} 1 & 0 & 0 & 0 \\ 0 & 1 & 0 & 0 \\ 0 & 0 & 0 & 0 \end{pmatrix}$ 的秩.

解： 矩阵 A 的行向量组是

$$\alpha_1=(1,\ 0,\ 0,\ 0),\ \alpha_2=(0,\ 1,\ 0,\ 0),\ \alpha_3=(0,\ 0,\ 0,\ 0).$$

易知，$\alpha_1,\ \alpha_2,\ \alpha_3$ 线性相关，但 $\alpha_1,\ \alpha_2$ 线性无关，因此 $r(\alpha_1,\ \alpha_2,\ \alpha_3)=2$，即 $r(A)=2$.

习题 9−3

1. 向量 $\alpha=(1,\ 3,\ 5,\ 7)$，$\beta=(a,\ b,\ 5,\ 7)$，若 $\alpha=\beta$，则 $a=$____，$b=$____.
2. 已知向量 $\alpha_1=(1,\ 2,\ 3)$，$\alpha_2=(3,\ 2,\ 1)$，求 $13\alpha_1+2\alpha_2$ 和 $\alpha_1-\alpha_2$.
3. 设向量组 $\alpha_1,\ \alpha_2,\ \alpha_3$ 线性无关，判断向量组 $\alpha_1,\ \alpha_1+\alpha_2,\ \alpha_1+\alpha_2+\alpha_3$ 的线性关系.
4. 设向量 $\alpha_1,\ \alpha_2,\ \alpha_3$ 线性无关，则 $\alpha_1,\ \alpha_2,\ 2\alpha_3$ 的线性关系是_____.
5. 设向量 $\alpha_1,\ \alpha_2,\ \alpha_3$ 线性无关，则向量 $\alpha_1,\ \alpha_2,\ \alpha_3,\ \mathbf{0}$ 线性_____.
6. $\alpha_1,\ \alpha_2,\ \alpha_3,\ \alpha_4$ 是三维向量组，则 $\alpha_1,\ \alpha_2,\ \alpha_3,\ \alpha_4$ 线性_____关.
7. 零向量是线性_____的，非零向量 α 是线性_____的.
8. 求矩阵 $A=\begin{pmatrix} 1 & -1 & 1 & 2 \\ 1 & 1 & 2 & 1 \\ 2 & 0 & 3 & 2 \end{pmatrix}$ 所对应的行向量组的秩.

9.4　线性规划

线性规划(Linear Programming)是数学规划的一个重要组成部分，是最优化与运筹学理论和应用中最基本、最成熟的部分，而且具有极其广泛的应用．线性规划用于解决两类重要实际问题：第一类是给定一定数量的人力、物力资源，问怎样安排、运用这些资源，使完成的任务量最大、收到的效益最大；第二类是给定一项任务，问怎样统筹、安排，使完成这项任务的人力、物力资源量最小．

9.4.1　线性规划问题的数学模型

例 9-13　**(资源最优利用问题)** 某工厂生产甲、乙两种产品．已知生产甲种产品 1 吨，需耗 A 种矿石 10 吨、B 种矿石 5 吨、煤 4 吨；生产乙种产品 1 吨，需耗 A 种矿石 4 吨、B 种矿石 4 吨、煤 9 吨．每吨甲种产品的利润是 600 元，每吨乙种产品的利润是 1 000 元．工厂在生产这两种产品的计划中要求消耗 A 种矿石不超过 360 吨，B 种矿石不超过 200 吨，煤不超过 300 吨．甲、乙两种产品应各生产多少(精确到 0.1 吨)，才能使利润总额达到最大？

解： 首先将问题的条件列成表格的形式，见表 9-2.

表 9-2　例 9-13 条件

表 9-2　例 9-13 条件

资源	产品甲	产品乙	资源限量
A 种矿石/吨	10	4	360
B 种矿石/吨	5	4	200
煤/吨	4	9	300
单位产品利润/(元·吨$^{-1}$)	600	1 000	

设甲、乙两种产品的产量分别为 x_1，x_2，显然 $x_1 \geqslant 0$，$x_2 \geqslant 0$，设 S 表示总利润，问题中的目标是总利润函数 $S = 600x_1 + 1\,000x_2$ 达到最大值.

问题中消耗的资源数量不能超过规定的资源数量，根据问题所给的条件，对 A 种矿石有

$$10x_1 + 4x_2 \leqslant 360.$$

同理，对 B 种矿石有

$$5x_1 + 4x_2 \leqslant 200.$$

对煤有

$$4x_1 + 9x_2 \leqslant 300.$$

综上所述，该问题的数学模型为

$$\max S = 600x_1 + 1\,000x_2,$$

$$\begin{cases} 10x_1 + 4x_2 \leqslant 360 \\ 5x_1 + 4x_2 \leqslant 200 \\ 4x_1 + 9x_2 \leqslant 300 \end{cases}.$$

例 9-14　**(物质最佳调运问题)** 甲、乙两库储油分别为 90 吨和 70 吨，现将油运往 Y_1、Y_2、Y_3 三地．已知这三地的需要量分别为 36 吨、60 吨、64 吨，各库到各用油处的运费(元/吨)见表 9-3，问怎样调运才能使总运费最省？

表 9-3　例 9-14 条件

油库	Y_1	Y_2	Y_3	供应量
甲	110 x_{11}	90 x_{12}	60 x_{13}	90
乙	50 x_{21}	80 x_{22}	120 x_{23}	70
需要量	36	60	64	

解： 设从甲、乙两库运往 Y_i 处的油为 x_{ij} 吨，$i = 1$，2，$j = 1$，2，3，得到 6 个决策变量(表 9-3)．它们满足以下约束条件：

$$\begin{cases} x_{11} + x_{12} + x_{13} = 90 \\ x_{21} + x_{22} + x_{23} = 70 \\ x_{11} + x_{21} = 36 \\ x_{12} + x_{22} = 60 \\ x_{13} + x_{23} = 64 \\ x_{ij} \geqslant 0,\ i = 1,\ 2;\ j = 1,\ 2,\ 3 \end{cases}$$

最优决策是使目标函数——总运费 Z 取最小值

$$Z=110x_{11}+90x_{12}+60x_{13}+50x_{21}+80x_{22}+120x_{23}.$$

这又构成了一个线性规划问题.

上述两例所提出的问题可归结为在变量满足线性约束条件下，求使线性目标函数值最大或最小的问题. 它们具有以下共同特征.

(1)每个问题都有待确定的位置变量(即决策变量 x_1，x_2，$\cdots$，x_n)表示某一方案，其具体的值就代表一个具体方案. 决策变量通常取非负数.

(2)存在一定的限制条件(称为约束条件)，这些条件可能是等式，也可能是不等式.

(3)每个问题都有一个明确的目标，可以用决策变量的线性函数表示(称为目标函数)，按问题的不同，要求目标函数取最大值或最小值.

满足以上三个条件的数学模型称为线性规划问题的数学模型，其一般形式为

$$\max(\text{或 }\min)z=c_1x_1+c_2x_2+\cdots+c_nx_n, \tag{9-1}$$

$$\begin{cases} a_{11}x_1+a_{12}x_2+\cdots+a_{1n}x_n\leqslant(=,\ \geqslant)b_1 \\ a_{21}x_1+a_{22}x_2+\cdots+a_{2n}x_n\leqslant(=,\ \geqslant)b_2 \\ \cdots \\ a_{m1}x_1+a_{m2}x_2+\cdots+a_{mn}x_n\leqslant(=,\ \geqslant)b_m \\ x_1,\ x_2,\ \cdots,\ x_n\geqslant0 \end{cases} \tag{9-2}$$

其中，a_{ij}，b_i，$c_j(i=1,\ 2,\ \cdots,\ m$；$j=1,\ 2,\ \cdots,\ n)$是常数，$x_j(j=1,\ 2,\ \cdots,\ n)$是决策变量，式(9-1)是目标函数，式(9-2)是约束条件. 满足约束条件的一组变量的值称为可行解，使目标函数取最大值(或最小值)的可行解称为最优解，此时目标函数的值称为最优值.

9.4.2 两个变量的线性规划问题的图解法

列出线性规划问题的模型后，需要找出最优解才能解决这些实际问题. 线性规划问题的求解方法多种多样，如图解法、单纯形法、代数法等，本节主要介绍如何用图解法求解两个变量的线性规划问题.

例 9-15　求解以下线性规划问题：

$$\max Z=2x_1+x_2,$$

$$\begin{cases} x_2\leqslant3 \\ 6x_1+2x_2\leqslant24 \\ x_1+x_2\leqslant5 \\ x_1\geqslant0,\ x_2\geqslant0 \end{cases}.$$

解：(1)做出可行域. 建立直角坐标系 x_1Ox_2，由于满足约束条件中每一个不等式的点集都是半平面，所以满足约束条件的点集就是这 5 个半平面的交集，即图 9-2 中的多边形.

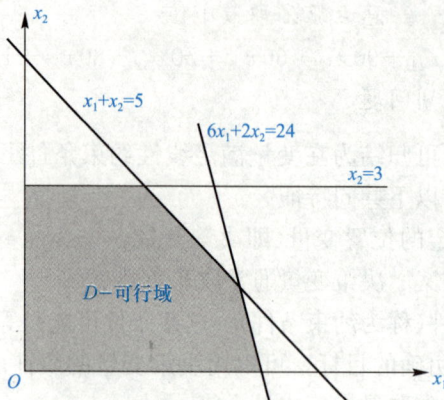

图 9-2

（2）在可行域上寻找最优解．目标函数 $\max Z = 2x_1 + x_2$ 中的 Z 可以看作一个参数，当 Z 取定值 Z_0 时就确定了 $x_1 O x_2$ 平面上的一条直线：$2x_1 + x_2 = Z_0$，这条线上的所有点都具有相同的目标函数值 Z_0，故称这条线为目标函数的**等值线**．当 Z 取不同值时，可以得到一簇平行的等值线 $Z = 2x_1 + x_2$，这些等值线可以看作由直线 $2x_1 + x_2 = 0$ 平行移动得到的．

作直线 $2x_1 + x_2 = 0$ 并使其沿着目标函数的方向平行移动（图 9-3）．

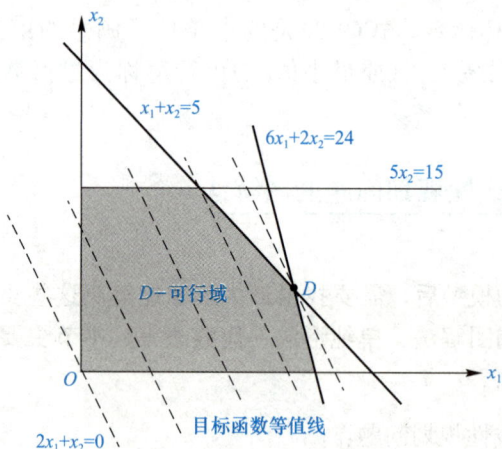

图 9-3

当等值线 $Z = 2x_1 + x_2$ 通过可行域的 $D\left(\dfrac{7}{2}, \dfrac{3}{2}\right)$ 点时，再移动就与可行域无交点了，

因此点 D 的坐标使目标函数取得最大值．此时，目标函数的最优值为 $Z = \dfrac{17}{2}$．

例 9-16 某木器厂生产茶几和电视柜两种产品，现有两种木料，第一种有 $72~\mathrm{m}^3$，第二种有 $56~\mathrm{m}^3$，假设生产每种产品都需要用两种木料，生产一只茶几和一个电视柜分别所需木料见表 9-4．每生产一只茶几可获利 16 元，生产一个电视柜可获利 30 元．木器厂在现有木料条件下，各生产多少茶几和电视柜，才能使获得的利润最大？

表9-4　例9-16条件

产品	茶几	电视柜	木料限额
木料一/m³	0.18	0.09	72
木料二/m³	0.08	0.28	56
单件产品利润/元	16	30	

解： 设生产茶几 x 只，生产电视柜 y 个，利润总额为 Z 元，列出目标函数和约束条件如下：

$$\max Z = 16x + 30y,$$

$$\begin{cases} 0.18x + 0.09y \leqslant 72 \\ 0.08x + 0.28y \leqslant 56 \\ x \geqslant 0 \\ y \geqslant 0 \end{cases}.$$

画出可行域，如图9-4所示．

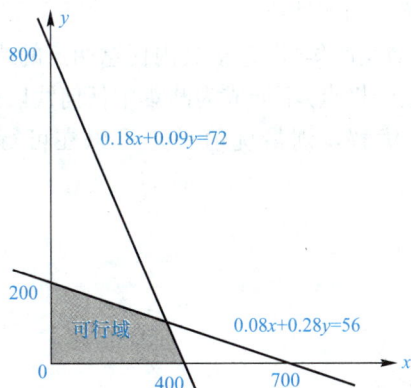

图 9-4

作直线 l_0：$16x + 30y = 0$，即 $8x + 15y = 0$，把直线 l_0 向右上方平移，当直线经过可行域上的点 D 时，再移动就与可行域无交点了，因此点 D 的坐标使目标函数取得最大值，如图9-5所示．

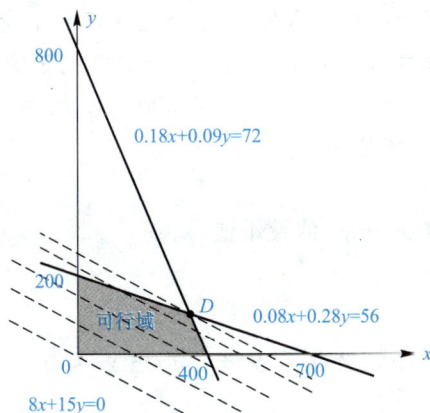

图 9-5

解方程组 $\begin{cases} 0.18x+0.09y=72 \\ 0.08x+0.28y=56 \end{cases}$，得点 D 坐标 $(350，100)$，此时目标函数 $Z=16x+30y$ 取最大值，即应生产茶几 350 只、电视柜 100 个，能使利润最大．

9.4.3 线性规划问题解的性质

从两个变量的线性规划问题的求解出发，线性规划问题的解可以归纳为图 9-6 所示形式．

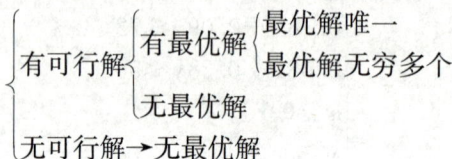

$$\begin{cases} \text{有可行解} \begin{cases} \text{有最优解} \begin{cases} \text{最优解唯一} \\ \text{最优解无穷多个} \end{cases} \\ \text{无最优解} \end{cases} \\ \text{无可行解} \rightarrow \text{无最优解} \end{cases}$$

图 9-6

一般的线性规划问题的解有如下性质．

(1)线性规划问题的可行域是凸集(即连接其内任意两点的线段仍在其内)．

(2)可行域的顶点(即凸集的极点)不能成为凸集中任何线段的内点．

(3)若线性规划问题有最优解，则最优值一定可以在可行域的顶点(即凸集的极点)取到．

习题 9－4

1. 写出下列问题的数学模型．

(1)某工厂用两种不同原料均可生产同一产品．若采用甲种原料，则每吨产品成本为 1 000 元，运费为 500 元，可得产品 90 千克；若采用乙种原料，则每吨产品成本为 1 500 元，运费为 400 元，可得产品 100 千克．如果每月原料的总成本不超过 6 000 元，运费不超过 2 000 元，那么该工厂每月最多可生产多少产品？

(2)某工厂生产甲、乙两种产品．已知生产甲产品 1 吨，需要用煤 9 吨、电 4 瓦、工作日 3 个(一组 2 人劳动一天等于一个工作日)；生产乙种产品 1 吨，需要用煤 4 吨、电 5 瓦、工作日 12 个．又知甲产品每吨售价为 7 万元，乙产品每吨售价为 12 万元，且每天供煤最多 360 吨，供电最多 200 瓦，全员劳动人数最多 300 人．问每天安排生产两种产品各多少吨才能使日产值最大？最大产值是多少？

2. 已知 $\begin{cases} x\geqslant 1 \\ x-y+1\leqslant 0, \\ 2x-y-2\leqslant 0 \end{cases}$ 求 x^2+y^2 的最小值．

3. 某公司招收男职员 x 名、女职员 y 名，x 和 y 须满足约束条件 $\begin{cases} 5x-11y\geqslant -22 \\ 2x+3y\geqslant 9 \\ 2x\leqslant 11 \end{cases}$，求 $z=10x+10y$ 的最大值．

4. 表 9-5 所示为甲、乙、丙三种食物的维生素 A、B 的含量及成本.

表 9-5　习题 4 条件

项目	甲	乙	丙
维生素 A/kg	400	600	400
维生素 B/kg	800	200	400
成本/(元·kg^{-1})	7	6	5

营养师想购买这三种食物共 10 kg，使之所含维生素 A 不少于 4 400 单位，维生素 B 不少于 4 800 单位，问三种食物各购买多少时，成本最低？最低成本是多少？

5. 用图解法求下列线性规划问题.

(1) $\min S = -x_1 + x_2$,

$$\begin{cases} -2x_1 + x_2 \leqslant 2 \\ x_1 - 2x_2 \leqslant 2 \\ x_1 + x_2 \leqslant 5 \\ x_1, \ x_2 \geqslant 0 \end{cases}$$;

(2) $\min S = -x_1 + 2x_2$,

$$\begin{cases} x_1 - x_2 \geqslant -2 \\ x_1 + 2x_2 \leqslant 6 \\ x_1 + x_2 \leqslant 5 \\ x_1, \ x_2 \geqslant 0 \end{cases}$$.

测试题九

第 10 章

概率论

导　读

　　概率论是研究偶然、随机现象的规律性的数学理论．我国春秋时期就有关于概率的探讨．《周易》中的六十四卦是早期探讨随机现象的表征，其有 64 种可能性，人们通过投掷三枚硬币的方式来随机产生 6 个爻的状态，从而进行预测和判断．这种通过投掷硬币来模拟随机现象的方法，体现了人们对概率的初步认识．在数学史上，1654 年被视为概率论的开端，当时，法国数学家布莱斯·帕斯卡和法国律师费马在书信中讨论概率问题，引发了人们的深思．

　　概率论是现代数学的重要组成部分．目前，概率论已经广泛应用于科学技术领域、工农业生产和国民经济的各个部门．

　　本章讲解概率、条件概率及概率分布等内容．

10.1　随机事件及其概率

　　从投掷硬币、投掷骰子、抽取扑克牌等简单的游戏到复杂的社会现象，从婴儿的诞生到世间万物的繁衍生息，从日出、日落到大自然的千变万化，人们每时每刻都面临着不确定性和随机性．

10.1.1　随机事件与样本空间

　　生活中的现象通常包括如下两类．

　　一类是在一定条件下一定发生或一定不会发生的现象，这类现象称为**确定性现象**．例如，太阳从东方升起，从西方落下．再如，抛出一个重物，它一定向地面降落．

　　另一类是在一定条件下可能发生，也可能不发生的现象，这类现象称为**随机现象**．例如，明天的气温高于今天的气温．再如，投掷一颗骰子得到 6 点．这些都是可能发生，也可能不发生的现象，都是随机现象．

随机现象的一次试验或观察称为一次**随机试验（简称试验）**，它满足下列条件．

（1）可以在相同条件下重复进行．

（2）试验的所有可能结果是已知的，并且不止一个．

（3）每次试验前不能准确预言试验会得到哪一个结果．

在一定条件下，对随机现象进行试验的每一种结果称为**随机事件**（简称**事件**），通常用字母 A，B，C，…表示．试验中必然发生的事件称为必然事件，记作 Ω．试验中不可能发生的事件称为不可能事件，记作 $\varnothing$．虽然必然事件和不可能事件没有随机性，但是为了研究方便，仍然把它们当作特殊的随机事件．

引例 10-1 投掷一颗骰子，观察出现的点数．"出现 5 点""出现的点数小于 3""出现偶数点"都是随机事件．"出现的点数不大于 7"是必然事件．"出现 8 点"是不可能事件．

在引例 10-1 中，"出现的点数小于 3"可以看作事件"出现 1 点""出现 2 点"这两个简单的事件复合而成的，即事件"出现的点数小于 3"是可以分解的，而"出现 1 点""出现 2 点"这样的事件是不能再分解的．在随机试验中，不能再分解的事件称为基本事件，一个随机试验的全体基本事件组成的集合称为样本空间，记作 Ω，每个基本事件称为样本点，记作 e，例如引例 10-1 的样本空间就是 $\Omega = \{e_1, e_2, e_3, e_4, e_5, e_6\}$，其中 $e_i(i=1, 2, \cdots, 6)$ 都是样本点，表示事件"出现 i 点"．

例 10-1 某射手进行射击训练，观察射击命中的环数，每一次射击就是一次试验．设进行了 10 次射击，写出其样本空间．

解：设事件"命中 i 环"为 $e_i(i=0, 1, 2, \cdots, 10)$，则 $\Omega = \{e_0, e_1, e_2, e_3, e_4, e_5, e_6, e_7, e_8, e_9, e_{10}\}$．

10.1.2 事件的关系和运算

由于随机事件是样本空间的子集，所以可以用集合的观点来讨论事件之间的关系，研究事件发生的规律．

1. 事件的包含与相等

如果事件 A 发生必然导致事件 B 发生，则称事件 B 包含事件 A，或称事件 A 包含于事件 B，记作 $B \supset A$ 或 $A \subset B$，如图 10-1 所示．

如果事件 $A \subset B$ 且 $B \subset A$，则称事件 A 与事件 B 相等，记作 $A = B$．在引例 10-1 中，若事件 $A = \{$出现 1 点或 2 点$\}$，$B = \{$出现的点数小于 3$\}$，则有 $A = B$．

2. 事件的和（并）

事件 A 与事件 B 至少有一个发生，称为事件 A 与事件 B 的和（或并），记作 $A + B$（或 $A \cup B$），如图 10-2 中的阴影部分所示．

3. 事件的积（交）

事件 A 与事件 B 同时发生，称为事件 A 与事件 B 的积（交），记作 AB 或 $A \cap B$，如

图 10-3 中的阴影部分所示.

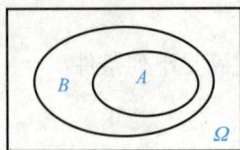
图 10-1

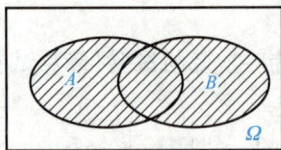
图 10-2

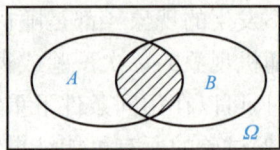
图 10-3

4. 事件的差

事件 A 发生而事件 B 不发生，称为事件 A 与事件 B 的差，记作 $A-B$，如图 10-4 中的阴影部分所示.

对任意事件 A，B，有以下结论.

(1) $A-B=A-A\bigcap B=A-AB$.

(2) 若 $A\subset B$，则 $A-B=\varnothing$.

(3) 特别地，$A-A=\varnothing$，$A-\Omega=\varnothing$，$A-\varnothing=A$.

5. 互斥事件(互不相容事件)

若事件 A 与事件 B 不能同时发生，即 $A\bigcap B=AB=\varnothing$，则称事件 A 与事件 B 互斥(互不相容)，如图 10-5 所示.

6. 对立事件(互逆事件)

若事件 A 与事件 B 有且只有一个发生，即 $A+B=\Omega$ 且 $A\bigcap B=AB=\varnothing$，则称事件 A 与事件 B 互斥(互不相容)，事件 A 的对立事件记作 $\overline{A}$，如图 10-6 中的阴影部分所示.

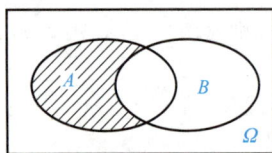
图 10-4

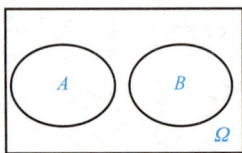
图 10-5

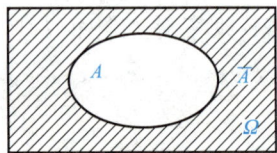
图 10-6

对于任意事件 A，有 $A+\overline{A}=\Omega$，$\overline{A}A=\varnothing$，$\overline{\overline{A}}=A$，

对于任意事件 A 和 B，有 $A-B=A\overline{B}$，$\overline{A+B}=\overline{A}\,\overline{B}$，$\overline{AB}=\overline{A}+\overline{B}$.

由定义可知，两个相互对立的事件一定是互斥的事件，但两个互斥的事件不一定是对立的事件.

事件的运算满足以下规律.

(1) 交换律：$A+B=B+A$，$AB=BA$.

(2) 结合律：$(A+B)+C=A+(B+C)$，$(AB)C=A(BC)$.

(3) 分配律：$(A+B)C=AC+BC$，$(AB)+C=(A+C)(B+C)$.

例 10-2 已知样本空间 Ω，A，B，C 为三个事件，用事件的运算符号表示下列事件.

(1) A 发生，但 B，C 不发生；　　(2) A，B，C 都发生；

(3) A，B，C 都不发生；　　(4) A，B，C 有且只有一个发生；

(5) A，B，C 至少有一个发生；　　(6) A，B，C 最多有一个不发生.

解：(1)$A\overline{B}\overline{C}$;　　　　　　　　　(2)$ABC$;

(3)$\overline{ABC}=\overline{A}+\overline{B}+\overline{C}$;　　　　(4)$\overline{A}\overline{B}C+\overline{A}B\overline{C}+A\overline{B}\overline{C}$;

(5)$A+B+C$;　　　　　　　　(6)$AB\overline{C}+A\overline{B}C+\overline{A}BC+ABC$.

例 10-3　一个系统由元件 A 与 B 并联所得的线路再与元件 C 串联而成，如图 10-7 所示，以 A，B，C 表示相应元件能正常工作的事件，用 A，B，C 表示系统能正常工作的事件．

图 10-7

解：{系统能正常工作} ＝ {元件 A 与 B 至少有一个能正常工作，且 C 能正常工作} ＝ $(A+B)C=AC+BC$.

10.1.3　随机事件的概率

在 n 次重复试验中，事件 A 发生了 k 次，则称比值 $\dfrac{k}{n}$ 为 n 次试验中事件 A 发生的频率，记作 $f_n(A)=\dfrac{k}{n}$.

当试验次数 n 很大时，事件 A 发生的频率 $\dfrac{k}{n}$ 会稳定地在某一常数 P 附近摆动，并且随着试验次数的增大，摆动的幅度将越来越小，在常数 P 附近稳定的趋势越来越明显，这种性质称为频率的稳定性，它揭示了随机现象的规律性．这个常数 P 称为事件 A 发生的概率，记作 $P(A)=P$.

频率是一个试验值，具有随机性，可能有多个不同的取值，只能客观反映事件出现的可能性大小．概率是一个理论值，由事件本身的特征确定，只能取唯一值，能精确反映事件出现的可能性大小．

由于事件 A 发生的次数 k 不可能大于试验的总次数 n，所以不难得出事件 A 的概率满足以下三条基本性质．

(1)$0\leqslant P(A)\leqslant 1$.

(2)不可能事件的概率为 $P(\varnothing)=0$.

(3)必然事件的概率为 1，即 $P(\Omega)=1$.

由概率的统计定义直接确定某一事件的概率通常是困难的，因为只有做大量的重复试验才能得到这个稳定的数据．下面介绍一种不需要进行大量重复试验就可计算出概率的简便方法．

例如，袋中有 10 个大小相同的球，其中有 7 个红球，从中任取一个，取得红球的概率显然是 $\dfrac{7}{10}$．每次试验的样本空间只含有有限个基本事件，在每次试验中，各基本事件出现的可能性是相等的．具有以上特点的概率模型称为古典概型．在古典概型中，事件的概率可以按下述定义计算.

定义 10-1 在古典概型中，若总的基本事件个数为 n，而事件 A 所包含的基本事件个数为 m，则事件 A 的概率为

$$P(A)=\frac{m}{n}=\frac{\text{事件 } A \text{ 所包含的基本事件数}}{\text{样本空间基本事件总数}}.$$

该定义称为概率的古典定义(或古典概型概率定义).

例 10-4 某次发行社会福利奖券 1 亿张，其中有 2 张一等奖、10 张二等奖、100 张三等奖、10 000 张四等奖，计算购买 1 张奖券时中奖的概率是多少.

解：设事件 $A=\{\text{中奖}\}$，因为中奖机会均等，所以 $m=2+10+100+1\,000=1\,112$，得中奖的概率为 $P(A)=\dfrac{1\,112}{100\,000\,000}=0.000\,011\,12.$

例 10-5 在 10 件产品中，有 7 件合格品、3 件次品. 从中任取 5 件，计算：
(1)5 件中恰有 1 件是次品的概率；
(2)5 件都是合格品的概率；
(3)5 件中至少有 3 件合格品的概率.

解：从 10 件产品中任取 5 件的基本事件总数为 $C_{10}^5=252$.
(1)设 $A=\{5\text{ 件中恰有 1 件是次品}\}$，其基本事件数为 $C_7^4C_3^1$，因此

$$P(A)=\frac{C_7^4C_3^1}{C_{10}^5}=\frac{105}{252}\approx0.416\,7.$$

(2)设 $B=\{5\text{ 件都是合格品}\}$，其基本事件数为 C_7^5，因此

$$P(B)=\frac{C_7^5}{C_{10}^5}=\frac{21}{252}\approx0.083\,3.$$

(3)设 $C=\{5\text{ 件中至少有 3 件合格品}\}$，其基本事件数为 $C_7^3C_3^2+C_7^4C_3^1+C_7^5$，因此

$$P(C)=\frac{C_7^3C_3^2+C_7^4C_3^1+C_7^5}{C_{10}^5}=\frac{231}{252}\approx0.916\,7.$$

10.1.4 概率的加法公式

前面所求的都是一些简单事件的概率，当事件比较复杂时，需要使用概率的运算法则.

1. 互斥事件的加法公式

定理 10-1 （加法定理） 如果事件 A 与事件 B 是两个互斥事件，则这两个事件之和的概率等于事件 A 与事件 B 的概率之和.

该定理又称为加法公式，可以推广到任意有限多个互斥事件：

$$P\left(\sum_{i=1}^n A_i\right)=\sum_{i=1}^n P(A_i)=P(A_1)+P(A_2)+\cdots+P(A_n).$$

推论 10-1(对立事件的概率公式) 事件 A 的对立事件 $\overline{A}$ 的概率为 $P(\overline{A})=1-P(A).$

推论 10-2　若 $A \subset B$，则 $P(B-A)=P(B)-P(A)$，且 $P(A) \leqslant P(B)$.

例 10-6　书架上有 50 本课本和 10 本参考书，现从中任取 5 本，求：
(1)恰有 1 本参考书的概率；(2)至少有 1 本参考书的概率.

解： 从书架上任取 5 本书的基本事件总数为 C_{60}^5.

(1)设 $A=\{$恰有 1 本参考书$\}$，其基本事件数为 $C_{50}^4 C_{10}^1$，因此

$$P(A)=\frac{C_{50}^4 C_{10}^1}{C_{60}^5}=\frac{2\,303\,000}{5\,461\,512} \approx 0.421\,7.$$

(2)设 $B=\{$至少有 1 本参考书$\}$，则 $\overline{B}=\{$没有参考书$\}$，因此

$$P(B)=1-P(\overline{B})=1-\frac{C_{50}^5}{C_{60}^5} \approx 1-0.387\,9=0.612\,1.$$

在求某些复杂事件的概率时，用对立事件的概率求解往往更为简单.

2. 任意事件的加法公式

定理 10-2　（一般加法公式）　事件 A 与事件 B 是两个任意事件，那么事件 A 与事件 B 的和事件 $A+B$ 的概率为（图 10-8）

$$P(A+B)=P(A)+P(B)-P(AB).$$

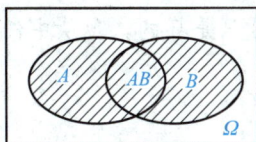

图 10-8

例 10-7　某电路安装有甲、乙两根熔丝，当电流强度超过一定值后，甲熔丝烧断的概率为 0.9，乙熔丝烧断的概率为 0.8，两根熔丝都烧断的概率为 0.72，求至少烧断一根熔丝的概率.

解： 设 $A=\{$甲熔丝烧断$\}$，$B=\{$乙熔丝烧断$\}$，$AB=\{$两根熔丝都烧断$\}$，$C=\{$至少烧断一根$\}$，则

$$C=A+B, \text{且} P(A)=0.9, P(B)=0.8, P(AB)=0.72,$$

于是

$$P(C)=P(A+B)=P(A)+P(B)-P(AB)=0.9+0.8-0.72=0.98.$$

因此，至少烧断一根熔丝的概率为 0.98.

习题 10-1

1. 下列事件中哪些是必然事件，哪些是不可能事件，哪些是一般的随机事件？

$A=$"明天下雨"；

$B=$"一段时间内，经过某十字路口的车流量是 50 辆/分钟"；

$C=$"从书包里取一本书是语文书"；

D="在北京地区，将水加热到 100 摄氏度，水变成水蒸气"；

E="在一副 52 张扑克牌中随机抽取 14 张，至少有 2 种花色"；

F="连续抛掷 4 次硬币，出现 2 次正面"；

G="铁在室温下熔化".

2. 设 A，B，C 为三个事件，用 A，B，C 表示下列事件.

(1)A，B，C 都出现_____；

(2)A，B，C 都不出现_____；

(3)A，B，C 不都出现_____；

(4)A，B，C 恰好出现一个_____.

3. 设 A，B 为两件事，且 $A \subset B$，求 $A+B$ 与 AB.

4. 在 97 个正品、3 个次品中任意抽取 5 件进行质量检测，写出其基本事件的个数，并求 A="恰有 3 件次品"和 B="最多有 1 件次品"的概率.

5. 某人口袋中有不同的钥匙共 8 片，其中只有 2 片是其单车的两把不同锁的钥匙，假设取每片钥匙的可能性相等，求随机地取两片钥匙开锁，两把不同的锁恰被打开的概率.

6. 一个口袋中装有 5 个红球、3 个白球和 4 个黑球，现从中任取 3 个球，求 3 个球恰好是三种不同颜色球的概率.

7. 一批灯泡共有 50 只，其中 3 只是坏的，现从中任取 5 只检验，求：

(1)5 只灯泡都是好的的概率；

(2)5 只灯泡有 3 只坏的的概率；

(3)5 只灯泡至少有 1 只坏的的概率.

8. 甲、乙两人在同样条件下进行射击，击中目标的概率分别为 0.95 和 0.8，两人同时击中目标的概率为 0.76，求至少有一人击中目标的概率和两人都未击中目标的概率.

9. 有 10 张卡片，分别写有 0，1，2，3，4，5，6，7，8，9，从这 10 张卡片中任取 2 张，求下列事件的概率.

(1)A={两数字都是奇数}；

(2)B={两数字的和是偶数}；

(3)C={两数字的积是偶数}.

10.2　条件概率与独立性

引例 10-2　在 100 个长方形零件中，有 95 个零件的长度合格，有 92 个零件的宽度合格，有 90 个零件的长度和宽度都合格，任取一个零件，求其长度合格的概率.

设 A={长度合格}，易求 $P(A)=\dfrac{95}{100}=0.95$.

现提出一个新问题：任取一个零件，求在长度合格的基础上，宽度也合格的概率.

若 B={宽度合格}，则问题成为求在事件 A 已发生的前提条件下事件 B 也发生的概率. 为此引入条件概率.

10.2.1 条件概率

定义 10-2 如果事件 A 与事件 B 是同一试验中的两个随机事件，且 $P(A) > 0$，则在事件 A 已经发生的条件下事件 B 发生的概率称为事件 B 的条件概率，记作 $P(B \mid A)$，且

$$P(B \mid A) = \frac{P(AB)}{P(A)} \quad [P(A) > 0].$$

在事件 B 已经发生的条件下事件 A 发生的概率记 $P(A \mid B)$，且

$$P(A \mid B) = \frac{P(AB)}{P(B)} \quad [P(B) > 0]$$

例如，引例 10-2 中事件 B 的条件概率为

$$P(B \mid A) = \frac{P(AB)}{P(A)} = \frac{\frac{92}{100}}{\frac{95}{100}} \approx 0.968\ 4.$$

例 10-8 假设我国人口中能活到 75 岁的概率为 0.8，活到 100 岁以上的概率为 0.2，有一个已经活到 75 岁的老人，其能活到 100 岁以上的概率是多少？

解：设 $A = \{$活到 75 岁$\}$，$B = \{$活到 100 岁以上$\}$，则 $P(A) = 0.8$，$P(B) = 0.2$，由于活到 100 岁以上的人必活到 75 岁，所以 $AB = B$，故 $P(AB) = P(B) = 0.2$，得

$$P(B \mid A) = \frac{P(AB)}{P(A)} = \frac{0.2}{0.8} = 0.25.$$

10.2.2 乘法公式

由 $P(A \mid B) = \dfrac{P(AB)}{P(B)}$ 或者 $P(B \mid A) = \dfrac{P(AB)}{P(A)}$ 可以推出以下定理．

定理 10-3（乘法定理） 设事件 A 与事件 B 是两个随机事件，则

$$P(AB) = P(A)P(B \mid A) \quad [P(A) > 0],$$

或

$$P(AB) = P(B)P(A \mid B) \quad [P(B) > 0].$$

该定理可以推广到有限个事件积的情况，例如，三个事件 A，B，C 的积事件 ABC 的概率为

$$P(ABC) = P(A)P(B \mid A)P(C \mid AB).$$

n 个事件 $A_i (i = 1, 2, \cdots, n)$ 的积事件的概率为

$$P(A_1 A_2 \cdots A_n) = P(A_1)P(A_2 \mid A_1) \cdots P(A_n \mid A_1 A_2 \cdots A_{n-1}),$$

其中，$P(A_1 A_2 \cdots A_{n-1}) > 0$.

例 10-9 某盒子中装有 100 个电子元件，其中 4 个为次品，96 个为正品，从中连续取 2 次，每次任取 1 个，取后不放回，求 2 次都拿到正品的概率．

解： 设 $A=\{$第一次取到正品$\}$，$B=\{$第二次取到正品$\}$，$AB=\{$两次都取到正品$\}$，则有

$$P(A)=\frac{96}{100},\ P(B\mid A)=\frac{95}{99},$$

故

$$P(AB)=P(A)P(B\mid A)=\frac{96}{100}\times\frac{95}{99}\approx 0.921\,2.$$

10.2.3 事件的独立性

将一颗均匀的骰子连掷两次，设 $A=\{$第一次掷出 6 点$\}$，$B=\{$第二次掷出 6 点$\}$，则 $P(B\mid A)=P(B)$．这说明事件 A 的发生并不影响事件 B 发生的概率，这时称事件 A，B 独立．

定义 10-3 若事件 A 与事件 B 满足

$$P(B\mid A)=P(B),\ P(A\mid B)=P(A),$$

则称事件 A 与事件 B 独立，或称事件 A，B 相互独立．

定理 10-4 事件 A 与事件 B 相互独立的充分必要条件是

$$P(AB)=P(A)P(B).$$

推论 10-3 若事件 A，B 相互独立，则事件 $\overline{A}$ 与 B 相互独立，A 与 $\overline{B}$ 相互独立，$\overline{A}$ 与 $\overline{B}$ 也相互独立．

例 10-10 从一副不含大、小王的扑克牌中任取一张，记 $A=\{$抽到 $Q\}$，$B=\{$抽到红桃$\}$，问事件 A，B 是否独立？

解： 易知 $P(A)=\dfrac{4}{52}=\dfrac{1}{13}$，$P(B)=\dfrac{13}{52}=\dfrac{1}{4}$，$P(AB)=\dfrac{1}{52}$．

显然地，有 $P(AB)=P(A)P(B)$ 成立，故事件 A，B 相互独立．

可以把两个事件的独立性推广到有限个事件的情形，举例如下．

(1)对三个事件 A，B，C，若

$$P(AB)=P(A)P(B),$$
$$P(BC)=P(B)P(C),$$
$$P(AC)=P(A)P(C),$$
$$P(ABC)=P(A)P(B)P(C)$$

这四个等式同时成立，则称事件 A，B，C 相互独立．

(2)若事件 A_1，A_2，$\cdots$，$A_n(n\geqslant 1)$ 相互独立，则对任意 $k(2\leqslant k\leqslant n)$ 个事件 A_{i_1}，A_{i_2}，$\cdots$，$A_{i_k}(1\leqslant i_1<i_2<\cdots<i_k\leqslant n)$ 均满足

$$P(A_{i_1}A_{i_2}\cdots A_{i_k})=P(A_{i_1})P(A_{i_2})\cdots P(A_{i_k}).$$

例 10-11 如图 10-9 所示，线路中各元件能否正常工作是相互独立的，已知元件 a，b，c，d，e 能正常工作的概率分别为 0.8，0.9，0.7，0.8，0.85，求线路通畅的概率.

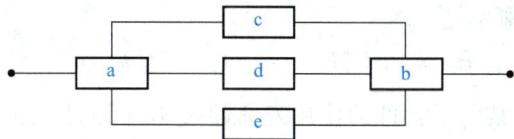

图 10-9

解： 设事件 A，B，C，D，E 分别表示元件 a，b，c，d，e 正常工作. 元件 c，d，e 是并联的，只要其中至少有一个元件正常工作，这部分电路就是通畅的. 它们又与元件 a，b 串联，因此若设 $H=\{$整个电路通畅$\}$，则

$$H=AB(C+D+E).$$

因为事件 A，B，$C+D+E$ 相互独立，所以

$$P(H)=P[AB(C+D+E)]=P(A)P(B)P(C+D+E).$$

又因为 $\overline{C+D+E}=\overline{C}\ \overline{D}\ \overline{E}$，所以

$$P(C+D+E)=1-P(\overline{C+D+E})=1-P(\overline{C}\ \overline{D}\ \overline{E})$$
$$=1-P(\overline{C})P(\overline{D})P(\overline{E})=0.991,$$

$$P(H)=P(A)P(B)P(C+D+E)=0.72\times0.991\approx0.7\ 135$$

即线路通畅的概率是 0.7135.

10.2.4 伯努利概型

定义 10-4 如果构成 n 次独立试验的每一次试验都只有两个可能结果 A 和 $\overline{A}$，并且在每次试验中事件 A 发生的概率都不变，则这样的 n 次独立试验就称为 n **次独立重复试验**，或 n **重伯努利（Bernoulli）试验**，也称为**伯努利概型**.

例如，对一批含有不合格产品进行抽检，每取一件后，有放回地取 n 次，若每次抽取只记录合格与不合格者两种结果，那么这个试验就是 n 次独立重复试验，即 n 重伯努利试验.

例 10-12 某射手独立射击三次，每次击中目标的概率为 $p(0<p<1)$，试求在三次射击中恰有两次击中目标的概率.

解： 三次射击是相互独立的，该试验为伯努利概型. 设 $A=\{$击中$\}$，$\overline{A}=\{$未击中$\}$，由题可知，$P(A)=p$，$P(\overline{A})=1-p$.

三次射击中恰有两次击中目标的可能事件为 $AA\overline{A}$，$A\overline{A}A$，$\overline{A}AA$.

上述事件可以这样理解：从 3 个位置中选择 2 个位置填 A，余下的位置填 $\overline{A}$，共有 $C_3^2=3$ 个事件，这 3 个事件是互斥事件，且概率相等，即

$$P(AA\overline{A})=P(A\overline{A}A)=P(\overline{A}AA)=pp(1-p)=p^2(1-p).$$

因此，由概率的可加性得三次射击中恰有两次击中目标的概率是

$$P(AA\overline{A}+A\overline{A}A+\overline{A}AA)=P(AA\overline{A})+P(A\overline{A}A)+P(\overline{A}AA)$$
$$=3p^2(1-p)=C_3^2 p^2(1-p).$$

若将例 10-12 推广到一般情况,则有如下定理.

定理 10-5 在一次试验中事件 A 发生的概率为 $p(0<p<1)$,则在 n 重伯努利试验中试验 A 恰好发生 k 次的概率是

$$P_n(k)=C_n^k P^k(1-p)^{n-k}(0\leqslant k\leqslant n).$$

例 10-13 按规定,某电子元件的使用寿命超过 10 000 小时的为一等品,现已知某批次(大量)此种电子元件中一等品率为 0.2,现从中任取 10 只,求:

(1)恰好取到 2 只一等品的概率;

(2)至少取到 2 只一等品的概率.

解:元件总数远大于 10 只,因此可按独立重复事件来处理.

(1)$n=10,k=2,p=0.2$,故恰好取到 2 只一等品的概率为

$$P_{10}(2)=C_{10}^2(0.2)^2(1-0.2)^{10-2}=0.302\ 0.$$

(2)至少取到 2 只一等品的概率为

$$1-P_{10}(0)-P_{10}(1)=1-C_{10}^0(0.2)^0(1-0.2)^{10-0}-C_{10}^1(0.2)^1(1-0.2)^{10-1}$$
$$=0.624.$$

习题 10－2

1. 某公司有 10 辆汽车,每天每辆车需检修的概率为 $\frac{1}{5}$,设每辆车是否需要检修是相互独立的,求一天内恰有 2 辆车需要检修的概率.

2. 有 8 门火炮同时向一目标各射击 1 发炮弹,若有多于 2 发炮弹命中目标,则目标被击毁.如果每门火炮命中目标的概率为 0.6,求目标被击毁的概率.

3. 设盒中有 10 个木球、6 个玻璃球.其中,木球中有 3 个红色的、7 个蓝色的;玻璃球中有 2 个红色的、4 个蓝色的.现从盒中任取一球,用 A 表示"取到蓝色球",B 表示"取到玻璃球",求 $P(B|A)$.

4. 设有随机事件 A,B,已知 $P(A)=\frac{1}{2}$,$P(B)=\frac{1}{3}$,且 $P(B|A)=\frac{1}{2}$,求 $P(A+B)$.

5. 甲、乙两人各自考上大学的概率分别是 0.7 和 0.8,求甲、乙两人中至少有 1 人考上大学的概率.

6. 一条线路中有 3 个电阻,每个电阻断电的概率都是 $r(0<r<1)$,分别计算:

(1)3 个电阻并联时,整条线路断电的概率;

(2)3 个电阻串联时,整条线路断电的概率.

7. 用一种高射炮射击飞机,每门炮的命中率为 0.7,问至少需要多少门炮同时各发一弹,才能保证以 99% 的概率射中飞机?

8. 某公司生产的一批产品中有 90% 的正品,进行有放回的抽样检测,共抽样 4 次,求次品数等于 4,3,1,0 的概率.

10.3　随机变量的概率分布

10.3.1　随机变量的概念

引例 10-3　在电子元件使用寿命的试验中，引入变量 X，使 $a<X<b$ 表示电子元件的使用寿命在 a 小时与 b 小时之间.

引例 10-4　投掷骰子，可能出现的点数为 $\Omega=\{1，2，3，4，5，6\}$，引入变量 X，使 $X=1$ 表示点数为 1，$X=2$ 表示点数为 2，$\cdots$，$X=6$ 表示点数为 6.

引例 10-5　在 100 件产品(含 3 件次品)中随机抽取 5 件，引入变量 X，使 $X=0$ 表示抽到 0 件次品，$X=1$ 表示抽到 1 件次品，$X=2$ 表示抽到 2 件次品，$X=3$ 表示抽到 3 件次品.

定义 10-5　设 Ω 为样本空间，如果随机试验的每一个可能的结果 e 都唯一对应着一个实数 $X(e)$，则称 $X(e)$ 为定义在 Ω 上的随机变量，它通常用 X，Y，Z 或 ξ，η，ζ 来表示(本书中用 X 表示).

根据取值特点不同，随机变量可分为两类.

若随机变量的所有可能取值是有限个或可列无限多个，则称该类随机变量为离散型随机变量；若随机变量的所有可能取值不能一一列举，则称该类随机变量为非离散型随机变量，非离散型随机变量范围很广，其中连续型随机变量是重要的，也是实际中常用到的. 因此，接下来主要介绍离散型随机变量和连续型随机变量.

10.3.2　离散型随机变量及其分布列

定义 10-6　设 X 是一个离散型随机变量，其可能取的值为 x_k，则称

$$P\{X=x_k\}=p_k(k=1，2，\cdots)$$

为 X 的概率分布律，简称分布律.

离散型随机变量的概率分布常用表格来表示(表 10-1)，并称之为离散型随机变量的分布列(或概率函数).

表 10-1　离散型随机变量 X 的概率分布

X	x_1	x_2	$\cdots$	x_k	$\cdots$
$P(X)$	p_1	p_2	$\cdots$	p_k	$\cdots$

分布列中第一行表示离散型随机变量的取值，第二行表示离散型随机变量对应的概率. 离散型随机变量 X 的分布列有如下基本性质.

性质 10-1（非负性） $p_k \geqslant 0$.

性质 10-2（规范性） $\sum\limits_{k=1}^{\infty} p_k = 1$.

以上 $k = 1, 2, \cdots$.

例 10-14 离散型随机变量 X 的分布列见表 10-2.

表 10-2 例 10-14 的分布列

X	0	1	2
$P(X)$	0.3	0.5	a

求常数 a.

解： 由分布列的性质可知

$$1 = 0.3 + 0.5 + a.$$

解得 $a = 0.2$.

例 10-15 写出引例 10-4 中随机变量的分布列.

解： 随机变量 X 可能的取值为 $1, 2, 3, 4, 5, 6$，且出现机会均等，因此每个可能取值的概率都为 $\dfrac{1}{6}$. 该离散型随机变量 X 的分布列见表 10-3.

表 10-3 引例 10-4 的分布列

X	1	2	3	4	5	6
$P(X)$	$\dfrac{1}{6}$	$\dfrac{1}{6}$	$\dfrac{1}{6}$	$\dfrac{1}{6}$	$\dfrac{1}{6}$	$\dfrac{1}{6}$

离散型随机变量有三种常见且重要的分布：两点分布、二项分布和泊松分布.

定义 10-7 若随机变量 X 只能取 0 和 1 两个值，则其分布列为

$$P\{X = k\} = p^k (1-p)^{1-k} \quad (k = 0, 1).$$

其中，p 表示随机变量 X 相对应的概率，且 $0 < p < 1$，$k = 0, 1$，则称 X 服从两点分布或 (0-1) 分布.

例 10-16 一批种子的发芽率为 95%，现从中任取一颗种子做发芽试验，求其分布列.

解： 设 $X = 0$ 表示种子发芽，$X = 1$ 表示种子不发芽，则有

$$P\{X = 0\} = 0.95, \quad P\{X = 1\} = 0.05.$$

对应的分布列见表 10-4.

表 10-4 例 10-16 的分布列

X	0	1
$P(X)$	0.95	0.05

X 服从两点分布.

定义 10-8 若随机变量 X 的概率分布为

$$P\{X=k\}=C_n^k p^k q^{n-k},$$

其中，$q=1-p$，$0<p<1$，$k=0$，1，2，$\cdots$，n，则称 X 服从参数为 n，p 的二项分布，记作 $X\sim B(n,p)$. 显然

$$P\{X=k\}=C_n^k p^k (1-p)^{n-k}\geqslant 0.$$

由二项式定理可知

$$\sum_{k=0}^{n}P\{X=k\}=\sum_{k=0}^{n}C_n^k p^k (1-p)^{n-k}=(p+q)^n=1.$$

因此，二项分布满足随机变量分布律的两条性质. 由于 $C_n^k p^k q^{n-k}$ 恰好是 $(p+q)^n$ 的二项展开式的通项，所以称其为二项分布. 二项分布的实际背景是 n 重伯努利试验，当 $n=1$ 时，二项分布就成了两点分布.

例 10-17　某车间有 10 台机床，每台机床由于各种原因时常需要停车，设各台机床的停车或开车是相互独立的. 若每台机床在任一时刻处于停车状态的概率为 $\dfrac{1}{3}$，求任一时刻车间里有 3 台机床处于停车状态的概率.

解：设 X 表示任一时刻 10 台机床中处于停车状态的机床台数，X 是离散型随机变量，且 $X\sim B\left(10,\dfrac{1}{3}\right)$，故所求概率为

$$P\{X=3\}=C_{10}^3 \left(\frac{1}{3}\right)^3 \left(1-\frac{1}{3}\right)^{10-3}\approx 0.260.$$

定义 10-9　若随机变量 X 的概率分布为

$$P\{X=k\}=\frac{\lambda^k}{k!}e^{-\lambda}$$

其中，λ 是大于 0 的常数，$k=0$，1，2，$\cdots$，则称随机变量 X 服从参数 λ 的泊松分布，记作 $X\sim P(\lambda)$. 显然，$P\{X=k\}=\dfrac{\lambda^k}{k!}e^{-\lambda}\geqslant 0$，由 e^x 的幂级数展开式可知

$$\sum_{k=0}^{\infty}P\{X=k\}=\sum_{k=0}^{\infty}\frac{\lambda^k}{k!}e^{-\lambda}=e^{-\lambda}\sum_{k=0}^{\infty}\frac{\lambda^k}{k!}=e^{-\lambda}e^{\lambda}=1.$$

因此，泊松分布也满足随机变量分布律的两条性质.

例 10-18　已知某书每一页中印刷错误的个数 X 服从参数 $\lambda=1$ 的泊松分布，求在该书中任意指定的一页中至少有 1 个印刷错误的概率.

解：因为随机变量 X 服从参数 $\lambda=1$ 的泊松分布，所以一页中至少有 1 个印刷错误的概率为

$$\begin{aligned}P\{X\geqslant 1\}&=1-P\{X=0\}\\&=1-\frac{1^0}{0!}e^{-1}\\&=1-e^{-1}\\&\approx 0.6321.\end{aligned}$$

注意：$0!=1$.

为了方便，将泊松分布的某些参数值所对应的概率列成专门的表(见附表 1)，称为泊松

分布表，以供计算时查用.

10.3.3　连续型随机变量及其密度函数

定义 10-10　对于随机变量 X，若存在非负可积函数 $p(x)$，$x\in R$，使对于任意实数 a，$b(a<b)$，都有

$$p\{a<x<b\}=\int_a^b p(x)\mathrm{d}x,$$

则称随机变量 X 为**连续型随机变量**，$p(x)$ 称为 X 的**概率密度函数**，简称**概率密度**或**密度**.

概率密度函数 $y=p(x)$ 的图像称为密度曲线，由定积分的几何意义可知，连续型随机变量 X 在区间 (a,b) 内取值的概率等于由曲线 $y=p(x)$ 及直线 $x=a$，$x=b$，$y=0$ 围成曲边梯形的面积，如图 10-10 所示.

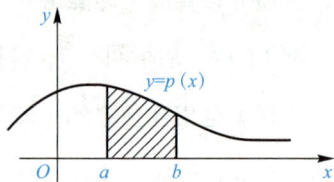

图 10-10

由连续型随机变量及概率密度函数的定义可知，概率密度函数具有如下基本性质.

性质 10-3　$p(x)\geqslant 0$.

性质 10-4　$\int_{-\infty}^{+\infty}p(x)\mathrm{d}x=1$.

不难推出对任意实数 a，有 $P\{X=a\}=0$，因此，求连续型随机变量在某一区间上的概率时，不必区分其区间是开的还是闭的，即

$$P\{a<X<b\}=P\{a\leqslant X<b\}=P\{a<X\leqslant b\}=P\{a\leqslant X\leqslant b\}.$$

若用 $F(x)$ 表示随机变量 X 的分布函数，由导数与积分的关系可知 $F'(x)=p(x)$.

例 10-19　已知某连续型随机变量 X 的概率密度函数为

$$p(x)=\begin{cases}4\mathrm{e}^{-\frac{x}{2}}, & x>0\\ 0, & x<0\end{cases}.$$

求 $P\{2<X<4\}$.

解：$P\{2<X<4\}=\int_2^4 p(x)\mathrm{d}x=\int_2^4 4\mathrm{e}^{-\frac{x}{2}}\mathrm{d}x=-8\mathrm{e}^{-\frac{x}{2}}\big|_2^4=8(\mathrm{e}^{-1}-\mathrm{e}^{-2})$.

例 10-20　已知随机变量 X 的概率密度函数为

$$p(x)=\begin{cases}Ax^2, & 0<x<1\\ 0, & 其他\end{cases}.$$

求：(1)常数 A 的值；

(2)$P\{-1<X<2\}$，$P\{|X|\leqslant 1\}$，$P\{X<0.2\}$，$P\{X>1\}$.

解：(1) $1=\int_{-\infty}^{+\infty}Ax^2\mathrm{d}x=\int_0^1 Ax^2\mathrm{d}x=\frac{A}{3}x^3\big|_0^1=\frac{A}{3}$，

解之得 $A=3$.

(2)$P\{-1<X<2\}=\int_{-1}^2 p(x)\mathrm{d}x=\int_0^1 3x^2\mathrm{d}x=x^3\big|_0^1=1$.

$$P\{|X|\leqslant 1\}=P\{-1<X<1\}=\int_{-1}^{1}p(x)\mathrm{d}x=\int_{0}^{1}3x^2\mathrm{d}x=x^3\mid_{0}^{1}=1.$$

$$P\{X<0.2\}=\int_{-\infty}^{0.2}p(x)\mathrm{d}x=\int_{0}^{0.2}3x^2\mathrm{d}x=x^3\mid_{0}^{0.2}=0.008.$$

$$P\{X>1\}=\int_{1}^{+\infty}p(x)\mathrm{d}x=0.$$

下面介绍连续型随机变量的概率分布.

定义 10-11 若随机变量 X 的概率密度为

$$p(x)=\begin{cases}\dfrac{1}{b-a}, & a\leqslant x\leqslant b,\\ 0, & \text{其他}\end{cases}$$

则称 X 服从区间 $[a,b]$ 上的均匀分布，简记为 $X\sim U(a,b)$，其图像如图 10-11 所示.

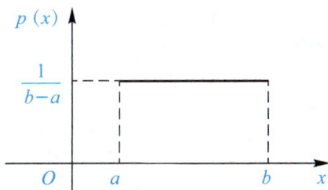

图 10-11

不难得出其分布函数为

$$F(x)=\begin{cases}0, & x<a\\ \dfrac{x-a}{b-a}, & a\leqslant x\leqslant b.\\ 1, & x>b\end{cases}$$

例 10-21 某公共汽车站每隔 8 分钟发一班车，一乘客在任意时刻到达车站是等可能的，且等车时间 x 的概率密度函数为

$$p(x)=\begin{cases}\dfrac{1}{8}, & x\in[0,8]\\ 0, & \text{其他}\end{cases}.$$

求等车时间超过 2 分钟但不超过 5 分钟的概率.

解：$P\{2<X<5\}=P\{2\leqslant X\leqslant 5\}=\int_{2}^{5}\dfrac{1}{8}\mathrm{d}x=\dfrac{1}{8}x\mid_{2}^{5}=\dfrac{3}{8}$.

定义 10-12 若连续型随机变量 X 的概率密度为

$$p(x)=\begin{cases}\lambda e^{-\lambda x}, & x\geqslant 0\\ 0, & x<0\end{cases}(\lambda>0),$$

则称随机变量 X 服从参数为 λ 的指数分布，记作 $X\sim E(\lambda)$.

易求得指数分布的分布函数为

$$F(\lambda)=\begin{cases}1-e^{-\lambda x}, & x\geqslant 0\\ 0, & x<0\end{cases}.$$

指数分布常用于可靠性理论中，如电路中熔丝的寿命、无线电子原件的寿命、机器正常运转的时间等.

例 10-22 某台电子计算机在发生故障前正常运行的时间 T（小时）服从参数 $\lambda = \dfrac{1}{100}$ 的指数分布，求：

(1)正常运行时间为 50～100 小时的概率；

(2)运行 100 小时尚未发生故障的概率.

解： 正常运行时间 T 的概率密度函数为

$$p(t) = \begin{cases} \dfrac{1}{100} e^{-\frac{1}{100}t}, & t \geqslant 0 \\ 0, & t < 0 \end{cases}.$$

(1)正常运行时间为 50～100 小时的概率为

$$P\{50 \leqslant T \leqslant 100\} = \int_{50}^{100} \frac{1}{100} e^{-\frac{1}{100}t} \mathrm{d}t = -e^{-\frac{1}{100}t} \Big|_{50}^{100} = e^{-\frac{1}{2}} - e^{-1}.$$

(2)运行 100 小时尚未发生故障的概率为

$$P\{T > 100\} = \int_{100}^{+\infty} \frac{1}{100} e^{-\frac{1}{100}t} \mathrm{d}t = e^{-1} \approx 0.367\ 9.$$

定义 10-13 若连续型随机变量 X 的概率密度为

$$p(x) = \frac{1}{\sqrt{2\pi}\sigma} e^{-\frac{1}{2\sigma^2}(x-\mu)^2}, \quad x \in \mathrm{R},$$

其中，μ，$\sigma(\sigma > 0)$ 为常数，则称随机变量 X 服从参数为 μ，σ^2 的**正态分布**，记作 $X \sim N(\mu, \sigma^2)$. 当 μ 改变时，曲线的对称轴 $x = \mu$ 做平行移动；当 σ^2 变大时，曲线变平坦；当 σ^2 变小时，曲线变陡峭，如图 10-12 所示.

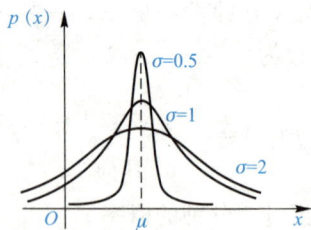

图 10-12

当 $\mu = 0$，$\sigma^2 = 1$ 时，正态分布称为标准正态分布，概率密度函数也可用 $\varphi(x)$ 表示，即

$$\varphi(x) = \frac{1}{\sqrt{2\pi}} e^{-\frac{x^2}{2}}, \quad x \in \mathrm{R}.$$

对标准正态分布 $X \sim N(0, 1)$，随机变量落在区间 $(-\infty, x)$ 内的概率（图 10-13）通常记作 $\varphi(x)$，即

$$\varphi(x) = P\{X < x\} = \int_{-\infty}^{x} \frac{1}{\sqrt{2\pi}} e^{-\frac{t^2}{2}} \mathrm{d}t.$$

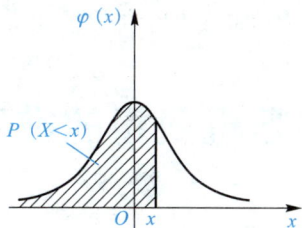

图 10-13

为了方便，将正态分布的某些参数值所对应的概率列成专门的表(见附表 2)，称为正态分布表，以供计算时查用．

标准正态分布具有如下特性．

性质 10-5　$\varphi(x)$ 在 R 上处处连续．

性质 10-6　$\varphi(x)$ 为偶函数，其图像关于 y 轴对称．

性质 10-7　当 $x=0$ 时，$\varphi(x)$ 有最大值 $\varphi(0)=\dfrac{1}{\sqrt{2\pi}}$．

性质 10-8　在 $x=\pm1$ 时，曲线有拐点．

例 10-23　已知 $X\sim N(0，1)$，求 $P\{X<-1\}$．

解：由定义知

$$P\{X<-1\}=\int_{-\infty}^{-1}\frac{1}{\sqrt{2\pi}}\mathrm{e}^{-\frac{t^2}{2}}\mathrm{d}t$$
$$=\varphi(-1)=1-\varphi(1)$$
$$=1-0.841\,3=0.158\,7.$$

习题 10－3

1. 袋中有 7 个黑球、3 个白球，从中每次随机抽取 1 球，不放回，直到取得黑球为止，记 X 为取到白球的数目，求随机变量 X 的分布列．

2. 在 100 件产品中有 95 件正品、5 件次品，现从中随机取一件，假如取到每件产品的机会都相等，写出取得正品和次品的分布列．

3. 某射手在相同条件下相互独立地进行 5 次射击，每次射中目标的概率为 0.6，则射中目标的次数 X 服从 $B(5，0.6)$ 的二项分布．写出其分布列及至少射中目标 4 次的概率．

4. 某售后服务中心每小时收到的售后电话次数服从参数 $\lambda=4$ 的泊松分布，即 $X\sim P(4)$，求每小时恰有 8 个售后电话和超过 3 个售后电话的概率．

5. 某设备上的电阻值 R 均匀分布在 $900\sim1\,100\ \Omega$ 范围内，求 R 的概率密度及 R 落在 $950\sim1\,050\ \Omega$ 范围内的概率．

6. 设维修一台某型号发动机所需的时间服从参数为 $\dfrac{1}{2}$ 的指数分布，即 $X\sim E\left(\dfrac{1}{2}\right)$，求维修时间超过 2 小时的概率．

7. 设 $X \sim N(0, 1)$，求概率 $P\{1 < X \leqslant 2\}$ 和 $P\{-2 \leqslant X \leqslant -1\}$ 的值.

10.4 随机变量的数字特征

随机变量的分布函数(或分布列、概率密度函数)全面描述了随机现象的统计规律，但要确定一个实际问题中随机变量的分布函数或概率密度函数往往是比较困难的. 另外，在很多实际问题中，往往并不需要知道随机变量的确切分布，只需要知道它的平均数及描述随机变量取值分散程度的几个特征指标就够了，这些特征指标能集中地刻画随机变量的基本形态. 例如：对于学生考试成绩 X，人们关心的是平均分、两极分化程度；对于检测一批零件，一个零件的长度是否合格不能说明整体情况，人们更关心零件的平均长度和与平均长度的偏差，这样能更好地掌握这批零件的整体质量.

10.4.1 离散型随机变量的数学期望

例 10-24 随机变量 X 的分布列见表 10-5.

表 10-5 例 10-24 的分布列

X	100	200	300
P	0.1	0.1	0.8

求随机变量 X 的平均值.

解：由于随机变量 X 取 100，200，300 的机会并不均等，所以 100，200，300 在 X 的平均值中所占的份额也不是均等的，故随机变量 X 的平均值并不会等于 $\frac{1}{3}$ (100＋200＋300)，而应该为

$$100 \times 0.1 + 200 \times 0.1 + 300 \times 0.8 = 270.$$

通过例 10-24 可以看出，随机变量 X 取值的平均性不仅与其所有取值有关，还与对应的概率有关.

定义 10-14 离散型随机变量 X 的分布列见表 10-6.

表 10-6 离散型随机变量 X 的分布列

X	x_1	x_2	$\cdots$	x_k	$\cdots$
P	p_1	p_2	$\cdots$	p_k	$\cdots$

若级数 $\sum\limits_{i=1}^{\infty} x_i p_i$ 绝对收敛，则称级数 $\sum\limits_{i=1}^{\infty} x_i p_i$ 的和为随机变量 X 的数学期望，简称期望或均值，记作 $E(X)$，即

$$E(X) = \sum_{i=1}^{\infty} x_i p_i = x_1 p_1 + x_2 p_2 + \cdots + x_k p_k + \cdots.$$

例 10-25 甲、乙两机床生产同一型号零件时所出的次品分别用 X，Y 表示，由长期的数据资料分析可得它们的分布列，见表 10-7 和表 10-8，问哪一台机床质量更好？

表 10-7 甲机床所出次品的分布列

X	0	1	2	3
P	0.4	0.3	0.2	0.1

表 10-8 乙机床所出次品的分布列

Y	0	1	2	3
P	0.5	0.2	0.2	0.1

解：机床质量的好坏可以由其所出次数的期望来判断.

$$E(X) = 0 \times 0.4 + 1 \times 0.3 + 2 \times 0.2 + 3 \times 0.1 = 1.0.$$
$$E(Y) = 0 \times 0.5 + 1 \times 0.2 + 2 \times 0.2 + 3 \times 0.1 = 0.9.$$

因为 $E(X) > E(Y)$，即乙机床所出次品的平均数小于甲机床所出次品的平均数，所以乙机床质量更好.

例 10-26（两点分布的期望） 设 X 服从两点分布，分布列见表 10-9，求其期望.

表 10-9 例 10-26 的分布列

X	0	1
P	q	p

解：根据期望公式 $E(X) = \sum_{k=1}^{n} x_k p_k$，两点分布的期望为

$$E(X) = 0 \times q + 1 \times p = p.$$

例 10-27（二项分布的期望） 设 X 服从二项分布，其概率分布为

$$P\{X = k\} = C_n^k p^k q^{n-k} (k = 0, 1, 2, \cdots, n),$$

求二项分布的期望.

解：根据期望公式 $E(X) = \sum_{k=1}^{n} x_k p_k$ 及二项式定理，可得二项分布的期望为

$$E(X) = \sum_{k=0}^{n} k P\{X = k\} = \sum_{k=0}^{n} k C_n^k p^k q^{n-k}$$

$$= \sum_{k=0}^{n} \frac{k n!}{k!(n-k)!} p^k q^{n-k}$$

$$= \sum_{k=1}^{n} \frac{np(n-1)!}{(k-1)![(n-1)-(k-1)]!} p^{k-1} q^{(n-1)-(k-1)}.$$

令 $r = k - 1$，

$$np\sum_{r=0}^{n-1}\frac{npr!}{r!\ [(n-1)-r]!}p^r q^{(n-1)-r}.$$
$$=np(p+q)^{n-1}=np.$$

例 10-28（泊松分布的期望） 设 X 服从二项分布，其概率分布为

$$P\{X=k\}=\frac{\lambda^k}{k!}e^{-\lambda}(k=0,\ 1,\ 2,\ \cdots,\ n),$$

其中，$\lambda>0$，是常数.

解：根据期望公式 $E(X)=\sum\limits_{k=1}^{n}x_k p_k$，级数 $\sum\limits_{k=1}^{n}\frac{\lambda^{k-1}}{(k-1)!}=e^{\lambda}$，可得二项分布的期望为

$$E(X)=\sum_{k=0}^{n}k\frac{\lambda^k}{k!}e^{-\lambda}=e^{-\lambda}\sum_{k=0}^{n}\frac{\lambda^{k-1}}{(k-1)!}\lambda=\lambda e^{-\lambda}e^{\lambda}=\lambda.$$

例 10-29 某机床生产一种零件，其不合格率为 0.08，现生产了 100 000 件该零件，求这批零件的合格品数.

解：设 X 为零件的合格品数，由于不合格概率为 0.08，所以零件的合格率为 0.92，由于 $n=100\,000$，且每个零件是否合格是相互独立的，所以 $X\sim B(100\,000,\ 0.92)$，故这批零件的合格品数为

$$E(X)=np=100\,000\times0.92=92\,000（个）.$$

10.4.2 连续型随机变量的数学期望

定义 10-15 连续型随机变量 X 的概率密度函数为 $p(x)$，若广义积分 $\int_{-\infty}^{+\infty}|x|p(x)\mathrm{d}x$ 收敛，则称 $\int_{-\infty}^{+\infty}xp(x)\mathrm{d}x$ 为随机变量 X 的数学期望，记作

$$E(X)=\int_{-\infty}^{+\infty}xp(x)\mathrm{d}x.$$

例 10-30（均匀分布的期望） 某随机变量 X 服从均匀分布，即 X 的概率密度函数为

$$p(x)=\begin{cases}\dfrac{1}{b-a},\ a\leqslant x\leqslant b\\0,\qquad 其他\end{cases}.$$

解：根据期望公式 $E(X)=\int_{-\infty}^{+\infty}xp(x)\mathrm{d}x$ 可得均匀分布的期望为

$$E(X)=\int_{-\infty}^{+\infty}xp(x)\mathrm{d}x=\int_a^b\frac{x}{b-a}\mathrm{d}x$$
$$=\frac{1}{b-a}\times\frac{x^2}{2}\Big|_a^b=\frac{1}{b-a}\times\frac{b^2-a^2}{2}=\frac{b+a}{2}.$$

例 10-31（指数分布的期望） 某随机变量 X 服从指数分布，即 X 的概率密度函数为

$$p(x)=\begin{cases}\lambda e^{-\lambda x},\ x\geqslant0\\0,\qquad x<0\end{cases},$$

其中，$\lambda > 0$，是常数.

解： 根据期望公式 $E(X) = \int_{-\infty}^{+\infty} x p(x) \mathrm{d}x$，得指数分布的期望为

$$E(X) = \int_{-\infty}^{+\infty} x p(x) \mathrm{d}x = \lambda \int_0^{+\infty} x \mathrm{e}^{-\lambda x} \mathrm{d}x$$

$$\xrightarrow{\ \diamondsuit\, t = \lambda x\ } \frac{1}{\lambda} \int_0^{+\infty} t \mathrm{e}^{-t} \mathrm{d}t = \frac{1}{\lambda}\left[(-t\mathrm{e}^{-t})\ |_0^{+\infty} + \int_0^{+\infty} \mathrm{e}^{-t} \mathrm{d}t \right] = \frac{1}{\lambda}.$$

例 10-32（正态分布的期望）　某随机变量 X 服从正态分布，即 X 的概率密度函数为

$$p(x) = \frac{1}{\sqrt{2\pi}\,\sigma} \mathrm{e}^{-\frac{1}{2\sigma^2}(x-\mu)^2} \quad (-\infty < x < +\infty),$$

其中，μ，$\sigma(\sigma > 0)$ 为整数.

解： 根据期望公式 $E(X) = \int_{-\infty}^{+\infty} x p(x) \mathrm{d}x$ 可得正态分布的期望为

$$E(X) = \frac{1}{\sqrt{2\pi}\,\sigma} \int_{-\infty}^{+\infty} x \mathrm{e}^{-\frac{1}{2\sigma^2}(x-\mu)^2} \mathrm{d}x$$

$$\xrightarrow{\ \diamondsuit\, t = \frac{x-\mu}{\sigma}\ } \frac{1}{\sqrt{2\pi}} \int_{-\infty}^{+\infty} (\sigma t + \mu) \mathrm{e}^{-\frac{1}{2}t^2} \mathrm{d}t$$

$$= \frac{\sigma}{\sqrt{2\pi}} \int_{-\infty}^{+\infty} t \mathrm{e}^{-\frac{1}{2}t^2} \mathrm{d}t + \mu \frac{1}{\sqrt{2\pi}} \int_{-\infty}^{+\infty} \mathrm{e}^{-\frac{1}{2}t^2} \mathrm{d}t$$

$$= \mu.$$

例 10-32 表明正态分布的参数 μ 恰好是该分布的期望.

假设以下所提到的数学期望均存在，则数学期望具有以下性质：

性质 10-9　$E(C) = C(C$ 为常数).

性质 10-10　$E(kX + b) = kE(X) + b(b$ 为常数).

性质 10-11　$E(X+Y) = E(X) + E(Y)(X，Y$ 均为随机变量).

性质 10-12　$E(XY) = E(X)E(Y)(X，Y$ 均为随机变量).

10.4.3　方差

定义 10-16　设离散型随机变量 X 的概率分布为

$$P\{X = x_k\} = p_k (k = 1，2，3，\cdots),$$

则 $\sum\limits_{k=1}^{\infty} [x_k - E(X)]^2 p_k$ 称为**离散型随机变量 X 的方差**，记作 $D(X)$，即

$$D(X) = \sum_{k=1}^{\infty} [x_k - E(X)]^2 p_k.$$

定义 10-17　设连续型随机变量 X 的概率密度函数是 $p(x)$，则称 $\int_{-\infty}^{+\infty} [x - E(X)]^2 p(x) \mathrm{d}x$

为**连续型随机变量 X 的方差**，记作 $D(X)$，即

$$D(X) = \int_{-\infty}^{+\infty} [x - E(X)]^2 p(x) \mathrm{d}x.$$

无论是离散型还是连续型随机变量的方差都可以用以下公式进行计算：

$$D(X) = E\{[X - E(X)^2]\}$$

显然 $D(X) \geqslant 0$，在实际中常用 $\sqrt{D(X)}$，称为均方差或标准差.

另外，公式 $D(X) = E\{[X - E(X)^2]\}$ 可化为如下形式：

$$D(X) = E(X_2) - [E(X)]^2.$$

该方差计算公式对离散型随机变量和连续型随机变量都成立，而且运算更为简便.

例 10-33(两点分布的方差) 已知两点分布的期望 $E(X) = p$，求其方差.

解： 易求 $E(X^2) = 1^2 \times p + 0^2 \times q = p$.

因此，$D(X) = E(X^2) - [E(X)]^2 = p - p^2$.

例 10-34(二项分布的方差) 已知二项分布的期望 $E(X) = np$，求其方差.

解： 易求

$$E(X^2) = \sum_{k=0}^{n} k^2 P\{X = k\} = \sum_{k=0}^{n} k^2 C_n^k p^k q^{n-k}$$

$$= \sum_{k=0}^{n} \frac{k^2 n!}{k!(n-k)!} p^k q^{n-k}$$

$$= \sum_{k=1}^{n} \frac{k^2 n!}{k!(n-k)!} p^k q^{n-k}$$

$$= \sum_{k=1}^{n} [(k-1)+1] \frac{n!}{(k-1)!(n-k)!} p^k q^{n-k}$$

$$= \sum_{k=2}^{n} \frac{n(n-1)(n-2)!}{(k-2)!(n-k)!} p^2 p^{k-2} q^{(n-2)-(k-2)} + \sum_{k=1}^{n} \frac{n!}{(k-1)!(n-k)!} p^k q^{n-k}$$

$$\xlongequal{\diamondsuit r = k-2} n(n-1)p^2 \sum_{r=0}^{n-2} \frac{(n-2)!}{r![(n-2)-r]!} p^r q^{(n-2)-r} + E(X)$$

$$= n(n-1)p^2 + np.$$

因此，$D(X) = E(X^2) - [E(X)]^2 = n(n-1)p^2 + np - n^2p^2 = npq$.

例 10-35(泊松分布的方差) 已知泊松分布的期望 $E(X) = \lambda$，求其方差.

解： $E(X^2) = \sum_{k=0}^{\infty} k^2 \frac{\lambda^k}{k!} \mathrm{e}^{-\lambda} = \sum_{k=1}^{\infty} (k-1+1) \frac{\lambda^k}{(k-1)!} \mathrm{e}^{-\lambda}$

$$= \sum_{k=2}^{\infty} \frac{\lambda^2 \cdot \lambda^{k-2}}{(k-2)!} \mathrm{e}^{-\lambda} + \sum_{k=1}^{\infty} \frac{\lambda^2 \cdot \lambda^{k-1}}{(k-1)!} \mathrm{e}^{-\lambda}$$

$$= \lambda^2 + \lambda.$$

因此，$D(X) = E(X^2) - [E(X)]^2 = \lambda^2 + \lambda - \lambda^2 = \lambda$.

例 10-36(均匀分布的方差) 已知均匀分布的期望 $E(X) = \dfrac{a+b}{2}$，求其方差.

解： 易求 $E(X^2) = \int_a^b x^2 \frac{1}{b-a} \mathrm{d}x = \frac{b^3 - a^3}{3(b-a)} = \frac{1}{3}(b^2 + ab + a^2)$.

因此，$D(X)=E(X^2)-[E(X)]^2=\dfrac{1}{3}(b^2+ab+a^2)-\left(\dfrac{a+b}{2}\right)^2=\dfrac{1}{12}(b-a)^2.$

由此可以看出，均匀分布的方差与其区间$[a,b]$长度的平方成正比.

例 10-37（指数分布的方差）　已知指数分布的期望$E(X)=\dfrac{1}{\lambda}$，求其方差.

解： 易求

$$E(X^2)=\int_0^{+\infty}x^2\cdot\lambda\,e^{-\lambda x}\,dx$$

$$=-x^2 e^{-\lambda x}\Big|_0^{+\infty}+2\int_0^{+\infty}x\,e^{-\lambda x}\,dx$$

$$=\dfrac{2}{\lambda}\int_0^{\infty}x\lambda\,e^{-\lambda x}\,dx=\dfrac{2}{\lambda}E(X)=\dfrac{2}{\lambda^2}.$$

因此，$D(X)=E(X^2)-[E(X)]^2=\dfrac{2}{\lambda^2}-\dfrac{1}{\lambda^2}=\dfrac{1}{\lambda^2}.$

例 10-38（正态分布的方差）　已知正态分布的期望$E(X)=\mu$，求其方差.

解： $D(X)=\displaystyle\int_{-\infty}^{+\infty}(x-\mu)^2\dfrac{1}{\sqrt{2\pi}\,\sigma}e^{-\frac{(x-\mu)^2}{2\sigma^2}}\,dx$

$$\xrightarrow{\text{令}\,t=\frac{x-\mu}{\sigma}}\dfrac{\sigma^2}{\sqrt{2\pi}}\int_{-\infty}^{+\infty}t^2 e^{-\frac{1}{2}t^2}\,dt$$

$$=-\dfrac{\sigma^2}{\sqrt{2\pi}}\int_{-\infty}^{+\infty}t\,d(e^{-\frac{1}{2}t^2})=-\dfrac{\sigma^2}{\sqrt{2\pi}}\left[t\,e^{-\frac{1}{2}t^2}\Big|_{-\infty}^{+\infty}-\int_{-\infty}^{+\infty}e^{-\frac{1}{2}t^2}\,dt\right]$$

$$=-\sigma^2\cdot\dfrac{1}{\sqrt{2\pi}}\int_{-\infty}^{+\infty}e^{-\frac{1}{2}t^2}\,dt=\sigma^2.$$

假设以下所提到的数学期望和方差均存在，则方差具有以下性质.

性质 10-13　$D(C)=0$（C 为常数）.

性质 10-14　$D(X+b)=D(X)$（b 为常数）.

性质 10-15　$D(kX)=k^2 D(X).$

性质 10-16　$D(kX+b)=k^2 D(X).$

习题 10-4

1. 某地区一个月内发生重大交通事故数 X 是一个随机变量，它的分布列见表 10-10.

表 10-10　X 的分布列

X	0	1	2	3	4	5	6
P	0.301	0.362	0.216	0.087	0.026	0.006	0.002

试求该地区发生重大交通事故的月平均数.

2. 随机变量 X 的分布列见表 10-11.

表 10-11　随机变量 X 分布列

X	-2	0	2
P	0.4	0.3	0.3

求 $E(X^2)$，$E(3X^2+5)$，$D(X-3)$.

3. 设随机变量 X 的概率密度函数为

$$f(x)=\begin{cases} e^x, & x>0 \\ 0, & x\leqslant 0 \end{cases}.$$

求：(1)$Y=2X$ 的数学期望；(2)$Y=e^{-2X}$ 的数学期望.

4. 某销售团队完成某项销售业务的时间(天)是一个随机变量，其分布列见表 10-12.

表 10-12　完成某项销售业务的时间的分布列

X	10	11	12	13
P	0.4	0.3	0.2	0.1

(1)求该销售团队完成此项销售业务的平均天数；

(2)设该销售团队所获得的利润为 $Y=50(13-X)$ 万元，试求该销售团队的平均利润.

测试题十

附表

附表 1　泊松分布表

附表 2　正态分布函数表

参考文献

[1]胡桐春. 应用高等数学[M]. 北京：高等教育出版社，2011.

[2]华罗庚. 高等数学引论[M]. 北京：高等教育出版社，2009.

[3]刘严. 新编高等数学[M]. 大连：大连理工大学出版社，2001.

[4]侯风波. 高等数学[M]. 3 版. 北京：高等教育出版社，2011.

[5]周誓达. 线性代数与概率论[M]. 北京：中国人民大学出版社，2005.

[6]顾静相. 经济数学基础[M]. 北京：高等教育出版社，2010.

[7]颜文勇. 数学建模[M]. 北京：高等教育出版社，2011.

[8]龚成通. 大学数学应用题精讲[M]. 上海：华东理工大学出版社，2006.

[9]刘树利，王家玉. 计算机数学基础[M]. 北京：高等教育出版社，2001.

[10]同济大学数学系. 高等数学[M]. 6 版. 北京：高等教育出版社，2007.